[NCS 구조해석 L5 기반]

ANSYS Workbench를 이용한

기계역학해석

심관보 · 이택성 · 국정근 지음

도서출판 홍릉

※ 모델링 데이터는 구글 드라이브에서 다운 받을 수 있습니다.
https://drive.google.com/drive/folders/15CPyVKxtJIri9f-Rufb1kBkbqbB-U9Ti?usp=sharing

※ 예제문제풀이는 유튜브에서 볼 수 있습니다(검색 : 심관보, KPS의 썸네일을 클릭하시면 됩니다).

[NCS 구조해석 L5 기반]

ANSYS Workbench를 이용한

기계역학해석

인 쇄 : 2022년 8월 22일 초판 1쇄
발 행 : 2022년 8월 31일 초판 1쇄

저 자 : 심관보 · 이택성 · 국정근
발행인 : 송 준
발행처 : 도서출판 홍릉
주 소 : 01093 서울시 강북구 인수봉로 50길 10
등 록 : 1976년 10월 21일 제5-66호

전 화 : 02-999-2274~5
팩 스 : 02-905-6729
e-mail : hongpub@hongpub.co.kr
http://www.hongpub.co.kr
ISBN : 979-11-5600-062-4(93550)

정 가 : 15,000원

[NCS 구조해석 L5 기반]

ANSYS Workbench를 이용한 관련도서

구조해석(입문과정)

기계역학해석

정역학해석

Explicit Dynamic

구조해석사례집(IV)

구조해석(심화과정)

유체역학해석

저자소개

심관보

현) 한국산업기술대학교 스마트기계공학과 교수
LG전자(주) 근무, ㈜유디피 근무
연세대학교 대학원 기계공학과 석사
한국산업기술대학교 기계시스템설계 박사
품질관리기술사, 공장관리기술사
[연구분야] 폭발해석 및 충돌해석, 방폭문, 방탄문 설계, 건축구조해석

이택성

현) 한국산업기술대학교 기계설계공학과 교수
대우자동차 근무, 한국생산기술연구원 근무
연세대학교 대학원 기계공학과 석사
연세대학교 대학원 기계공학과 박사
기계기술사
[연구분야] Elastomer 설계 및 개발, 정밀계측기 설계, 건설기계 부품 개발

국정근

현) 한국기술교육대학교 기계설계공학과 교수
전) 한국산업기술대학교 스마트기계공학과 연구교수
전) (주)디파인즈 대표이사
한국기술교육대학교 기계공학과 공학박사
[연구분야] 유체기계 구조해석, Muti-Body 동적구조해석, 기구학적 메카니즘 설계

목 차

1 ANSYS WorkBench 시작하기

1. Mechanical 따라 하기

1) Workbench에서 구조해석의 순서 (모델 : beam-round-box-round)

(1) 해석대상은 분석하고 자유물체도를 작성한다.

해석대상이 되는 물체를 분리하여 그 물체와 접하고 있는 다른 물체에 의하여 받는 모든 힘을 도시적으로 표현한다. 자유물체도에서 절점과 지점을 표기하고 자유물체도에서 작용하는 힘에 대해서 Workbench에서 12가지 Load를 제공하고 있다. 지점은 힘을 받는 부재 또는 구조물이 힘의 평행을 이루기 위해 지대 또는 지반에 연결되어 있는 지점이다. 지점의 종류에는 이동단, 회전단, 고정단으로 구분한다. Workbench에서는 10개의 Support를 제공하고 있다. 절점은 구조물의 부재와 인접 부재가 연결된 접합점으로 핀 절점과 강절점이 있다. Workbench에서는 Contact 와 Joint로 구분되는 Connect를 제공하고 있나.

(2) 해석시스템을 생성한다. (Static Structural)

Window의 메뉴에서 Workbechch를 실행한다.

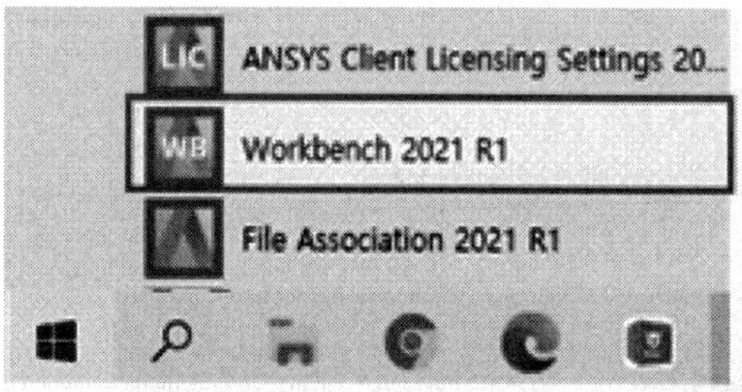

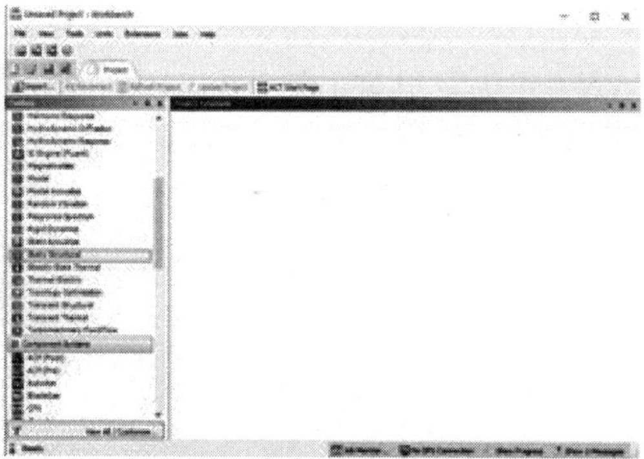

ANSYS Workbench를 실행하고 Project Schematic에서 구조해석을 수행하기 위한 Static Structural (ANSYS)를 수행한다.

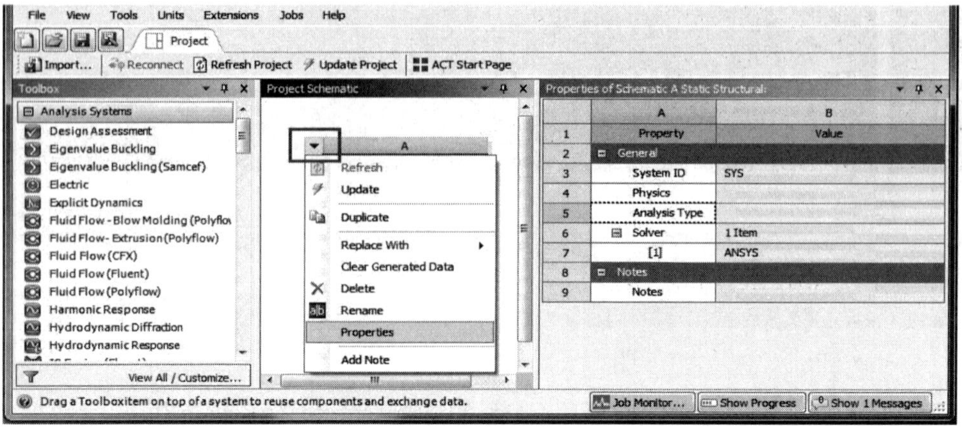

⚠ Static Structural의 ▼를 클릭하여 Properties를 활성화 시킨다.

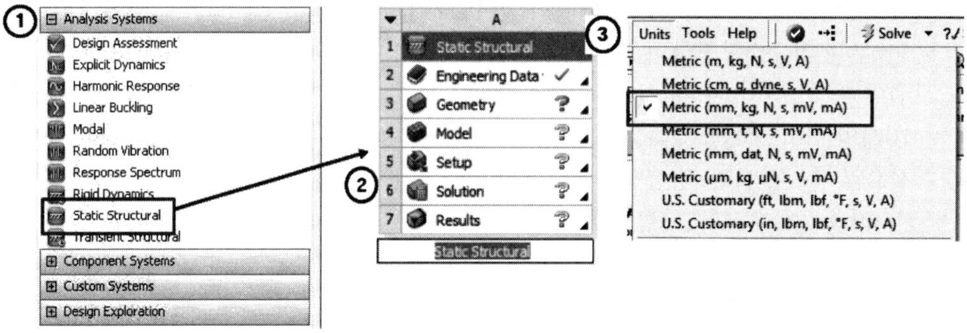

① Project Schematic에 Static Structural 시스템 추가한다. (더블클릭 또는 드래그 함)

② Project 이름을 변경한다.

③ Mechanical 창에서 Units menu를 클릭하고 단위를 설정한다.

- Metric (mm, kg, N, s, mV, mA)

(3) 재료의 물성을 정의한다. (Engineering Data)

해석에 사용하는 재료들의 물성값을 설정하는 것이다. Workbench에서는 라이브러리에서 많은 재료의 물성을 제공하고 있으며, 해석자가 물성을 정의하여 사용할 수 있도록 하고 있다.

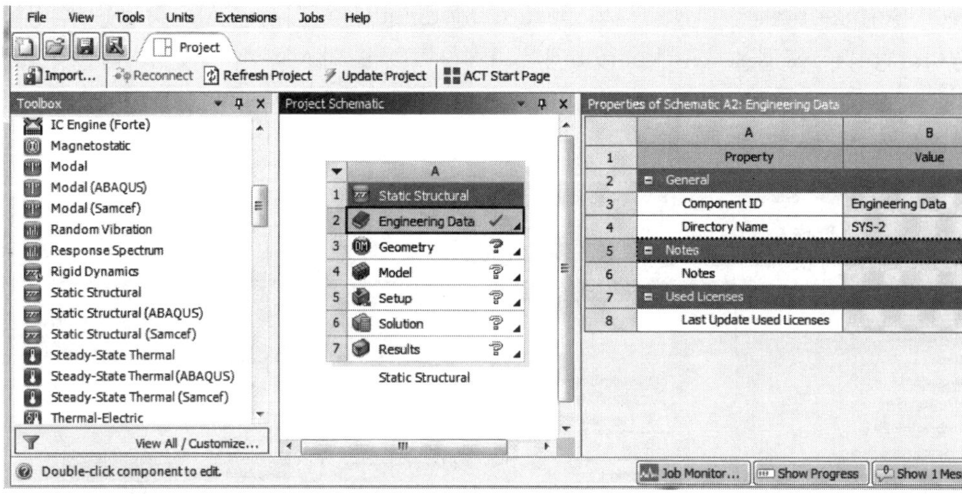

Engineering Data를 더블클릭하면 Engineering Data 창이 활성화된다.
Workbench에서 재료의 초기 상태는 Structural Steel로 설정되어 있다.

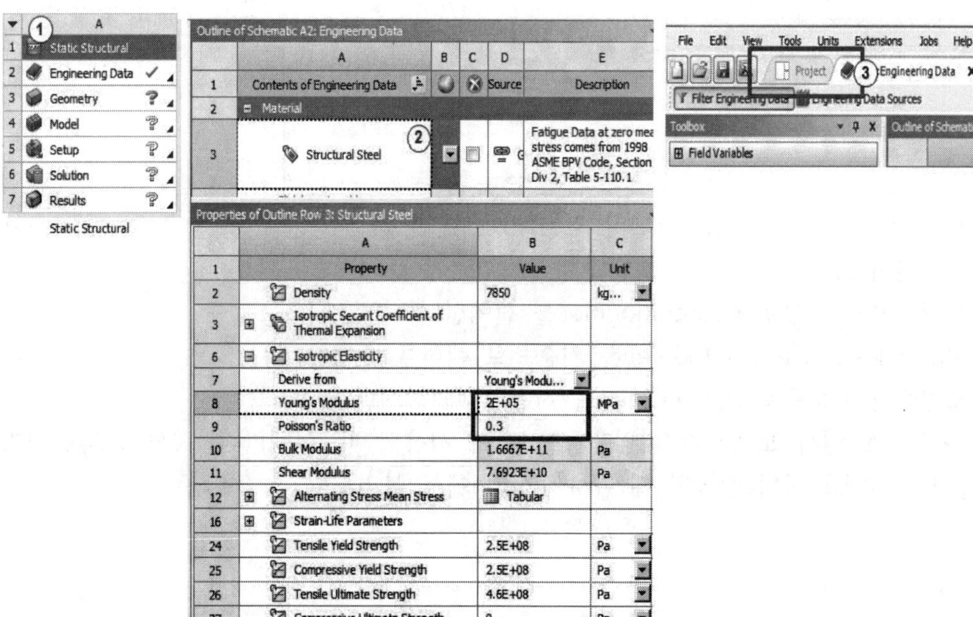

① Engineering Data를 디블 클릭하여 Outline of Schematic A2: Engineering Data 화면으로 들어간다.

② Properties outline Row 3 : Structural steel 화면에서 Young's Modulus를 확인한다. (Young's Modulus 200 GPa , 푸아송비 0.3)

③ Project를 선택하여 Project Schematic 화면으로 돌아간다.

(4) 해석 모델을 모델링 하거나 불러오기를 한다. (Geometry)

Project Schematic에서 ANSYS의 Design Modeler를 불러서 CAD 작업을 수행할 수 있다. 완성된 모델을 Workbench에서 불러서 CAE 해석을 수행한다. 다른 CAD Tool을 사용할 경우에는 모델링 데이터를 Step 파일 형태로 저장해야 Workbench에서 불러올 수 있다.

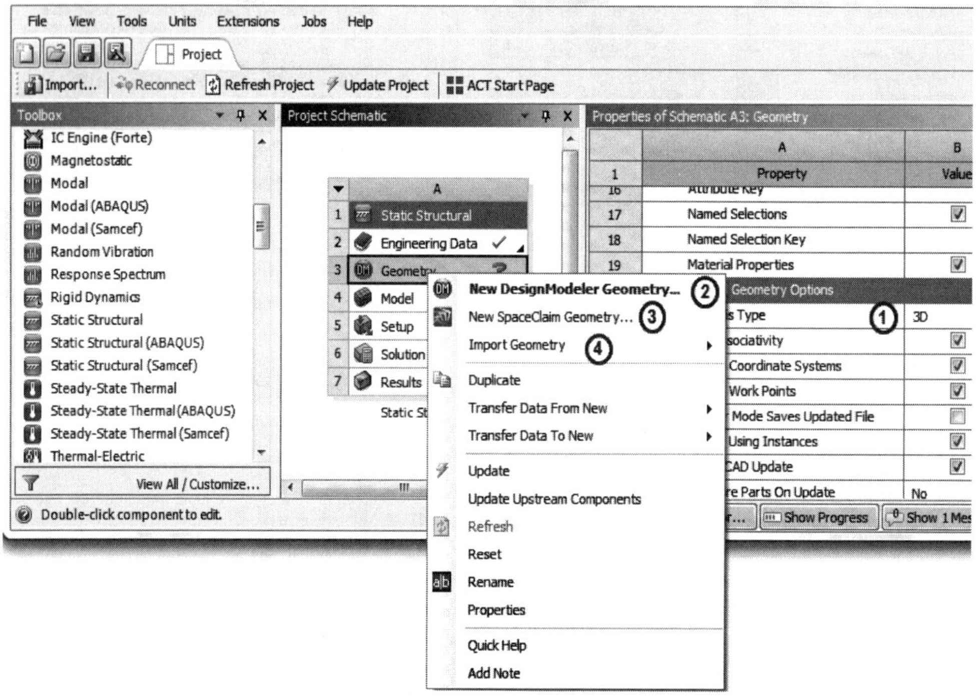

① Analysis Type에서 3D 모델링 또는 2D 모델링을 설정한다. 일반적으로 3D 모델로 설정되어 있다.

② 모델링하는 도구로 DesignModeler를 선택한다.
(이 책에서는 DesignModeler를 기준으로 해석을 수행한다.)

③ 모델링하는 도구로 SpaceClaim을 사용할 때 선택한다.

④ 다른 CAD에서 모델링한 파일을 불러와서 사용할 때 선택한다. 모델링 데이터가 Step 또는 IGES 파일 형식일 때 Workbench에서 불러드릴 수 있다.

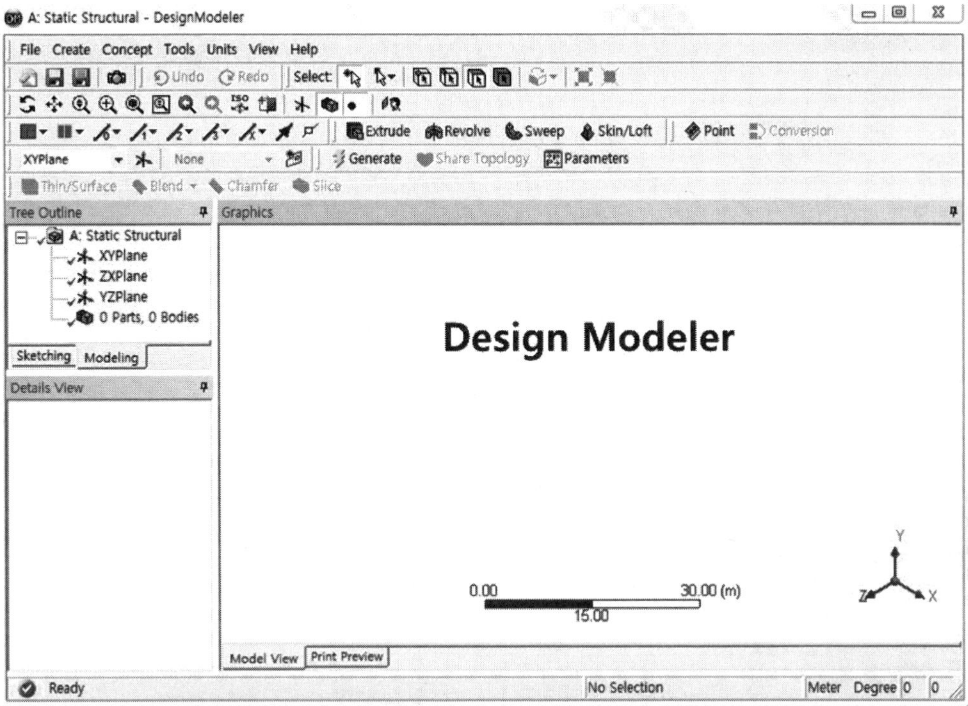
A: Static Structural - DesignModeler
File Create Concept Tools Units View Help
Extrude Revolve Sweep Skin/Loft Point Conversion
XYPlane None Generate Share Topology Parameters
Thin/Surface Blend Chamfer Slice
Tree Outline
Graphics
A: Static Structural
XYPlane
ZXPlane
YZPlane
0 Parts, 0 Bodies
Sketching Modeling
Details View
Design Modeler
0.00
30.00 (m)
15.00
Model View Print Preview
Ready
No Selection
Meter Degree 0 0

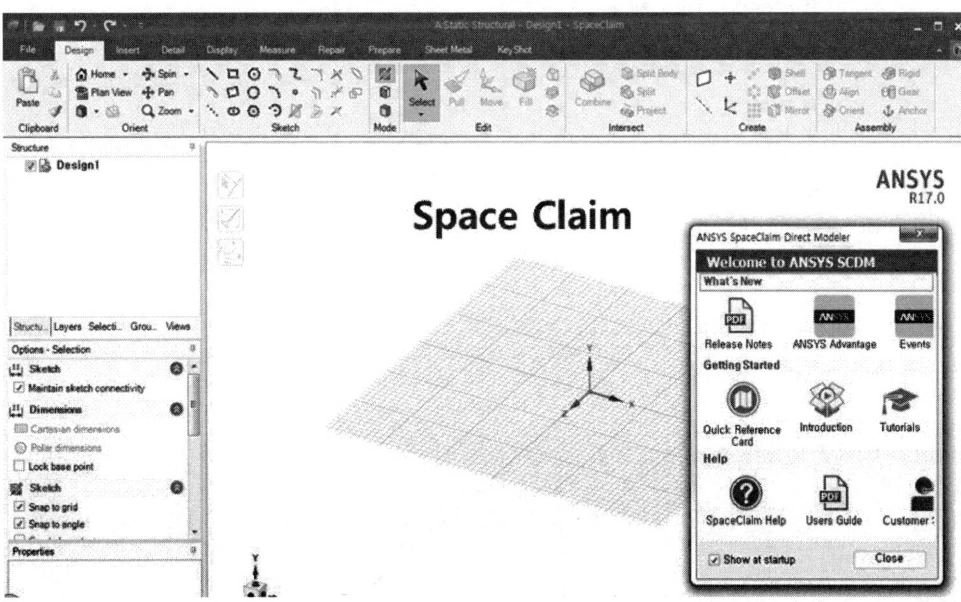
Space Claim
ANSYS
R17.0
ANSYS SpaceClaim Direct Modeler
Welcome to ANSYS SCDM
What's New
Release Notes
ANSYS Advantage
Events
Getting Started
Quick Reference Card
Introduction
Tutorials
Help
SpaceClaim Help
Users Guide
Show at startup
Close
Structure
Design1
Options - Selection
Sketch
Maintain sketch connectivity
Dimensions
Lock base point
Snap to grid
Snap to angle
Properties

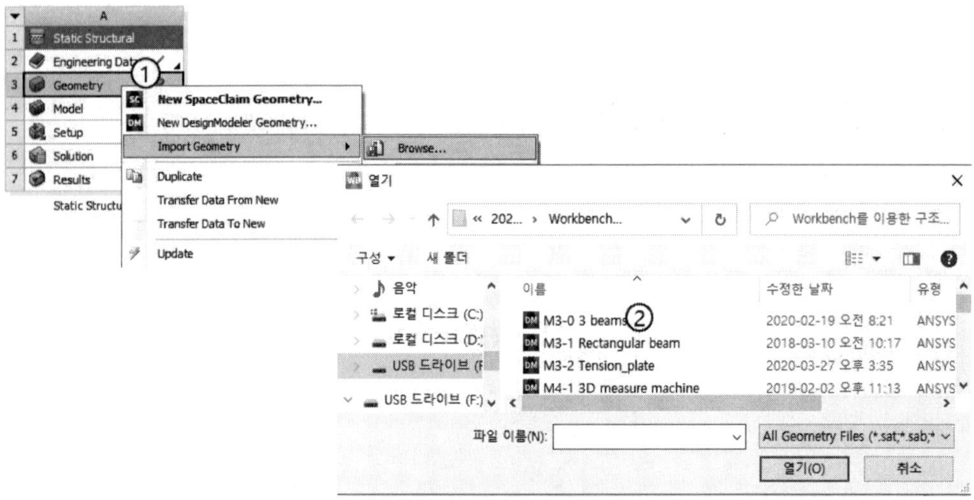

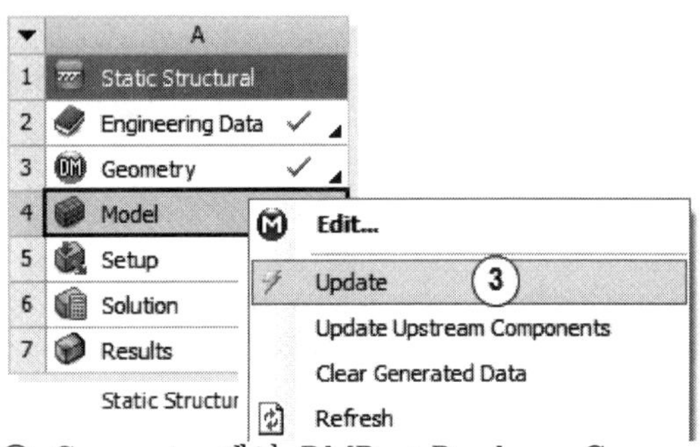

① Geometry에서 RMB >Replace Geometry > Browse를 클릭한다.

② 탐색기에서 이미 만들어진 CAD 데이터를 선택한다.

- Design Modeler의 파일 : beam-round-box-round.agbd

⚠ Design Molder를 이용한 Beam 모델링으로 ANSYS 에서 모델링을 할 수 있다.

③ Geometry에서 RMB > Update를 수행한다.

(5) 해석 도구 설정한다. (Model)

CAD 모델을 입력한 후에는 Project Schematic의 Model 로 들어간다.

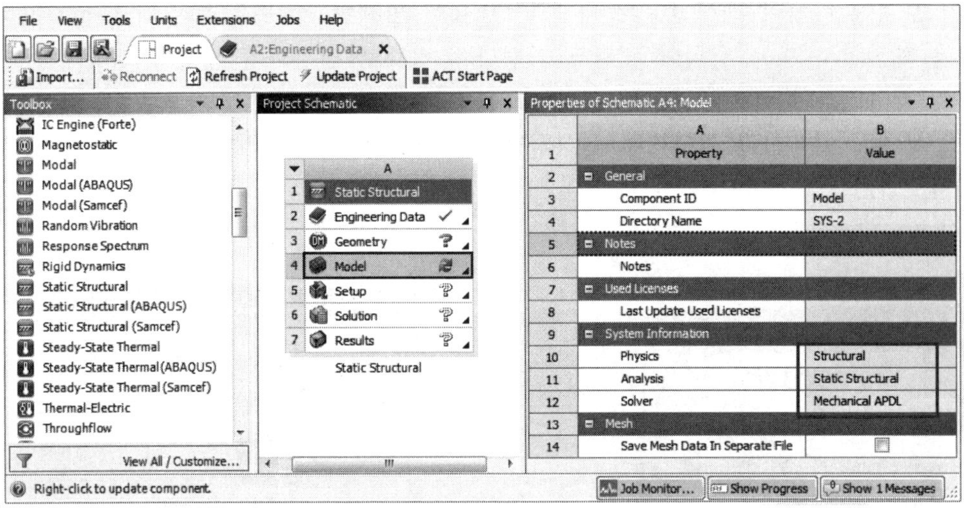

Analysis는 구조해석을 수행하기 이하여 Static Structural 을 선택한 것이며, Solver는 Mechanical APDL을 사용한다. 많은 해석 프로그램들이 있지만 차이점은 Solver가 얼마나 정확한 해석을 수행할 수 있는가에 따라서 해석프로그램의 가치가 달라진다.

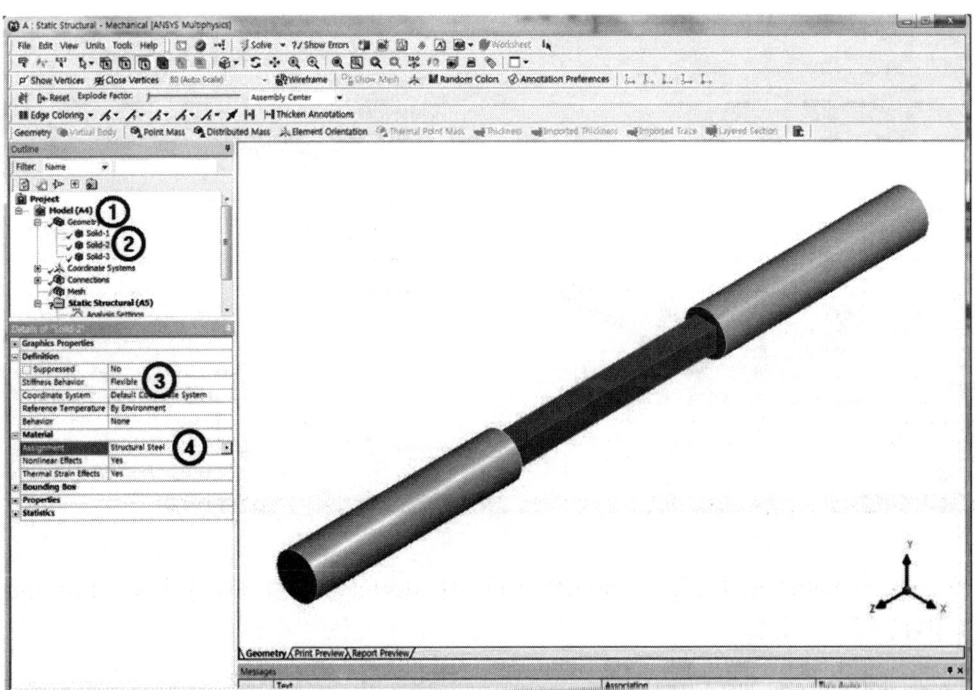

① Mechanical의 Geometry에서 해석의 대상이 되는 모델을 확인한다.

② 모델의 이름을 해석자가 관리하기 편리하게 바꿀 수 있다.

③ 각 모델에 대하여 해석의 대상에 따라 변형이 발생할 수 있는 유연체로 설정하여 거동을 해석할지 또는 변형이 없다고 가정하는 강체로 설정하여 해석의 대상에서 제외할지를 정한다.

④ 각 모델의 물성치가 적확하게 설정되었는지 확인하고, 모델의 크기, 중량 등도 확인한다.

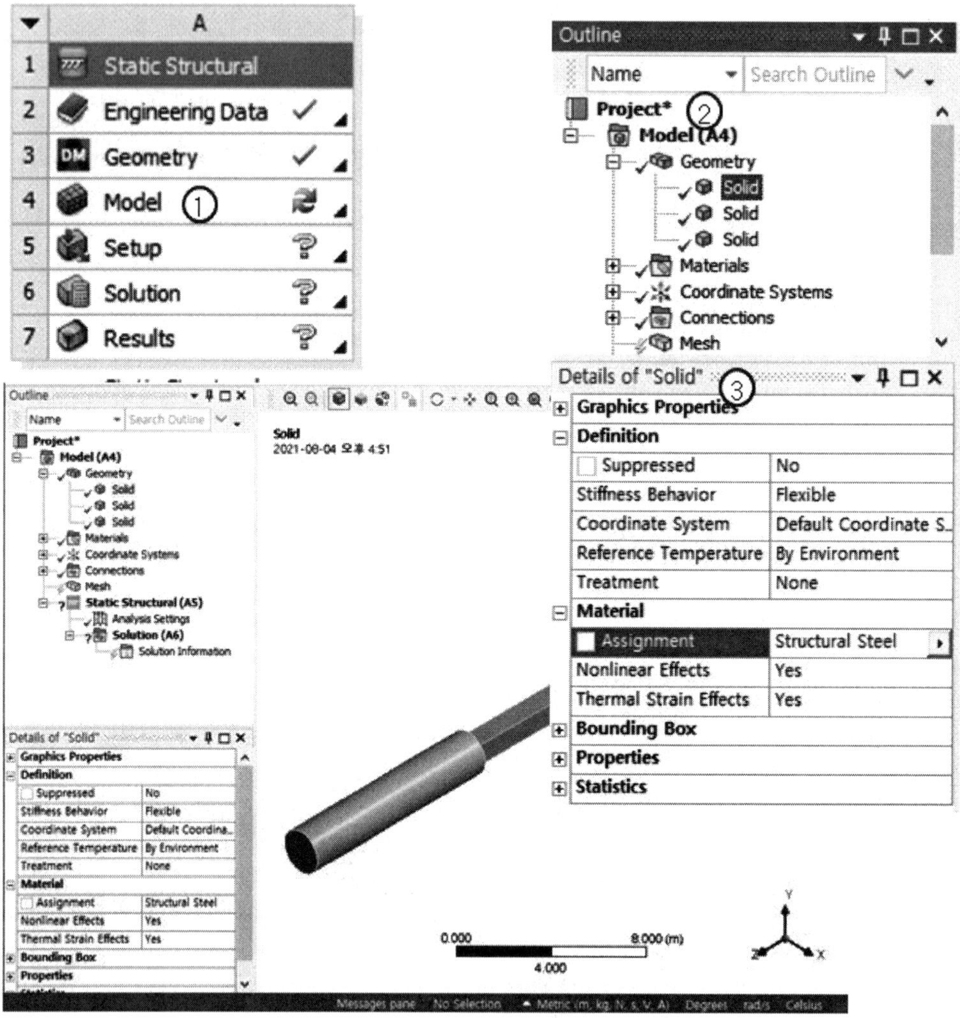

① Project Schematic의 Static Structural에서 Model을 더블클릭하여 Mechanical 창 활성화한다.

② Outline화면에서 Model > Geometry > Solid 를 선택한다.

③ Detail view에서 Solid에 대한 정보를 확인한다.

Stiffness Behavior : Flexible
Material : Structural Steel,
Mass : 571730 kg

④ Solid를 선택하고 RMB > Rename 클릭하여 이름 변경한다.

(6) 좌표계 설정 (Coordinate Systems)
모델에 전역 좌표계(global coordinate) 또는 국부 좌표계(local coordinate)를 사용할지 정의한다. 좌표계는 Post-process 도구인 surface 명령에서 surface의 위치와 방향을 정할 때 사용된다.
① 기본적으로 전역 좌표계(global coordinate)가 설정되어 있다.
② Create Coordinate System을 사용하여 국부 좌표계를 생성할 수 있다.
③ 국부 좌표계의 이름을 변경하여 사용해야 해석 작업이 편리하다.
국부 좌표계의 위치 및 방향 설정은 다음과 같다.
④ 좌표계의 위치는 모델에서 점, 선, 면 등을 선택하고 Geometry를 클릭한다.
⑤ 좌표계의 주방향은 Axis의 축을 선택하면 전역 좌표계의 축과 일치한다.
그림에서는 Z축이 선택되어 국부 좌표의 Z축이 전역 좌표 X축으로 된다.
⑥ 좌표계의 방향은 Axis에서 축을 선택하과 Define by에서 전역 좌표를 선택하면 축이 전역 좌표와 같은 방향으로 일치한다.

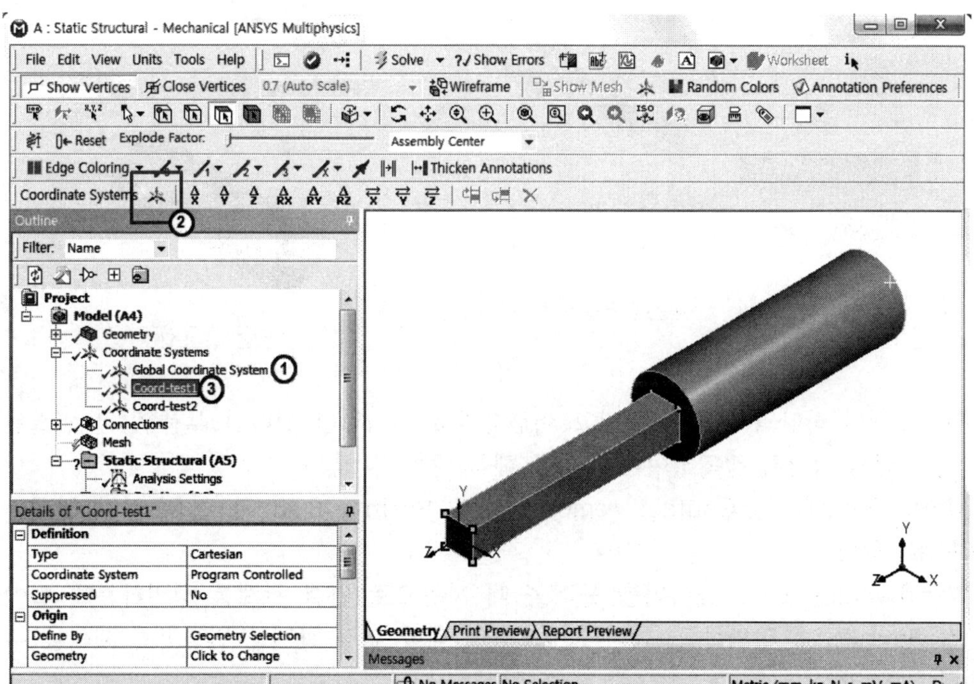

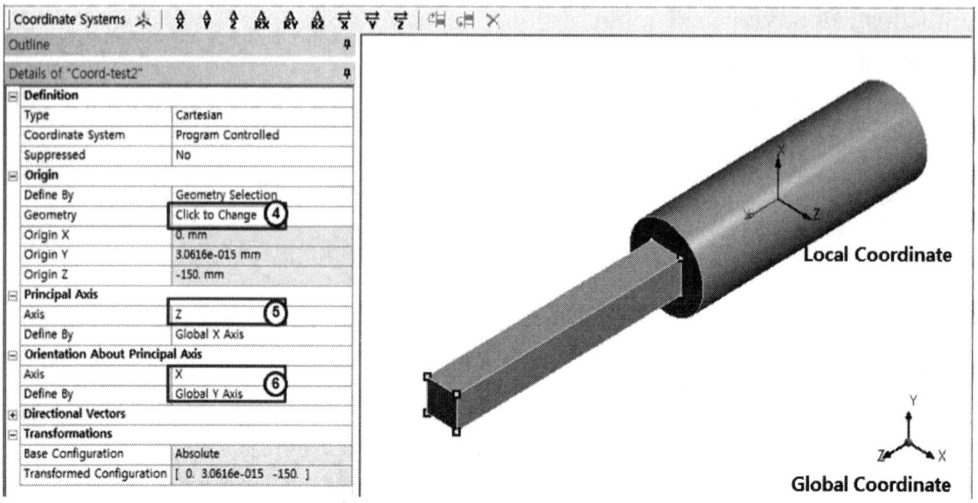

⚠이 문제에서는 특별히 좌표계 설정할 내용은 없다.

(7) 연결 관계 정의(Connections)

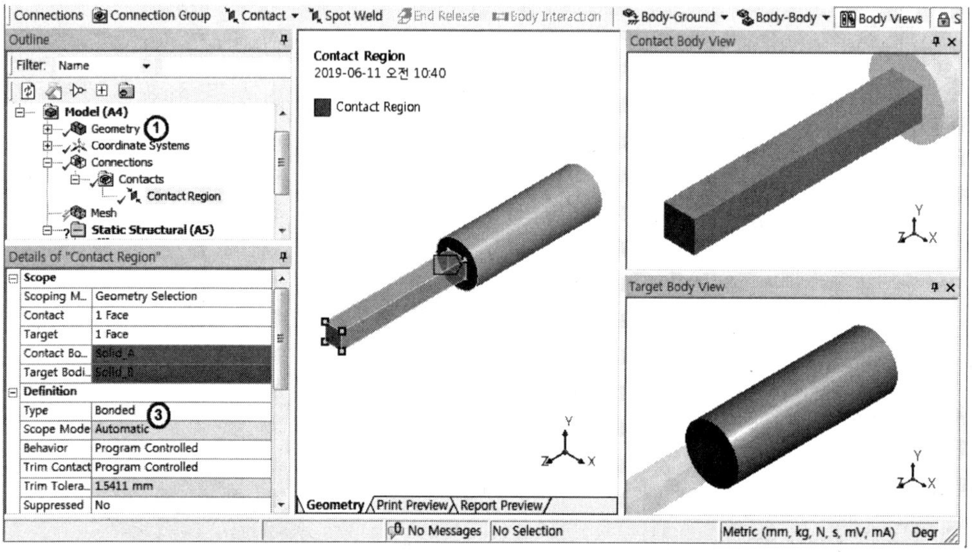

① CAD모델이 하나의 부품이 아니고 어셈블리로 구성되어 있다면 부품 간의 연결된 방식에 대해서 정확히 정의하여야 올바른 해를 구할 수 있다.

② Workbench에서는 Contact region, Joint, Spring, Beam과 같은 연결 관계를 정의할 수 있다.

③ Workbench는 CAD 데이터를 불러올 때 자동으로 연결 관계를 정의하는데 일반적으로 Bounded로 정의한다. 해석자는 필요에 따라 연결 관계를 변경하여 해석을 수행한다.

⚠이 문제에서는 시스템적으로 정의된 연결조건을 변경 없이 사용한다.
Geometry에 Solid로 명명된 구조물의 이름을 Solid1, solid2, solid3로 변경하고, Contacts를 클릭한 후 rename Based on definition을 실행하면 다음과 같이 구조물이 어떻게 연결되어 있는지 이름에서 알 수 있다.

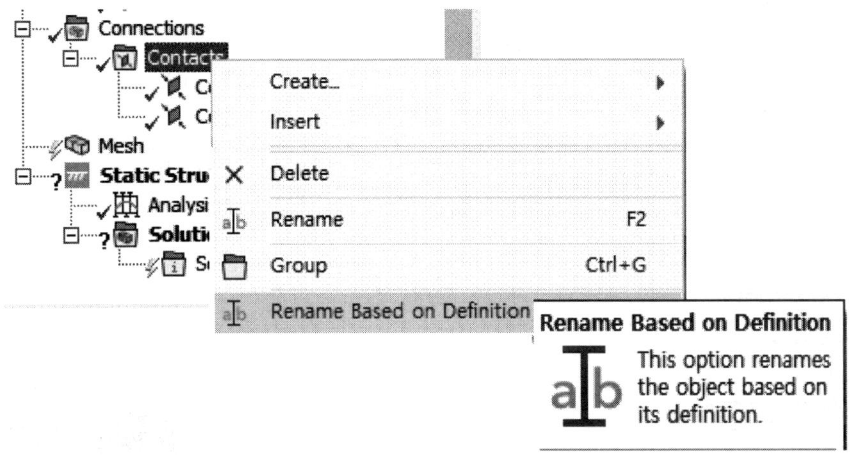

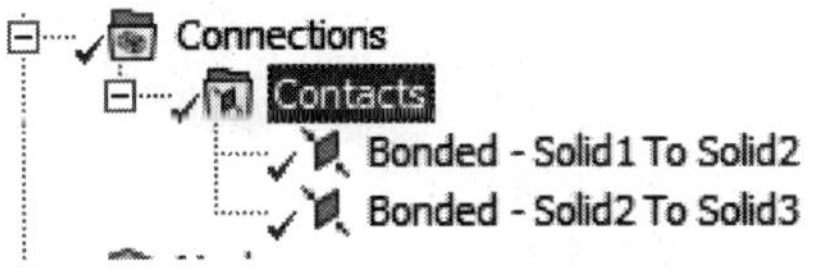

여기서 Solid1과 Solid2s는 Bonded로 접촉되었다는 것을 의미한다.
Bonded는 용접 등으로 강 접촉 된 것이다.

(8) 격자 모델 생성 (Meshing)

CAD 모델에 절점과 요소를 정의하는 것을 유한요소 모델링이라 한다. workbench는 자동으로 격자를 생성하여 준다. 해석의 정확도를 높이기 위해서는 해석자가 모델 중에서 원하는 부분을 선택하여 격자의 형상 및 밀도를 조정할 수 있다.

① Update 를 클릭하여 메시를 형성한다.

② Relevance를 조정하여 메시의 크기를 조정할 수 있다.

③ Relevance를 조정하여 메시의 크기를 조정할 수 있다.

④ Element Size에 치수를 입력하여 메시의 크기를 조정할 수 있다.

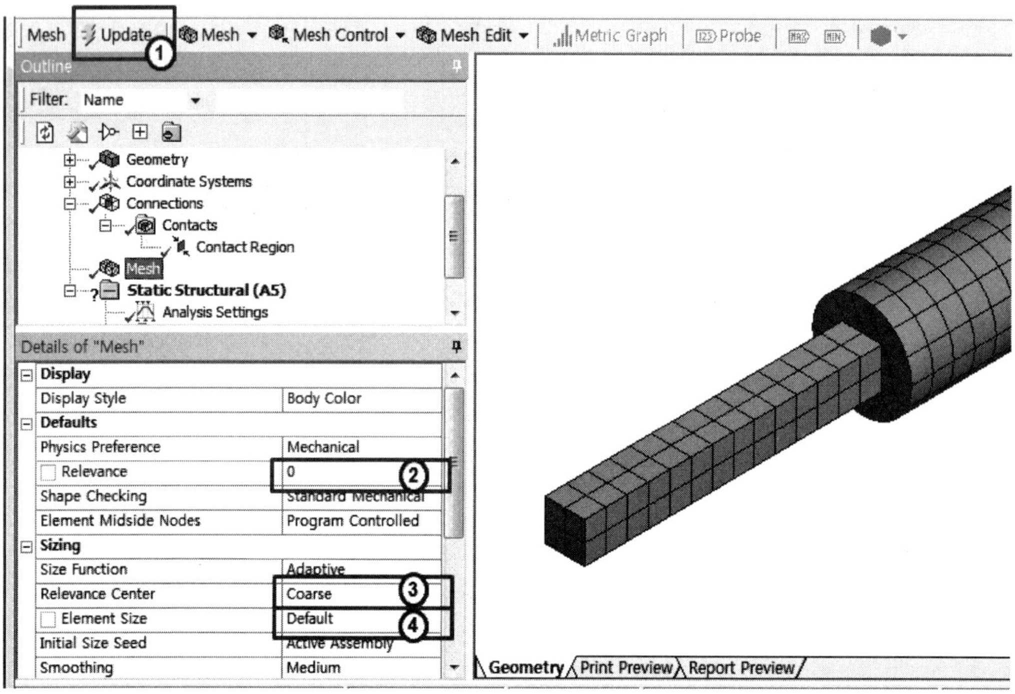

⚠이 문제에서는 시스템에서 정의된 메쉬 사이즈를 적용한다.

(9) 해석 설정(Analysis Settings)

Workbench는 해석에 필요한 기본설정들이 미리 정의되어 있다. 해석자는 이를 원하는 해석조건에 맞게 바꾸어 사용해야 한다. 예를 들어 대 변형을 일으키는 응력해석과 같은 경우에는 수렴을 향상시키기 위해 Analysis setting항목을 해석자가 직접 정의하여 사용하며, 경우에 따라서 이미 설정된 Program Controlled를 선택하여 해석을 수행할 수 있다.

① Number of Steps 는 Load Step을 설정한다.

② Large Deflection은 대 변형이 예상되는 해석에서 On으로 한다.

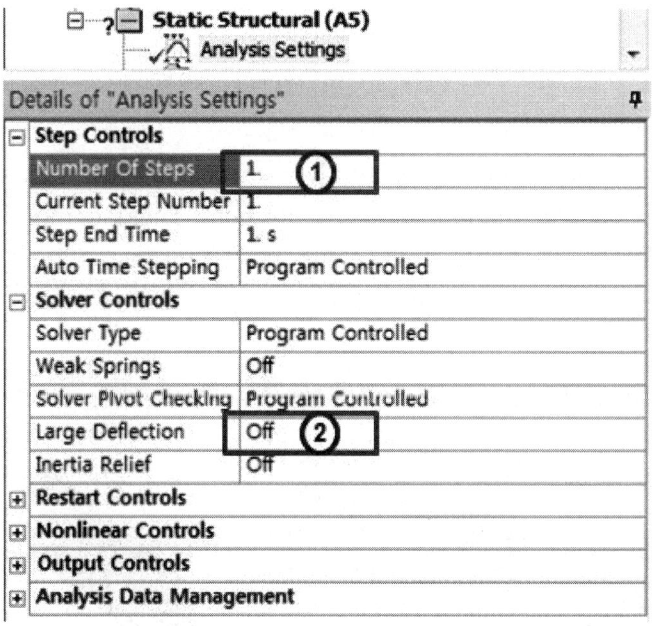

⚠이 문제에서는 시스템적으로 정의된 내용을 적용한다.

(10) 초기 조건 정의

환경조건, 초기 온도, 잔류응력과 같은 조건들도 설정할 수 있다.

초기조건에는 Accelerator, Standard Earth Gravity, Rotational Velocity 등이 있다.

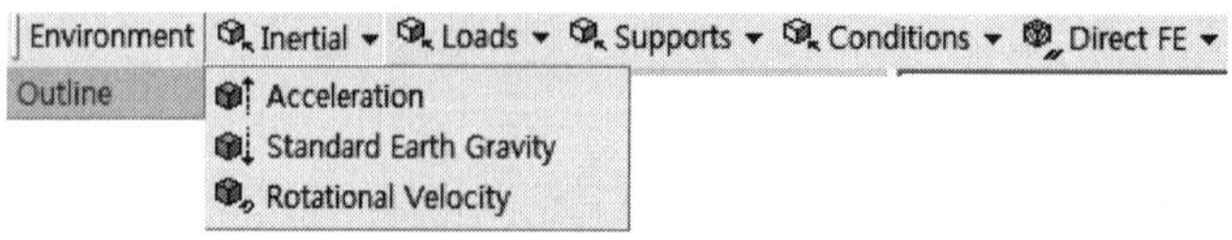

⚠이 문제에서는 자중에 의한 변형을 고려하지 않으므로 가속도 및 속도를 정의하지 않는다.

(11) 구속조건 정의

자유물체도에서 정의한 지점에 대하여 support를 정의한다.

Support에는 Fixed Support, Displacement Support, Remote Displacement, Frictionless support, Compression Only Support, Cylindrical Support, Simply Supported, Fixed Rotation, Elastic Support 등이 있다.

⚠이 문제에서는 양쪽면이 완전 고정으로 처리한다.

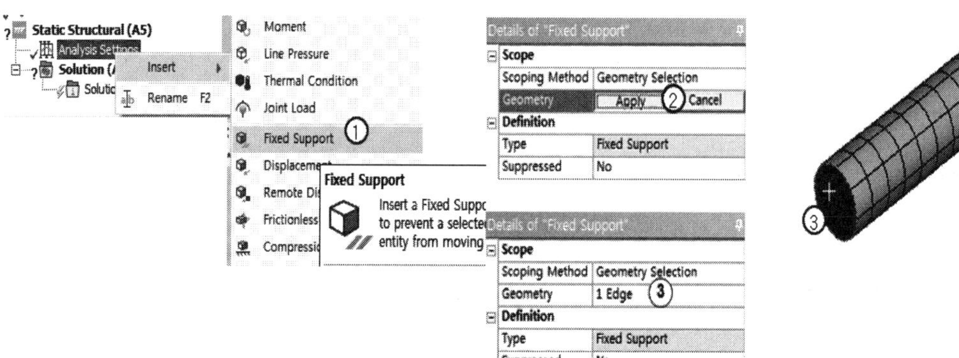

ⓐ 고정 지점 설정

① Outline화면에서 Static structure > RMB > Insert > Fixed Support 선택.
  (또는 Menu > Supports > Fixed support)

② Outline화면에서 Static structure > Fixed support를 클릭하고,
  Graphic window에서 단순보의 끝단을 선택한다.

*끝단을 선택하기 위하여 Suraface 메뉴 사용한다.

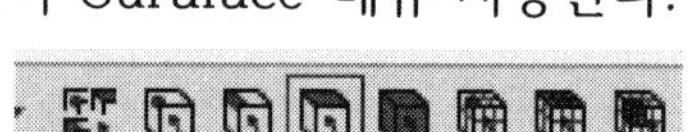

③ Detail view의 Geometry를 Apply 한다. (No Selection 이 1 Edge 로 바뀐다)

ⓑ 같은 방법으로 반대쪽 면도 Fixed로 설정

(12) 하중조건 정의

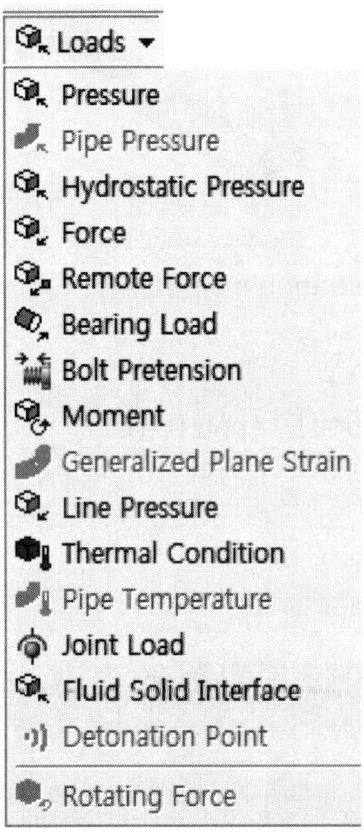

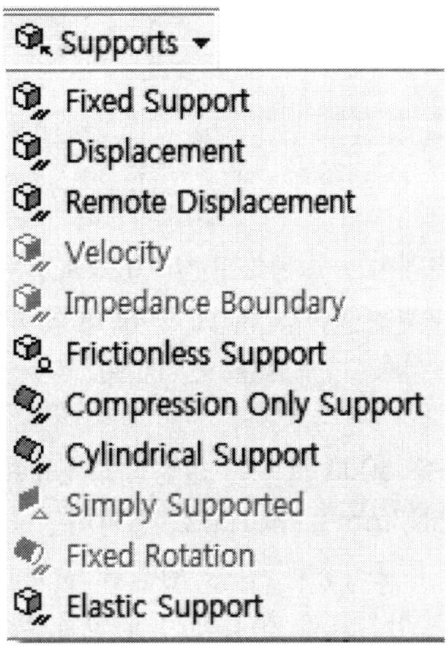

Workbench는 다양한 하중을 제공하고 있다. 또한 하중의 크기나 방향도 정의할 수 있다. 하중조건을 입력할 때는 입력 지점과 하중의 크기, 방향을 정의해야 한다.
Pressure, Pipe Pressure, Hydrostatic Pressure, Force, Remote Force, Bearing Load, Bolt Pretension, Moment, Line Pressure, Thermal condition, Joint Load 등이 있다.
열 하중에는 Temperature, Convection, Ration, Heat Flow, Heat Flux, Perfectly Insulated, Internal Heat Generation이 있다.

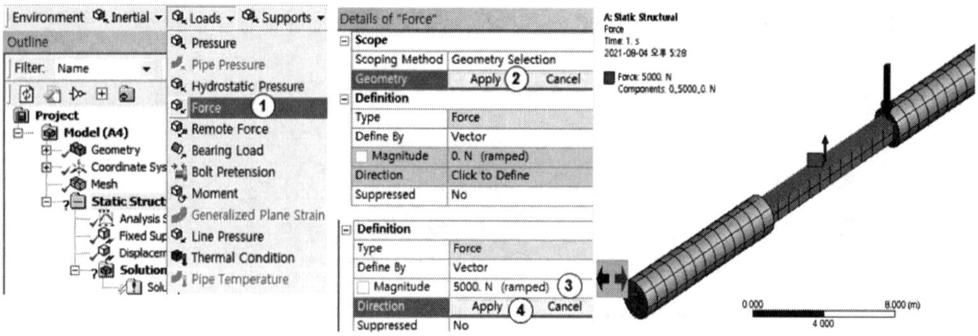

① Outline화면에서 Static structure > RMB > Insert > Force를 선택한다.

② a Detail view에 Force에 대한 Scope, Definition이 나타난다.

b Force가 작용하는 면을 선택한다.

c Apply를 클릭한다.

③ Magnitude를 5000 N으로 설정하고 Direction을 Apply한다.

(분포하중 5N/mm을 Force로 변환하면 5000 N이 되며, force가 면 전체에 하중을 부여하므로 분포하중과 같은 영향을 준다.)

④ 힘의 방향은 화살표를 사용해서 방향을 바꾼다.

⚠Static Structural을 클릭하면 경계조건에 대한 설정내용을 확인할 수 있다.

(13) 해석 수행

앞 단계에서 생성한 격자와 경제조건 하중 조건을 적용하여 수식으로 변환하고, 매트릭스 형태의 수학적 계산과정이 수행된다.

해석시간이 긴 모델에서는 해석하는 중간결과를 관찰하여 해석이 수렴하는지 판단하는 것이 필요하다. 이때 Solution Output을 사용한다.

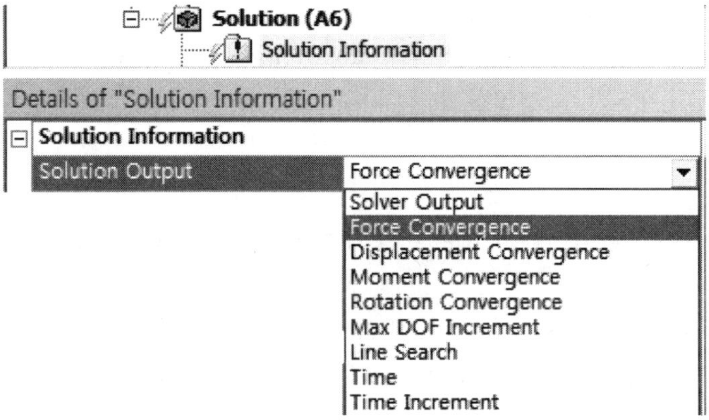

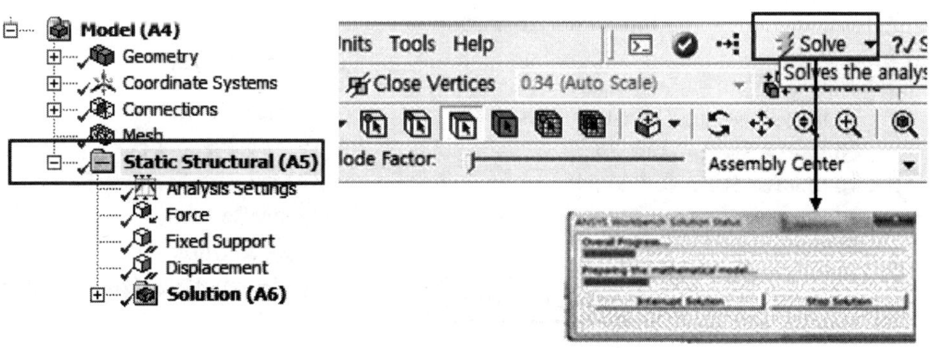

① Outline화면에서 Static structure를 선택한다.

② Tool bar에서 Solve를 클릭하거나, Solution > RMB > Solve를 클릭한다.

(14) 결과 확인

해석결과를 그래프 또는 숫자로 나타내어 준다. 구조해석 결과로 해석자가 얻을 수 있는 정보에는 Stress(응력), Equivalent stress=Von-Mises Stress(등가응력), Principal Stress(주응력)-Maximum, Middle, Minimum Principal, Stress Intensity(응력강도), Normal Stress(수직응력), Shear Stress(전단 응력), Strain(변형률), Equivalent Stain=Von-Mises Strain(등가 변형률), Principal Strain(주 변형력)-Maximum, Middle, Minimum Principal, Stain Intensity(변형률 강도), Normal Strain(수직변형률), Shear Strain(전단 변형률), Thermal Strain(열 변형률), Equivalent Plastic Strain (등가 소성변형률), Deformation, Stress Tool 등을 제공하고 있다.

① 해석결과 확인은 해석데이터가 데이터베이스로 저장되어 있기 때문에 필요한 형태로 불러오는 작업이다.
② 해석 Solve를 실행할 필요가 없고, Evaluate All Results를 수행한다.
③ 후처리 과정에서 결과 확인을 돕기 위하여 Rename Based on Definition을 사용하면 편리하다.

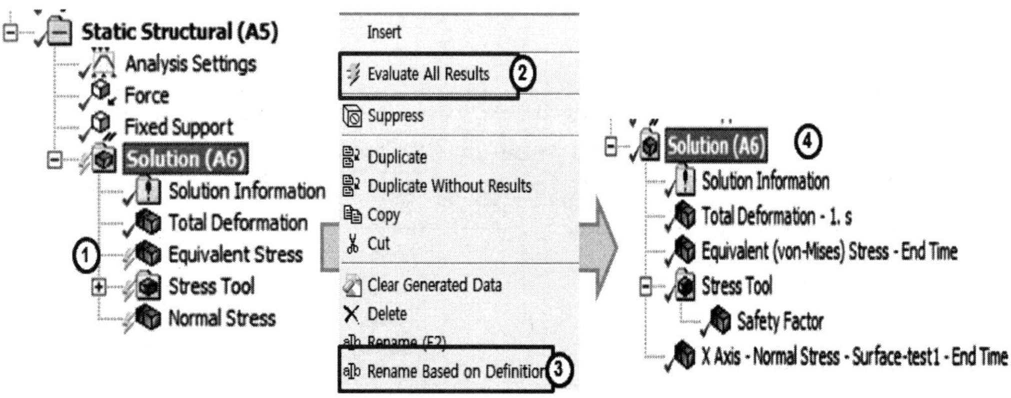

ⓐ Total deformation

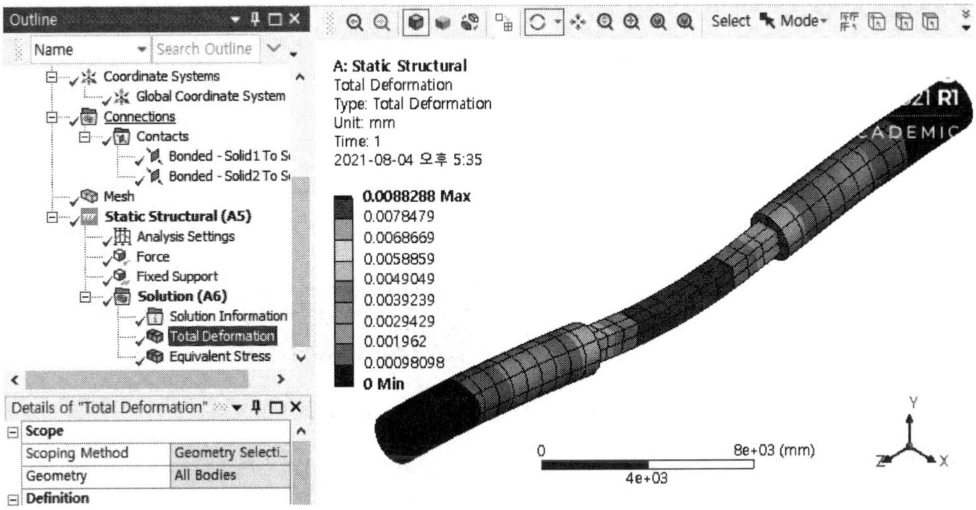

ⓑ Equivalent stress

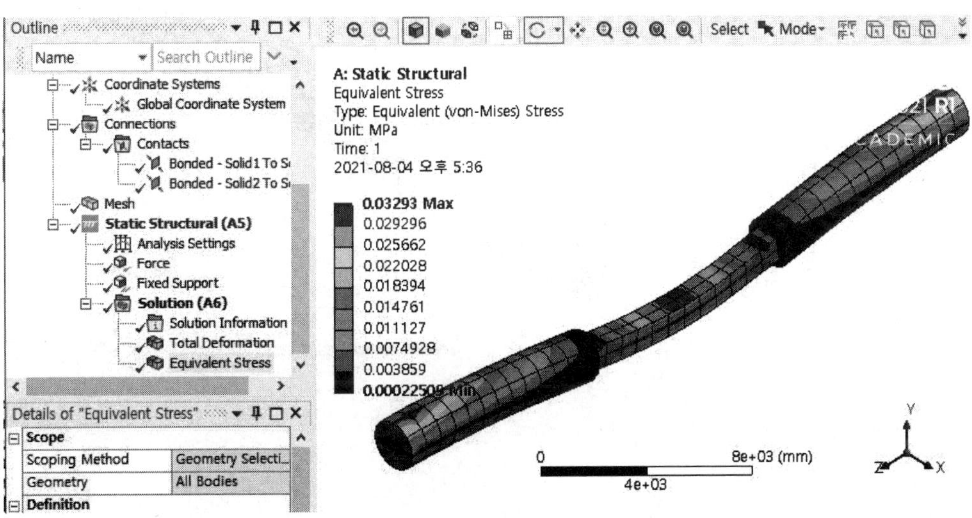

(15) 보고서 작성

Workbench는 해석자의 모든 해석과정을 자동으로 보고서를 만들어 준다. 보고서 양식은 HTML형식이다. MS-word, MS-Power Point로도 만들 수 있다.

만들어진 보고서는 E-mail을 통해 바로 전달할 수 있다.

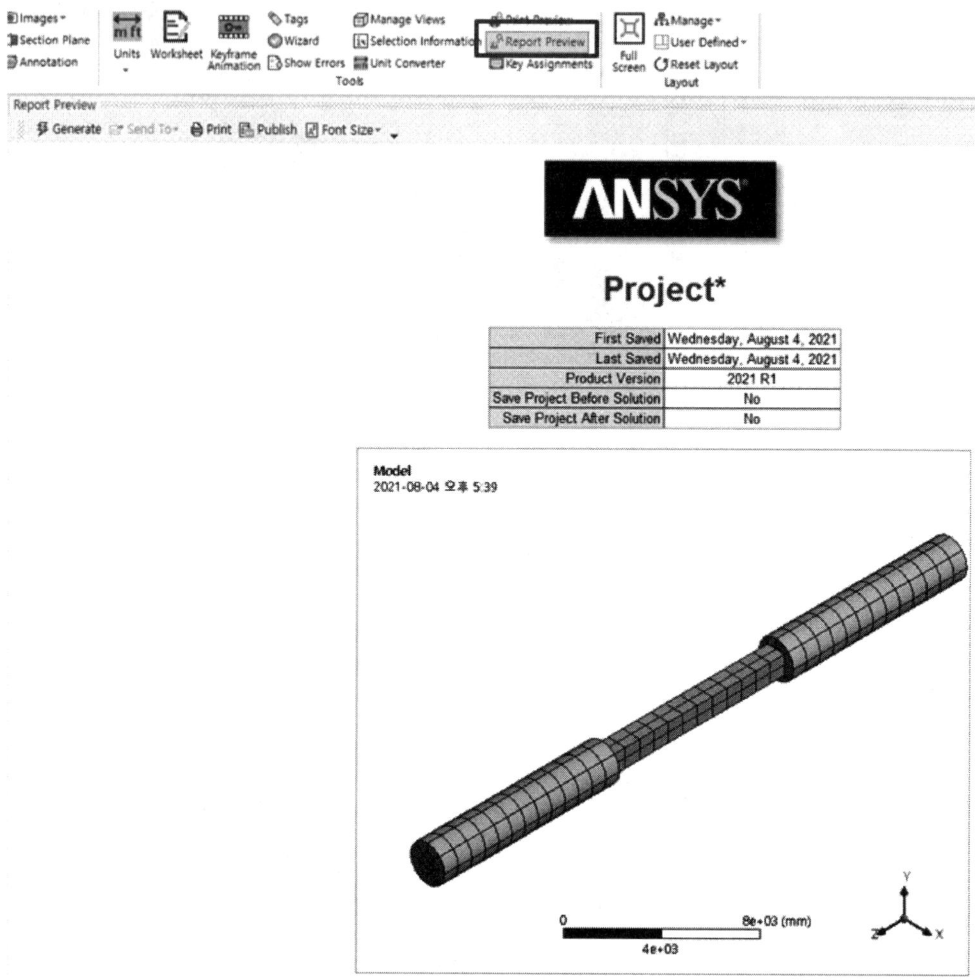

2 구조역학 해석 NCS 구조해석 L5 시

1. 지지대(Support) 해석

[1과제 - 해석용 모델링] (모델 : support.step)

가) 주어진 3D CAD 데이터 Support File(Step 파일 또는 Parasolid)을 이용하여 유한 요소모델을 생성하고, 요소 모델의 정보를 제공된 보고서 양식에 따라 작성하시오.
　※ CAD 모델 (Step or Parasolid 파일 제공)

3D CAD 모델

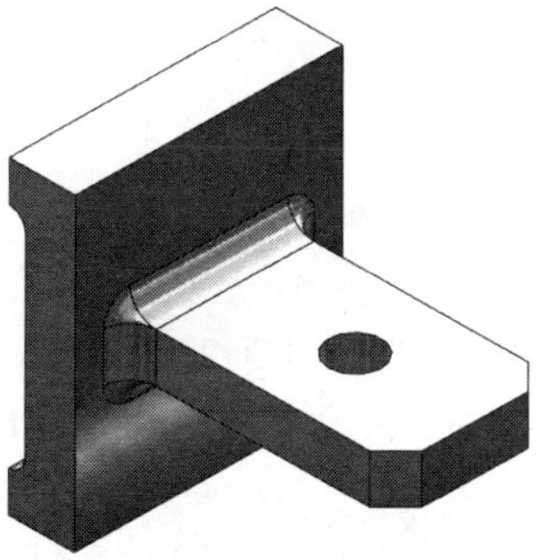

해석 모델

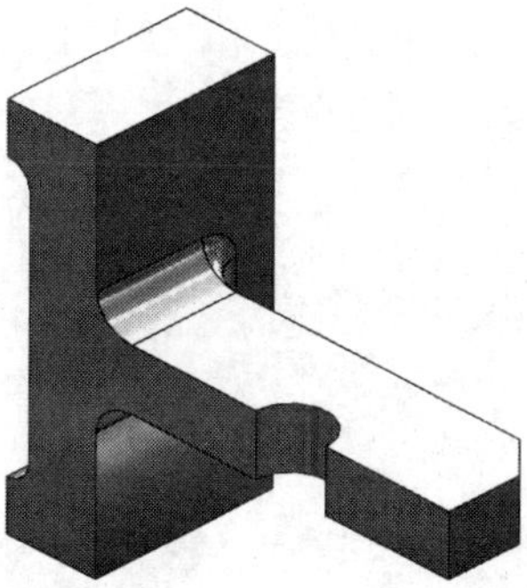

구조해석을 위한 유한요소모델은 다음과 같이 생성하시오.

1) 유한요소모델은 대칭구조물로 생성하시오.
2) 기본 Mesh size는 2mm로 하고, 필요시 Hole, Conner Fillet 등 응력이 집중되는 곳에는 품질이 Fine하게 작업하시오.
3) 두께 방향으로 최소 2개의 Element가 생성될 수 있도록 작업하시오.
(보고서에 Detail View로 표시할 것.)
4) 요소(Element)는 사면체 2차 요소(2nd order Element(절점 10))를 사용하시오.
(보고서에 요소정보 정확히 표시할 것.)
5) 부품의 재질정보는 다유 재료 물성표를 이용하여 해석에 필요한 정보를 직접 입력하시오.

나) 재질정보

Material Properties	Cast Iron
Mass Density (RHO)	$7.15 \times 10^{-6} (kg/mm^3)$
Young's Modulus (E)	140,000 MPa
Poisson's Ratio (NU)	0.25
Yield Strength	345 MPa
Ultimate Tensile Strength	570 MPa
Thermal Expansion Coefficient	$1.08 \times 10^{-5} (1/℃)$
Thermal Conductivity	$52000 (\mu W/mm℃)$
Specific Heat Capacity	$4.47 \times 10^{8} (\mu J/kgK)$

다) 1과제 보고서 작성

<table>
<tr><th>3D 렌더링 등각투상도</th><th>유한요소모델</th></tr>
<tr><td>Total View</td><td rowspan="4">● S/W : Ansys Workbench
● Element Type : Tetrahedrons (2nd Element)
● Element 개수 : 26,509
● Node 개수 : 45,709
● 재질정보
밀 도 : $7.15 \times 10^{-6} kg/mm^3$.
탄성계수 : 140,000 MPa
프아송비 : 0.25</td></tr>
<tr><td></td></tr>
<tr><td>Detail View</td></tr>
<tr><td>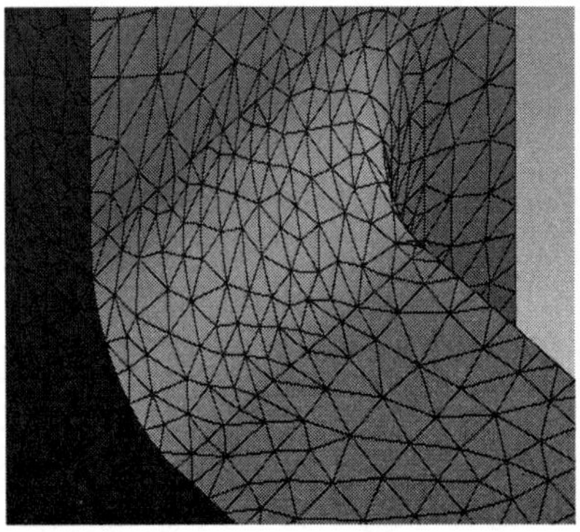</td></tr>
</table>

[2과제 - 정적구조해석]

가) 1과제 해석용 모델링 과제를 수행하고 만들어진 모델링을 이용하여 정적구조해석 경계조건(하중조건, 구속조건)을 적용하여 정적구조해석을 수행하고, 해석결과를 주어진 보고서 양식에 따라 작성하시오.

나) 주어진 형상모델 DATA를 활용하여 지시된 방법을 따라 해석 작업하시오.

다) 보고서 작성할 때 필요한 그림 캡처는 주어진 모델 기준으로 결과가 잘 나타날 수 있는 등각 View로 나타내시오.

1) 본 해석모델은 1과제에서 작업한 해석용 모델링을 사용하시오.

2) 아래 형상과 다음 고려사항을 참조하여 경계조건(하중조건, 구속조건)을 부여하고 해석을 작업하시오.

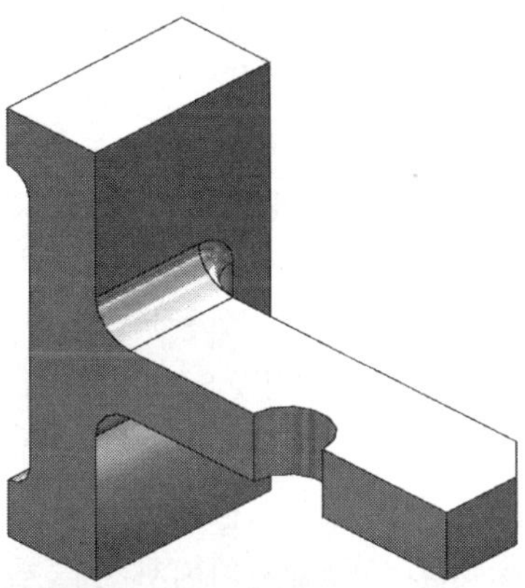

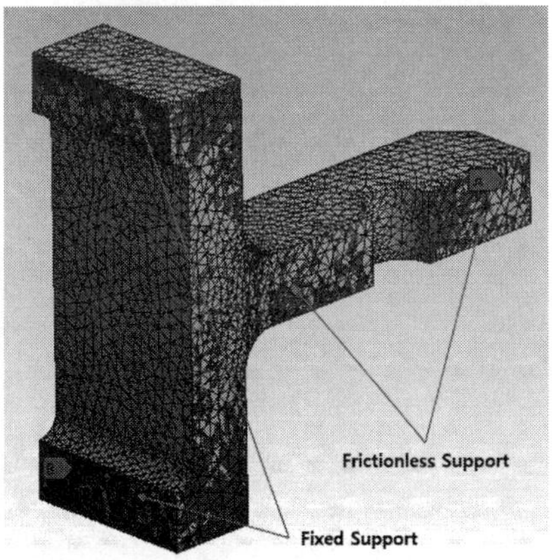

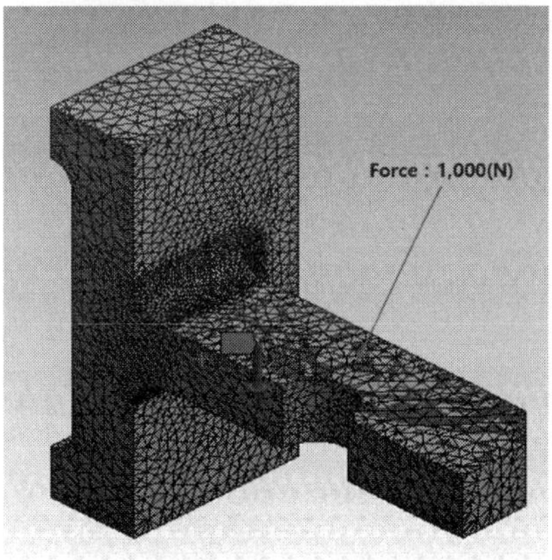

- 경계조건

  a. Support의 뒤 2면에 대해 완전 구속하시오. (All Fixed)

  b. Support의 윗면에 아래 방향으로 하중을 부여하시오. (1,000 N)

3) 정적구조해석을 수행하고 그 결과를 보고서 양식에 따라 작성하시오.

- 유한요소모델 작업 보고서 작성사항
  - a. 원형 모델 등각 View
  - b. 유한요소모델 등각 View
  - c. Node(절점) 개수
  - d. Element(요소) 개수
  - e. 사용 소프트웨어 이름
- 해석 결과 보고서 작성 사항
  - a. 지시된 경계조건이 적용되어 나타난 등각 View
    (경계 조건에 대한 표현은 사용하는 S/W에서 제공하는 기능을 이용하고 경계조건별 색깔로 구분이 가능하도록 작업)
  - b. 경계조건 항목 리스트(적용한 경계조건을 간략하게 명시)
  - c. 변형량의 최대값과 그 방향 및 크기를 확인할 수 있는 View
    (변형전 형상/변형후 형상을 동시에 표시하도록 캡처하여 보고서 Template에 삽입하고, 변형량 최대값을 작성하시오.)
    변형량은 Scale 조정을 통해 직관적으로 관찰이 가능하도록 표기할 것.
  - d. 응력표시는 Nodal 값의 평균값을 사용하여 발생하는 Von Mises Stress 최대값과 그 위치 및 크기를 알 수 있는 View
    (발생 응력의 최대값이 위치한 곳을 확인할 수 있는 형상을 캡처하여 보고서에 삽입하고 최대응력값을 작성하시오.)
  - e. 항복강도를 기준으로 한 안전율(Safety Factor)
  - f. 모든 결과값은 소수점 셋째자리까지 표현하시오. (넷째자리에서 반올림)

라) 2과제 보고서 작성

<table>
<tr><th colspan="2">원형모델</th><th>유한요소모델</th></tr>
<tr><td>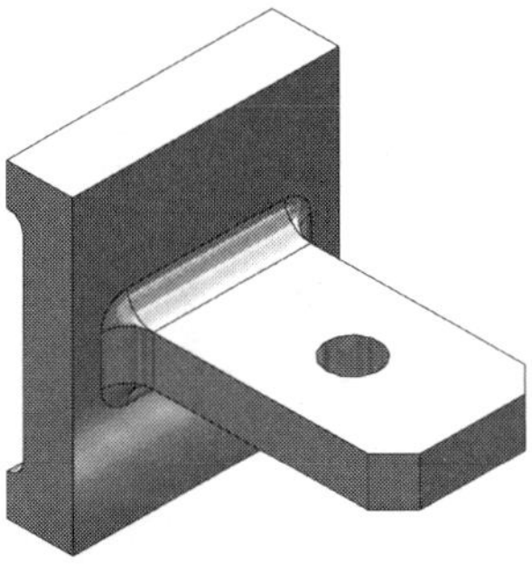</td><td>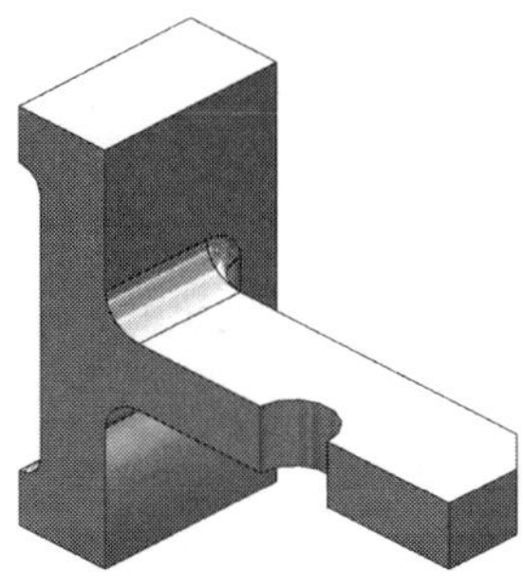</td><td></td></tr>
<tr><td colspan="3">1. Element 개수 : 26,509
2. Node 개수 : 45,709
3. Element Type : Tetrahedrons (2nd Element)
4. 사용 Solver : Ansys Mechanical
5. 유한요소모델 질량 : 1.315 kg</td></tr>
</table>

<table>
<tr><th rowspan="2">경계조건</th><th colspan="2">정적구조해석 결과</th></tr>
<tr><th>변위(Total Deformation)</th><th>응력(Von-mises stress)</th></tr>
<tr><td rowspan="2"></td><td>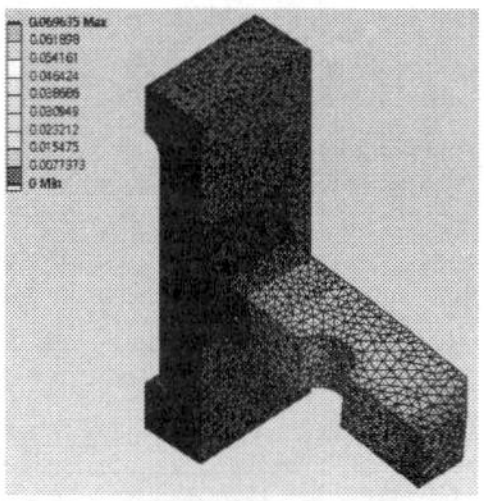</td><td>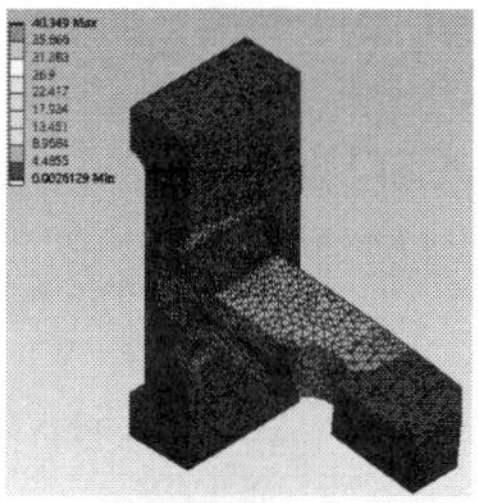</td></tr>
<tr><td>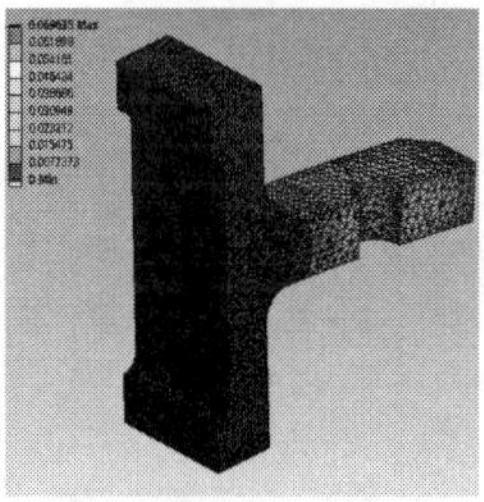</td><td>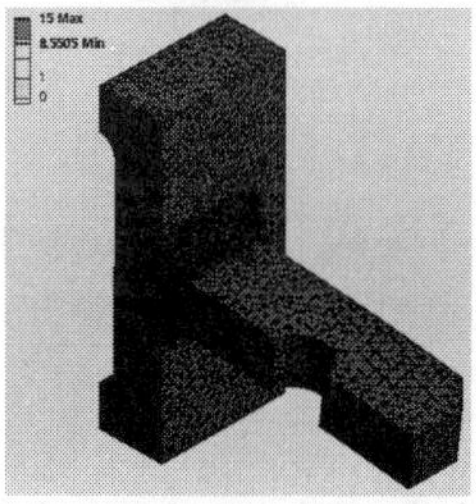</td></tr>
<tr><td>A : Frictionless Support
(대칭조건 부여)
B : Fixed Support
(완전 구속)
C : Force 1,000(N)
(아래방향으로 하중 적용)</td><td>Total deformation
: 0.070 mm</td><td>Max. von-mises stress
: 40.349 MPa
FOS (안전율 : 항복강도 기준)
: 8.551</td></tr>
</table>

2. 벨트 풀리(Belt Pully) 해석

[1과제 - 해석용 모델링] (모델 : V-belt Pully.step)

가) 주어진 3D CAD 데이터 V-Blet Pully File(Step 파일 또는 Parasolid)을 이용하여 유한요소모델을 생성하고, 요소 모델의 정보를 제공된 보고서 양식에 따라 작성하시오.
※ CAD 모델 (Step or Parasolid 파일 제공)

3D CAD 모델

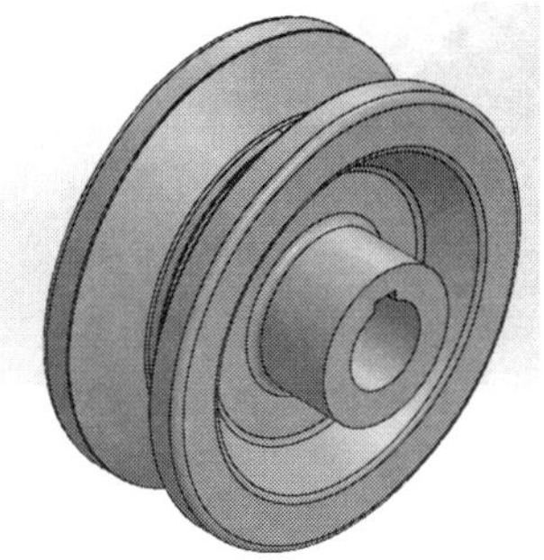

해석 모델

구조해석을 위한 유한요소모델은 다음과 같이 생성하시오.

1) 유한요소모델은 대칭구조물로 생성하시오.
2) 기본 Mesh size는 1mm로 하고, 필요시 Hole, Conner Fillet 등 응력이 집중되는 곳에는 품질이 Fine하게 작업하시오.
3) 두께 방향으로 최소 2개의 Element가 생성될 수 있도록 작업하시오. (보고서에 Detail View로 표시할 것.)
4) 요소(Element)는 사면체 2차 요소(2nd order Element(절점 10))를 사용하시오. (보고서에 요소정보 정확히 표시할 것.)
5) 부품의 재질정보는 다음 재료 물성표를 이용하여 해석에 필요한 정보를 직접 입력하시오.

나) 재질정보

Material Properties	SUS 304
Mass Density (RHO)	8,000 (kg/m^3)
Young's Modulus (E)	190,000 MPa
Poisson's Ratio (NU)	0.29
Yield Strength	206 MPa
Ultimate Tensile Strength	517 MPa

다) 1과제 보고서 작성

<table>
<tr><th>3D 렌더링 등각투상도</th><th>유한요소모델</th></tr>
<tr><td>Total View</td><td rowspan="4">● S/W : Ansys Workbench

● Element Type : Tetrahedrons
(2nd Element)

● Element 개수 : 25,924
● Node 개수 : 45,327

● 재질정보
밀 도 : 8,000 kg/mm^{3}.
탄성계수 : 190,000 MPa
프아송비 : 0.29</td></tr>
<tr><td>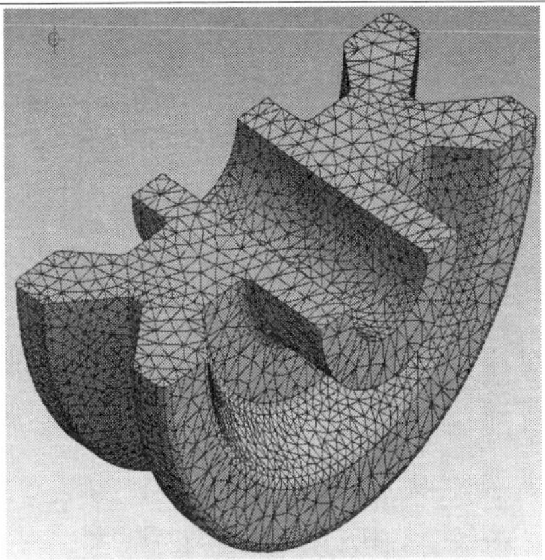</td></tr>
<tr><td>Detail View</td></tr>
<tr><td>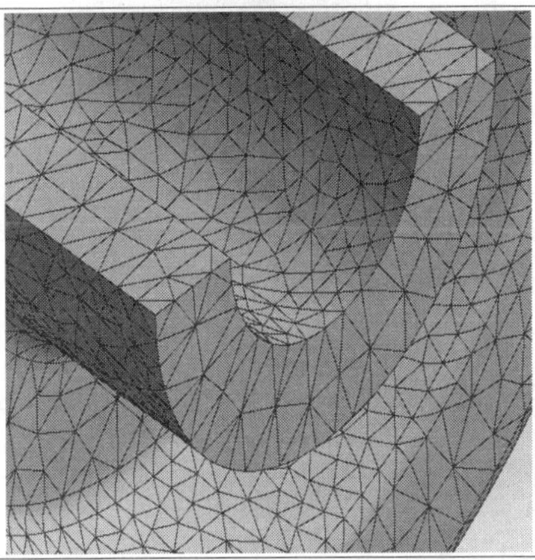</td></tr>
</table>

[2과제 - 정적구조해석]

가) 1과제 해석용 모델링 과제를 수행하고 만들어진 모델링을 이용하여 정적구조해석 경계조건(하중조건, 구속조건)을 적용하여 정적구조해석을 수행하고, 해석결과를 주어진 보고서 양식에 따라 작성하시오.

나) 주어진 형상모델 DATA를 활용하여 지시된 방법을 따라 해석 작업하시오.

다) 보고서 작성할 때 필요한 그림 캡처는 주어진 모델 기준으로 결과가 잘 나타날 수 있는 등각 View로 나타내시오.

1) 본 해석모델은 1과제에서 작업한 해석용 모델링을 사용하시오.

2) 아래 형상과 다음 고려사항을 참조하여 경계조건(하중조건, 구속조건)을 부여하고 해석을 작업하시오.

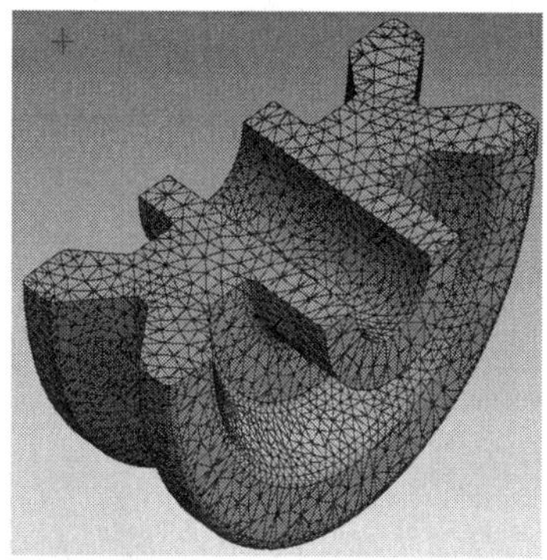

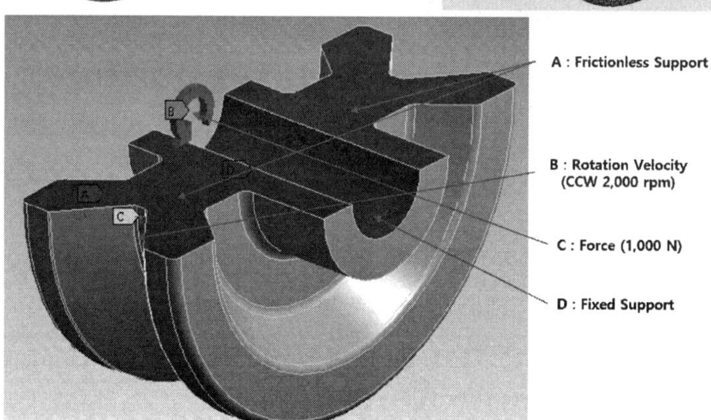

- 경계조건
  a. Belt Pulley의 대칭조건을 적용하시오.
  b. Belt Pulley를 반시계방향으로 2,000rpm으로 회전조건을 부여하시오.
  c. Belt Pulley의 Belt의 장력 1,000(N)을 방향으로 하중을 부여하시오.
  d. Belt Pulley의 축 중심면을 완전 구속하시오. (All Fixed)

3) 정적구조해석을 수행하고 그 결과를 보고서 양식에 따라 작성하시오.

- 유한요소모델 작업 보고서 작성사항
  - a. 원형 모델 등각 View
  - b. 유한요소모델 등각 View
  - c. Node(절점) 개수
  - d. Element(요수) 개수
  - e. 사용 소프트웨어 이름
- 해석 결과 보고서 작성 사항
  - a. 지시된 경계조건이 적용되어 나타난 등각 View
    (경계 조건에 대한 표현은 사용하는 S/W에서 제공하는 기능을 이용하고 경계조건별 색깔로 구분이 가능하도록 작업)
  - b. 경계조건 항목 리스트(적용한 경계조건을 간략하게 명시)
  - c. 변형량의 최대값과 그 방향 및 크기를 확인할 수 있는 View
    (변형전 형상/변형후 형상을 동시에 표시하도록 캡처하여 보고서 Template에 삽입하고, 변형량 최대값을 작성하시오.)
    변형량은 Scale 조정을 통해 직관적으로 관찰이 가능하도록 표기할 것.
  - d. 응력표시는 Nodal 값의 평균값을 사용하여 발생하는 Von Mises Stress 최대값과 그 위치 및 크기를 알 수 있는 View
    (발생 응력의 최대값이 위치한 곳을 확인할 수 있는 형상을 캡처하여 보고서에 삽입하고 최대응력값을 작성하시오.)
  - e. 항복강도를 기준으로 한 안전율(Safety Factor)
  - f. 모든 결과값은 소수점 셋째자리까지 표현하시오. (넷째자리에서 반올림)

라) 2과제 보고서 작성

<table>
<tr><th colspan="2">원형모델</th><th>유한요소모델</th></tr>
<tr><td>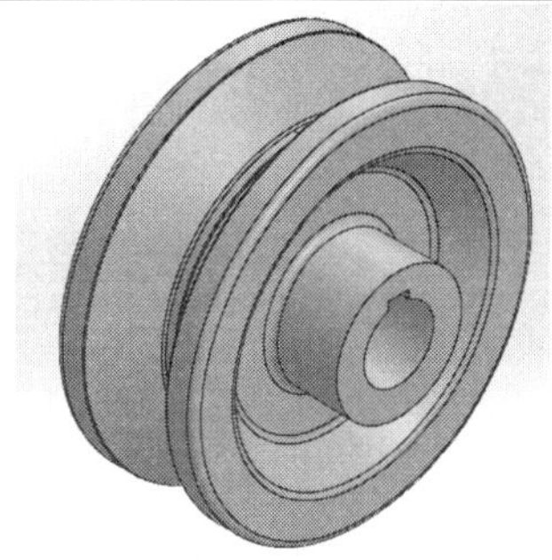</td><td>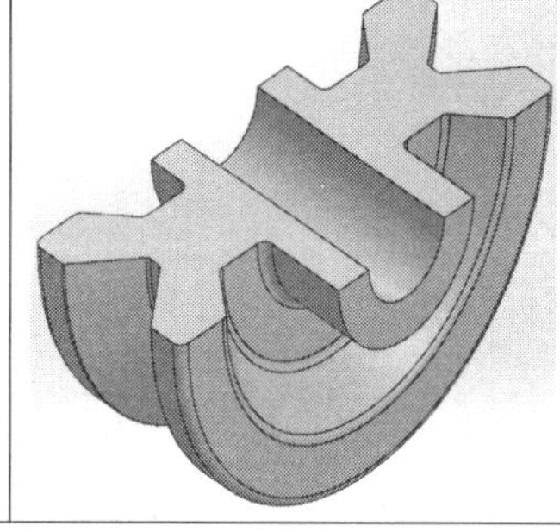</td><td>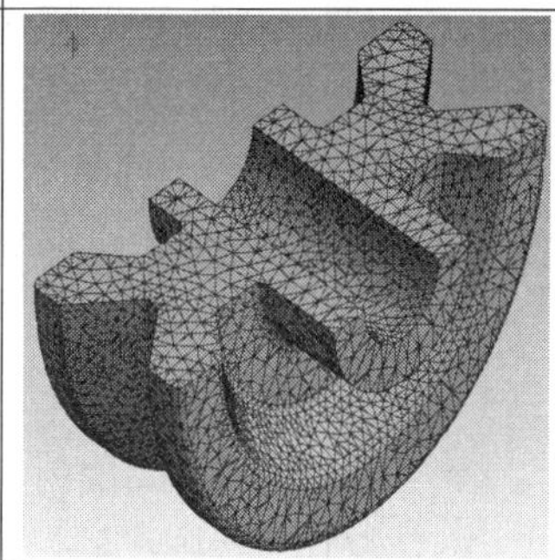</td></tr>
<tr><td colspan="3">1. Element 개수 : 25,924
2. Node 개수 : 45,327
3. Element Type : Tetrahedrons (2nd Element)
4. 사용 Solver : Ansys Mechanical
5. 유한요소모델 질량 : 0.822 kg</td></tr>
</table>

<table>
<tr><th rowspan="2">경계조건</th><th colspan="2">정적구조해석 결과</th></tr>
<tr><th>변위(Total Deformation)</th><th>응력(Von-mises stress)</th></tr>
<tr><td rowspan="2">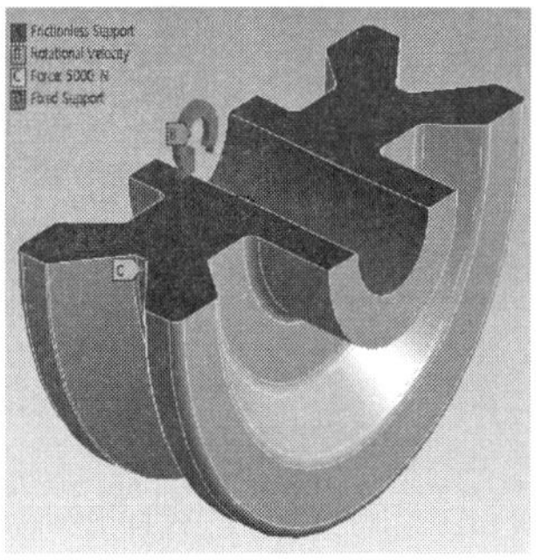</td><td>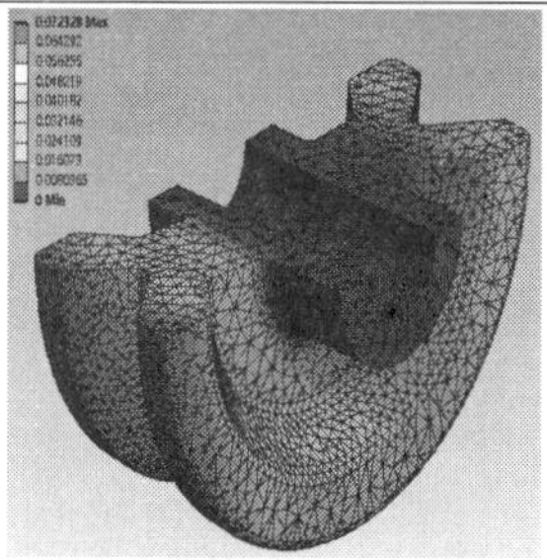</td><td>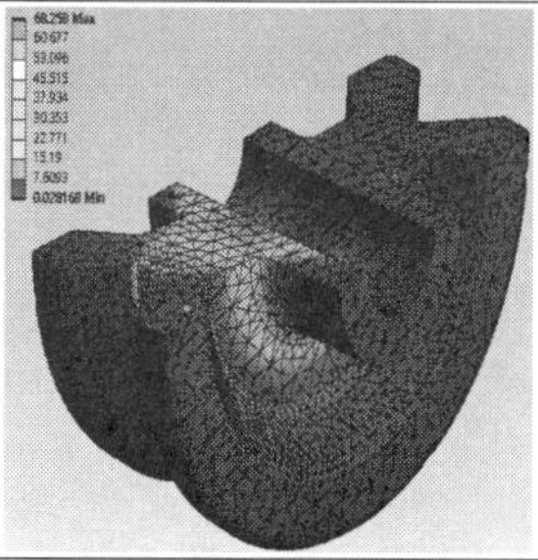</td></tr>
<tr><td>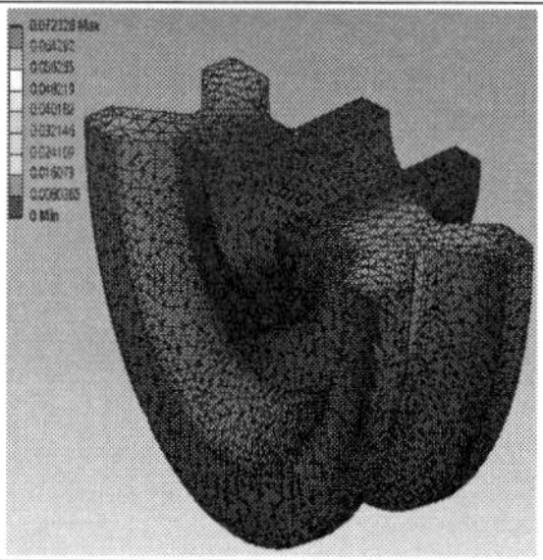</td><td>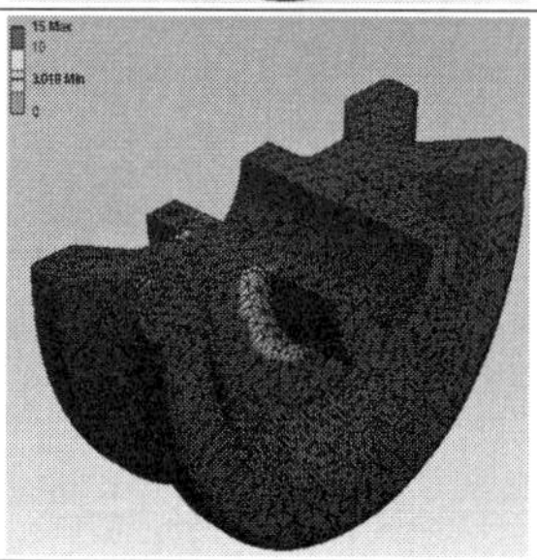</td></tr>
<tr><td>A : Frictionless Support
B : Angular Velocity
C : Force 1,000(N)
D : Fixed Support</td><td>Total deformation
: 0.072 mm</td><td>Max. von-mises stress
: 68.258 MPa
FOS (안전율 : 항복강도 기준)
: 3.018</td></tr>
</table>

3. 가스켓 (Gasket) 해석

[1과제 - 해석용 모델링] (모델 : Gasket.step)

가) 주어진 3D CAD 데이터 Gasket File(Step 파일 또는 Parasolid)을 이용하여 유한 요소모델을 생성하고, 요소 모델의 정보를 제공된 보고서 양식에 따라 작성하시오.
※ CAD 모델 (Step or Parasolid 파일 제공)

3D CAD 모델

해석 모델

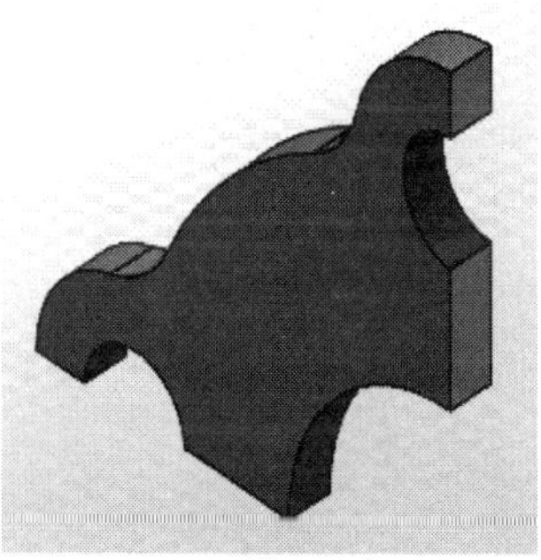

구조해석을 위한 유한요소모델은 다음과 같이 생성하시오.

1) 유한요소모델은 대칭구조물로 생성하시오.
2) 기본 Mesh Size는 1mm로 하고, 필요시 Hole, Conner Fillet 등 응력이 집중되는 곳에는 품질이 Fine하게 작업하시오.
3) 두께 방향으로 최소 2개의 Element가 생성될 수 있도록 작업하시오. (보고서에 Detail View로 표시할 것.)
4) 요소(Element)는 육면체 2차 요소(2nd order Element(절점 10))를 사용하시오. (보고서에 요소정보 정확히 표시할 것.)
5) 부품의 재질정보는 다음 재료 물성표를 이용하여 해석에 필요한 정보를 직접 입력하시오.

나) 재질정보

Material Properties	6061-T6
Mass Density (RHO)	2,700 (kg/m^3)
Young's Modulus (E)	69,000 MPa
Poisson's Ratio (NU)	0.33
Yield Strength	275 MPa
Ultimate Tensile Strength	310 MPa

다) 1과제 보고서 작성

<table>
<tr><th>3D 렌더링 등각투상도</th><th>유한요소모델</th></tr>
<tr><td>Total View</td><td rowspan="4">

● S/W : Ansys Workbench

● Element Type : Hex Dominant
(2nd Element)

● Element 개수 : 5,390
● Node 개수 : 24,494

● 재질정보
밀　　도 : 2,700 kg/mm^3
탄성계수 : 69,000 MPa
프아송비 : 0.33

</td></tr>
<tr><td>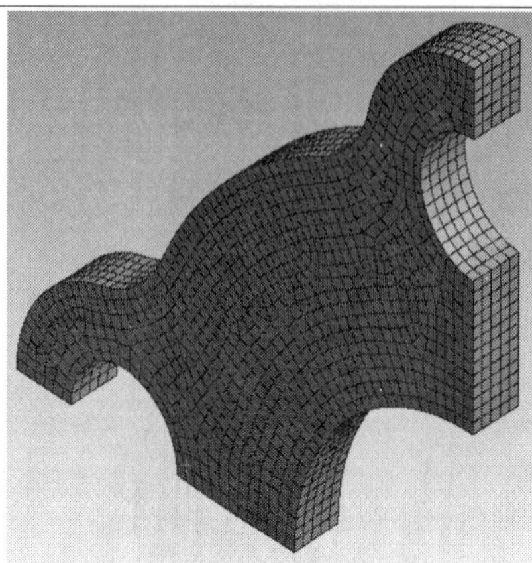</td></tr>
<tr><td>Detail View</td></tr>
<tr><td>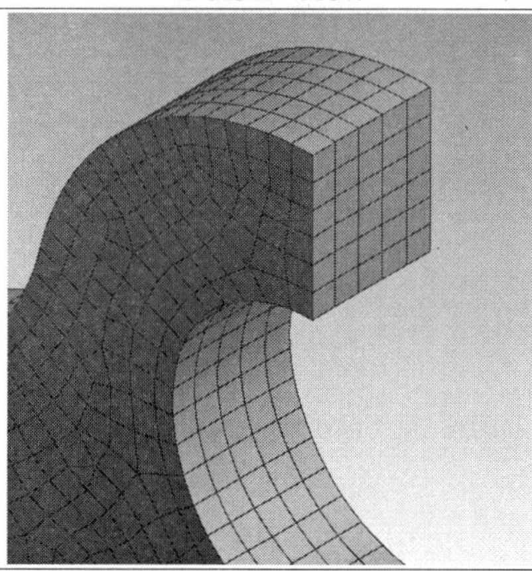</td></tr>
</table>

[2과제 - 정적구조해석]

가) 1과제 해석용 모델링 과제를 수행하고 만들어진 모델링을 이용하여 정적구조해석 경계조건(하중조건, 구속조건)을 적용하여 정적구조해석을 수행하고, 해석결과를 주어진 보고서 양식에 따라 작성하시오.

나) 주어진 형상모델 DATA를 활용하여 지시된 방법을 따라 해석 작업하시오.

다) 보고서 작성할 때 필요한 그림 캡처는 주어진 모델 기준으로 결과가 잘 나타날 수 있는 등각 View로 나타내시오.

1) 본 해석모델은 1과제에서 작업한 해석용 모델링을 사용하시오.

2) 아래 형상과 다음 고려사항을 참조하여 경계조건(하중조건, 구속조건)을 부여하고 해석을 작업하시오.

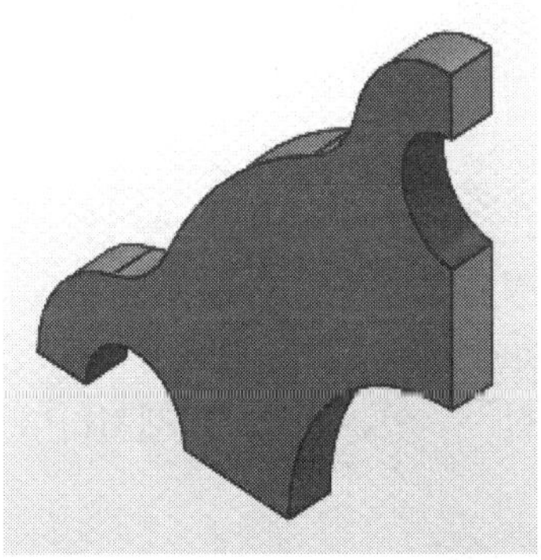

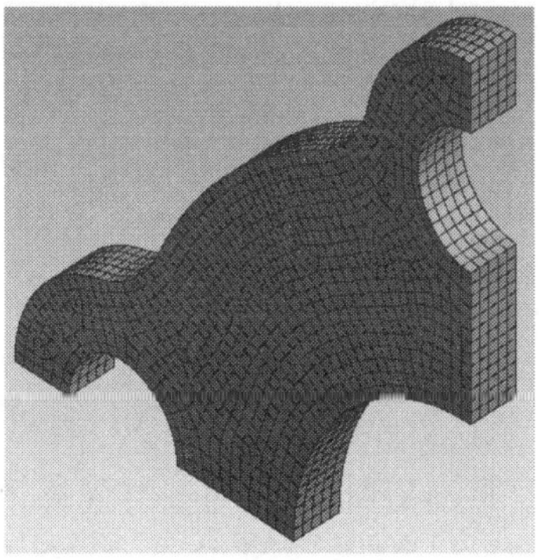

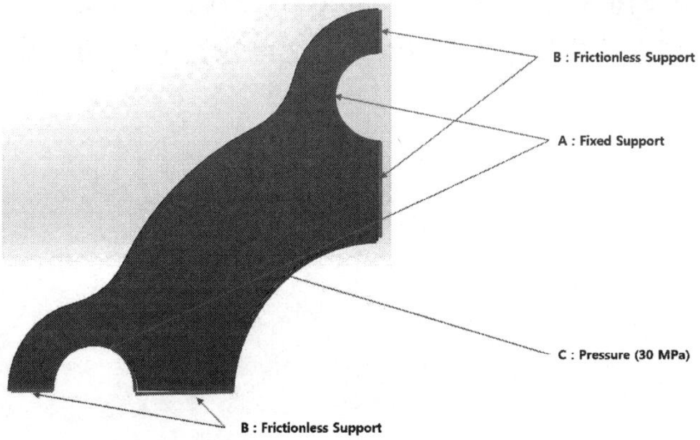

- 경계조건
  - a. Gasket의 바깥쪽 Hole을 완전 고정하시오. (All Fixed)
  - b. Gasket을 1/4의 대칭조건을 부여하시오.
  - c. Gasket의 중심에 압력 30 MPa을 적용하시오.

3) 정적구조해석을 수행하고 그 결과를 보고서 양식에 따라 작성하시오.

- 유한요소모델 작업 보고서 작성사항
  - a. 원형 모델 등각 View
  - b. 유한요소모델 등각 View
  - c. Node(절점) 개수
  - d. Element(요수) 개수
  - e. 사용 소프트웨어 이름
- 해석 결과 보고서 작성 사항
  - a. 지시된 경계조건이 적용되어 나타난 등각 View
    (경계 조건에 대한 표현은 사용하는 S/W에서 제공하는 기능을 이용하고 경계조건별 색깔로 구분이 가능하도록 작업)
  - b. 경계조건 항목 리스트(적용한 경계조건을 간략하게 명시)
  - c. 변형량의 최대값과 그 방향 및 크기를 확인할 수 있는 View
    (변형전 형상/변형후 형상을 동시에 표시하도록 캡처하여 보고서 Template에 삽입하고, 변형량 최대값을 작성하시오.)
    변형량은 Scale 조정을 통해 직관적으로 관찰이 가능하도록 표기할 것.
  - d. 응력표시는 Nodal 값의 평균값을 사용하여 발생하는 Von Mises Stress 최대값과 그 위치 및 크기를 알 수 있는 View
    (발생 응력의 최대값이 위치한 곳을 확인할 수 있는 형상을 캡처하여 보고서에 삽입하고 최대응력값을 작성하시오.)
  - e. 항복강도를 기준으로 한 안전율(Safety Factor)
  - f. 모든 결과값은 소수점 셋째자리까지 표현하시오. (넷째자리에서 반올림)

라) 2과제 보고서 작성

원형모델		유한요소모델
	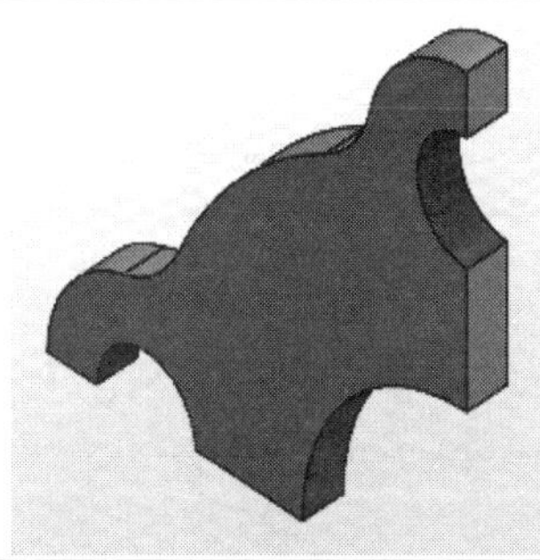	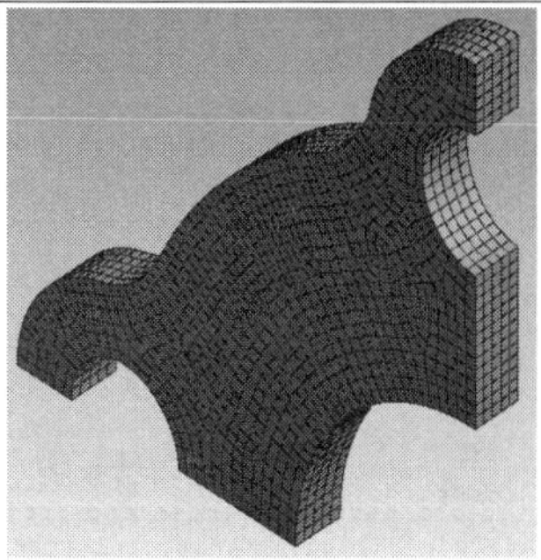
1. Element 개수 : 5,390 2. Node 개수 : 24,494 3. Element Type : Hex Dominant (2nd Element) 4. 사용 Solver : Ansys Mechanical 5. 유한요소모델 질량 : 0.014 kg		

경계조건	정적구조해석 결과	
	변위(Total Deformation)	응력(Von-mises stress)
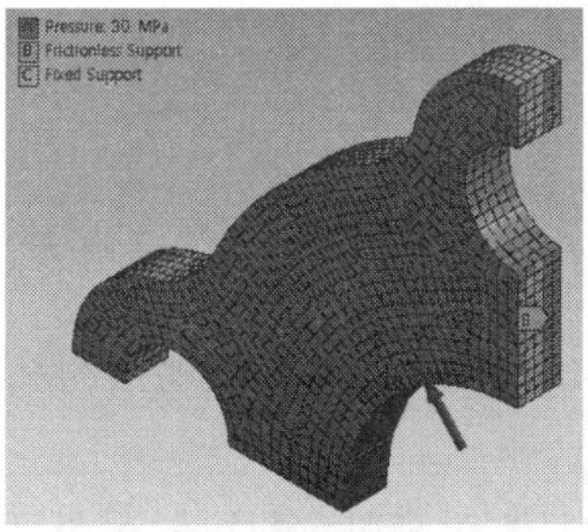	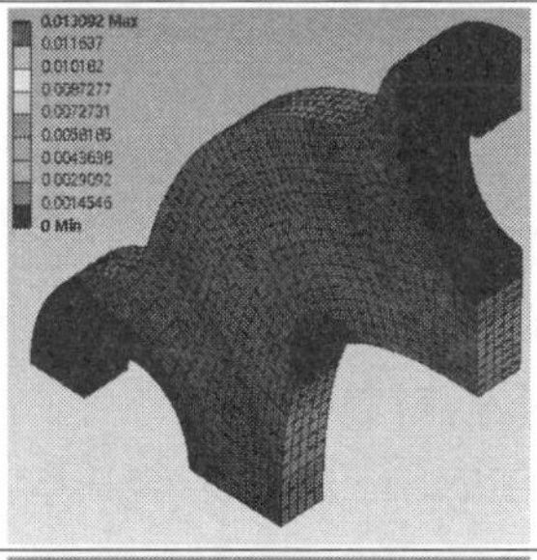 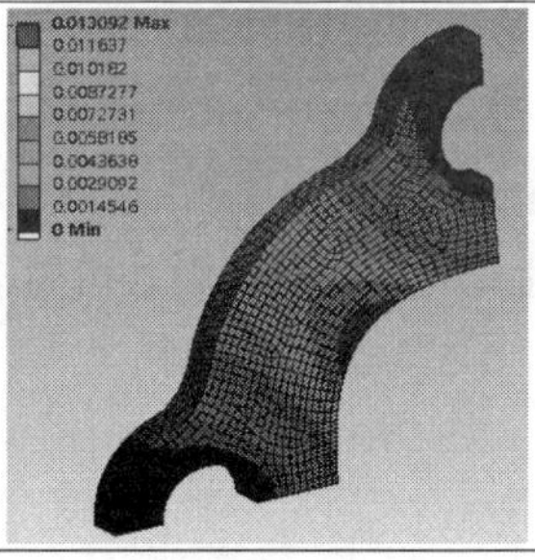	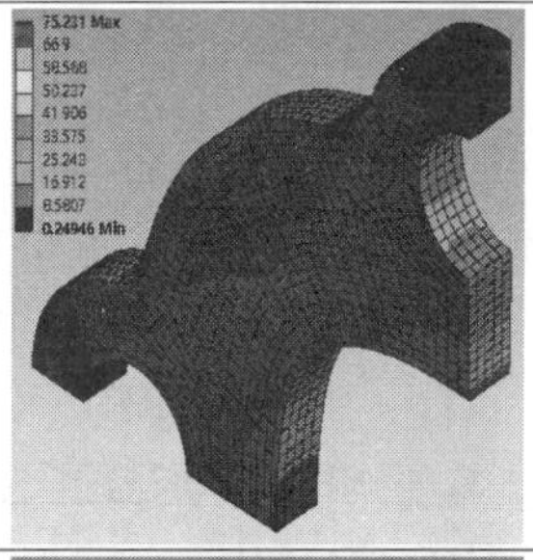 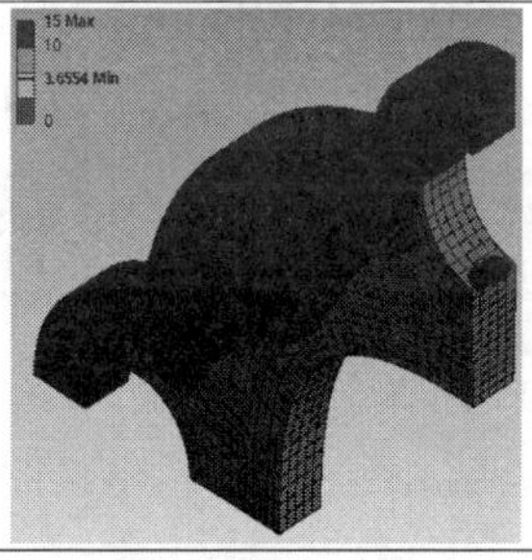
A : Pressure (30 MPa) B : Frictionless Support C : Fixed Support	Total deformation : 0.013 mm	Max. von-mises stress : 75.231 MPa FOS (안전율 : 항복강도 기준) : 3.655

4. 분할대(Dividing head) 해석

[1과제 - 해석용 모델링] (모델 : Dividing head.step)

가) 주어진 3D CAD 데이터 Dividing head File(Step 파일 또는 Parasolid)을 이용하여 유한요소모델을 생성하고, 요소 모델의 정보를 제공된 보고서 양식에 따라 작성하시오.
※ CAD 모델 (Step or Parasolid 파일 제공)

3D CAD 모델

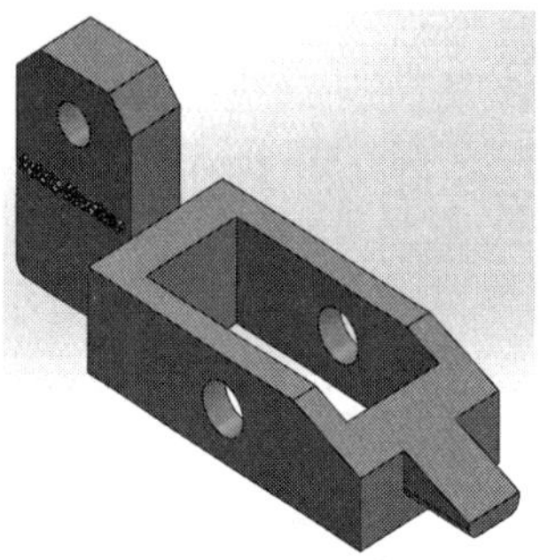

해석 모델

구조해석을 위한 유한요소모델은 다음과 같이 생성하시오.

1) 유한요소모델은 해석에 불필요한 부분을 삭제하여 생성하시오.
2) 기본 Mesh size는 1mm로 하고, 필요시 Hole, Conner Fillet 등 응력이 집중되는 곳에는 품질이 Fine하게 작업하시오.
3) 두께 방향으로 최소 2개의 Element가 생성될 수 있도록 작업하시오. (보고서에 Detail View로 표시할 것.)
4) 요소(Element)는 사면체 2차 요소(2nd order Element(절점 10))를 사용하시오. (보고서에 요소정보 정확히 표시할 것.)
5) 부품의 재질정보는 다음 재료 물성표를 이용하여 해석에 필요한 정보를 직접 입력하시오.

나) 재질정보

Material Properties	SUS 304
Mass Density (RHO)	8,000 (kg/m^3)
Young's Modulus (E)	190,000 MPa
Poisson's Ratio (NU)	0.29
Yield Strength	206 MPa
Ultimate Tensile Strength	517 MPa

다) 1과제 보고서 작성

<table>
<tr><th>3D 렌더링 등각투상도</th><th>유한요소모델</th></tr>
<tr><td>Total View</td><td rowspan="4">● S/W : Ansys Workbench
● Element Type : Tetrahedrons (2nd Element)
● Element 개수 : 19,150
● Node 개수 : 34,828
● 재질정보
밀 도 : 8,000 $kg/mm^{3.}$
탄성계수 : 190,000 MPa
프아송비 : 0.29</td></tr>
<tr><td>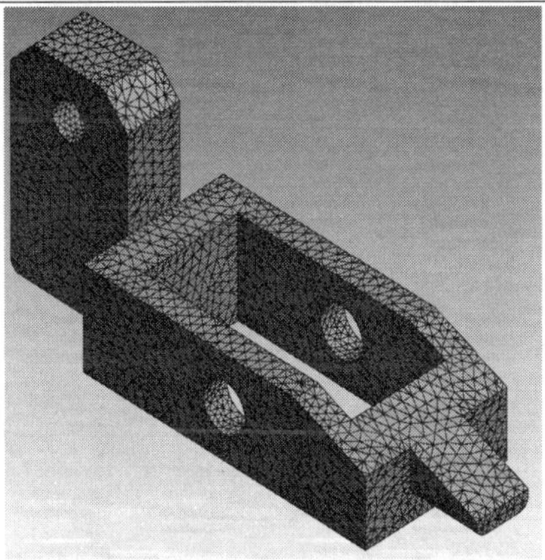</td></tr>
<tr><td>Detail View</td></tr>
<tr><td>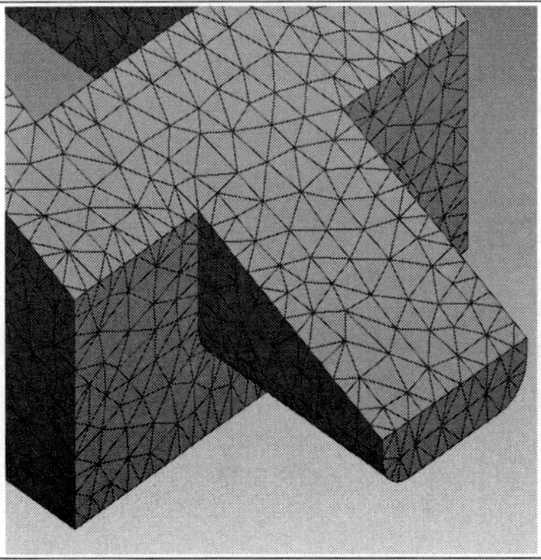</td></tr>
</table>

[2과제 - 정적구조해석]

가) 1과제 해석용 모델링 과제를 수행하고 만들어진 모델링을 이용하여 정적구조해석 경계조건(하중조건, 구속조건)을 적용하여 정적구조해석을 수행하고, 해석결과를 주어진 보고서 양식에 따라 작성하시오.

나) 주어진 형상모델 DATA를 활용하여 지시된 방법을 따라 해석 작업하시오.

다) 보고서 작성할 때 필요한 그림 캡처는 주어진 모델 기준으로 결과가 잘 나타날 수 있는 등각 View로 나타내시오.

1) 본 해석모델은 1과제에서 작업한 해석용 모델링을 사용하시오.
2) 아래 형상과 다음 고려사항을 참조하여 경계조건(하중조건, 구속조건)을 부여하고 해석을 작업하시오.

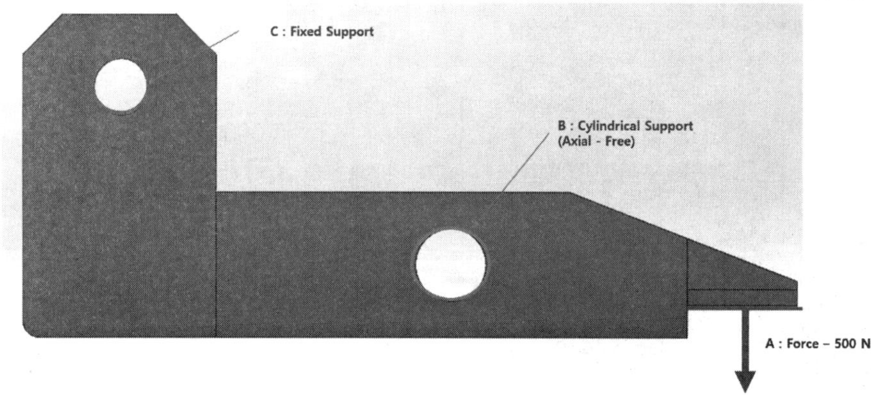

- 경계조건
  a. Dividing head의 끝 부분에 500 N의 힘을 적용하시오.
  b. Dividing head에 Pin으로 고정된 부분의 경계조건을 부여하시오
  c. Dividing head의 고정 Hole에 대해 완전 구속하시오. (All Fixed)

3) 정적구조해석을 수행하고 그 결과를 보고서 양식에 따라 작성하시오.

- 유한요소모델 작업 보고서 작성사항
  a. 원형 모델 등각 View
  b. 유한요소모델 등각 View
  c. Node(절점) 개수
  d. Element(요수) 개수
  e. 사용 소프트웨어 이름
- 해석 결과 보고서 작성 사항
  a. 지시된 경계조건이 적용되어 나타난 등각 View
  (경계 조건에 대한 표현은 사용하는 S/W에서 제공하는 기능을 이용하고 경계조건별 색깔로 구분이 가능하도록 작업)
  b. 경계조건 항목 리스트(적용한 경계조건을 간략하게 명시)
  c. 변형량의 최대값과 그 방향 및 크기를 확인할 수 있는 View
  (변형전 형상/변형후 형상을 동시에 표시하도록 캡처하여 보고서 Template에 삽입하고, 변형량 최대값을 작성하시오.)
  변형량은 Scale 조정을 통해 직관적으로 관찰이 가능하도록 표기할 것.
  d. 응력표시는 Nodal 값의 평균값을 사용하여 발생하는 Von Mises Stress 최대값과 그 위치 및 크기를 알 수 있는 View
  (발생 응력의 최대값이 위치한 곳을 확인할 수 있는 형상을 캡처하여 보고서에 삽입하고 최대응력값을 작성하시오.)
  e. 항복강도를 기준으로 한 안전율(Safety Factor)
  f. 모든 결과값은 소수점 셋째자리까지 표현하시오. (넷째자리에서 반올림)

라) 2과제 보고서 작성

<table>
<tr><th colspan="2">원형모델</th><th>유한요소모델</th></tr>
<tr><td></td><td></td><td></td></tr>
<tr><td colspan="3">1. Element 개수 : 19,150
2. Node 개수 : 34,828
3. Element Type : Tetrahedrons (2nd Element)
4. 사용 Solver : Ansys Mechanical
5. 유한요소모델 질량 : 0.208 kg</td></tr>
</table>

<table>
<tr><th rowspan="2">경계조건</th><th colspan="2">정적구조해석 결과</th></tr>
<tr><th>변위(Total Deformation)</th><th>응력(Von-mises stress)</th></tr>
<tr><td rowspan="2">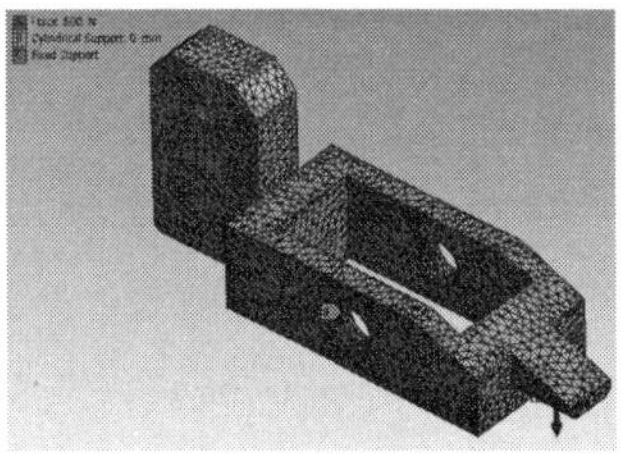</td><td>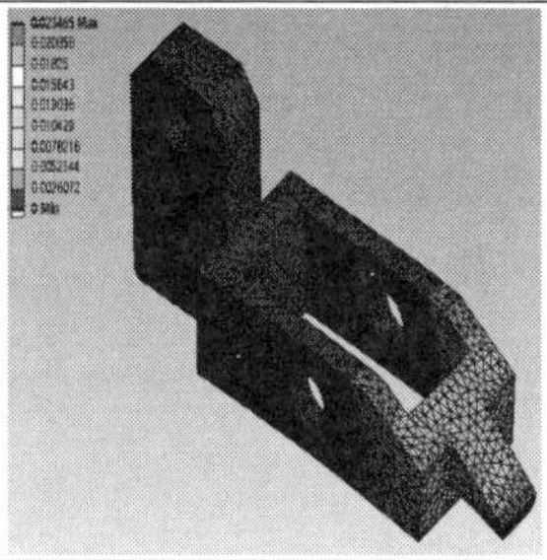</td><td>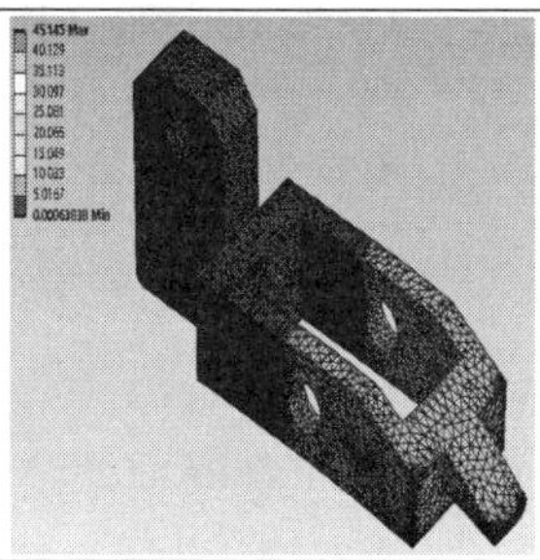</td></tr>
<tr><td>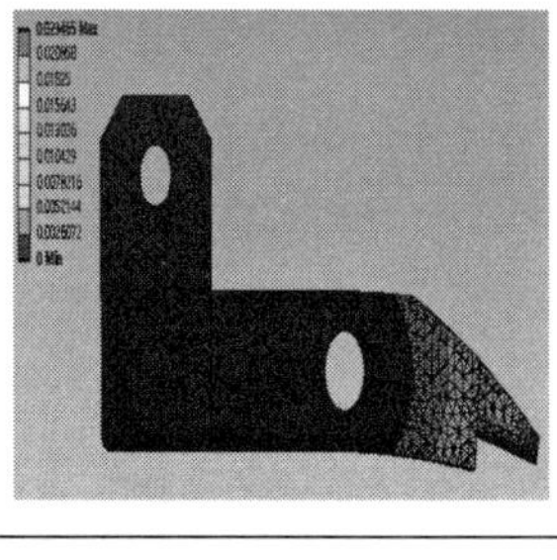</td><td>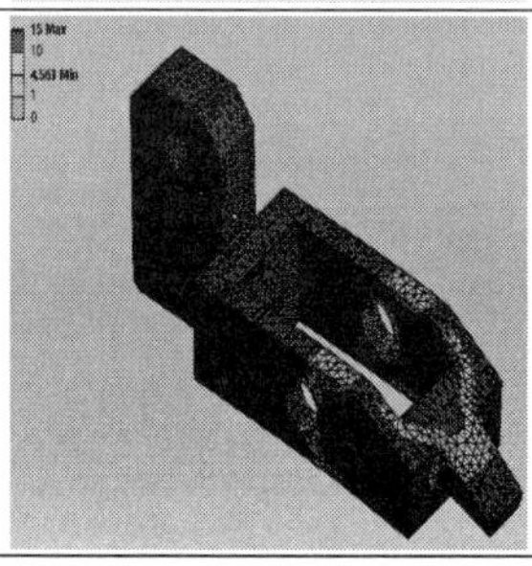</td></tr>
<tr><td>A : Force (500 N)
B : Cylindrical Support
(Axial - Free)
C : Fixed Support</td><td>Total deformation
: 0.023 mm</td><td>Max. von-mises stress
: 45.145 MPa
FOS (안전율 : 항복강도 기준)
: 4.563</td></tr>
</table>

5. 본체(Base) 해석

[1과제 - 해석용 모델링] (모델 : Base.step)

가) 주어진 3D CAD 데이터 Base File(Step 파일 또는 Parasolid)을 이용하여 유한요소모델을 생성하고, 요소 모델의 정보를 제공된 보고서 양식에 따라 작성하시오.
※ CAD 모델 (Step or Parasolid 파일 제공)

3D CAD 모델

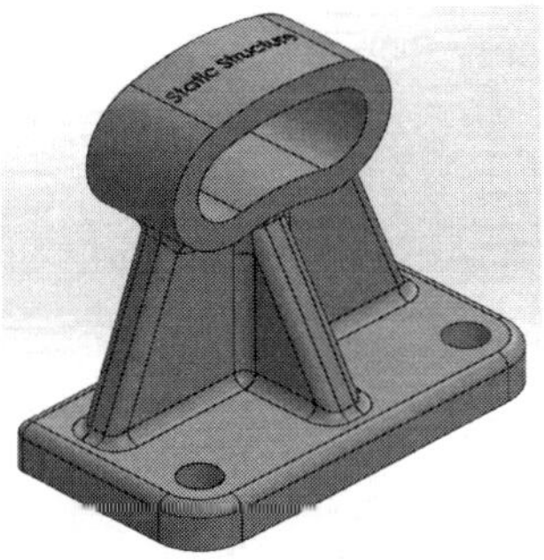

해석 모델

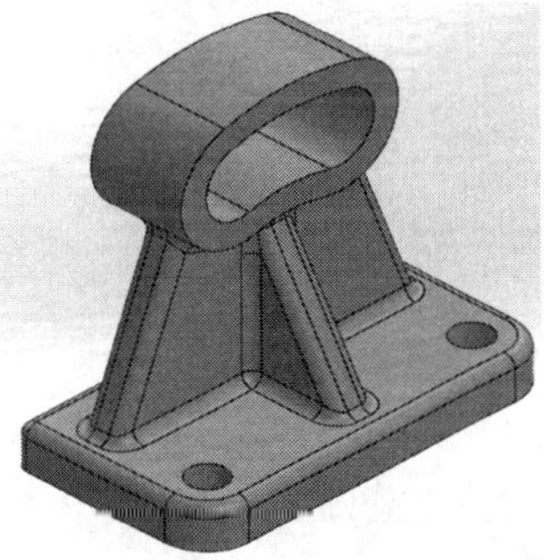

구조해석을 위한 유한요소모델은 다음과 같이 생성하시오.

1) 유한요소모델은 해석에 불필요한 부분을 삭제하여 생성하시오.
2) 기본 Mesh size는 2mm로 하고, 필요시 Hole, Conner Fillet 등 응력이 집중되는 곳에는 품질이 Fine하게 작업하시오.
3) 두께 방향으로 최소 2개의 Element가 생성될 수 있도록 작업하시오.
(보고서에 Detail View로 표시할 것.)
4) 요소(Element)는 사면체 2차 요소(2nd order Element(절점 10))를 사용하시오.
(보고서에 요소정보 정확히 표시할 것.)
5) 부품의 재질정보는 다음 재료 물성표를 이용하여 해석에 필요한 정보를 직접 입력하시오.

나) 재질정보

Material Properties	SUS 304
Mass Density (RHO)	8,000 (kg/m^3)
Young's Modulus (E)	190,000 MPa
Poisson's Ratio (NU)	0.29
Yield Strength	206 MPa
Ultimate Tensile Strength	517 MPa

다) 1과제 보고서 작성

<table>
<tr><th>3D 렌더링 등각투상도</th><th>유한요소모델</th></tr>
<tr><td>Total View</td><td rowspan="4">

● S/W : Ansys Workbench

● Element Type : Tetrahedrons (2nd Element)

● Element 개수 : 22,963

● Node 개수 : 40,308

● 재질정보

밀 도 : 8,000 kg/mm^3.

탄성계수 : 190,000 MPa

프아송비 : 0.29

</td></tr>
<tr><td>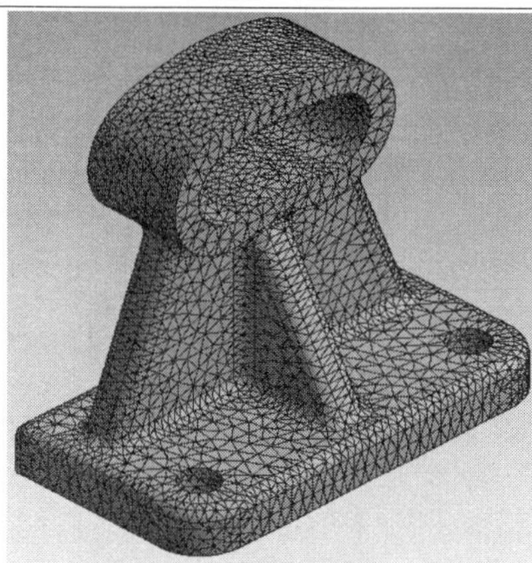</td></tr>
<tr><td>Detail View</td></tr>
<tr><td>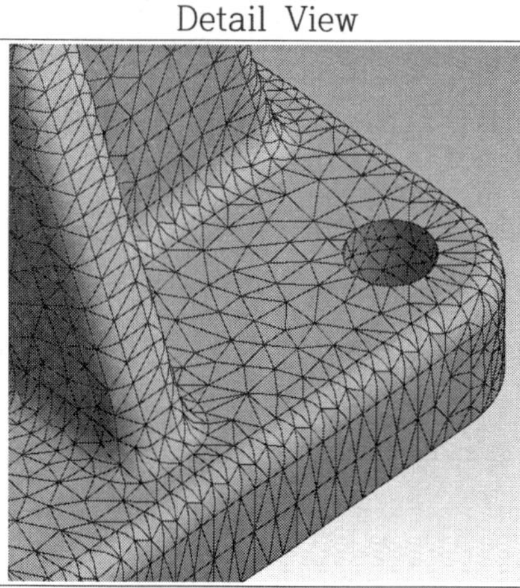</td></tr>
</table>

[2과제 - 정적구조해석]

가) 1과제 해석용 모델링 과제를 수행하고 만들어진 모델링을 이용하여 정적구조해석 경계조건(하중조건, 구속조건)을 적용하여 정적구조해석을 수행하고, 해석결과를 주어진 보고서 양식에 따라 작성하시오.

나) 주어진 형상모델 DATA를 활용하여 지시된 방법을 따라 해석 작업하시오.

다) 보고서 작성할 때 필요한 그림 캡처는 주어진 모델 기준으로 결과가 잘 나타날 수 있는 등각 View로 나타내시오.

1) 본 해석모델은 1과제에서 작업한 해석용 모델링을 사용하시오.

2) 아래 형상과 다음 고려사항을 참조하여 경계조건(하중조건, 구속조건)을 부여하고 해석을 작업하시오.

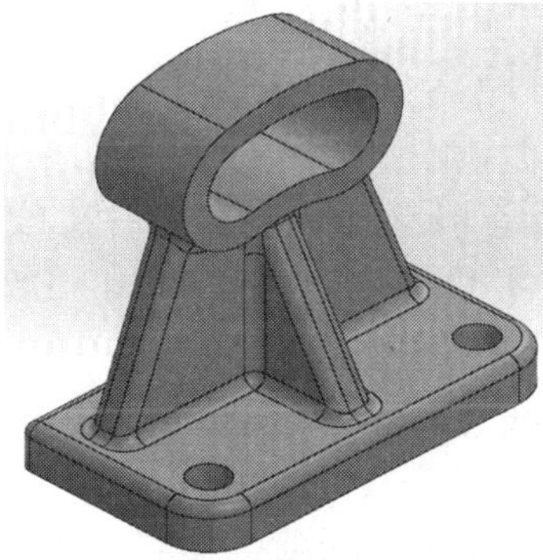

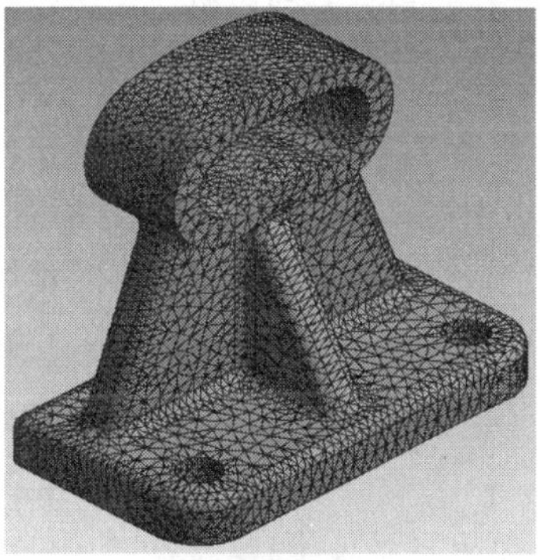

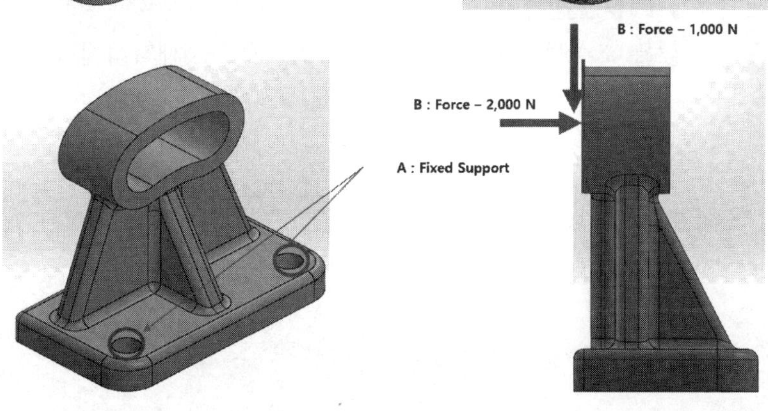

- 경계조건

  a. Base의 Hole(2곳)을 완전 구속하시오. (All Fixed)

  b. Base의 지정된 면에 2 방향의 하중을 각각 적용하시오.

3) 정적구조해석을 수행하고 그 결과를 보고서 양식에 따라 작성하시오.

- 유한요소모델 작업 보고서 작성사항
  - a. 원형 모델 등각 View
  - b. 유한요소모델 등각 View
  - c. Node(절점) 개수
  - d. Element(요수) 개수
  - e. 사용 소프트웨어 이름
- 해석 결과 보고서 작성 사항
  - a. 지시된 경계조건이 적용되어 나타난 등각 View
    (경계 조건에 대한 표현은 사용하는 S/W에서 제공하는 기능을 이용하고 경계조건별 색깔로 구분이 가능하도록 작업)
  - b. 경계조건 항목 리스트(적용한 경계조건을 간략하게 명시)
  - c. 변형량의 최대값과 그 방향 및 크기를 확인할 수 있는 View
    (변형전 형상/변형후 형상을 동시에 표시하도록 캡처하여 보고서 Template에 삽입하고, 변형량 최대값을 작성하시오.)
    변형량은 Scale 조정을 통해 직관적으로 관찰이 가능하도록 표기할 것.
  - d. 응력표시는 Nodal 값의 평균값을 사용하여 발생하는 Von Mises Stress 최대값과 그 위치 및 크기를 알 수 있는 View
    (발생 응력의 최대값이 위치한 곳을 확인할 수 있는 형상을 캡처하여 보고서에 삽입하고 최대응력값을 작성하시오.)
  - e. 항복강도를 기준으로 한 안전율(Safety Factor)
  - f. 모든 결과값은 소수점 셋째자리까지 표현하시오. (넷째자리에서 반올림)

라) 2과제 보고서 작성

<table>
<tr><th colspan="2">원형모델</th><th>유한요소모델</th></tr>
<tr><td>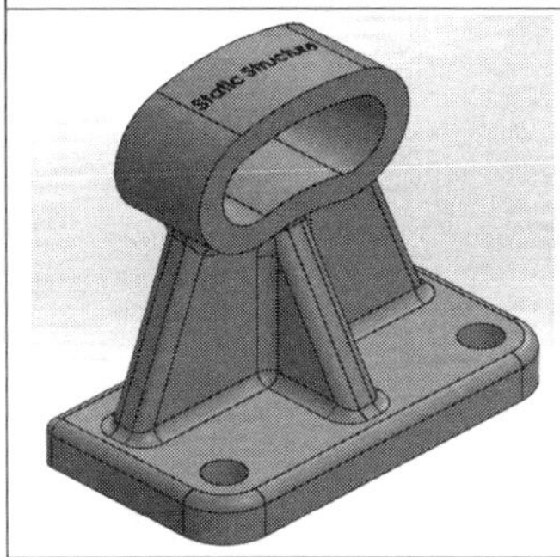</td><td>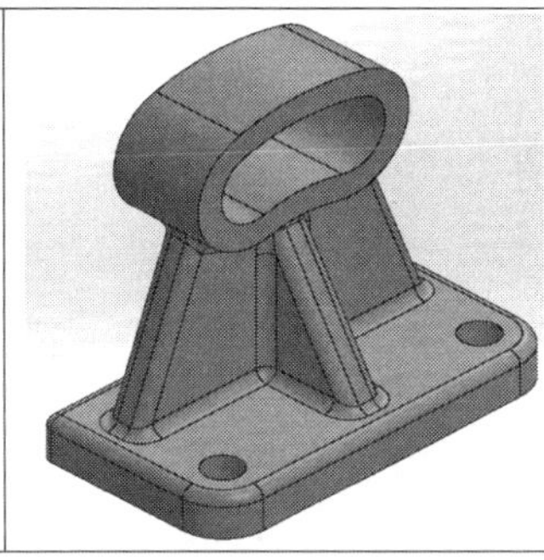</td><td>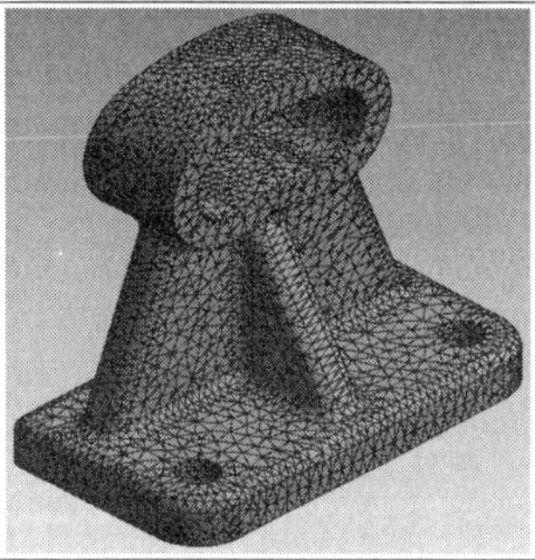</td></tr>
<tr><td colspan="3">1. Element 개수 : 22,963
2. Node 개수 : 40,308
3. Element Type : Tetrahedrons (2nd Element)
4. 사용 Solver : Ansys Mechanical
5. 유한요소모델 질량 : 1.012 kg</td></tr>
</table>

<table>
<tr><th rowspan="2">경계조건</th><th colspan="2">정적구조해석 결과</th></tr>
<tr><th>변위(Total Deformation)</th><th>응력(Von-mises stress)</th></tr>
<tr><td rowspan="2">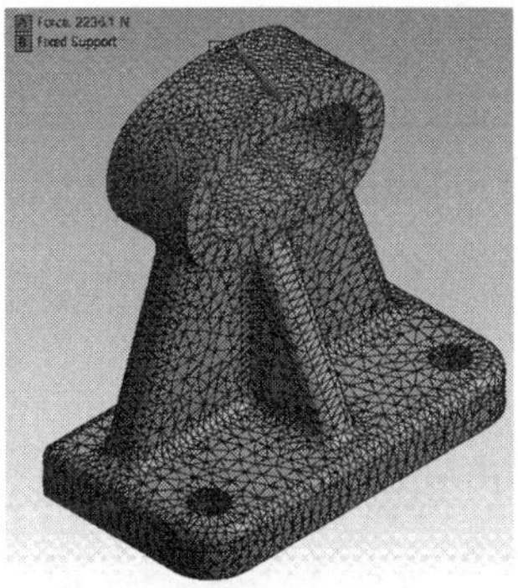</td><td>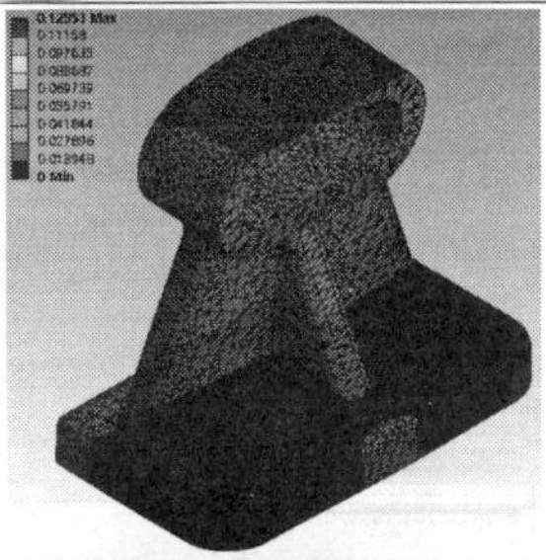</td><td>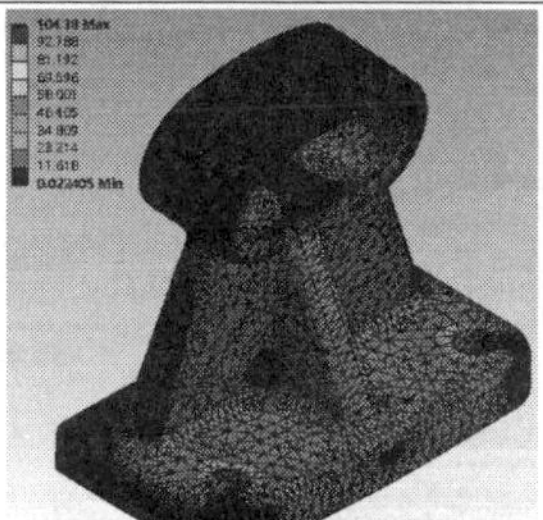</td></tr>
<tr><td>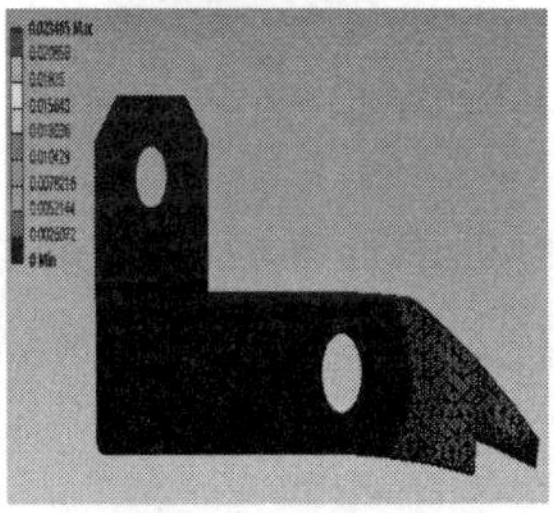</td><td>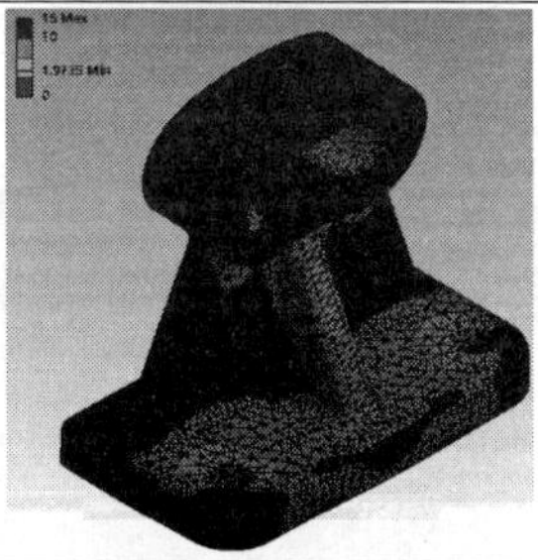</td></tr>
<tr><td>A : Fixed Support
B : Force
(X-direction - 2000 N)
(Y-direction - 1000 N)</td><td>Total deformation
: 0.126 mm</td><td>Max. von-mises stress
: 104.380 MPa
FOS (안전율 : 항복강도 기준)
: 1.976</td></tr>
</table>

6. 클램프(Clamp) 해석

[1과제 - 해석용 모델링] (모델 : clamp)

가) 주어진 3D CAD 데이터 Clamp File(Step 파일 또는 Parasolid)을 이용하여 유한요소모델을 생성하고, 요소 모델의 정보를 제공된 보고서 양식에 따라 작성하시오.
※ CAD 모델 (Step or Parasolid 파일 제공)

3D CAD 모델

해석 모델

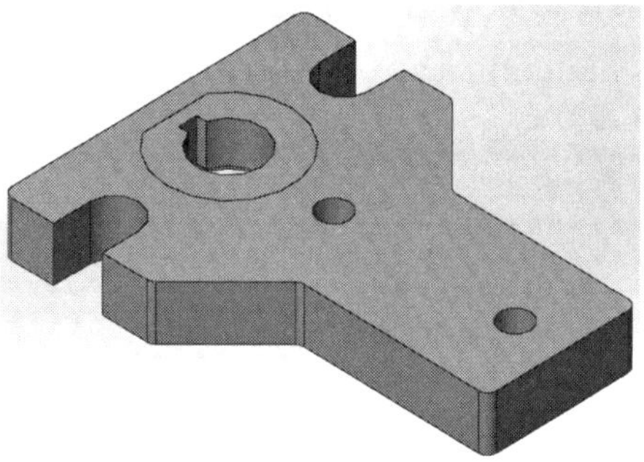

구조해석을 위한 유한요소모델은 다음과 같이 생성하시오.

1) Clamp의 조립되어 있는 볼트(Bolt)와 게이지(Gauge) 등을 제거하여 유한요소모델을 단순화한 해석모델을 생성하시오.
2) 기본 Mesh size는 2mm로 하고, 필요시 Hole, Conner Fillet 등 응력이 집중되는 곳에는 품질이 Fine하게 작업하시오.
3) 두께 방향으로 최소 2개의 Element가 생성될 수 있도록 작업하시오. (보고서에 Detail View로 표시할 것.)
4) 요소(Element)는 육면체 2차 요소(2nd order Element(절점 20))를 사용하시오. (보고서에 요소정보 정확히 표시할 것.)
5) 부품의 재질정보는 다음 재료 물성표를 이용하여 해석에 필요한 정보를 직접 입력하시오.

나) 재질정보

Material Properties	Aluminium 6061-T6
Mass Density (RHO)	2,760 (kg/m^3)
Young's Modulus (E)	69,000 MPa
Poisson's Ratio (NU)	0.33
Yield Strength	275 MPa
Ultimate Tensile Strength	310 MPa

다) 1과제 보고서 작성

<table>
<tr><th>3D 렌더링 등각투상도</th><th>유한요소모델</th></tr>
<tr><td>Total View</td><td rowspan="4">● S/W : Ansys Workbench

● Element Type : Hex Dominant
(2nd Element)

● Element 개수 : 24,661
● Node 개수 : 97,289

● 재질정보
밀　　도 : 2,760 kg/mm^{3}.
탄성계수 : 69,000 MPa
프아송비 : 0.33</td></tr>
<tr><td></td></tr>
<tr><td>Detail View</td></tr>
<tr><td>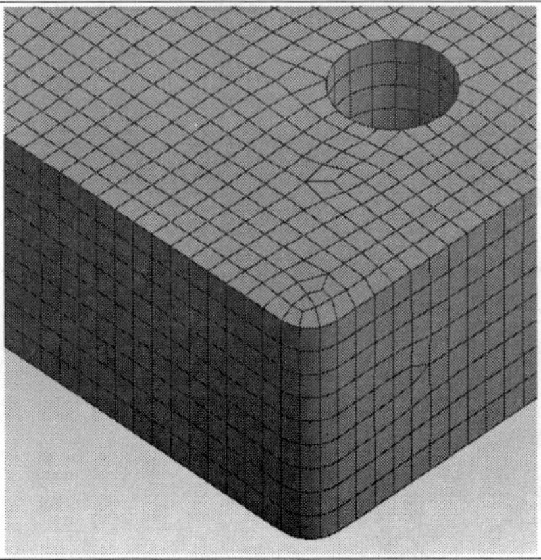</td></tr>
</table>

[2과제 - 정적구조해석]

가) 1과제 해석용 모델링 과제를 수행하고 만들어진 모델링을 이용하여 정적구조해석 경계조건(하중조건, 구속조건)을 적용하여 정적구조해석을 수행하고, 해석결과를 주어진 보고서 양식에 따라 작성하시오.

나) 주어진 형상모델 DATA를 활용하여 지시된 방법을 따라 해석 작업하시오.

다) 보고서 작성할 때 필요한 그림 캡처는 주어진 모델 기준으로 결과가 잘 나타날 수 있는 등각 View로 나타내시오.

1) 본 해석모델은 1과제에서 작업한 해석용 모델링을 사용하시오.

2) 아래 형상과 다음 고려사항을 참조하여 경계조건(하중조건, 구속조건)을 부여하고 해석을 작업하시오.

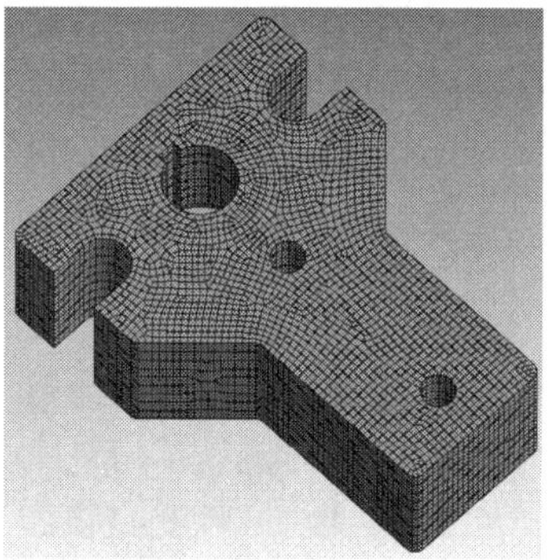

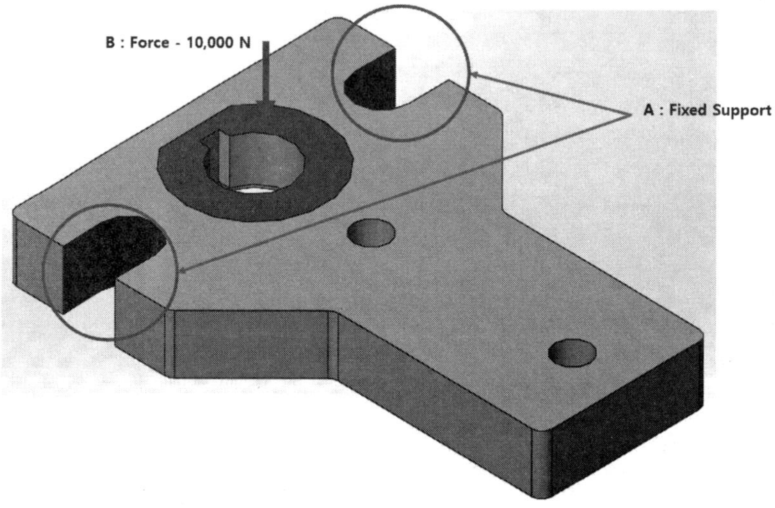

- 경계조건

  a. Clamp의 Plane(6곳)을 완전 구속하시오. (All Fixed)

  b. Clamp의 지정된 면에 하중(10,000 N)을 적용하시오.

3) 정적구조해석을 수행하고 그 결과를 보고서 양식에 따라 작성하시오.

- 유한요소모델 작업 보고서 작성사항
  a. 원형 모델 등각 View
  b. 유한요소모델 등각 View
  c. Node(절점) 개수
  d. Element(요수) 개수
  e. 사용 소프트웨어 이름
- 해석 결과 보고서 작성 사항
  a. 지시된 경계조건이 적용되어 나타난 등각 View
  (경계 조건에 대한 표현은 사용하는 S/W에서 제공하는 기능을 이용하고 경계조건별 색깔로 구분이 가능하도록 작업)
  b. 경계조건 항목 리스트(적용한 경계조건을 간략하게 명시)
  c. 변형량의 최대값과 그 방향 및 크기를 확인할 수 있는 View
  (변형전 형상/변형후 형상을 동시에 표시하도록 캡처하여 보고서 Template에 삽입하고, 변형량 최대값을 작성하시오.)
  변형량은 Scale 조정을 통해 직관적으로 관찰이 가능하도록 표기할 것.
  d. 응력표시는 Nodal 값의 평균값을 사용하여 발생하는 Von Mises Stress 최대값과 그 위치 및 크기를 알 수 있는 View
  (발생 응력의 최대값이 위치한 곳을 확인할 수 있는 형상을 캡처하여 보고서에 삽입하고 최대응력값을 작성하시오.)
  e. 항복강도를 기준으로 한 안전율(Safety Factor)
  f. 모든 결과값은 소수점 셋째자리까지 표현하시오. (넷째자리에서 반올림)

라) 2과제 보고서 작성

원형모델		유한요소모델
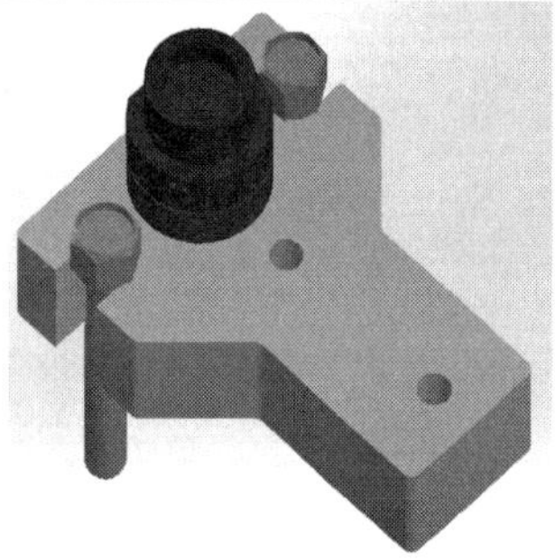	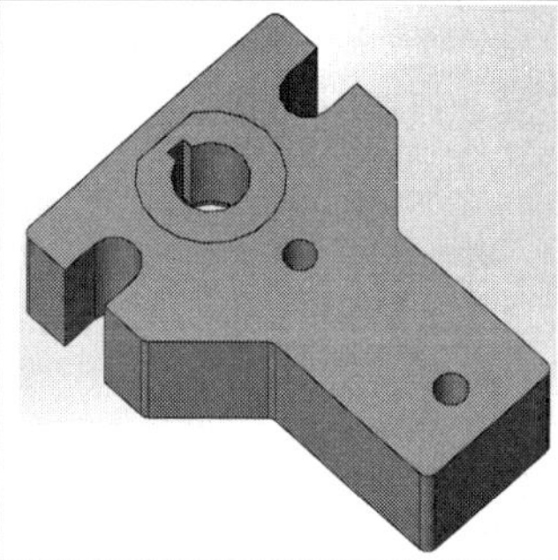	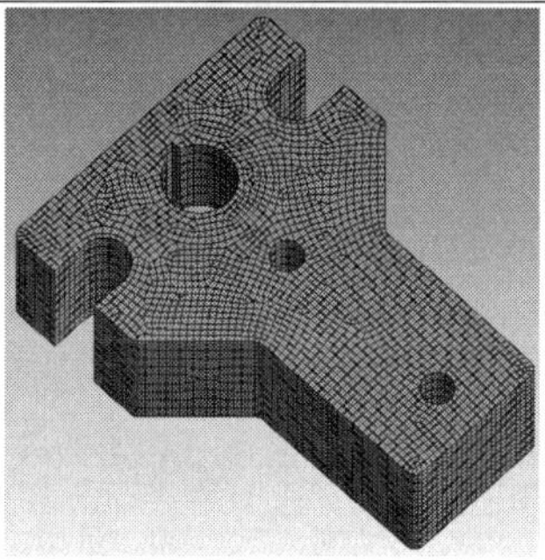
1. Element 개수 : 24,661 2. Node 개수 : 97,289 3. Element Type : Hex Dominant (2nd Element) 4. 사용 Solver : Ansys Mechanical 5. 유한요소모델 질량 : 0.396 kg		

경계조건	정적구조해석 결과	
	변위(Total Deformation)	응력(Von-mises stress)
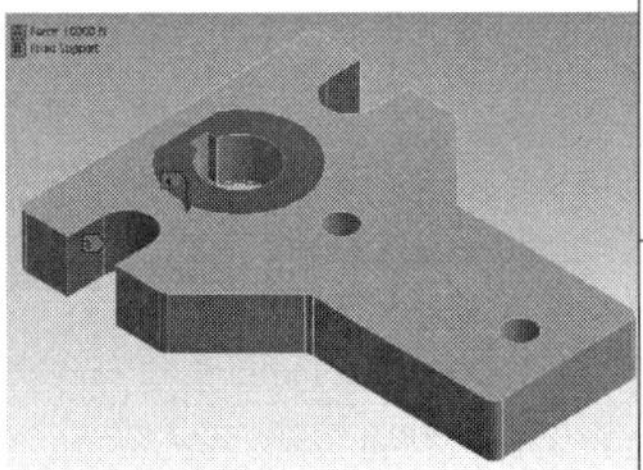	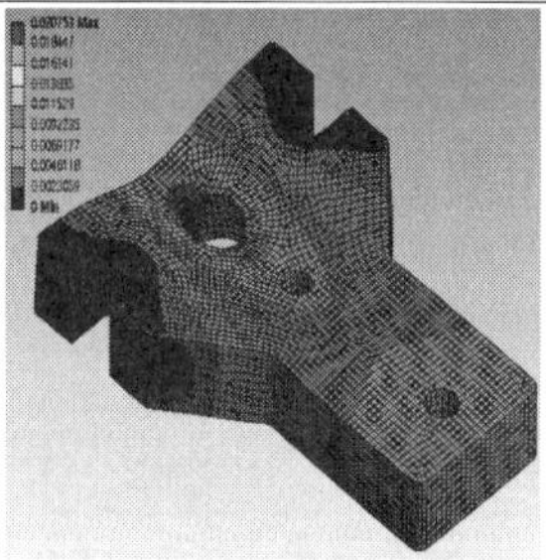 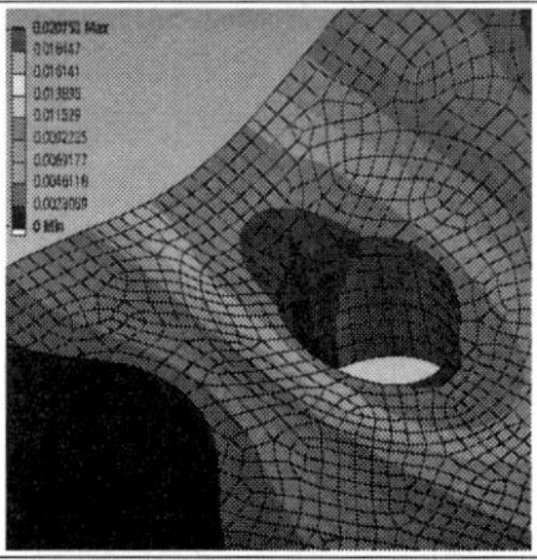	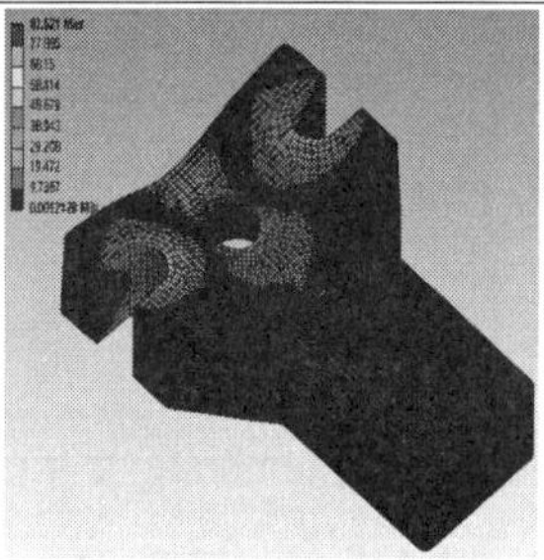 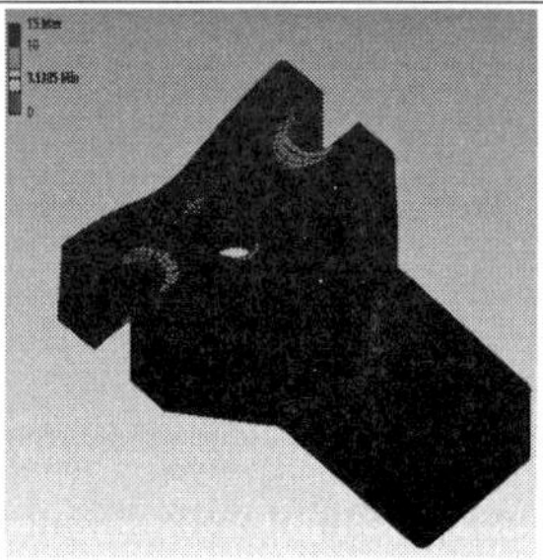
A : Fixed Support B : Force 10,000 N	Total deformation : 0.021 mm	Max. von-mises stress : 87.621 MPa FOS (안전율 : 항복강도 기준) : 3.139

7. 파이프 클램퍼(Clamp) 해석

[1과제 - 해석용 모델링] (모델 : Pipe clamper.step)

가) 주어진 3D CAD 데이터 Pipe Clamper File(Step 파일 또는 Parasolid)을 이용하여 유한요소모델을 생성하고, 요소 모델의 정보를 제공된 보고서 양식에 따라 작성하시오. ※ CAD 모델 (Step or Parasolid 파일 제공)

3D CAD 모델

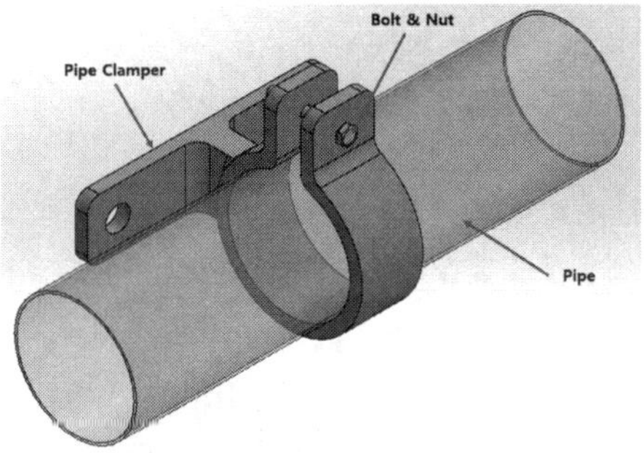

해석 모델

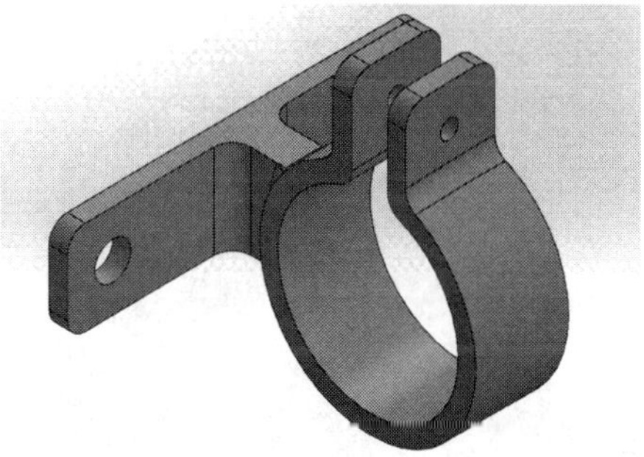

구조해석을 위한 유한요소모델은 다음과 같이 생성하시오.

1) 유한요소모델은 Pipe Clamper만 작업하시오.
2) 기본 Mesh Size는 3.0mm로 작업하고, 필요시 Hole, Conner Fillet 등 응력이 집중되는 곳에는 품질이 Fine하게 작업하시오.
3) 두께방향으로 최소 2개의 Element가 생성될 수 있도록 작업하시오. (보고서에 Detail View로 표시할 것.)
4) 요소(Element)는 사면체 2차 요소(2nd order Element(절점 10))를 사용하시오. (보고서에 요소정보 정확히 표시할 것.)
5) 부품의 재질정보는 다음 재료 물성표를 이용하여 해석에 필요한 정보를 직접 입력하시오.

나) 재질정보

Material Properties	Structural Steel
Mass Density (RHO)	7,850 (kg/m^3)
Young's Modulus (E)	210,000 MPa
Poisson's Ratio (NU)	0.3
Yield Strength	250 MPa
Ultimate Tensile Strength	460 MPa

다) 1과제 보고서 작성

<table>
<tr><th>3D 렌더링 등각투상도</th><th>유한요소모델</th></tr>
<tr><td>Total View</td><td rowspan="5">● S/W : Ansys Workbench

● Element Type : Tetrahedrons (2nd Element)

● Element 개수 : 24,661
● Node 개수 : 97,289

● 재질정보
밀　　도 : 7,850 kg/mm^3.
탄성계수 : 210,000 MPa
프아송비 : 0.3</td></tr>
<tr><td>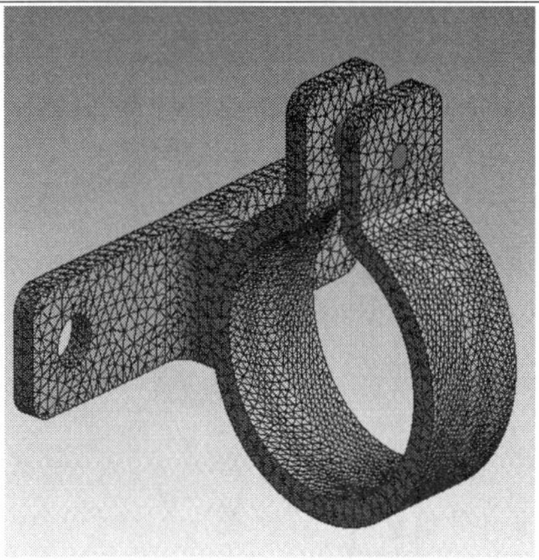</td></tr>
<tr><td>Detail View</td></tr>
<tr><td>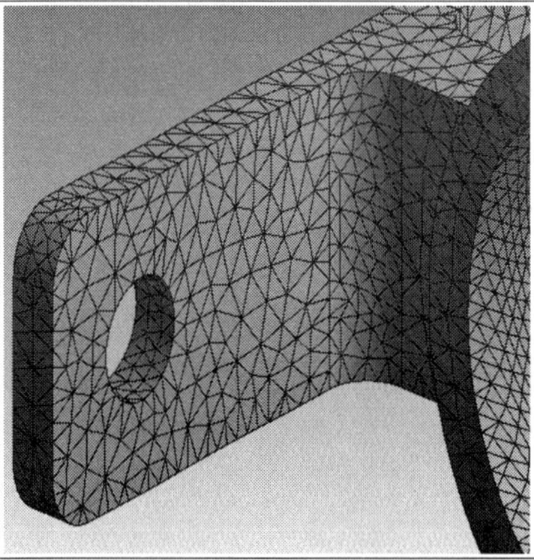</td></tr>
</table>

[2과제 - 정적구조해석]

가) 1과제 해석용 모델링 과제를 수행하고 만들어진 모델링을 이용하여 정적구조해석 경계조건(하중조건, 구속조건)을 적용하여 정적구조해석을 수행하고, 해석결과를 주어진 보고서 양식에 따라 작성하시오.

나) 주어진 형상모델 DATA를 활용하여 지시된 방법을 따라 해석 작업하시오.

다) 보고서 작성할 때 필요한 그림 캡처는 주어진 모델 기준으로 결과가 잘 나타날 수 있는 등각 View로 나타내시오.

1) 본 해석모델은 1과제에서 작업한 해석용 모델링을 사용하시오.

2) 아래 형상과 다음 고려사항을 참조하여 경계조건(하중조건, 구속조건)을 부여하고 해석을 작업하시오.

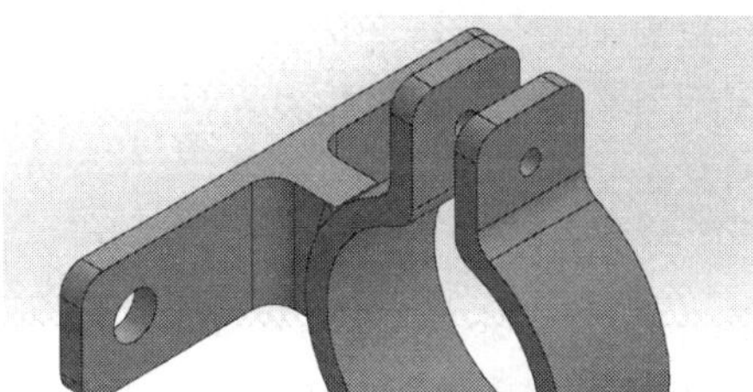

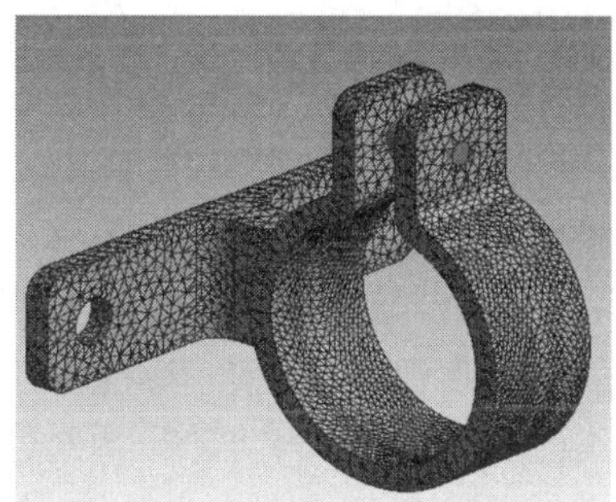

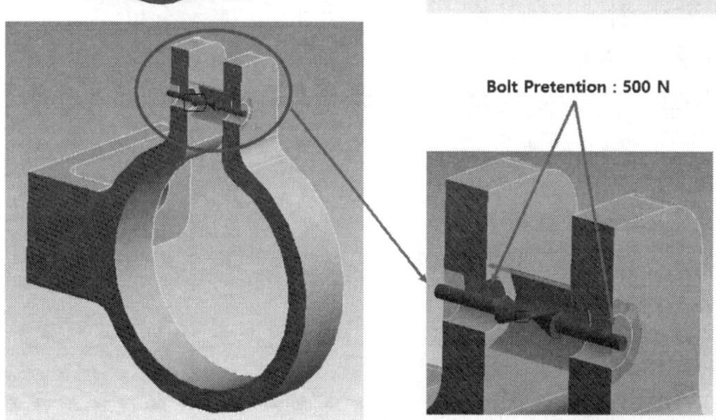

- 경계조건

a. Bolt 체결 경계조건을 적용하기 위해 추가적으로 Clamper 홀의 양단에 강체요소(RBE2)를 이용하여 홀의 정중앙의 점과 홀면을 연결하는 1D 강체요소를 생성하시오.

b. Clamper 고정 홀 2곳은 완전 구속하시오. (All Fixed)

c. 표시된 강체요소의 중심에 홀 축 방향으로 Bolt 체결을 고려하여 하중을 각각 부여하시오. (500 N)

d. Pipe/Bolt & Nut는 무시하고 Clamper의 거동만을 관찰하시오.

3) 정적구조해석을 수행하고 그 결과를 보고서 양식에 따라 작성하시오.

- 유한요소모델 작업 보고서 작성사항
  a. 원형 모델 등각 View
  b. 유한요소모델 등각 View
  c. Node(절점) 개수
  d. Element(요수) 개수
  e. 사용 소프트웨어 이름
- 해석 결과 보고서 작성 사항
  a. 지시된 경계조건이 적용되어 나타난 등각 View
     (경계 조건에 대한 표현은 사용하는 S/W에서 제공하는 기능을 이용하고 경계조건별 색깔로 구분이 가능하도록 작업)
  b. 경계조건 항목 리스트(적용한 경계조건을 간략하게 명시)
  c. 변형량의 최대값과 그 방향 및 크기를 확인할 수 있는 View
     (변형전 형상/변형후 형상을 동시에 표시하도록 캡처하여 보고서 Template에 삽입하고, 변형량 최대값을 작성하시오.)
     변형량은 Scale 조정을 통해 직관적으로 관찰이 가능하도록 표기할 것.
  d. 응력표시는 Nodal 값의 평균값을 사용하여 발생하는 Von Mises Stress 최대값과 그 위치 및 크기를 알 수 있는 View
     (발생 응력의 최대값이 위치한 곳을 확인할 수 있는 형상을 캡처하여 보고서에 삽입하고 최대응력값을 작성하시오.)
  e. 항복강도를 기준으로 한 안전율(Safety Factor)
  f. 모든 결과값은 소수점 셋째자리까지 표현하시오. (넷째자리에서 반올림)

라) 2과제 보고서 작성

원형모델		유한요소모델
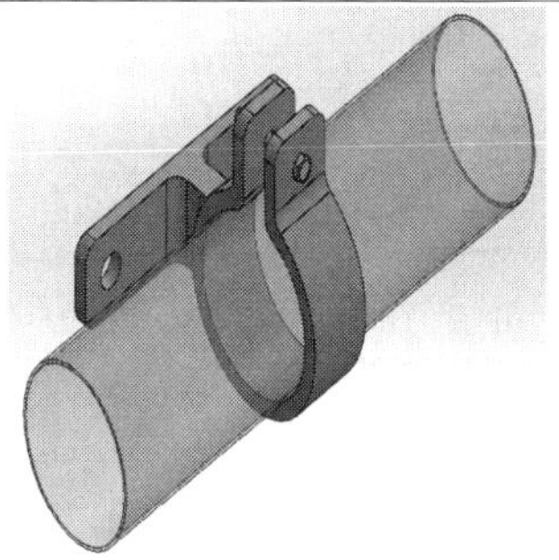	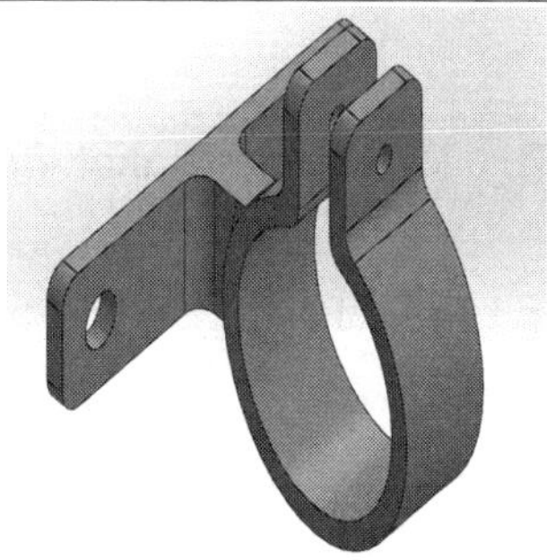	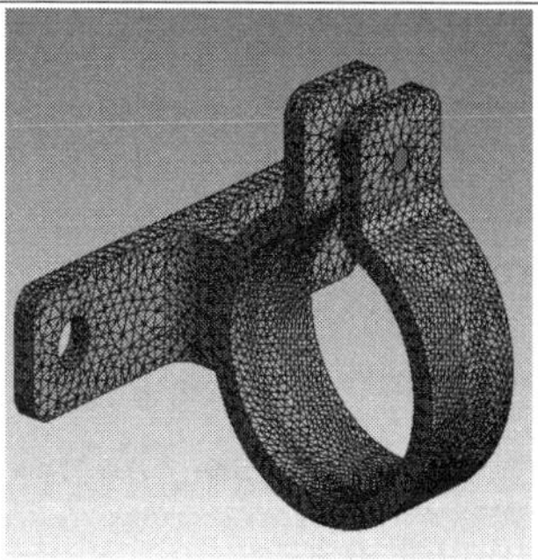
1. Element 개수 : 25,244 2. Node 개수 : 45,486 3. Element Type : Tetrahedrons (2nd Element) 4. 사용 Solver : Ansys Mechanical 5. 유한요소모델 질량 : 2.6 kg		

경계조건	정적구조해석 결과	
	변위(Total Deformation)	응력(Von-mises stress)
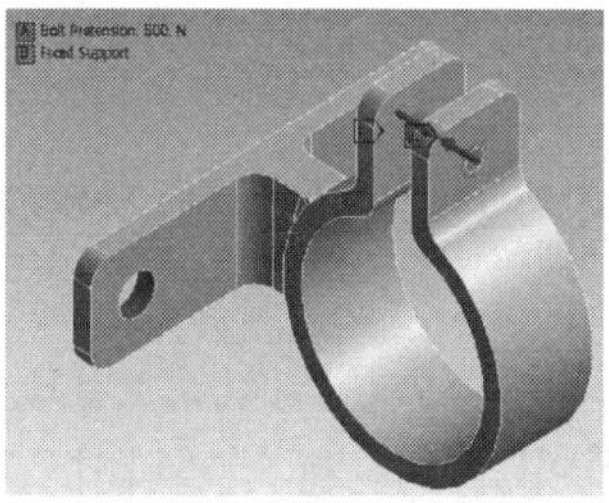	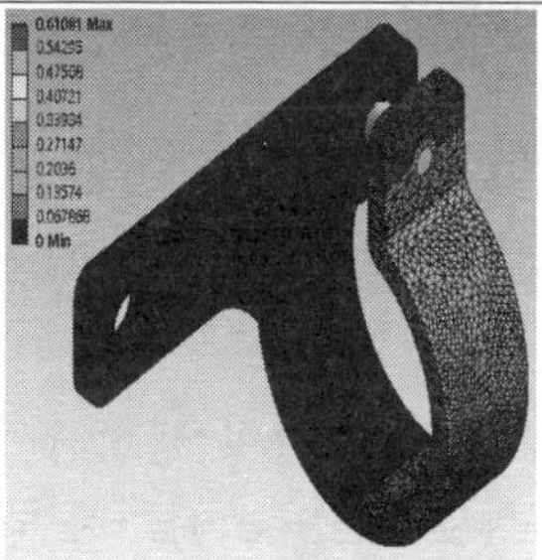 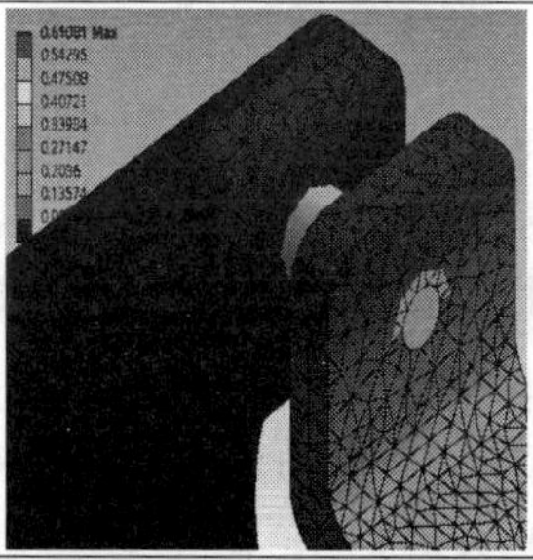	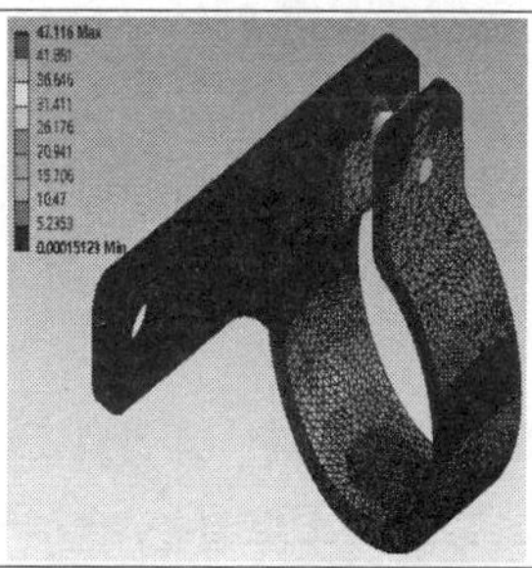 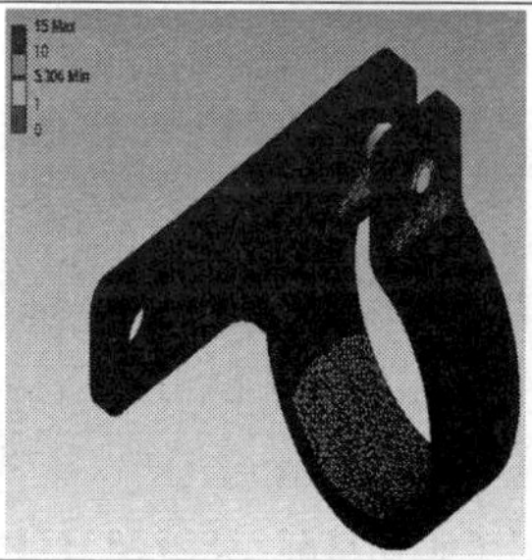
A : Fixed Support B : Bolt Pretention 500 N	Total deformation : 0.611 mm	Max. von-mises stress : 41.116 MPa FOS (안전율 : 항복강도 기준) : 5.306

8. 마운팅 브라켓(Mounting Bracket) 해석

[1과제 - 해석용 모델링] (모델 : Mounting Braket.step)

가) 주어진 3D CAD 데이터 Mounting Bracket File(Step 파일 또는 Parasolid)을 이용하여 유한요소모델을 생성하고, 요소 모델의 정보를 제공된 보고서 양식에 따라 작성하시오. ※ CAD 모델 (Step or Parasolid 파일 제공)

3D CAD 모델

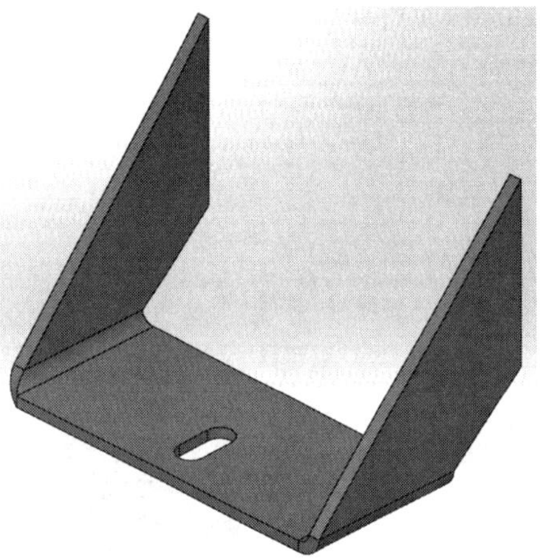

해석 모델

구조해석을 위한 유한요소모델은 다음과 같이 생성하시오.

1) 유한요소모델은 솔리드 바디(Solid Body)를 곡면 바디(Surface Body)로 변환하여 작업하시오.
2) 모델의 두께는 4.0mm로 하고, 기본 Mesh Size는 1.5mm로 작업하고, 필요시 Hole, Conner Fillet 등 응력이 집중되는 곳에는 품질이 Fine하게 작업하시오.
3) 두께방향으로 최소 2개의 Element가 생성될 수 있도록 작업하시오. (보고서에 Detail View로 표시할 것.)
4) 요소(Element)는 육면체 2차 요소(2nd order Element(절점 20))를 사용하시오. (보고서에 요소정보 정확히 표시할 것.)
5) 부품의 재질정보는 다음 재료 물성표를 이용하여 해석에 필요한 정보를 직접 입력하시오.

나) 재질정보

Material Properties	Aluminium 6061-T6
Mass Density (RHO)	2,760 (kg/m^3)
Young's Modulus (E)	69,000 MPa
Poisson's Ratio (NU)	0.33
Yield Strength	275 MPa
Ultimate Tensile Strength	310 MPa

다) 1과제 보고서 작성

3D 렌더링 등각투상도	유한요소모델
Total View 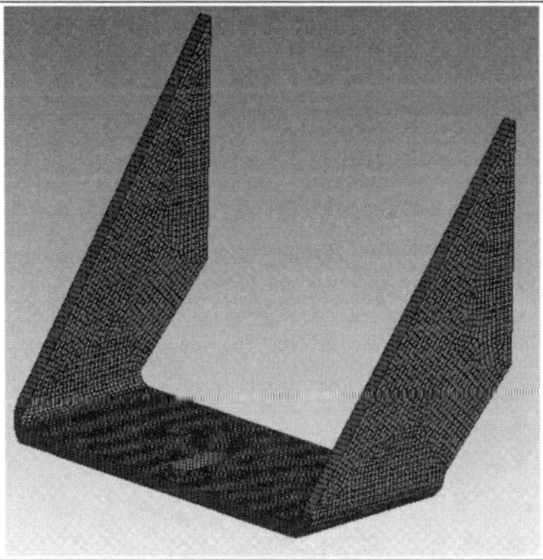 Detail View 	● S/W : Ansys Workbench ● Element Type : Hex Dominant (2nd Element) ● Element 개수 : 5,411 ● Node 개수 : 5,651 ● 재질정보 밀 도 : 2,760 kg/mm^3. 탄성계수 : 69,000 MPa 프아송비 : 0.33

[2과제 - 정적구조해석]

가) 1과제 해석용 모델링 과제를 수행하고 만들어진 모델링을 이용하여 정적구조해석 경계조건(하중조건, 구속조건)을 적용하여 정적구조해석을 수행하고, 해석결과를 주어진 보고서 양식에 따라 작성하시오.

나) 주어진 형상모델 DATA를 활용하여 지시된 방법을 따라 해석 작업하시오.

다) 보고서 작성할 때 필요한 그림 캡처는 주어진 모델 기준으로 결과가 잘 나타날 수 있는 등각 View로 나타내시오.

1) 본 해석모델은 1과제에서 작업한 해석용 모델링을 사용하시오.

2) 아래 형상과 다음 고려사항을 참조하여 경계조건(하중조건, 구속조건)을 부여하고 해석을 작업하시오.

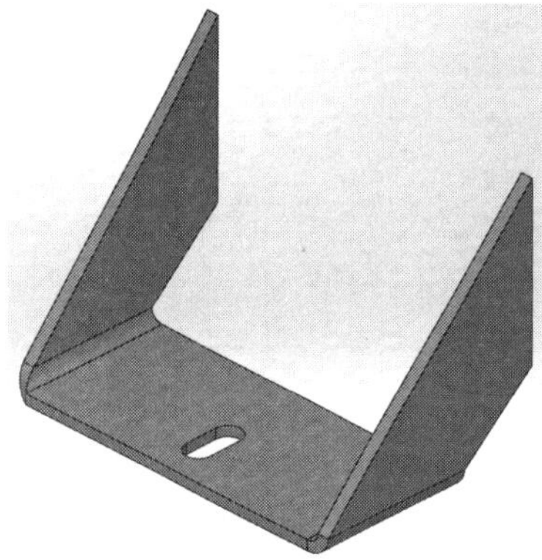

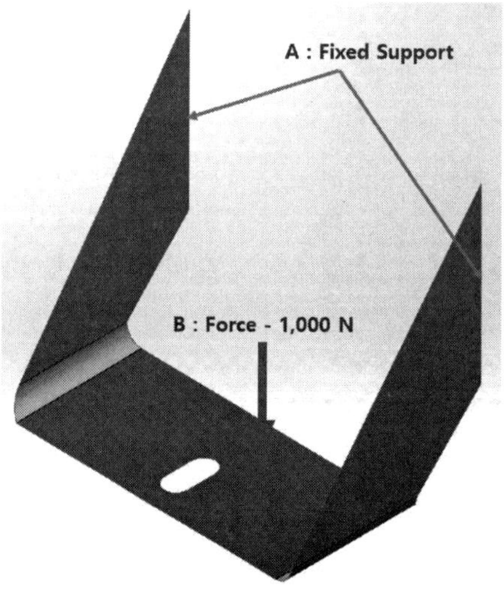

- 경계조건
  a. Mounting Bracket의 Edge(2곳)을 완전 구속하시오. (All Fixed)
  b. Mounting Bracket의 지정된 면에 하중(1,000 N)을 적용하시오.

3) 정적구조해석을 수행하고 그 결과를 보고서 양식에 따라 작성하시오.

- 유한요소모델 작업 보고서 작성사항
  - a. 원형 모델 등각 View
  - b. 유한요소모델 등각 View
  - c. Node(절점) 개수
  - d. Element(요수) 개수
  - e. 사용 소프트웨어 이름
- 해석 결과 보고서 작성 사항
  - a. 지시된 경계조건이 적용되어 나타난 등각 View
    (경계 조건에 대한 표현은 사용하는 S/W에서 제공하는 기능을 이용하고 경계조건별 색깔로 구분이 가능하도록 작업)
  - b. 경계조건 항목 리스트(적용한 경계조건을 간략하게 명시)
  - c. 변형량의 최대값과 그 방향 및 크기를 확인할 수 있는 View
    (변형전 형상/변형후 형상을 동시에 표시하도록 캡처하여 보고서 Template에 삽입하고, 변형량 최대값을 작성하시오.)
    변형량은 Scale 조정을 통해 직관적으로 관찰이 가능하도록 표기할 것.
  - d. 응력표시는 Nodal 값의 평균값을 사용하여 발생하는 Von Mises Stress 최대값과 그 위치 및 크기를 알 수 있는 View로 나타내고 Top, Middle, Bottom의 각 응력을 표시하시오.
    (발생 응력의 최대값이 위치한 곳을 확인할 수 있는 형상을 캡처하여 보고서에 삽입하고 최대응력값을 작성하시오.)
  - e. 항복강도를 기준으로 한 안전율(Safety Factor)을 표시하시오.
  - f. 모든 결과값은 소수점 셋째자리까지 표현하시오. (넷째자리에서 반올림)

라) 2과제 보고서 작성

<table>
<tr><th colspan="2">원형모델</th><th>유한요소모델</th></tr>
<tr><td>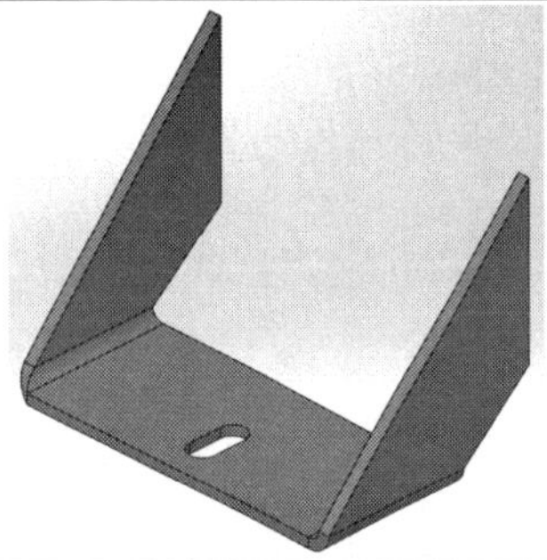</td><td></td><td>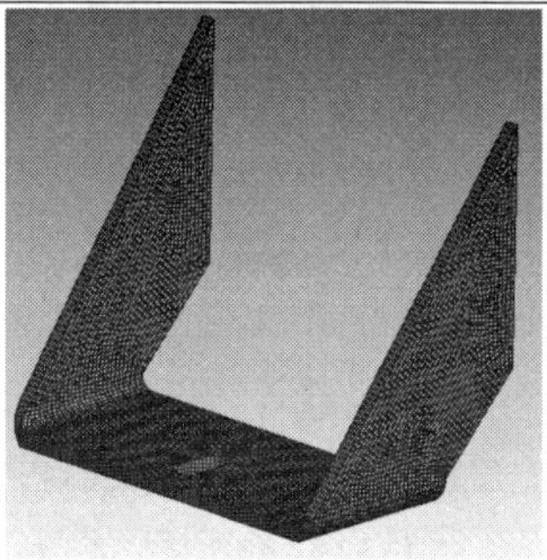</td></tr>
<tr><td colspan="3">1. Element 개수 : 5,411
2. Node 개수 : 5,651
3. Element Type : Hex Dominant (2nd Element)
4. 사용 Solver : Ansys Mechanical
5. 유한요소모델 질량 : 0.129 kg</td></tr>
</table>

<table>
<tr><th rowspan="2">경계조건</th><th>정적구조해석 결과</th></tr>
<tr><th>변위(Total Deformation)</th></tr>
<tr><td>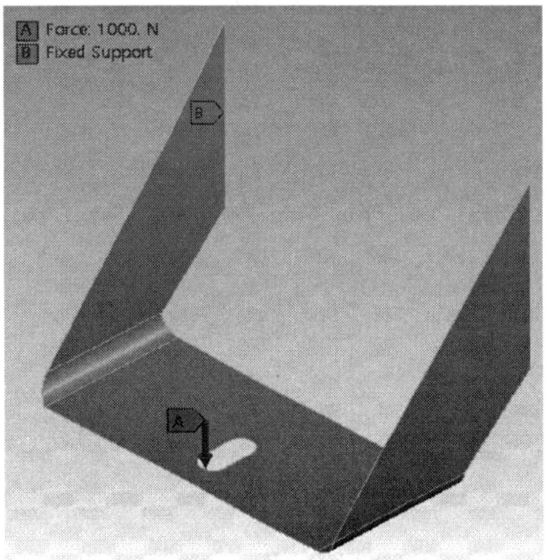
</td><td>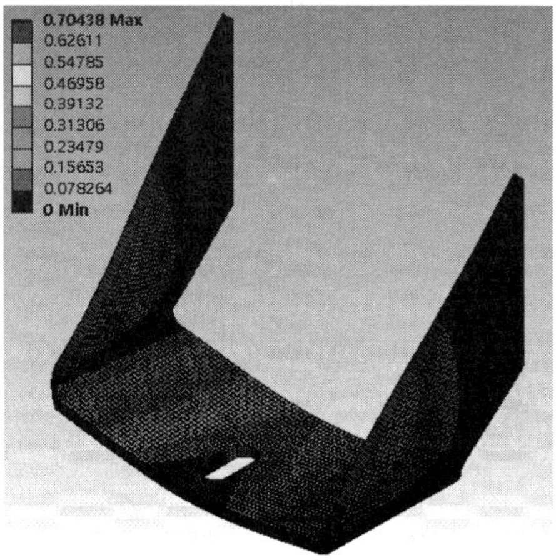
</td></tr>
<tr><td>A : Force 1,000 N
B : Fixed Support</td><td>Total deformation
: 0.704 mm</td></tr>
</table>

<table>
<tr><td colspan="3">정적구조해석 결과</td></tr>
<tr><td colspan="3">응력(Von-mises stress)</td></tr>
<tr><td>Top</td><td>Middle</td><td>Bottom</td></tr>
<tr><td>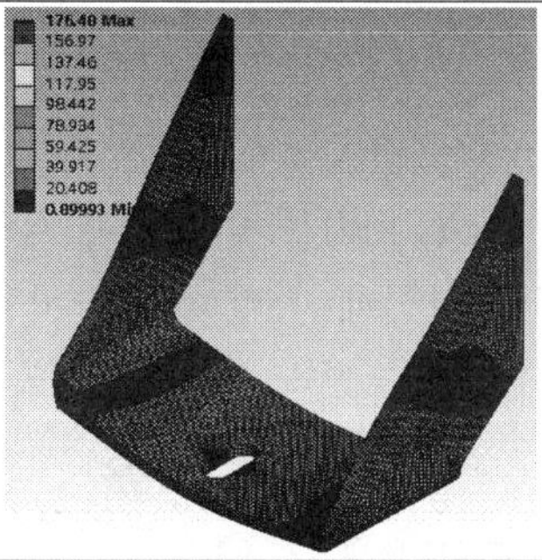
</td><td>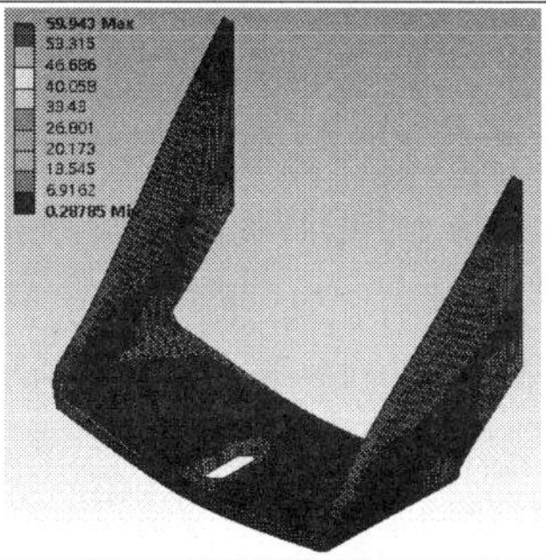
</td><td>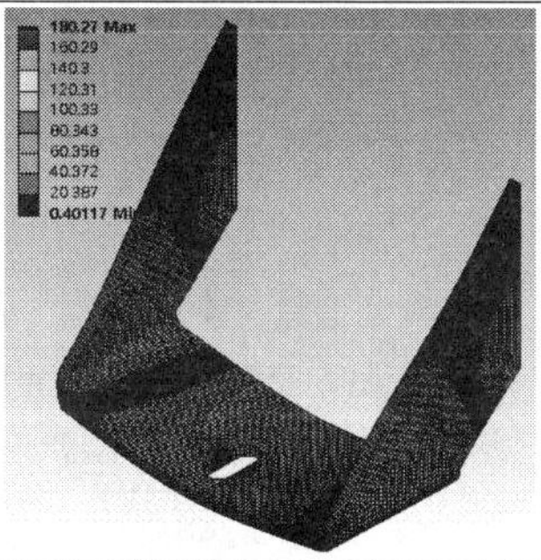
</td></tr>
<tr><td>Max. von-mises stress
: 176.48 MPa</td><td>Max. von-mises stress
: 59.943 MPa</td><td>Max. von-mises stress
: 180.270 MPa</td></tr>
<tr><td>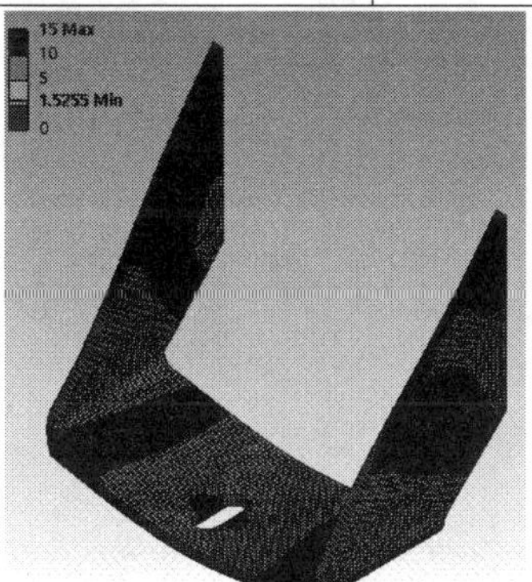
</td><td colspan="2">FOS (안전율 : 항복강도 기준) : 1.526</td></tr>
</table>

9. 행거(Hanger) 해석

[1과제 - 해석용 모델링] (모델 : Hanger.step)

가) 주어진 3D CAD 데이터 Hanger File(Step 파일 또는 Parasolid)을 이용하여 유한요소모델을 생성하고, 요소 모델의 정보를 제공된 보고서 양식에 따라 작성하시오.
※ CAD 모델 (Step or Parasolid 파일 제공)

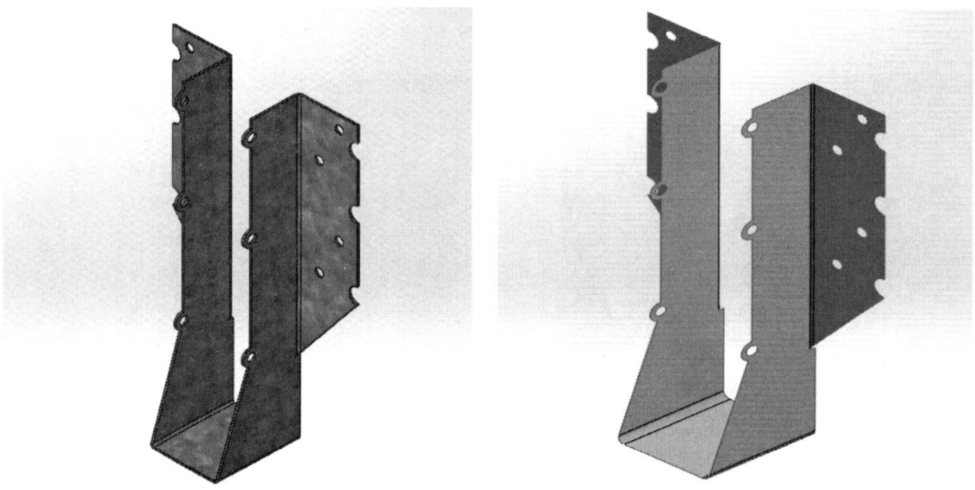

구조해석을 위한 유한요소모델은 다음과 같이 생성하시오.

1) 유한요소모델은 솔리드 바디(Solid Body)를 곡면 바디(Surface Body)로 변환하여 작업하시오.
2) 모델의 두께는 5.0mm로 하고, 기본 Mesh Size는 2.0mm로 작업하고, 필요시 Hole, Conner Fillet 등 응력이 집중되는 곳에는 품질이 Fine하게 작업하시오.
3) 두께방향으로 최소 2개의 Element가 생성될 수 있도록 작업하시오.
(보고서에 Detail View로 표시할 것.)
4) 요소(Element)는 육면체 2차 요소(2nd order Element(절점 20))를 사용하시오.
(보고서에 요소정보 정확히 표시할 것.)
5) 부품의 재질정보는 다음 재료 물성표를 이용하여 해석에 필요한 정보를 직접 입력하시오.

나) 재질정보

Material Properties	SUS 304
Mass Density (RHO)	8,000 (kg/m^3)
Young's Modulus (E)	190,000 MPa
Poisson's Ratio (NU)	0.29
Yield Strength	206 MPa
Ultimate Tensile Strength	517 MPa

다) 1과제 보고서 작성

<table>
<tr><th>3D 렌더링 등각투상도</th><th>유한요소모델</th></tr>
<tr><td>Total View</td><td rowspan="4">● S/W : Ansys Workbench

● Element Type : Hex Dominant (2nd Element)

● Element 개수 : 15,755
● Node 개수 : 15,445

● 재질정보
밀 도 : 8,000 kg/mm^3.
탄성계수 : 190,000 MPa
프아송비 : 0.29</td></tr>
<tr><td>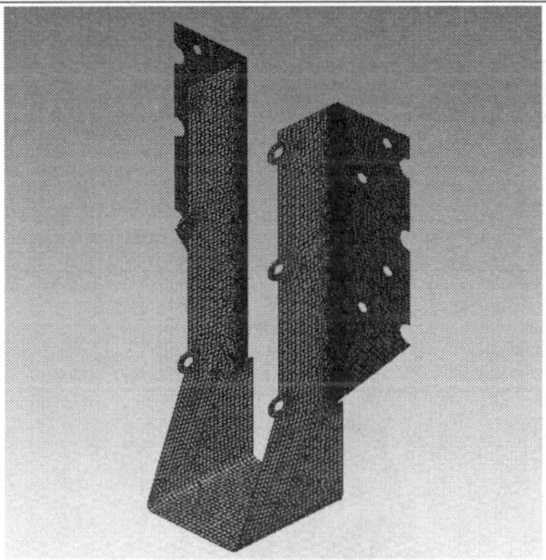</td></tr>
<tr><td>Detail View</td></tr>
<tr><td>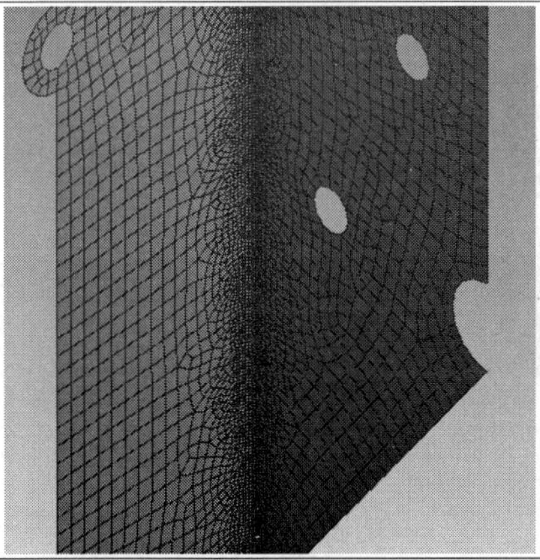</td></tr>
</table>

[2과제 - 정적구조해석] (모델 : Tank.step)

가) 1과제 해석용 모델링 과제를 수행하고 만들어진 모델링을 이용하여 정적구조해석 경계조건(하중조건, 구속조건)을 적용하여 정적구조해석을 수행하고, 해석결과를 주어진 보고서 양식에 따라 작성하시오.

나) 주어진 형상모델 DATA를 활용하여 지시된 방법을 따라 해석 작업하시오.

다) 보고서 작성할 때 필요한 그림 캡처는 주어진 모델 기준으로 결과가 잘 나타날 수 있는 등각 View로 나타내시오.

1) 본 해석모델은 1과제에서 작업한 해석용 모델링을 사용하시오.

2) 아래 형상과 다음 고려사항을 참조하여 경계조건(하중조건, 구속조건)을 부여하고 해석을 작업하시오.

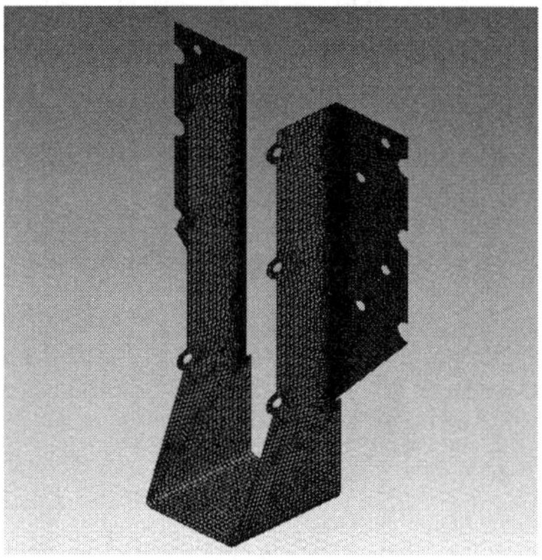

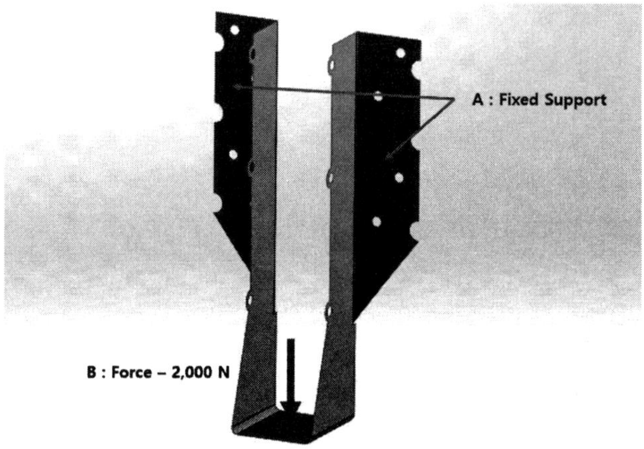

- 경계조건

a. Hanger의 Face(2곳)을 완전 구속하시오. (All Fixed)

b. Hanger의 지정된 면에 하중(2,000 N)을 적용하시오.

3) 정적구조해석을 수행하고 그 결과를 보고서 양식에 따라 작성하시오.

- 유한요소모델 작업 보고서 작성사항
  a. 원형 모델 등각 View
  b. 유한요소모델 등각 View
  c. Node(절점) 개수
  d. Element(요수) 개수
  e. 사용 소프트웨어 이름
- 해석 결과 보고서 작성 사항
  a. 지시된 경계조건이 적용되어 나타난 등각 View
  (경계 조건에 대한 표현은 사용하는 S/W에서 제공하는 기능을 이용하고 경계조건별 색깔로 구분이 가능하도록 작업)
  b. 경계조건 항목 리스트(적용한 경계조건을 간략하게 명시)
  c. 변형량의 최대값과 그 방향 및 크기를 확인할 수 있는 View
  (변형전 형상/변형후 형상을 동시에 표시하도록 캡처하여 보고서 Template에 삽입하고, 변형량 최대값을 작성하시오.)
  변형량은 Scale 조정을 통해 직관적으로 관찰이 가능하도록 표기할 것.
  d. 응력표시는 Nodal 값의 평균값을 사용하여 발생하는 Von Mises Stress 최대값과 그 위치 및 크기를 알 수 있는 View로 나타내고 Top, Middle, Bottom의 각 응력을 표시하시오.
  (발생 응력의 최대값이 위치한 곳을 확인할 수 있는 형상을 캡처하여 보고서에 삽입하고 최대응력값을 작성하시오.)
  e. 항복강도를 기준으로 한 안전율(Safety Factor)을 표시하시오.
  f. 모든 결과값은 소수점 셋째자리까지 표현하시오. (넷째자리에서 반올림)

라) 2과제 보고서 작성

원형모델		유한요소모델
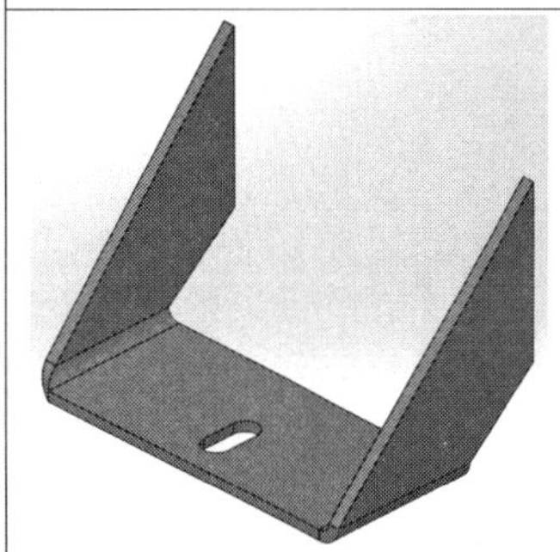	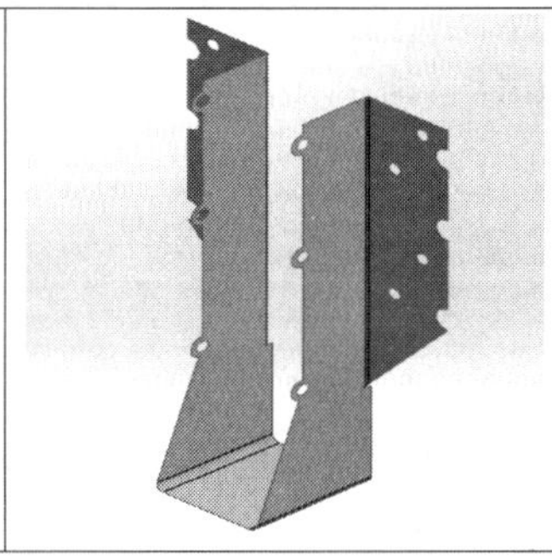	
1. Element 개수 : 15,755 2. Node 개수 : 15,445 3. Element Type : Hex Dominant (2nd Element) 4. 사용 Solver : Ansys Mechanical 5. 유한요소모델 질량 : 0.898 kg		

경계조건	정적구조해석 결과
	변위(Total Deformation)
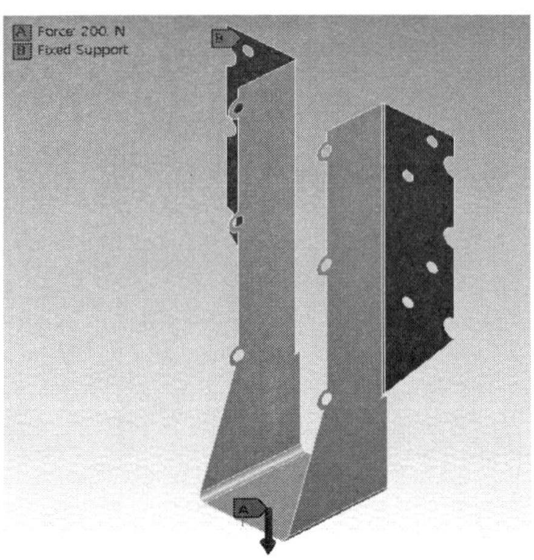	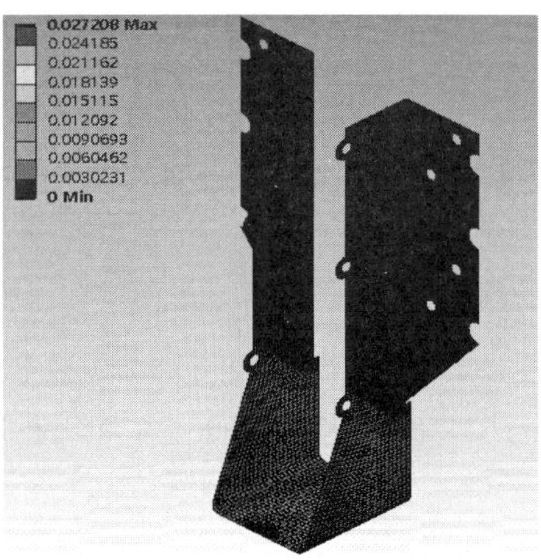
A : Force 2,000 N B : Fixed Support	Total deformation : 0.027 mm

<table>
<tr><td colspan="3">정적구조해석 결과</td></tr>
<tr><td colspan="3">응력(Von-mises stress)</td></tr>
<tr><td>Top</td><td>Middle</td><td>Bottom</td></tr>
<tr><td>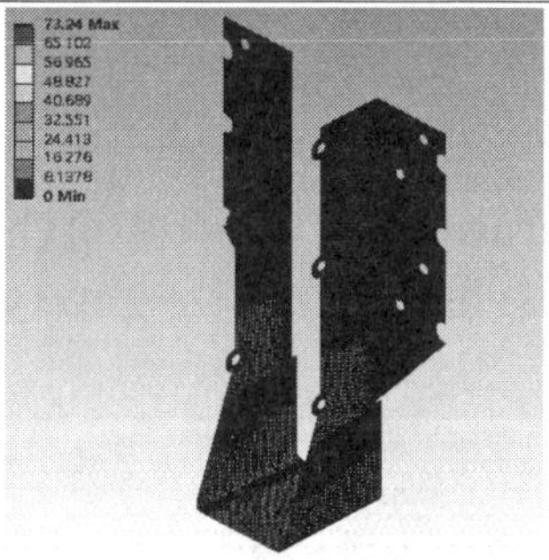</td><td>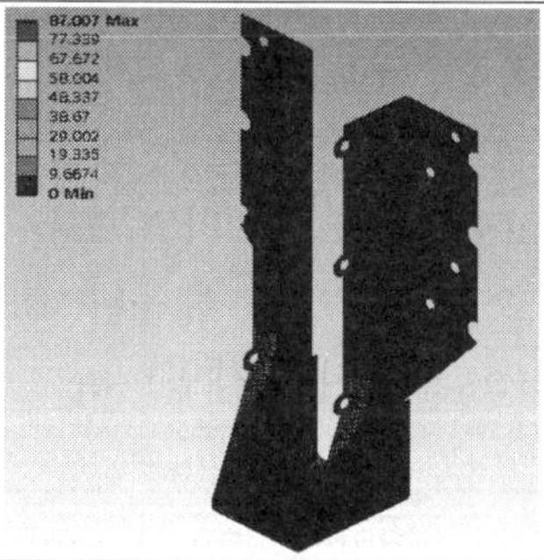</td><td>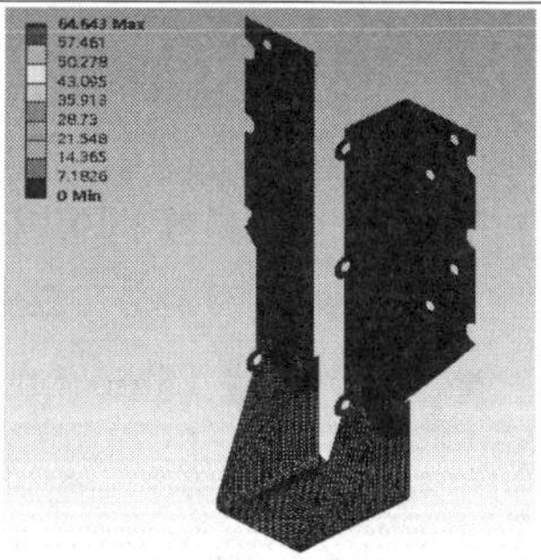</td></tr>
<tr><td>Max. von-mises stress
: 73.240 MPa</td><td>Max. von-mises stress
: 87.007 MPa</td><td>Max. von-mises stress
: 64.643 MPa</td></tr>
<tr><td colspan="2">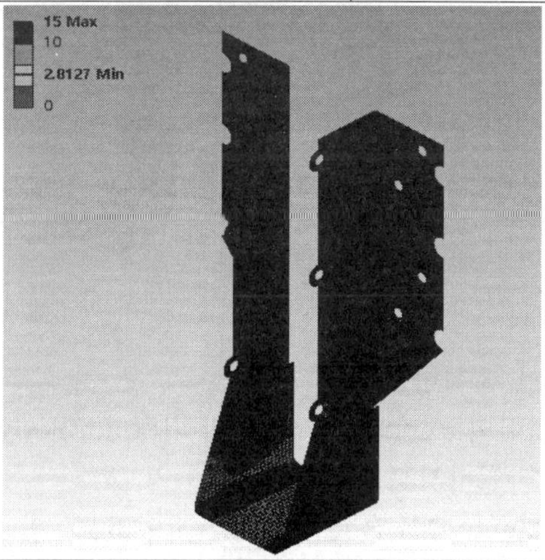
</td><td>FOS (안전율 : 항복강도 기준) : 2.812</td></tr>
</table>

10. 물탱크(Water Tank) 해석

[1과제 - 해석용 모델링] (모델 : Tank.step)

가) 주어진 3D CAD 데이터 Tank File(Step 파일 또는 Parasolid)을 이용하여 유한요소모델을 생성하고, 요소 모델의 정보를 제공된 보고서 양식에 따라 작성하시오.
※ CAD 모델 (Step or Parasolid 파일 제공)

3D CAD 모델

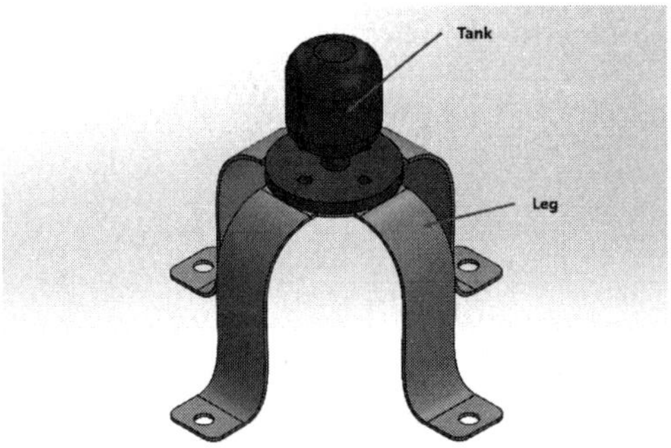

해석 모델

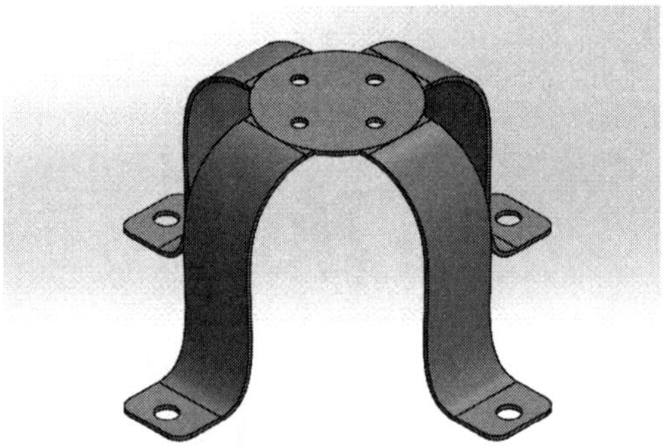

구조해석을 위한 유한요소모델은 다음과 같이 생성하시오.

1) 유한요소모델은 Leg 모델만 사용할 것이며, Leg의 솔리드 바디(Solid Body)를 곡면 바디(Surface Body)로 변환하여 작업하시오.
2) 모델의 두께는 3.0mm로 하고, 기본 Mesh Size는 2.0mm로 작업하고, 필요시 Hole, Conner Fillet 등 응력이 집중되는 곳에는 품질이 Fine하게 작업하시오.
3) 두께방향으로 최소 2개의 Element가 생성될 수 있도록 작업하시오. (보고서에 Detail View로 표시할 것.)
4) 요소(Element)는 육면체 2차 요소(2nd order Element(절점 20))를 사용하시오. (보고서에 요소정보 정확히 표시할 것.)
5) 부품의 재질정보는 다음 재료 물성표를 이용하여 해석에 필요한 정보를 직접 입력하시오.

나) 재질정보

Material Properties	Structural Steel
Mass Density (RHO)	7,850 (kg/m^3)
Young's Modulus (E)	210,000 MPa
Poisson's Ratio (NU)	0.3
Yield Strength	250 MPa
Ultimate Tensile Strength	460 MPa

다) 1과제 보고서 작성

<table>
<tr><th>3D 렌더링 등각투상도</th><th>유한요소모델</th></tr>
<tr><td>Total View</td><td rowspan="5">● S/W : Ansys Workbench

● Element Type : Hex Dominant (2nd Element)

● Element 개수 : 13,309
● Node 개수 : 13,971

● 재질정보
밀　　도 : 7,850 kg/mm^3.
탄성계수 : 210,000 MPa
프아송비 : 0.3</td></tr>
<tr><td>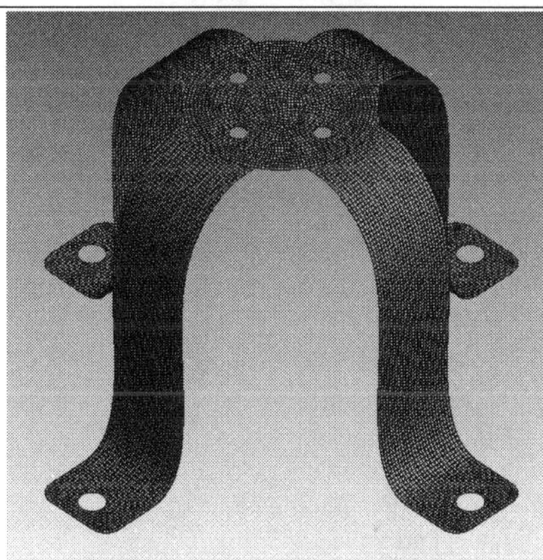</td></tr>
<tr><td>Detail View</td></tr>
<tr><td>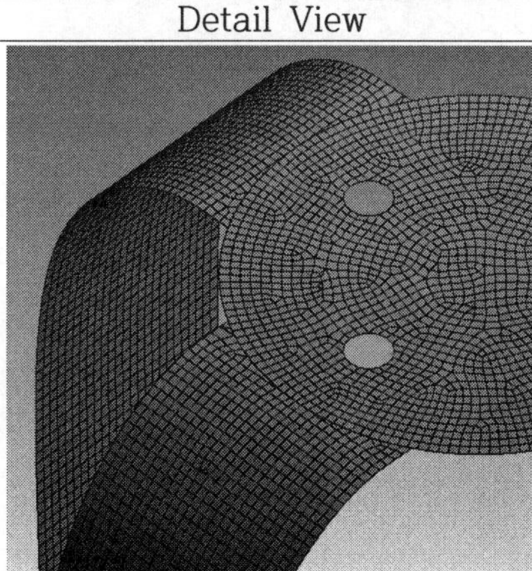</td></tr>
<tr><td></td></tr>
</table>

[2과제 - 정적구조해석]

가) 1과제 해석용 모델링 과제를 수행하고 만들어진 모델링을 이용하여 정적구조해석 경계조건(하중조건, 구속조건)을 적용하여 정적구조해석을 수행하고, 해석결과를 주어진 보고서 양식에 따라 작성하시오.

나) 주어진 형상모델 DATA를 활용하여 지시된 방법을 따라 해석 작업하시오.

다) 보고서 작성할 때 필요한 그림 캡처는 주어진 모델 기준으로 결과가 잘 나타날 수 있는 등각 View로 나타내시오.

1) 본 해석모델은 1과제에서 작업한 해석용 모델링을 사용하시오.

2) 아래 형상과 다음 고려사항을 참조하여 경계조건(하중조건, 구속조건)을 부여하고 해석을 작업하시오.

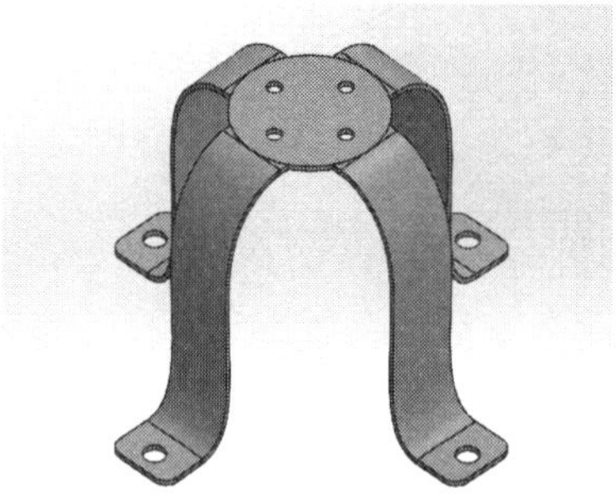

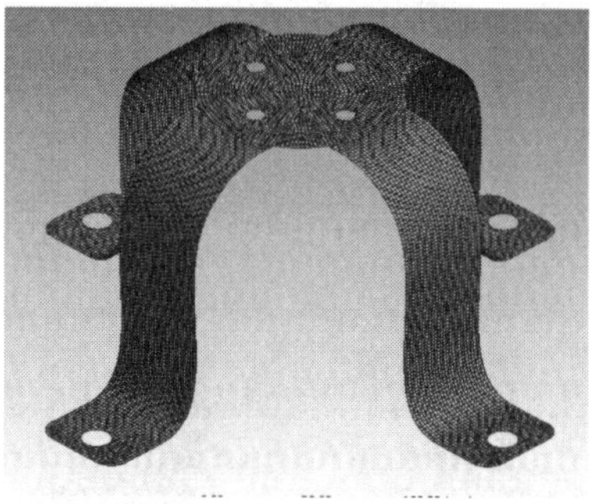

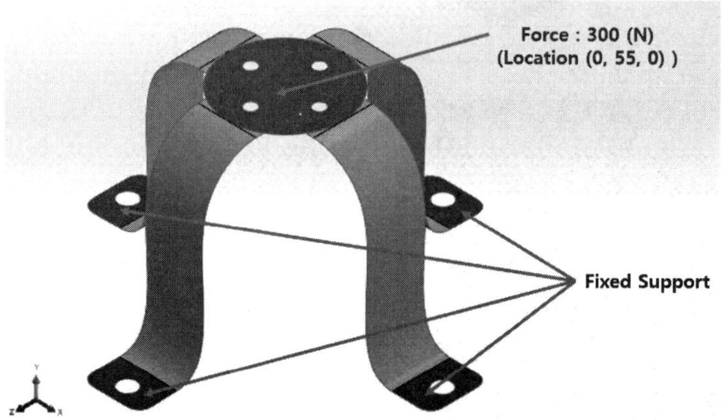

- 경계조건
  - a. 상단 물탱크에 의한 자중(Gravity)를 적용하기 위한 물탱크의 무게중심 위치는 하중이 작용하는 면(붉은색)에서 +Y방향 55mm 떨어진 위치에서 300(N)의 하중이 작용하는 조건을 생성하시오.
  - b. Leg 고정면 4곳을 완전 구속하시오. (All Fixed)

3) 정적구조해석을 수행하고 그 결과를 보고서 양식에 따라 작성하시오.

- 유한요소모델 작업 보고서 작성사항
  - a. 원형 모델 등각 View
  - b. 유한요소모델 등각 View
  - c. Node(절점) 개수
  - d. Element(요수) 개수
  - e. 사용 소프트웨어 이름
- 해석 결과 보고서 작성 사항
  - a. 지시된 경계조건이 적용되어 나타난 등각 View
    (경계 조건에 대한 표현은 사용하는 S/W에서 제공하는 기능을 이용하고 경계조건별 색깔로 구분이 가능하도록 작업)
  - b. 경계조건 항목 리스트(적용한 경계조건을 간략하게 명시)
  - c. 변형량의 최대값과 그 방향 및 크기를 확인할 수 있는 View
    (변형전 형상/변형후 형상을 동시에 표시하도록 캡처하여 보고서 Template에 삽입하고, 변형량 최대값을 작성하시오.)
    변형량은 Scale 조정을 통해 직관적으로 관찰이 가능하도록 표기할 것.
  - d. 응력표시는 Nodal 값의 평균값을 사용하여 발생하는 Von Mises Stress 최대값과 그 위치 및 크기를 알 수 있는 View
    (발생 응력의 최대값이 위치한 곳을 확인할 수 있는 형상을 캡처하여 보고서에 삽입하고 최대응력값을 작성하시오.)
  - e. 항복강도를 기준으로 한 안전율(Safety Factor)
  - f. 모든 결과값은 소수점 셋째자리까지 표현하시오. (넷째자리에서 반올림)

라) 2과제 보고서 작성

<table>
<tr><th colspan="2">원형모델</th><th>유한요소모델</th></tr>
<tr><td>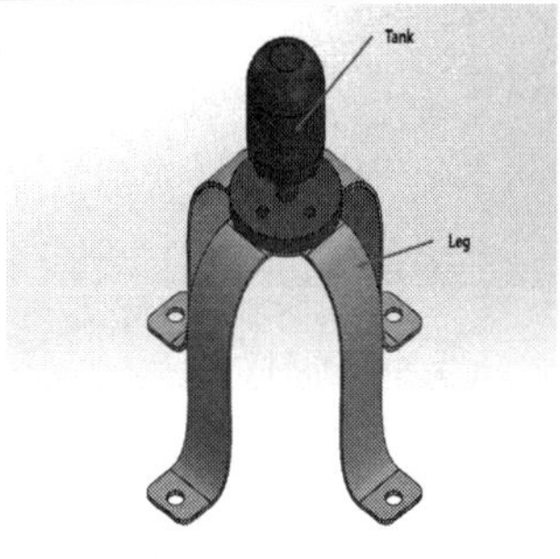
</td><td>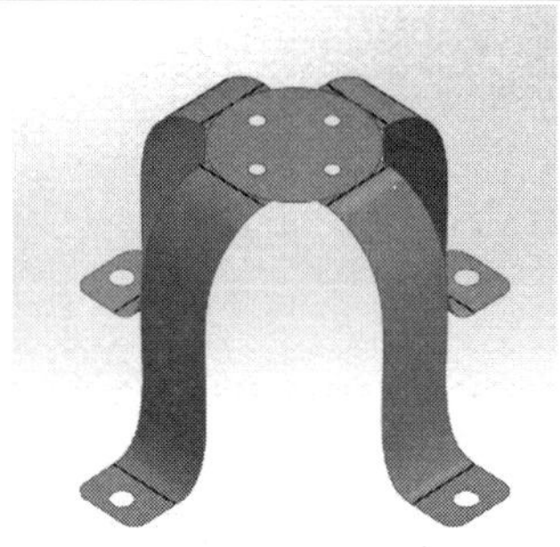</td><td>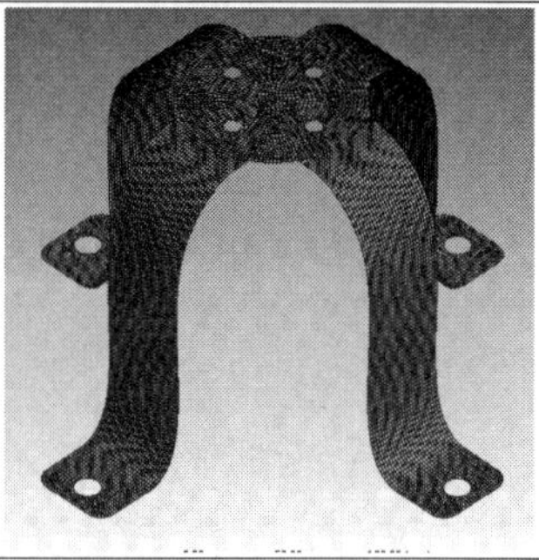</td></tr>
<tr><td colspan="3">1. Element 개수 : 13,309
2. Node 개수 : 13,971
3. Element Type : Hex Dominant (2nd Element)
4. 사용 Solver : Ansys Mechanical
5. 유한요소모델 질량 : 1.207 kg</td></tr>
</table>

<table>
<tr><th rowspan="2">경계조건</th><th>정적구조해석 결과</th></tr>
<tr><th>변위(Total Deformation)</th></tr>
<tr><td>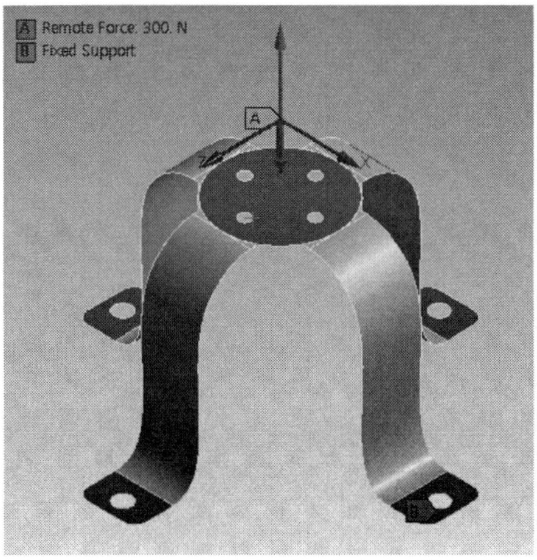
</td><td>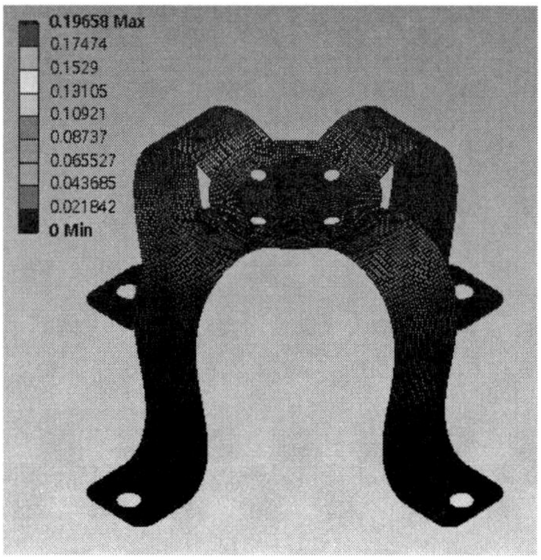
</td></tr>
<tr><td>A : Remote Force 300 N
Location (0, 55, 0)
B : Fixed Support</td><td>Total deformation
: 0.197 mm</td></tr>
</table>

<table>
<tr><td colspan="3">정적구조해석 결과</td></tr>
<tr><td colspan="3">응력(Von-mises stress)</td></tr>
<tr><td>Top</td><td>Middle</td><td>Bottom</td></tr>
<tr><td>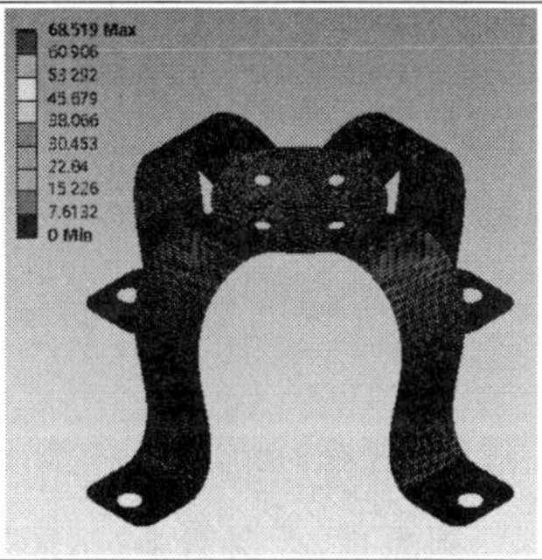
</td><td>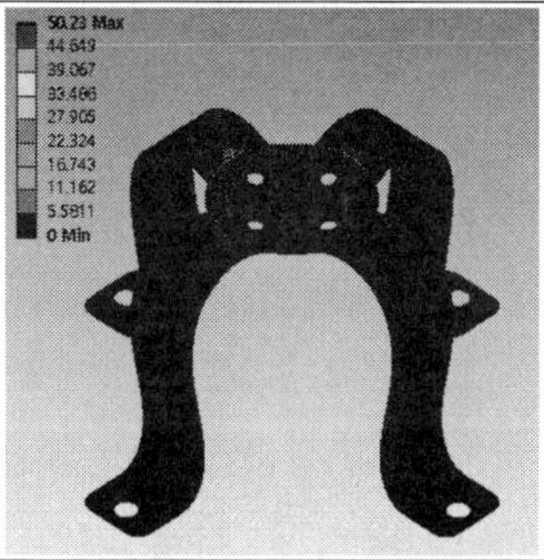
</td><td>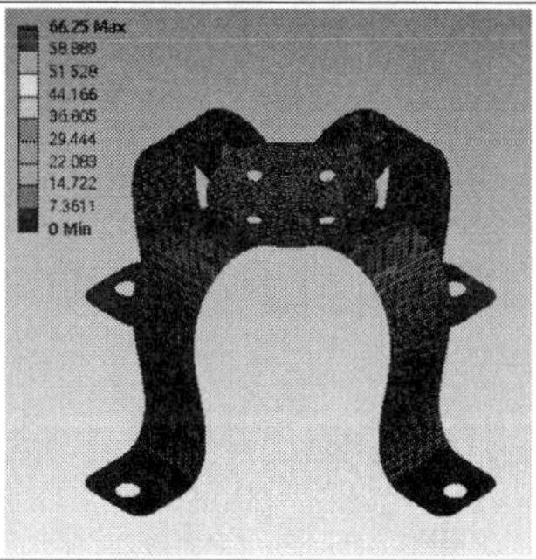
</td></tr>
<tr><td>Max. von-mises stress
: 68.519 MPa</td><td>Max. von-mises stress
: 50.230 MPa</td><td>Max. von-mises stress
: 66.250 MPa</td></tr>
<tr><td colspan="2">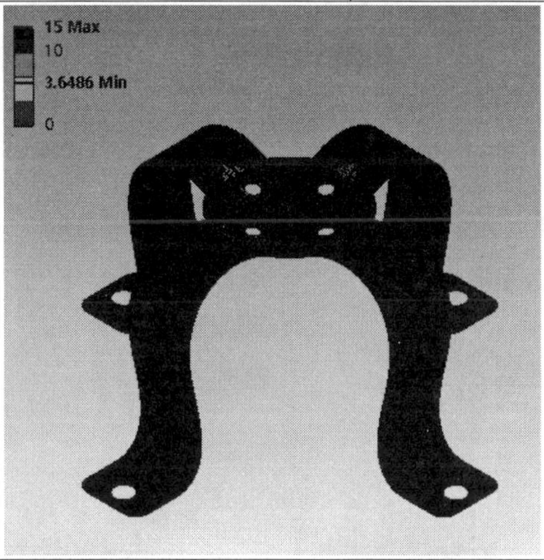
</td><td>FOS (안전율 : 항복강도 기준) : 3.649</td></tr>
</table>

3 소성역학 해석

1. Load Step

부하 단계는 솔루션을 얻을 수 있는 부하의 구성이다. 선형 정적 또는 정상 상태 해석에서 서로 다른 하중 단계를 사용하여 서로 다른 하중 세트를 적용할 수 있다. 첫 번째 하중 단계의 풍하중, 두 번째 하중 단계의 중력 하중, 세 번째 하중의 두 하중 및 다른 지지 조건 단계 등이 있다. 과도 해석에서 여러 하중 단계는 하중 이력 곡선의 서로 다른 세그먼트를 적용한다.
프로그램은 이후 단계에 대해 지정하는 요소 세트에 관계 없이 모든 후속 로드 단계의 첫 번째 로드 단계에 대해 선택한 요소 세트(ESEL)를 사용한다.
이 그림은 세 가지 로드 단계가 필요한 로드 기록 곡선을 보여줍니다.

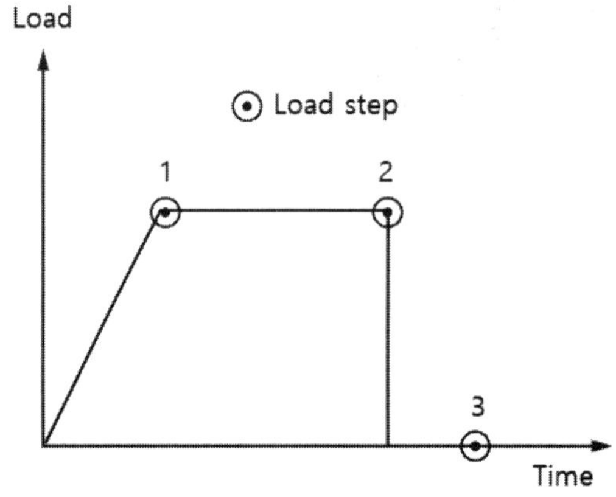

Transient Load History Curve

첫 번째 로드 단계는 램프 로드에 대한 것이고 두 번째 로드 단계는 로드의 일정 부분에 대한 것이며 세 번째 로드 단계는 로드 제거를 위한 것이다.
하위 단계는 솔루션이 계산되는 로드 단계 내의 지점이다. 다음과 같은 이유로 사용한다.
비선형 정적 또는 정상 상태 해석에서 하위 단계를 사용하여 하중을 점진적으로 적용하여 정확한 솔루션을 얻을 수 있다.
선형 또는 비선형 과도 해석에서 하위 단계를 사용하여 과도 시간 통합 규칙(일반적으로 정확한 솔루션을 위한 최소 통합 시간 단계를 나타냄)을 충족한다.
고조파 분석에서 하위 단계를 사용하여 고조파 주파수 범위 내의 여러 주파수에서 솔루션을 얻는다. 평형 반복은 수렴 목적으로 주어진 하위 단계에서 계산된 추가 솔루션이다. 수렴이 중요한 역할을 하는 비선형 분석(정적 또는 일시적)에만 사용되는 반복 수정이다. 예를 들어, 2차원 비선형 정자기 해석을 고려하십시오. 정확한 솔루션을 얻기 위해 일반적으로 두 가지 로드 단계가 사용된다.
첫 번째 로드 단계는 각각 한 번의 평형 반복으로 5~10개의 하위 단계에 걸쳐 점진적으로 로드를 적용한다. 두 번째 로드 단계는 15~25개의 평형 반복을 사용하는 단 하나의 하위 단계로 최종 수렴 솔루션을 얻는다.

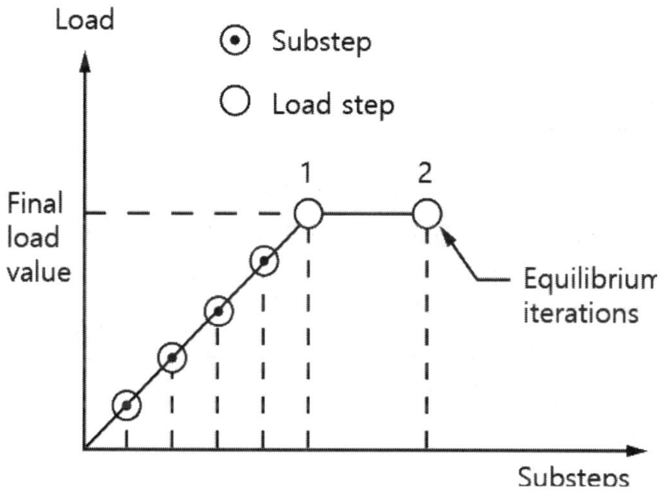

Load Steps, Substeps, and Equilibrium Iterations

1) Load Step Control
해석단계별로 하중, 구속조건 및 설정값을 다르게 설정하고자 할 때 Load Step의수를 늘려 해석할 수 있다.
해석결과 또한 단계별로 확인이 가능하며, 각 단계의 하중 값을 Tabular Data로 입력할 수 있다. 각 Step 별로 해석조건을 설정할 경우 항상 상세 설정창의 Current Step Number를 반드시 확인해야 한다.
모든 Step의 설정을 worksheet로 한눈에 볼 수 있다.

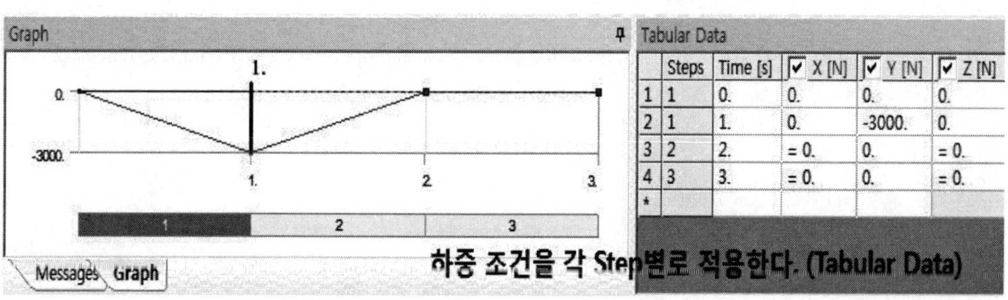

	Steps	Time [s]	X [N]	Y [N]	Z [N]
1	1	0.	0.	0.	0.
2	1	1.	0.	-3000.	0.
3	2	2.	= 0.	0.	= 0.
4	3	3.	= 0.	0.	= 0.
*					

하중 조건을 각 Step별로 적용한다. (Tabular Data)

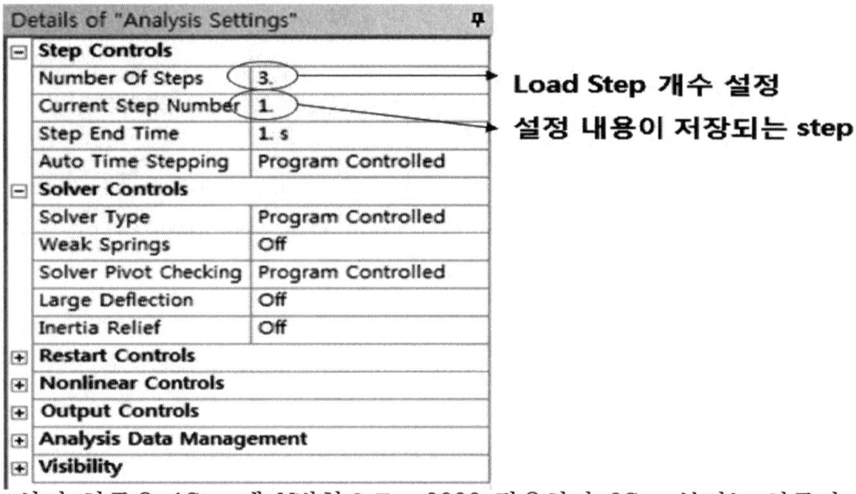

상기 하중은 1Step에 Y방향으로 -3000 작용하다 2Step부터는 하중이 제거되는 내용이다. Worksheet에서 모든 step의 설정내용을 확인할 수 있다.

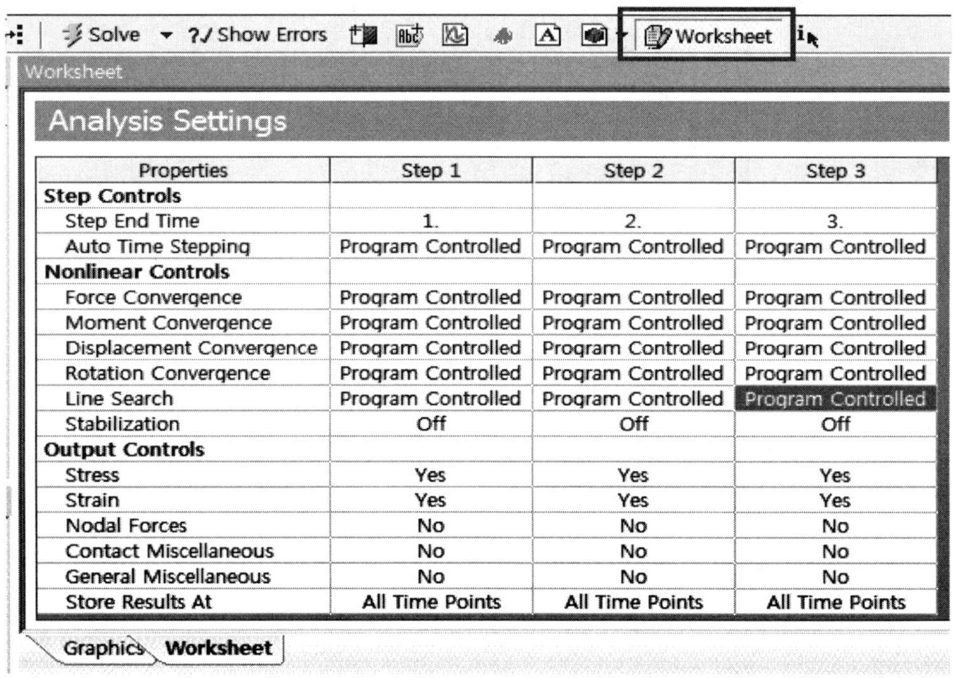

Analysis Settings

Properties	Step 1	Step 2	Step 3
Step Controls			
Step End Time	1.	2.	3.
Auto Time Stepping	Program Controlled	Program Controlled	Program Controlled
Nonlinear Controls			
Force Convergence	Program Controlled	Program Controlled	Program Controlled
Moment Convergence	Program Controlled	Program Controlled	Program Controlled
Displacement Convergence	Program Controlled	Program Controlled	Program Controlled
Rotation Convergence	Program Controlled	Program Controlled	Program Controlled
Line Search	Program Controlled	Program Controlled	Program Controlled
Stabilization	Off	Off	Off
Output Controls			
Stress	Yes	Yes	Yes
Strain	Yes	Yes	Yes
Nodal Forces	No	No	No
Contact Miscellaneous	No	No	No
General Miscellaneous	No	No	No
Store Results At	All Time Points	All Time Points	All Time Points

2) Sub Step Control

선형해석은 한번의 step으로 해를 구하지만, 비선형해석은 반복계산을 수행하여 하중을 조금씩 증가시키며 수렴하게 된다. 이와 같은 이유로 비선형해석에서 Substep을 조절하는 것이 중요하다. 입력하중에 따른 구조물의 비선형성을 파악하여 자동으로 하중 증가범위를 설정할 수 있으며 사용자가 별도로 지정할 수 있다. 설정 방법은 아래와 같다.

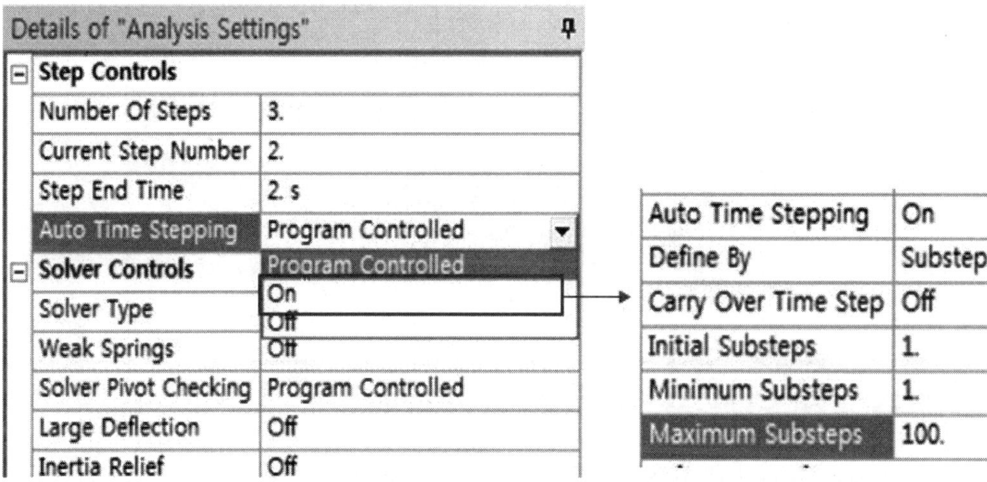

예제 3.1 원형외팔보 복합하중 (모델 : beam D35x120)

봉의 지름 d = 35mm, 길이가 120mm이다. 재료는 Structural steel로 종탄성계수 E는 2 x 10^{11} Pa, 횡탄성계수 G는 7.69 x 10^{10} Pa, 항복강도 2.5 x 10^{8} Pa이다. 그림과 같은 원형단면의 외팔보에 인장 하중 P=8,500N, 굽힘 하중 F=3,000N, 비틀림 모멘트 T=172,000 N.mm가 동시에 작용한다.

(1) 최대전단응력이론에 따라 최대전단응력을 구하시오.

(2) 전단변형에너지이론에 의하여 봉의 고정단에 von Miss응력은 하시오.

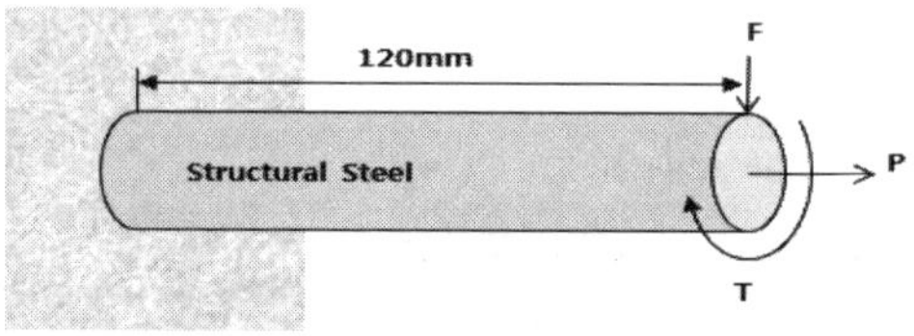

Load step을 3으로 설정하고 하중을 단계별로 부여한다.

(1) 결론 및 고찰

고정단의 응력을 분석하면 다음과 같이 단계적으로 증가한다. (Normal Stress)

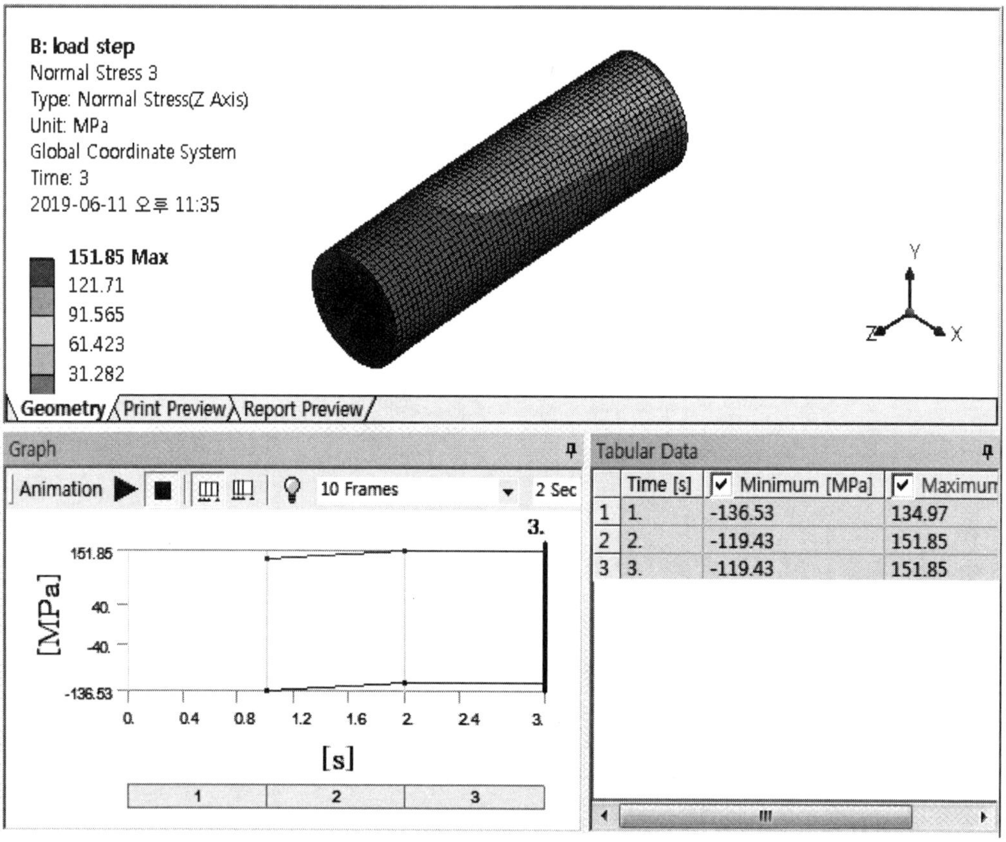

	Time [s]	Minimum [MPa]	Maximum
1	1.	-136.53	134.97
2	2.	-119.43	151.85
3	3.	-119.43	151.85

예제 3.2 Rubber-ring (모델 : Rubber-ring)

Shaft에 고무링 링과 플라스틱 링이 조립된 후 하우징에 조립된다. 따라서 Shaft와 Housing 사이에는 간격이 발생하지 않는다. 축에 조립된 Seal 에 유압이 가했다. 부재의 재질은 Outer ring 은 Polyethylene, Inner ring 은 Rubber, Shaft 는 Structural steel 이다.

(1) 유압이 40MP이 작용할 때 Seal의 변형모습을 도시하시오.
(2) 유압이 40MPa이 작용할 때 구조체의 응력을 구하여 안전성을 평가하시오.
모델링 치수는 2D에서 임의로 디자인 한다.

(1) 원형모델

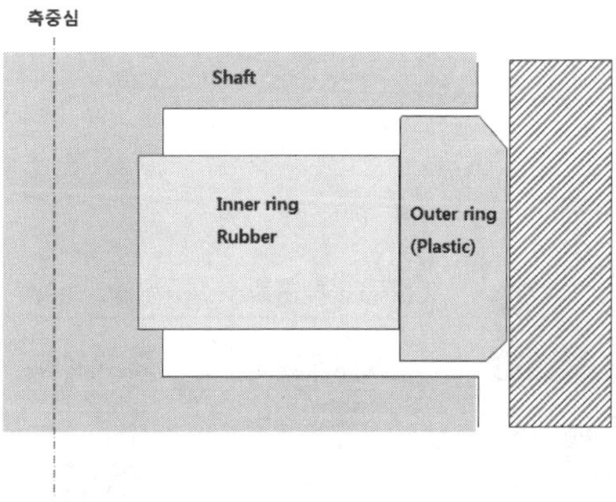

(2) 모델링 해석과정

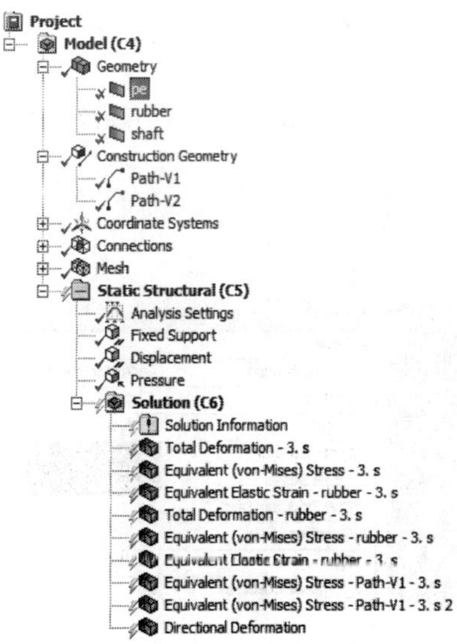

(3) 재료 물성 정의

Outline of Schematic C2: Engineering Data

	A	B	C	D	E
1	Contents of Engineering Data			Source	Description
2	⊟ Material				
3	Polyethylene			General_Materials.xml	
4	rubber			Hyperelastic_Materials.xml	Sample data to model as Mooney-Rivlin
5	Structural Steel			General_Materials.xml	Fatigue Data at zero mean stress comes from 1998 ASME BPV Code, Section 8, Di

Properties of Outline Row 3: Polyethylene

	A	B	
1	Property	Value	
2	Density	950	kg m^-3
3	⊞ Isotropic Secant Coefficient of Thermal Expansion		
6	⊟ Isotropic Elasticity		
7	Derive from	Young's ...	
8	Young's Modulus	1.1E+09	Pa
9	Poisson's Ratio	0.42	
10	Bulk Modulus	2.2917E+09	Pa
11	Shear Modulus	3.8732E+08	Pa
12	Tensile Yield Strength	2.5E+07	Pa
13	Compressive Yield Strength	0	Pa
14	Tensile Ultimate Strength	3.3E+07	Pa
15	Compressive Ultimate Strength	0	Pa

Properties of Outline Row 4: rubber

	A	B	
1	Property	Value	
2	⊟ Mooney-Rivlin 3 Parameter		
3	Material Constant C10	2.6837	MPa
4	Material Constant C01	-1.4103	MPa
5	Material Constant C11	0.2699	MPa
6	Incompressibility Parameter D1	0	MPa^-1

(4) 접촉조건

Connections
- Contacts
  - Frictional - rubber To pe
  - Frictional - Multiple To shaft

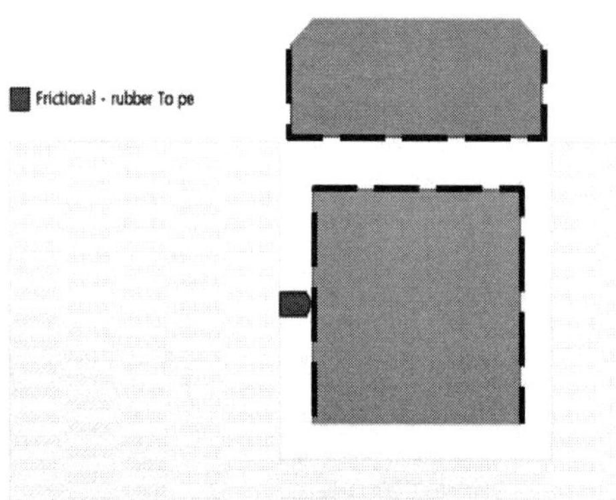

Details of "Frictional - rubber To pe"

⊟ Scope	
Scoping Method	Geometry Sele
Contact	3 Edges
Target	3 Edges
Contact Bodies	rubber
Target Bodies	pe
Shell Thickness Effect	No
⊟ Definition	
Type	Frictional
Friction Coefficient	0.6
Scope Mode	Manual

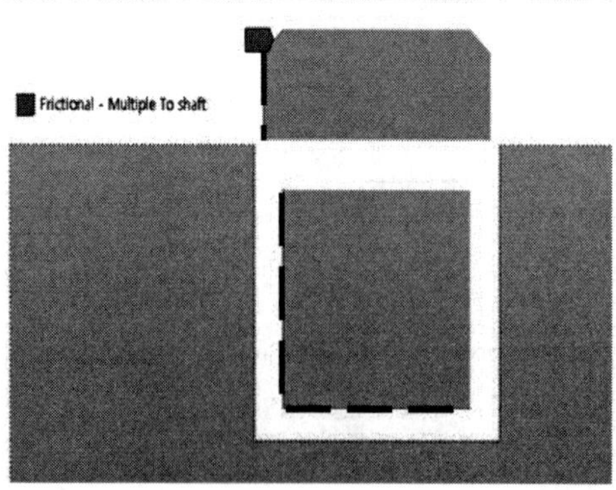

Details of "Frictional - Multiple To shaft"

⊟ Scope	
Scoping Method	Geometry Selection
Contact	4 Edges
Target	3 Edges
Contact Bodies	[illegible]
Target Bodies	[illegible]
Shell Thickness Effect	No
⊟ Definition	
Type	Frictional
Friction Coefficient	0.6

(5) 격자 생성

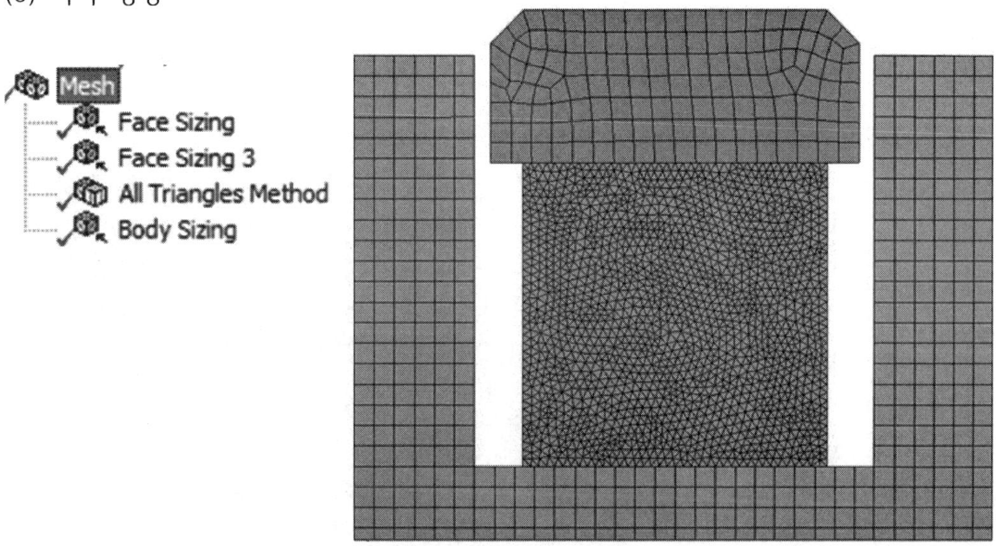

(6) 해석조건

Load Step을 3으로 설정하고 Step 1에서는 압력을 가하지 않고 Shaft를 안착시킨다.

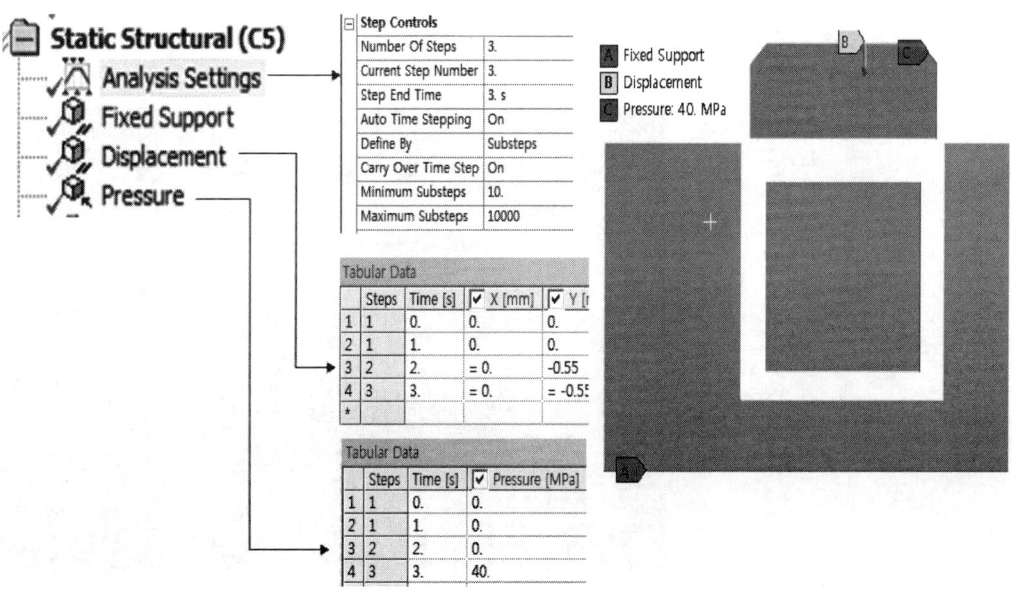

(7) 해석결과

① 변위

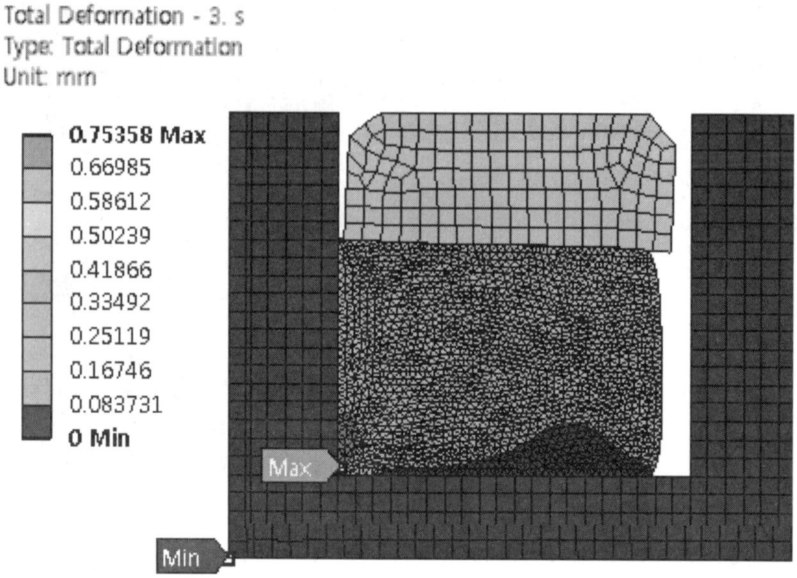

② 응력

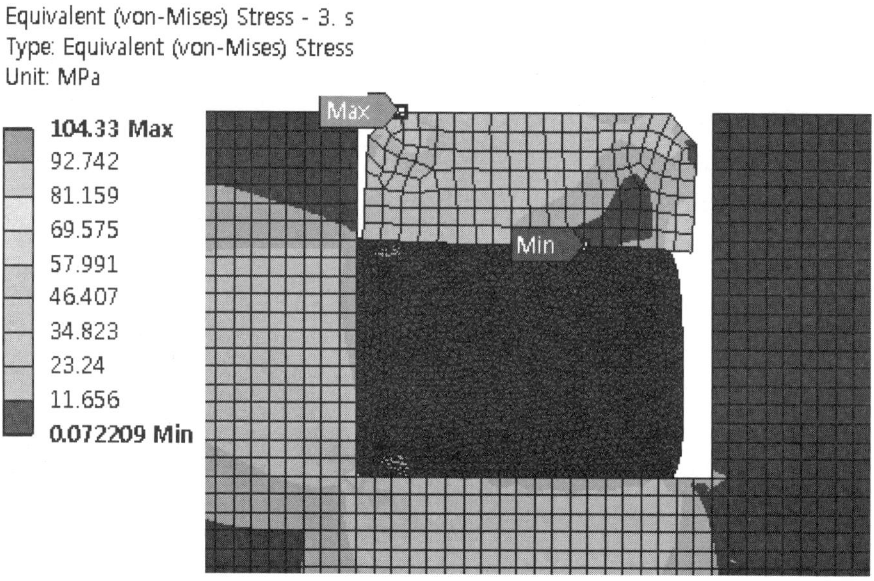

2. Plastic Deformation

(1) 탄성변형 (Elastic Deformation)

탄성변형은 특정 재질에 가해진 하중이 제거될 때 변형이 가해진 양이 원래의 형태로 되돌아 가 복구되는 것으로 재질의 탄성 한계보다 작은 힘이 작용할 때 발생한다. 다시 말해 탄성 한계를 넘어서게 되면 재질은 더 이상 원형 형태로 되돌아가지 못하고 변형된 상태를 유지하게 되는 소성변형을 일으키게 된다. 이러한 소재의 탄성 변형은 재질을 구성하는 원자의 결합 상태가 하중(힘)에 의해 늘어난 이후에도 원래대로 되돌아 갈 수 있기 때문이다. 재질에 가해지는 힘의 양은 재질의 외형인 모양이나 크기의 변화량과 비례하여 증가하며 금속의 경우 탄성 변화 범위에 있는 상태에서는 강도에 영향을 미치지 않는다.

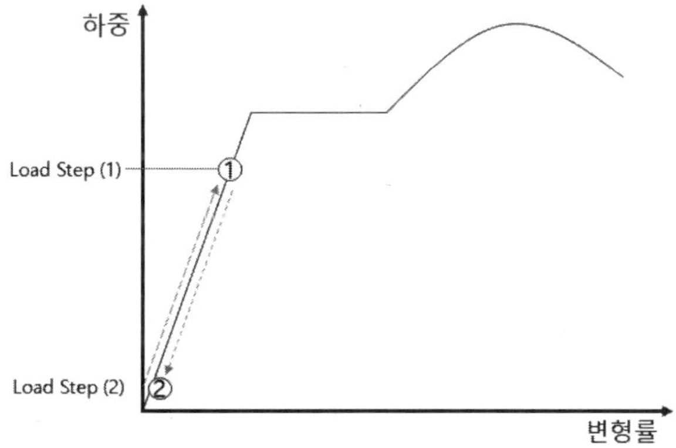

(2) 소성변형 (Plastic Deformation)

소성변형은 탄성변형의 반대 개념으로 재질에 가해진 하중이 제거되더라도 재료가 가지고 있는 원래의 모양으로 되돌아가지 않는 변형을 유지하는 상태로 정의한다.

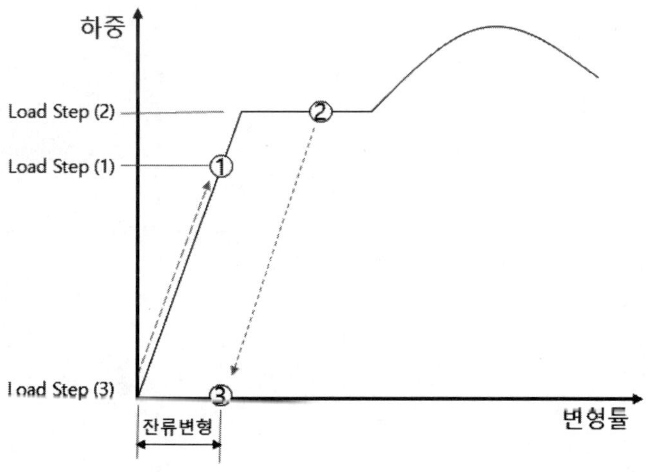

모든 재료는 일반적으로 탄성을 가지고 있으나 응력이 발생하면 모양에 변형이 발생한다. 탄성변형의 대표적인 재질인 고무는 응력이 제거된 이후에 원래의 형상으로 되돌아가지만 탄성 변형의 한계를 초과하면 소성변형이 발생하고 응력을 제거하더라도 재료가 탄성력을 소실하여 변형된 상태(잔류변형)를 유지하게 된다.

(3) 탄성변형과 소성변형의 차이점

탄성변형과 소성변형의 차이점은 하중을 제거하였을 때 원형 상태를 유지하거나 반대로 원형상태로 되돌아가지 못하는 성질로 구분한다. 모든 재질은 재질이 갖고 있는 탄성한계를 초과할 경우 소성 항복이 발생하여 영구적으로 변형되거나 원래 상태로 복원할 수 없는 상태(파괴) 상태에 다다르게 된다.

예제 3.3 Plastic deformation H-beam(모델 : Beam-H106x103x7.1x8.8) [1]

Structural Steel로 만들어진 H형강이 있다. H형강의 높이는 106 mm, 폭은 103mm, 웨브의 두께는 7.1 mm, 플랜지의 두께는 8.8 mm 이며 길이는 500mm이다.
H형강의 한 쪽 끝은 강접점으로 벽에 고정되어 있고, 다른 쪽은 자유단이다.
고정단에는 하중이 0 MPa 이며 자유단에는 4 MPa 인 경사 분포하중이 작용하고 있다.
(1) 이 H형강이 하중을 받은 후 하중을 제거 했을 때 소성변형이 얼마나 발생했는지 해석하시오.

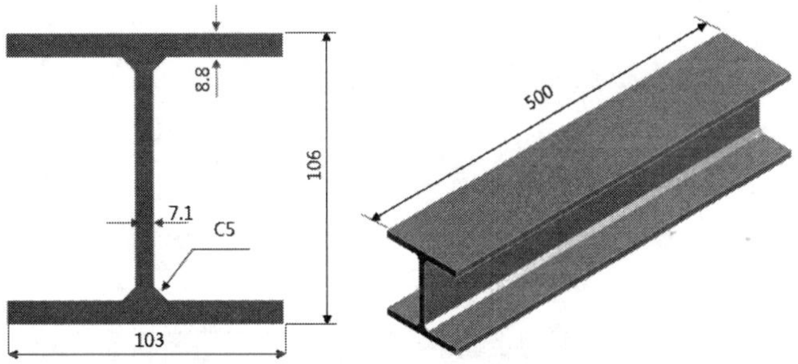

(1) 해석대상을 분석하고 자유물체도를 작성한다. - 생략

(2) 해석 시스템을 생성한다.(Static structure)

① Project Schematic에 Static Structural 시스템 추가한다.(더블클릭 또는 Drag 함)
② Project 이름을 변경한다.
③ 단위 선정 : Mechanical 창에서 Units menu > Metric단위 (mm, kg, N, s, mV, mA)

(3) 재료의 물성을 정의한다. (Engineering Data)
① 물성은 structural steel NL으로 적용한다
Engineering Data Sources에서 General Non-linear Materials를 선택하고, Outline of General Non-linear Materials에서 Structural steel NL 을 선택하고 + 마크를 클릭한다.

1) YouTube https://www.youtube.com/watch?v=mAZKGNcDDvs&t=732s

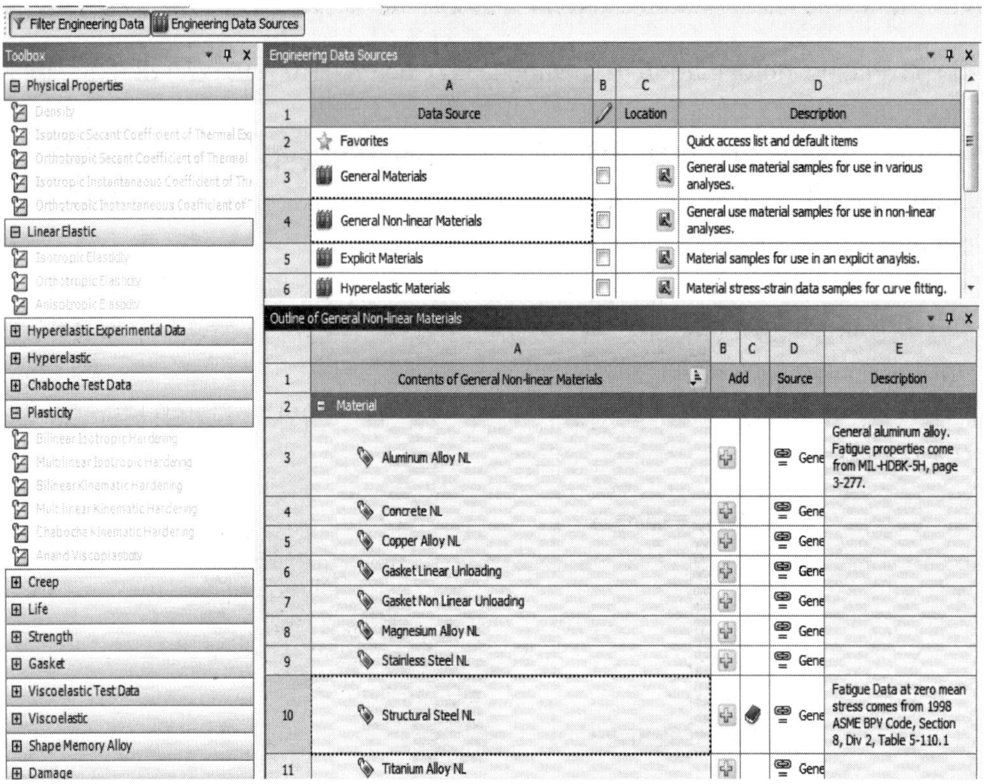

Properties of Outline Row에서 Bilinear Isotropic Hardening을 선택하여 Stress-Strain curve를 확인한다.

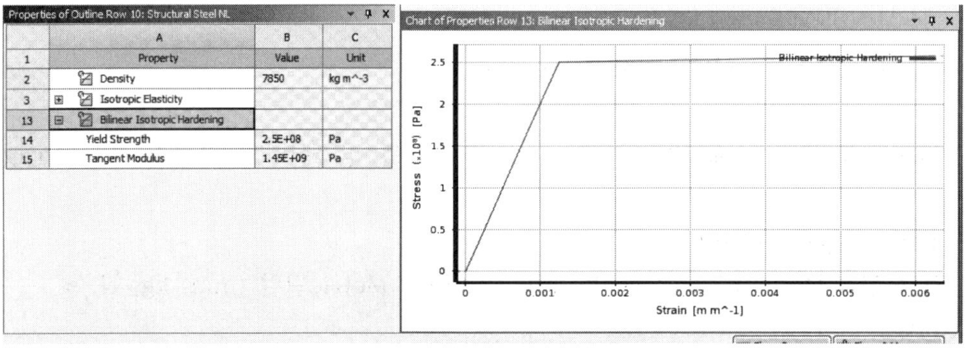

(4) 해석 모델을 불러들이거나 모델링을 수행한다. (Geometry)

① 모델파일 찾기 : Geometry에서 RMB >Replace Geometry > Browse

② 모델파일 선택 : 탐색기에서 이미 만들어진 CAD 데이터를 선택한다.

③ 업데이트 수행 : Geometry에서 RMB > Update

(5) 해석 모델의 환경을 설정한다. (Model)

① Mechanical 활성화 : Project Schematic > Static Structural > Model

더블클릭한다.

② 모델 확인 : Outline > Model > Geometry > Solid

③ Solid 재질 변경 : Model > Geometry > Solid > Details > Material > Assignment

HBeam : structural steel NL

Details of "HBeam "

⊞	**Graphics Properties**	
⊟	**Definition**	
	☐ Suppressed	No
	Stiffness Behavior	Flexible
	Coordinate System	Default Coordinate System
	Reference Temperature	By Environment
	Behavior	None
⊟	**Material**	
	Assignment	Structural Steel NL
	Nonlinear Effects	Yes
	Thermal Strain Effects	Yes
⊞	**Bounding Box**	
⊞	**Properties**	

(6) 좌표계 설정 (Coordinate Systems)

변경내용 없음 (Global Coordinate Systems)

(7) 격자 모델 생성 (Mesh)

① 메시 사이즈 결정 :

Outline > Model > Mesh > Details > Sizing > Element Size

Element Size : 5mm

② 메시 Update : Outline > Model > Mesh > RMB > Update

Graphic화면에서 모델에 mesh가 생성된 것 을 확인할 수 있다.

③ 메시 데이터 확인 : Detail > Statistics (Nodes, Elements)

(8) 해석의 설정 정의(Analysis Settings)

① step controls :

number of steps > 2

auto time stepping > on, initial substeps > 30

minimum substeps > 30

maximum substeps > 100

② solver controls

large deflection > on

(9) 초기 조건 정의 : 고려하지 않는다. (중력, 가속도 영향 무시)

(10) 구속조건 정의

ⓐ 고정 지점 설정

① Support 항목설정 : Fixed Support 적용

Outline > Static structure > RMB > Insert > Fixed Support

② Geometry 입력 : Graphic window에서 대상 선정(HBeam의 측면에 선택)> Detail > Geometry > Apply

(11) 하중조건 정의

① 하중 항목설정 : pressure 적용

Outline > Static structure > RMB > Insert > pressure

② Geometry 입력 :

Graphic window에서 대상선택 > Detail > Geometry > Apply (H형강 상면 선택)

③ 하중 값 입력 :

definition > magnitude > tabular data

tabular data > Z

tabular data 창에서 첫 번째 압력은 0 MPa, 두 번째 압력은 4 MPa 입력(Z의 길이는 500mm 입력)

graph controls > X-Axis > Z

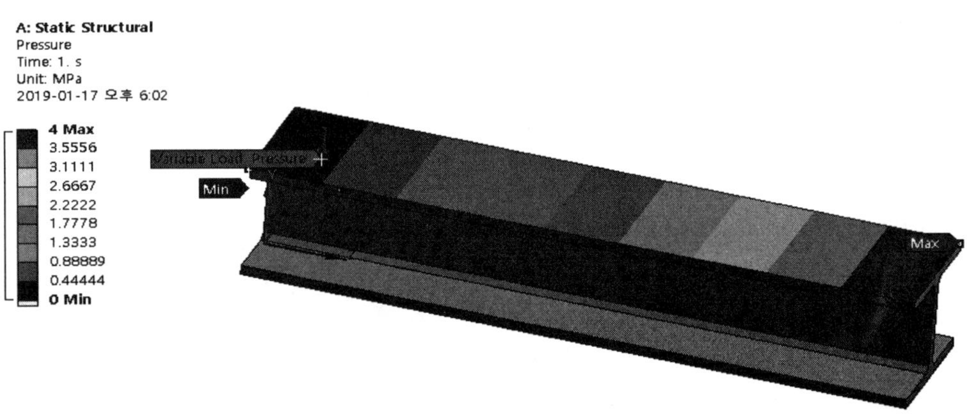

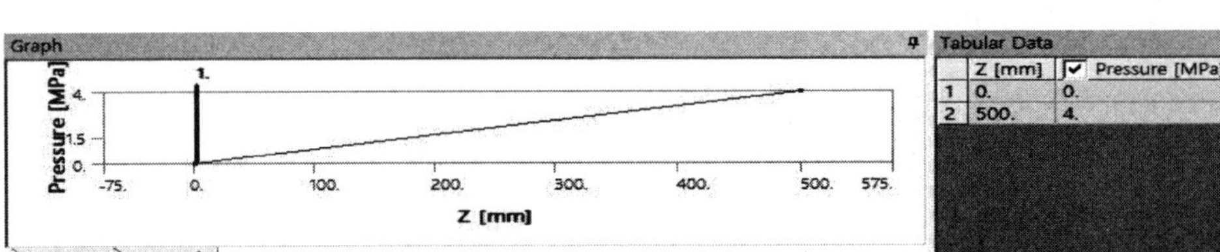

(12) 해석 수행

① 해석 실행 : Tool bar > Solve

(또는 Outline > Static structure > Solution > RMB > Solve)

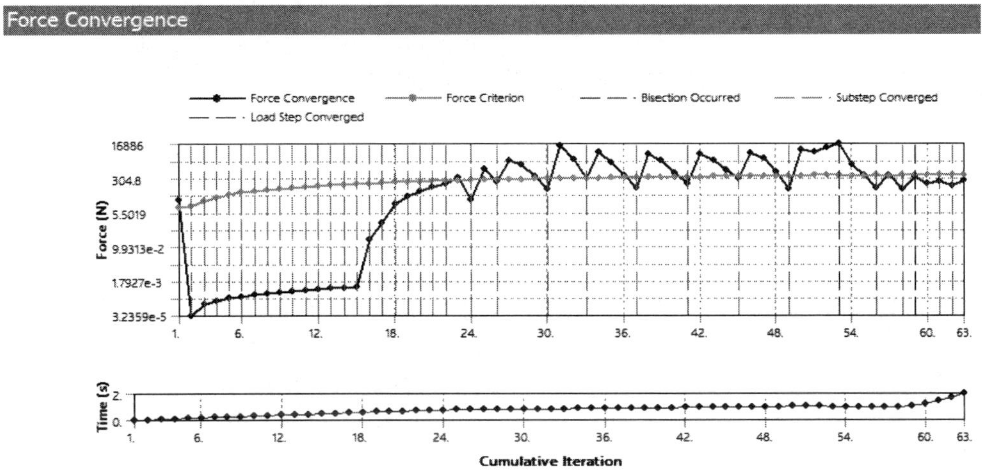

(13) 결과 확인

(a) Equivalent stress

① 항목 선택 : Outline > Solution >RMB >Insert >stress >equivalent stress

② 상세 설정 : 없음

(b) Equivalent total strain(총 등가변형율)

① 항목 선택 : Outline > Solution >RMB >Insert > Shear > equivalent total strain

② 상세 설정 : 없음

③ 결과 호출 : Solution >RMB > Evaluate All Results

(14) 결론 및 고찰

equivalent stress의 최댓값은 424.55 MPa을 얻었다.

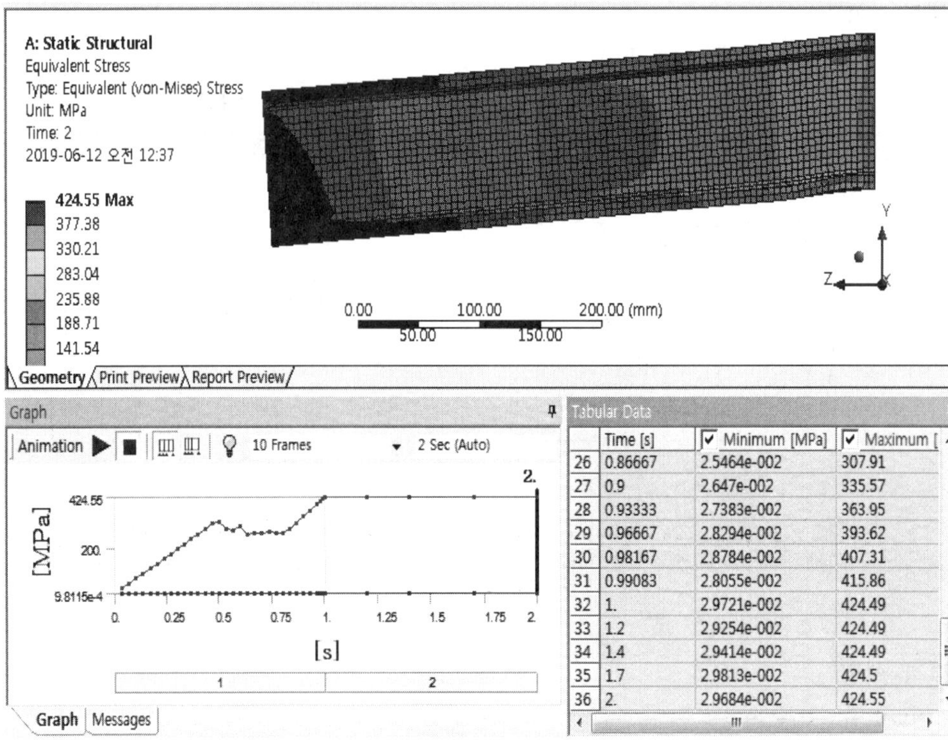

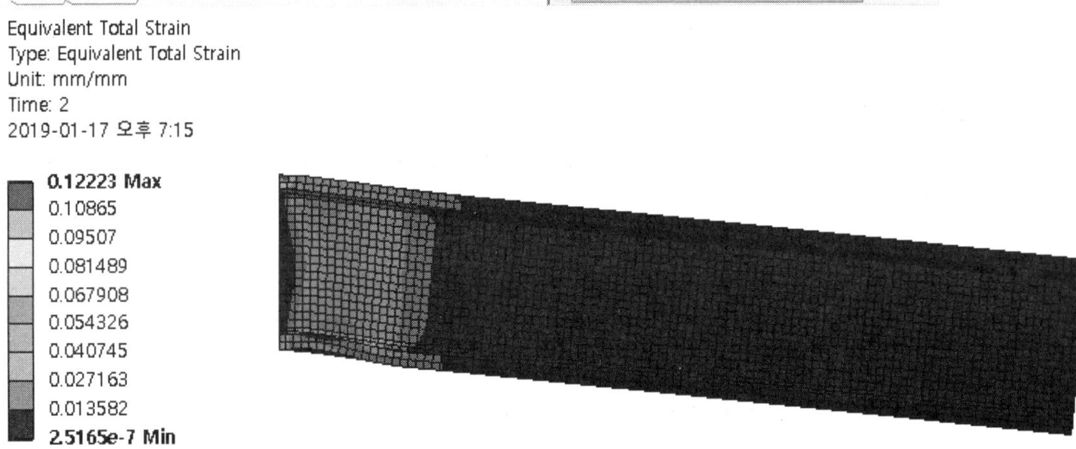

equivalent total strain의 최댓값은 0.12223 mm/mm을 얻었다.

예제 3.4 C Bracket 소성(모델 : c-bracket)

재질이 알루미늄 합금인 C 형 브래킷이 천장에 (a)부분에 볼트로 고정되어 있다.
이 형강 중앙 평면에 10 kN의 물체가 달려 있다가 제거 되었다.
물체가 제거되고 난 후 최대변위를 산정하시오.

해석 조건 : 메시 사이즈 = 40mm, load step은 10단계, 5단계에서 최대 하중이 작용하고 10단계에서 하중이 0 이 된다.

(1) 해석 시스템을 생성한다.(Static structure)

(2) 재료의 물성을 정의한다. (Engineering Data)
구조물의 재질은 Aluminum Alloy NL를 설정한다.

(3) 구조해석 도구를 불러온다.

(4) Geometry에서 모델을 이름을 바꾸고, 재질을 설정한다.

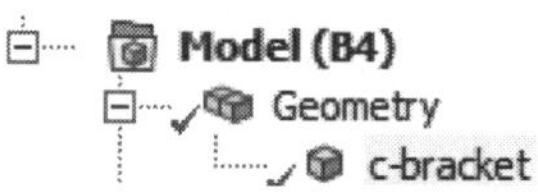

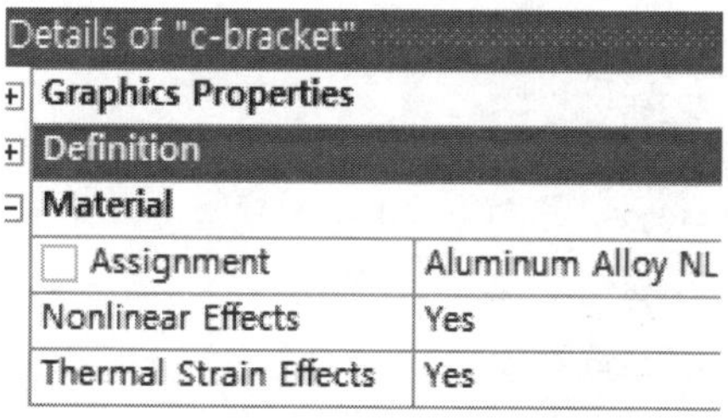

(5) 메시 사이즈를 4mm로 설정한다.

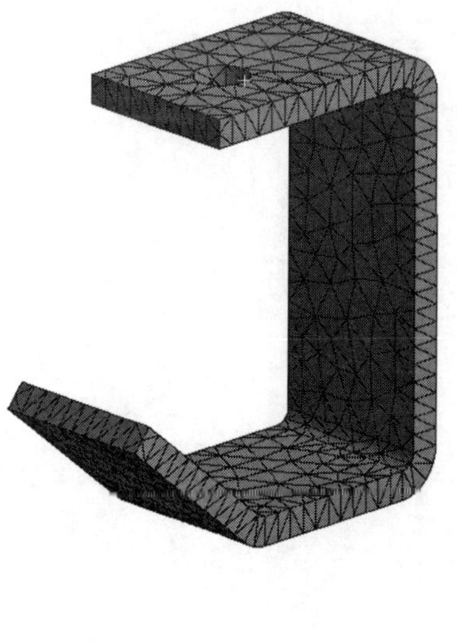

(6) Analysis setting

Details of "Analysis Settings"

Step Controls	
Number Of Steps	10.
Current Step Number	1.
Step End Time	1. s
Auto Time Stepping	Program Controlled

(7) 경계조건을 설정하다.

① Fixed support를 설정한다.

② Force를 설정한다.

Details of "Force"

Scope	
Scoping Method	Geometry Selection
Geometry	1 Face
Definition	
Type	Force
Define By	Vector
Applied By	Surface Effect
Magnitude	Tabular Data
Direction	Apply / Cancel
Suppressed	No
Tabular Data	
Independent Variable	Time

	Steps	Time [s]	Force [N]
1	1	0.	0.
2	1	1.	0.
3	2	2.	= -2500.
4	3	3.	= -5000.
5	4	4.	= -7500.
6	5	5.	-10000
7	6	6.	= -8000.
8	7	7.	= -6000.
9	8	8.	= -4000.
10	9	9.	= -2000.
11	10	10.	0.

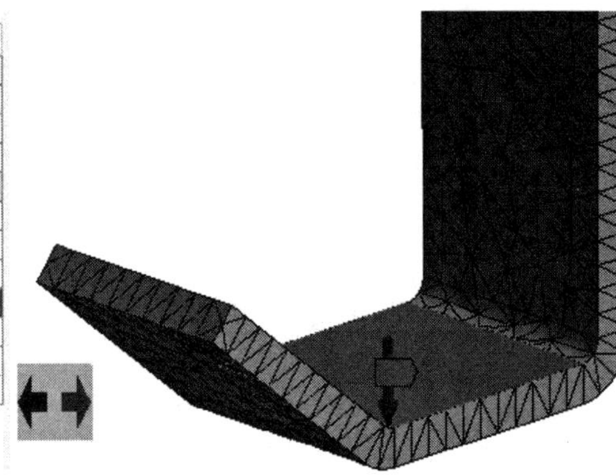

(8) 해석을 수행한다.

(9) 결과를 확인한다.

① Total Deformation

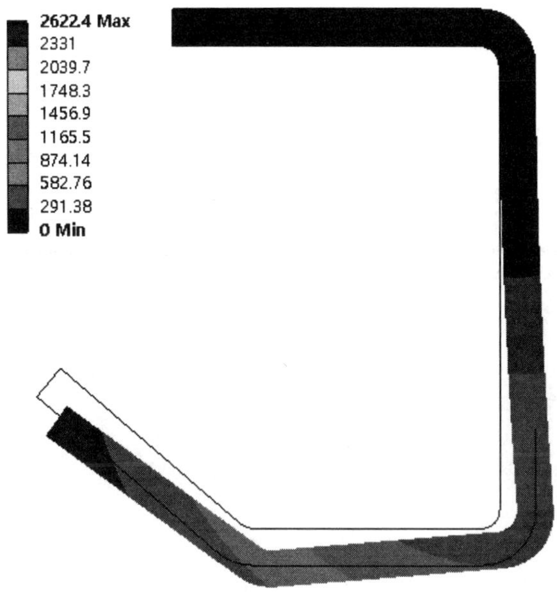

② Equivalent Stress

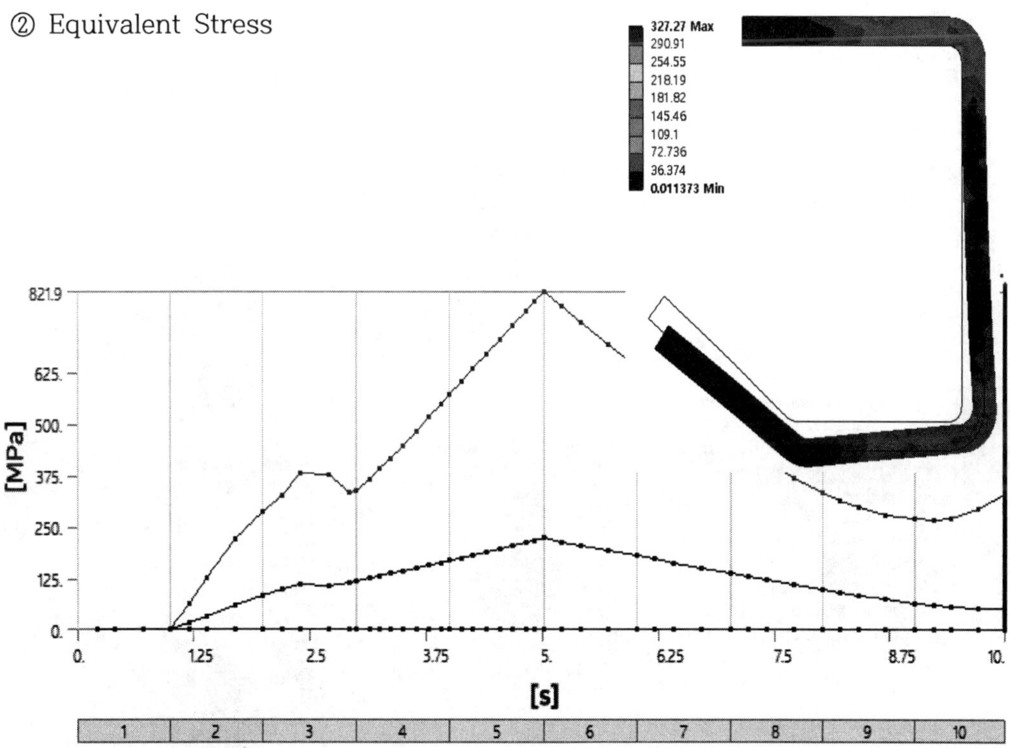

예제 3-5 압연기 Rotary mill (모델 : press-Bearing-joint) [2)]
2개의 Roller 사이로 plate가 빨려 들어가는 구동을 구현하시오.
① von-Mises 응력을 도시하시오.
② Total Deformation을 도시하시오.
모델 : 하기와 같이 임의 치수를 사용하여 모델링하시오.
재질 : Roller - Structural steel NL, Plate - Copper Ally NL

(1) 원형 모델

(2) 접촉 조건

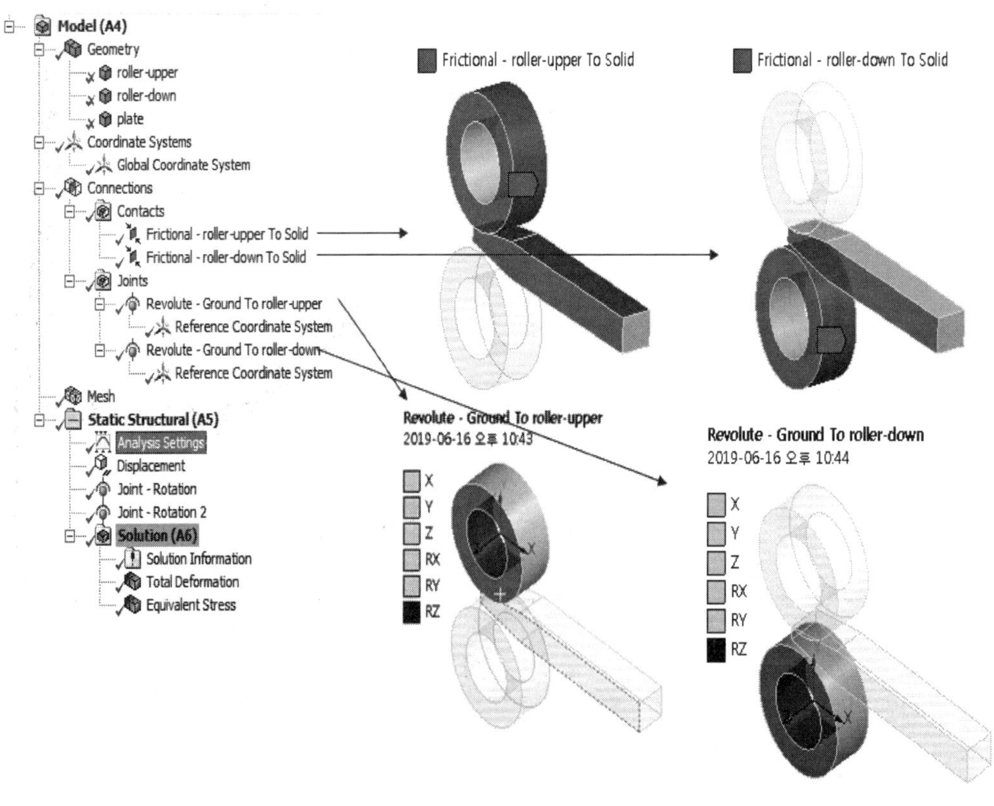

2) YouTube https://www.youtube.com/watch?v=O7IWSIPy4fU&t=126s

(3) 해석조건 (Load Step 설정)

ⓐ Step Number

Details of "Analysis Settings"	
Step Controls	
Number Of Steps	4.
Current Step Number	1.
Step End Time	1. s
Auto Time Stepping	Program Controlled

ⓑ Displacement

Details of "Displacement"	
Scope	
Scoping Method	Geometry Selection
Geometry	1 Face
Definition	
Type	Displacement
Define By	Components
Coordinate System	Global Coordinate System
X Component	Tabular Data
Y Component	0. mm (ramped)
Z Component	0. mm (ramped)

Tabular Data

	Steps	Time [s]	X [mm]	Y [mm]	Z [mm]
1	1	0.	0.	0.	0.
2	1	1.	-100.	0.	0.
3	2	2.	-200.	= 0.	= 0.
4	3	3.	-300.	= 0.	= 0.
5	4	4.	-400.	= 0.	= 0.

ⓒ Joint-Rotation

Details of "Joint - Rotation"	
Scope	
Joint	Revolute - Ground To roller-down
Definition	
DOF	Rotation Z
Type	Rotation
Magnitude	180. ° (ramped)
Lock at Load Step	Never

Tabular Data

	Steps	Time [s]	Rotation [°]
1	1	0.	0.
2	1	1.	180.
3	2	2.	= 180.
4	3	3.	= 180.
5	4	4.	= 180.
*			

Details of "Joint - Rotation 2"	
Scope	
Joint	Revolute - Ground To roller-upper
Definition	
DOF	Rotation Z
Type	Rotation
Magnitude	-180. ° (ramped)
Lock at Load Step	Never

Tabular Data

	Steps	Time [s]	Rotation [°]
1	1	0.	0.
2	1	1.	-180.
3	2	2.	= -180.
4	3	3.	= -180.
5	4	4.	= -180.
*			

ⓓ Large Deformation : On

(4) 해석결과

① von-Misc Stress

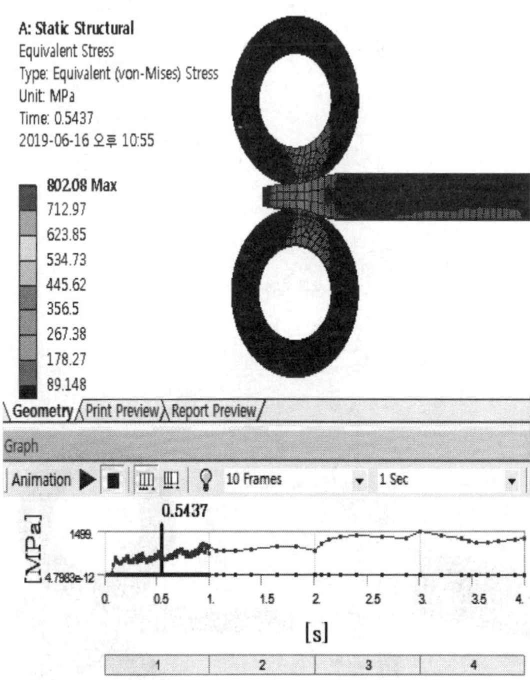

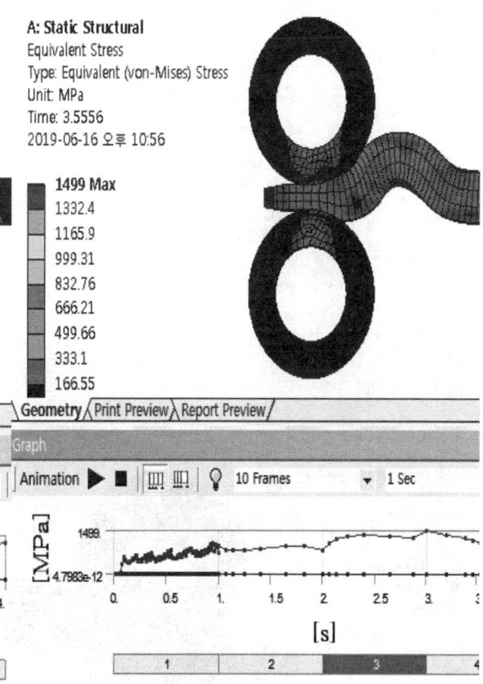

② Deformation

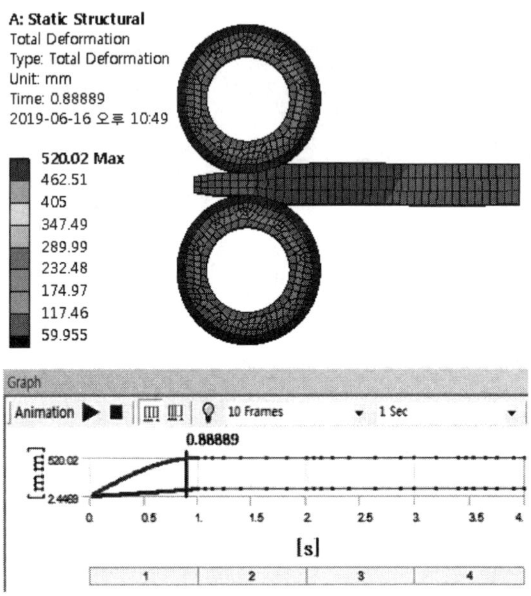

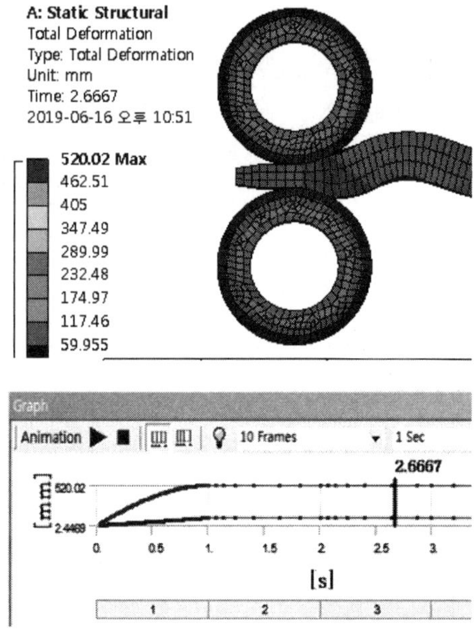

(5) 조건 변경 후 재 해석결과

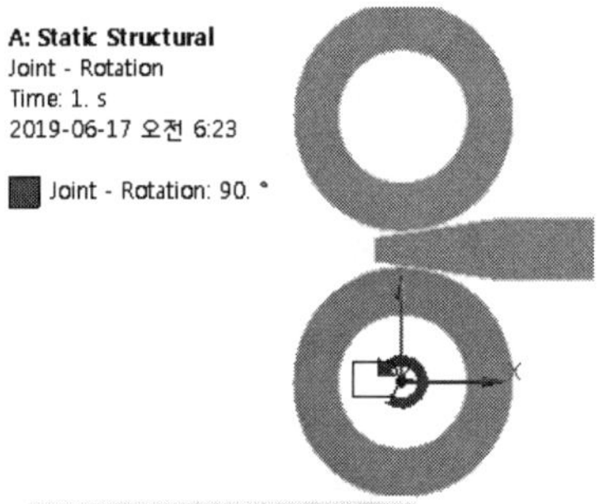

Tabular Data

	Steps	Time [s]	Rotation [°]
1	1	0.	0.
2	1	1.	90.
3	2	2.	180.
4	3	3.	270.
5	4	4.	360.
*			

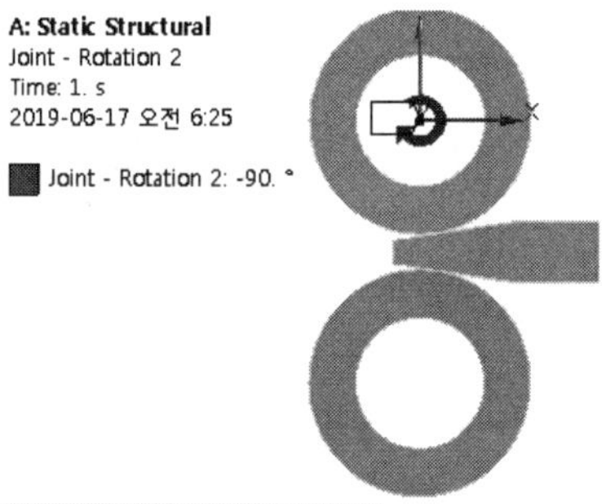

Tabular Data

	Steps	Time [s]	Rotation [°]
1	1	0.	0.
2	1	1.	-90.
3	2	2.	-180.
4	3	3.	-270.
5	4	4.	-360.
*			

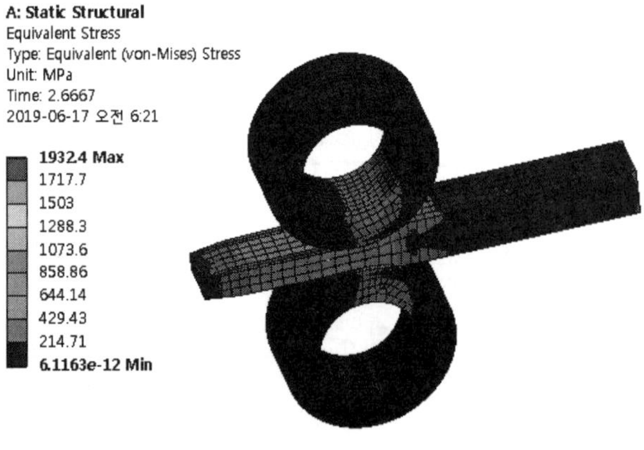

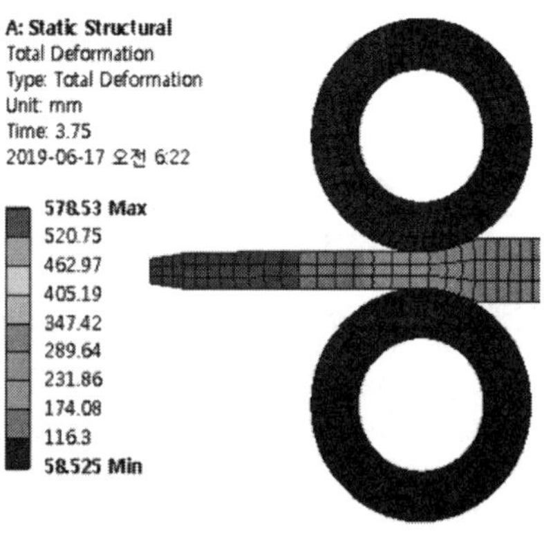

4 열역학 해석

1. Steady state Thermal

정상 상태 열 분석을 사용하여 시간이 지남에 따라 변하지 않는 열 부하로 인해 발생하는 물체의 온도, 열 구배, 열 유속 및 열 유속을 결정할 수 있다. 정상 상태 열 해석은 시스템 또는 구성 요소에 대한 정상 열 부하의 영향을 계산한다. 엔지니어는 초기 조건을 설정하는 데 도움이 되도록 과도 열 해석을 수행하기 전에 정상 상태 해석을 수행하는 경우가 많다. 정상 상태 해석은 또한 모든 과도 효과가 감소한 후에 수행되는 과도 열 해석의 마지막 단계가 될 수 있다. 정상 상태 열 해석은 ANSYS, Samcef 또는 ABAQUS 솔버를 사용하여 수행할 수 있습니다.

(1) 중요 사항
① 기본적으로 응용 프로그램은 결과 파일에 열 구배 결과를 기록하지 않는다
이러한 결과를 결과 파일에 기록하려면 Command 개체를 사용하고
OUTRES,ERASE 명령을 삽입한다.

② 정상 상태 열 해석은 일정한 재료 속성을 가진 선형일 수 있다. 또는 온도에 따라 달라지는 재료 특성을 가진 비선형이다. 대부분의 재료의 열 특성은 온도에 따라 달라지므로 분석은 일반적으로 비선형이다. 복사 효과 또는 온도 종속 대류 계수를 포함하면 분석도 비선형이 된다.

2. **열 해석** Tool

ANSYS에서는 Mechanical 환경에서 정상 상태 열 해석을 수행하기 위해 Stead-state Thermal을 제공하고 있다.

1) Steady-State Heat Transfer의 기본이론
Mechanical 환경에서 Steady-State Thermal Analysis의 거동방정식은 다음과 같다. $[K(T)]\,T = Q(T)$
이 방정식을 사용하여 해석을 수행하기 위하여 다음과 같은 가정을 한다.
(1) Steady-state analysis은 시간에 대한 영향(transient effect)을 받지 않는다.

(2) [K]는 상수이거나 온도의 함수이다.
(3) {Q}는 상수이거나 온도의 함수이다.
(4) 고정된 온도 {T}는 시스템(구조해석에서 고정된 변위)에 구속을 나타낸다.
이 부분은 열 해석과 관련하여 중요한 사항이기 때문에 반드시 확인 필요하다.

2) Steady-State Heat Transfer에 사용되는 구조형상(Geometry)
(1) 열해석에서 Solid, surface, line bodies등 모든 type의 body 지원한다.
(2) Shell과 Line body에 대한 해석을 수행할 때 다음과 같은 가정을 수반한다.
① Shells은 두께 방향의 온도 변화는 없고, 표면에서만 온도가 변화한다.
② Line bodies는 단면의 방향으로는 변화가 없고, Beam의 길이 방향으로만 온도가 변화한다.

3) Steady-State Heat Transfe을 수행하기 위한 Material properties
(1) 정상 상태 열 해석에서 필요한 물성은 열전도 계수(thermal conductivity)이다.
(2) 열전도(thermal conductivity)는 Engineering Data Application에서 입력한다.
(3) 온도 별 열전도(temperature dependent thermal conductivity)는 그림의 우측 상단과 같이 table로 입력 가능하다.

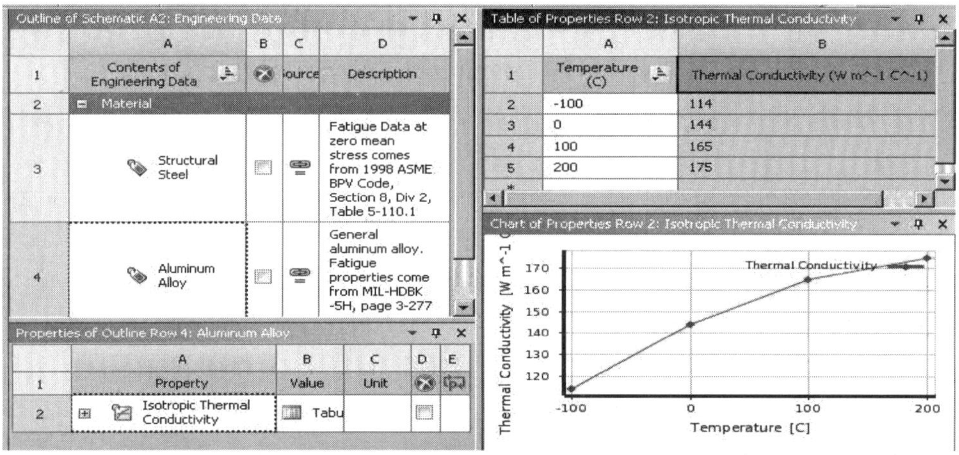

Thermal Conductivity

4) Steady-State Heat Transfer에서의 열 접촉(thermal contact)
구조해석과 마찬가지로, 접촉이 자동적으로 생성되어 부품 사이의 열전달이 가능하다.
구조해석에서 사용하는 접촉조건은 열전달에서는 다음과 같다.

Contact Type	Heat Transfer Between Parts in Contact Region?		
	Initially Touching	Inside Pinball Region	Outside Pinball Region
Bonded	Yes	Yes	No
No Separation	Yes	Yes	No
Rough	Yes	No	No
Frictionless	Yes	No	No
Frictional	Yes	No	No

Thermal Contact

(1) 부품끼리 접촉하는 경우 열전달이 발생한다. 그러나 부품이 접촉 범위를 벗어나면 더 이상 열전달이 발생하지 않는다.

(2) Bonded나 No separation 접촉 조건에서 pinball 범위 내에 gap이 있는 경우 열전달이 잘 일어난다.

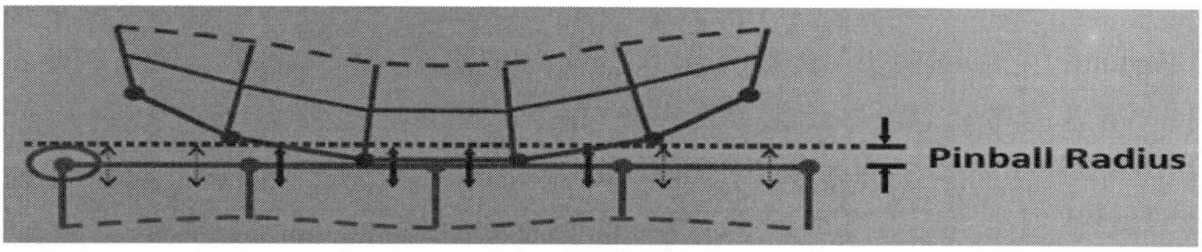

Pinball Radius

(3) 기본적으로 완벽한 열 접촉을 가정하는데, 이것은 접촉점에서 온도 강하가 없는 것을 의미한다. 그러나 실제 현상에서는 표면 거칠기, 표면 마감, 산화물, 유체피막, 접촉압력, 표면온도, 윤활제, 등과 같은 많은 원인으로 인하여 온도 강하가 발생할 수 있다.

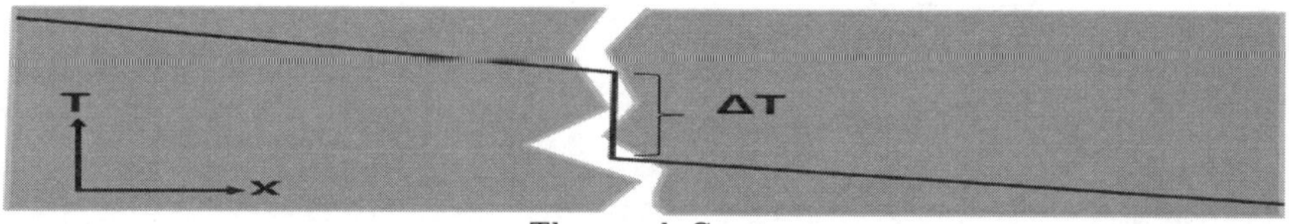

Thermal Contact

(4) 접촉으로 인한 열 유동의 양은 Contact heat flux "q"로 표현되며 다음과 같다.

$$q = TCC(T_{target} - T_{contact})$$, $T_{contact}$ 은 *Contact* 표면의 온도,
T_{target} 은 *Target* 표면온도

(5) 기본적으로 파트 간에 열이 '완벽'하게 전달되도록 해주기 위하여 TCC (thermal contact conductivity)는 모델 크기와 전도율 물성을 바탕으로 가장 높은 값으로 설정된다. 낮은 TCC 값을 설정하여 열 저항을 고려할 수 있으며, 접촉에 대한 상세 설정 창에서 설정 가능하다.

(6) Spot weld는 접촉되지 않은 떨어진 개체 사이에 열전달이 가능하도록 만들어 준다.

5) Thermal Boundary Conditions은 다음과 같이 적용할 수 있다.

(1) Heat Flow Heat Flow

Vertex, edge, surface에 적용하며, 단위는 energy/time 이다.

(2) Heat Flux 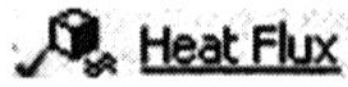

Surface에만 적용 가능하며(2D는 edge에 적용), 단위는 energy/time/area이다.

(3) Internal Heat Generation 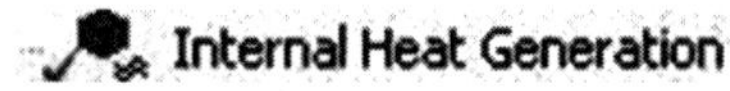

Body에만 적용 가능하며, 단위는 energy/time/volume 이다.

(4) Perfectly insulated (heat flow = 0) 

적용되었던 경계 조건의 일부를 제거한다.

Perfectly insulated은 경계 조건이 없을 경우 기본적으로 적용되는 조건이며, 기존에 있던 경계 조건의 일부를 제거하거나 대칭 경계 조건을 정의할 때만 사용한다.

(5) Temperature, Convection, Radiation

강체 운동인 열 등가에 대한 문제를 해결하려면 최소한 온도 {T}를 포함하는 열 구속 조건이 하나 이상 있어야 한다.

(6) Temperature 

Vertices, Edges, Surfaces, Bodies에 온도 부여한다.

(7) Convection

주변 온도를 설정한다.

(8) Radiation

주변 온도를 설정한다.

(9) Convection

① Surface에만 적용 가능하며 2D 해석에서는 Edge에 적용된다.

② Convection q는 대류계수 h, 표면적 A, 표면온도 $T_{surface}$ 와 주변온도 $T_{ambient}$와의 차이 값으로 정의된다.

③ h 와 $T_{ambient}$는 사용자가 직접 입력한다.

④ 대류계수 h는 상수 값으로 입력하며, 온도나 특정 공간에 따라 달라진다.

(10) 온도에 따라 대류를 정의한다.

① 상세 설정 창에서 Film coefficient 항목을 Tabular로 변경한다.

② Independent variable을 Temperature로 설정한다.

③ Coefficient vs Temperature에 계수 값 입력한다.

④ Coefficient Type 항목에서 table에 어떤 온도를 입력해서 적용할지 설정한다.
⑤ 한 번 정의된 대류 계수 값은 Convection library에서 다시 이용할 수 있도록 내보내기가 가능하다.
⑥ 몇 가지 일반적인 값들은 Workbench sample library에서 불러오기 가능하다.

(11) Radiation
① Surface에 적용 가능하며, 2D 해석인 경우 edge도 가능하다.
여기서 σ = Stefan-Boltzman constant, ε = Emissivity (방사 율),
A = 복사 면적, F = Form factor
② Stefan Boltzman 상수는 활성화된 단위계에 따라 자동으로 계산되어 적용된다.

6) Heat Transfer 해석결과로 얻을 수 있는 정보는 다음과 같다.

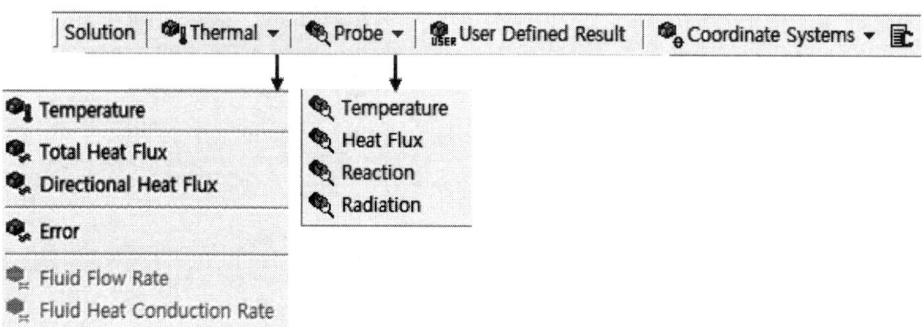

Heat Transfer Post-process

(1) Temperature : 온도는 Scalar 값이기 때문에 방향성을 가지고 있지 않다.

(2) Heat Flux : Heat flux는 Contour 또는 Vector로 출력 가능하다.
Heat flux q는 $q = -KXX.\Delta T$ 와 같이 정의한다.
Total Heat Flux 와 Directional Heat Flux에서도 vector 형태로 출력 가능하며 크기와 방향은 vector mode를 활성화해서 출력 가능하다.

(3) Probe의 Reaction heat flow rates 는 Reaction probe를 추가하여 확인 가능하다. Temperature, convection, radiation의 경계 조건에서 확인 가능하다.
간단하게는 경계조건을 Drag & Drop하여 Solution에 넣어 주면 된다.

(4) Thermal equilibrium의 확인
해석이 완료된 다음, 타당성을 확인하기 위하여 열평형 상태 확인하여야 한다.
열역학 제 1법칙에서, Steady-state의 열평형 상태는 Energy_in -Energy_out = 0 와 같이 단순하게 표현된다.

7) Solution Options

(1) Mechanical의 해석 타입과 같이 Analysis Settings에서 해석 옵션 설정 가능

- Note: Static analysis에서 설명한 것과 같이 Analysis Data Management 옵션은

동일하게 사용 가능하다.

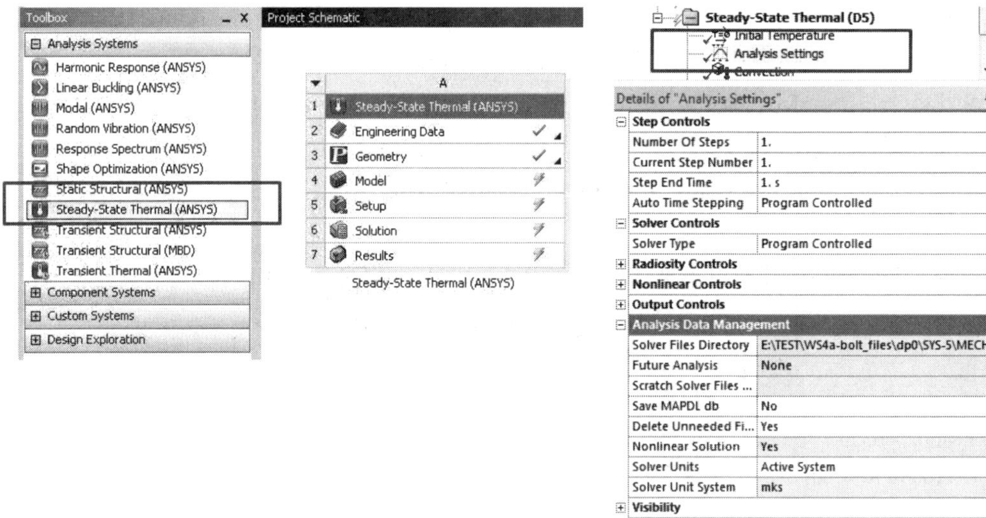

Steady State Thermal

(2) 열-구조 연성 해석을 위해서는 열 해석 시스템의 Solution cell과 구조해석의 Setup cell을 연결한다. Static Structural에 "Imported load" 항목이 추가되며, 다른 경계 조건과 함께 적용된다.

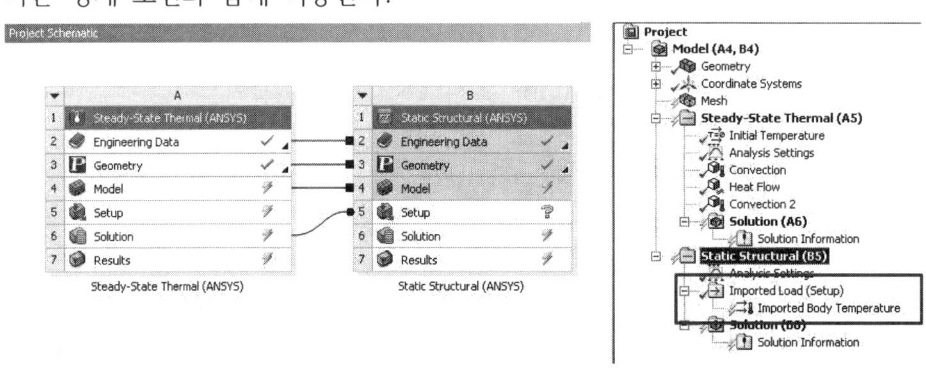

Imported load

예제 4.1 box-1000x1000x25 (모델 : box-1000x1000x250)

한변의 길이가 1m 인 정사각형 블록(두께 250mm)의 4면이 고정되어 있다.
전면에 22˚C로 고정되어 있고 반대면은 100˚C로 고정되어 있다.
이 블록의 온도분포와 응력분포를 해석하시오.
재료 물성은 Thermal conductivity K_L=60.5W/mK, 탄성계수는 200GPa 이다.

(1) 해석대상을 분석하고 자유 물체도를 작성한다.

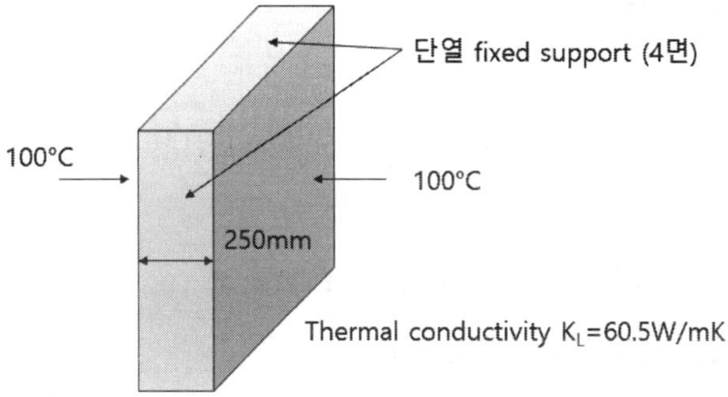

(2) ANSYS Workbench를 실행하고, Steady-state Thermal System을 생성합니다.

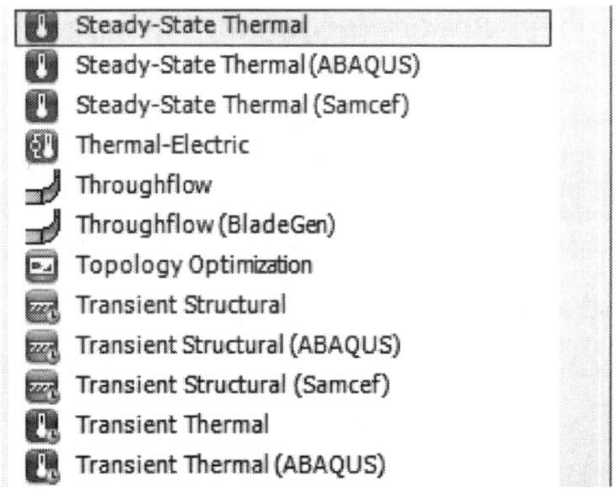

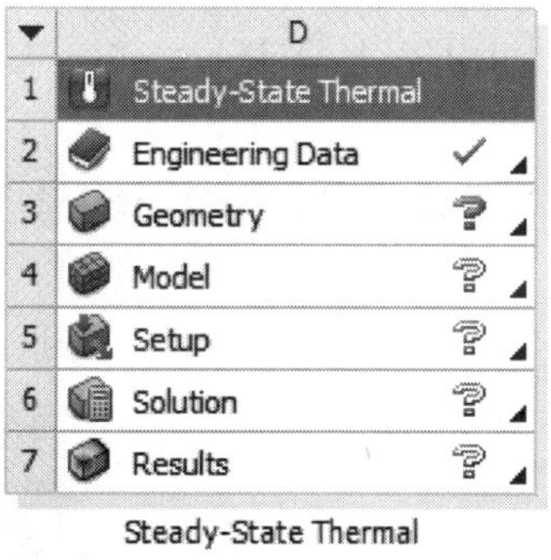

(3) Engineering Data Sources에서 Structural steel의 물성을 확인한다.
문제의 요구사항과 동일하므로 Structural steel을 사용하여 해석한다.

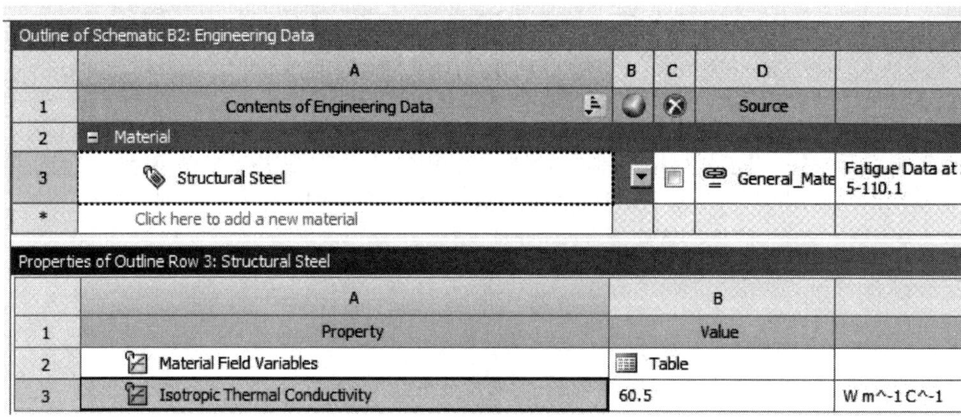

(4) Engineering Data 탭을 닫고 Project Schematic 환경으로 돌아갑니다.

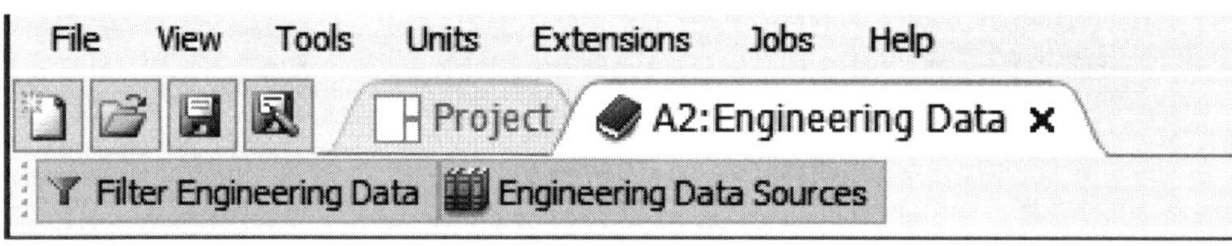

(5) Geometry Cell에서 RMB(마우스 오른쪽 버튼)>import geometry>Browse...를 클릭하여 모델파일을 선택한다.

(6) Model을 더블클릭하여 해석 도구로 진입한다.

(7) 모델에서 구조물이름을 변경하고 재질을 Structural steel로 설정합니다.

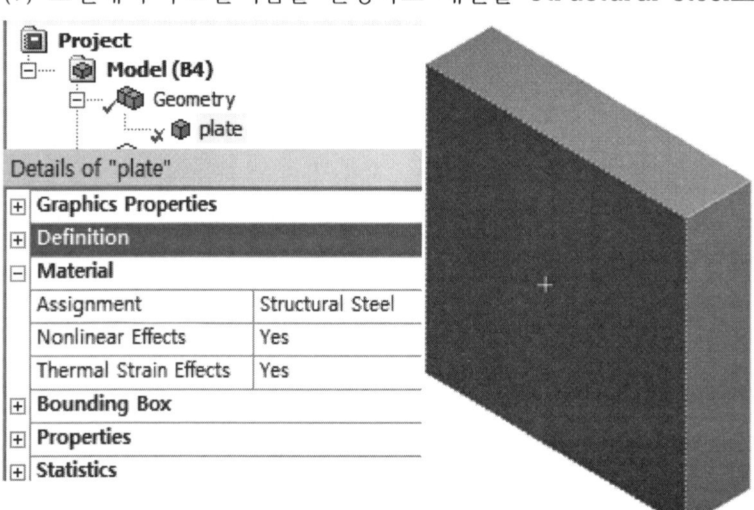

(8) plate의 온도조건을 부여합니다.

Tree Outline의 Steady State-Thermal에서 RBM>Insert>Temperature를 추가합니다. Detail View>Geometry에 분할면 (1 Face)을 지정하고, Definition >Magnitude에 22을 입력합니다.

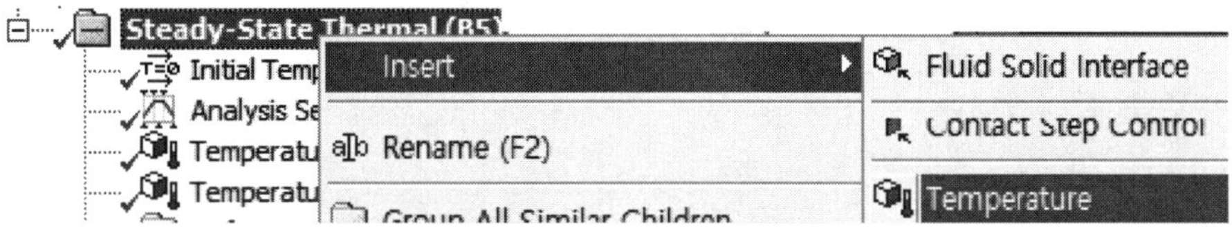

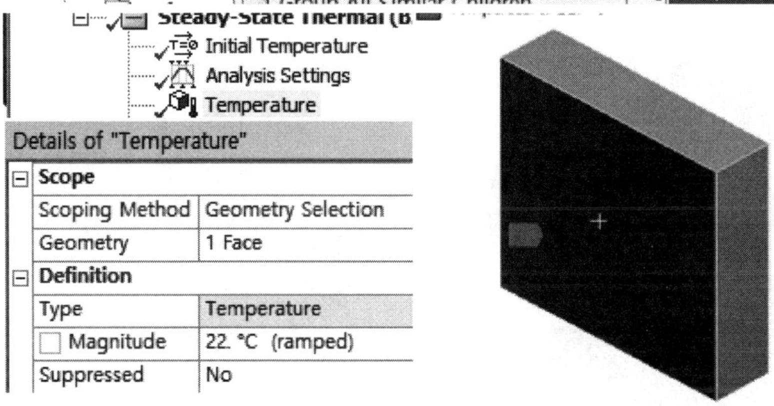

(9) plate의 온도조건을 부여합니다.

온도 100을 입력한다.

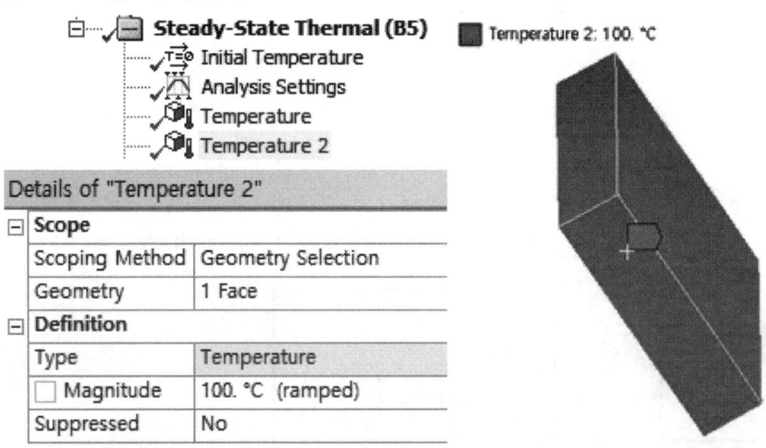

(10) 결과 항목으로 Temperature를 추가합니다.

(11) 해석을 실행합니다.

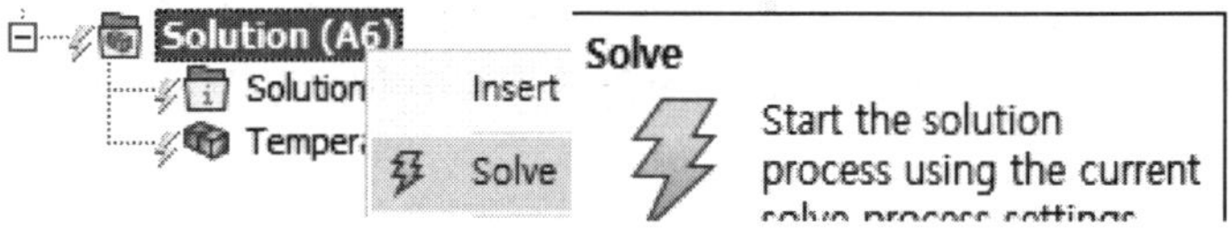

(12) 온도 분포를 확인합니다.

① Temperature 결과

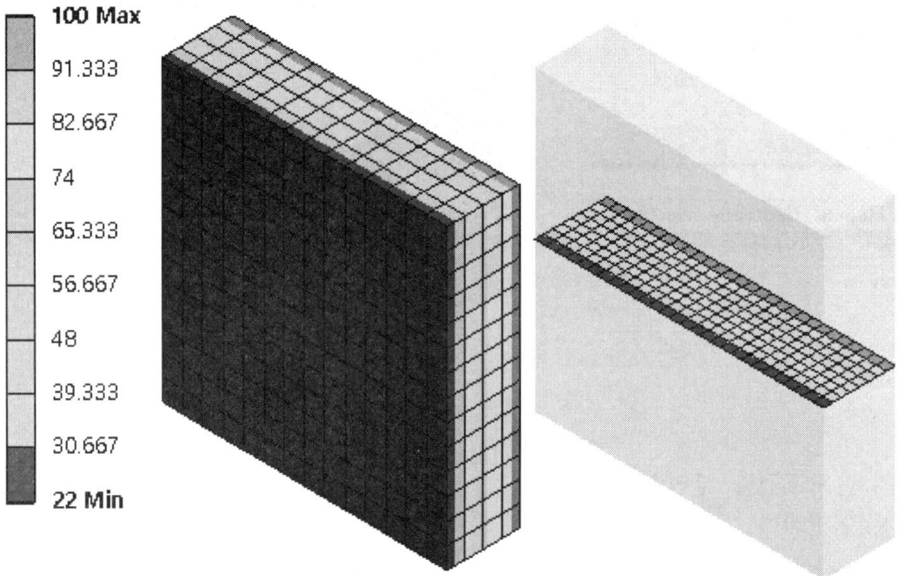

(13) 열응력 해석을 위하여 열전도 해석 결과로 얻은 데이터를 응력 해석에 연속해서 수행한다.

① 열전도 해석 결과에 얻은 데이터를 정적구조해석으로 가져온다.

② Toolbox에서 Static Structural을 Project Schematic에 Drag하여 놓는다.

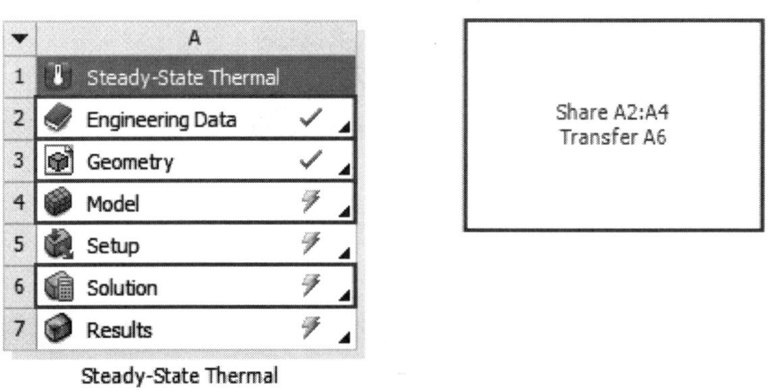

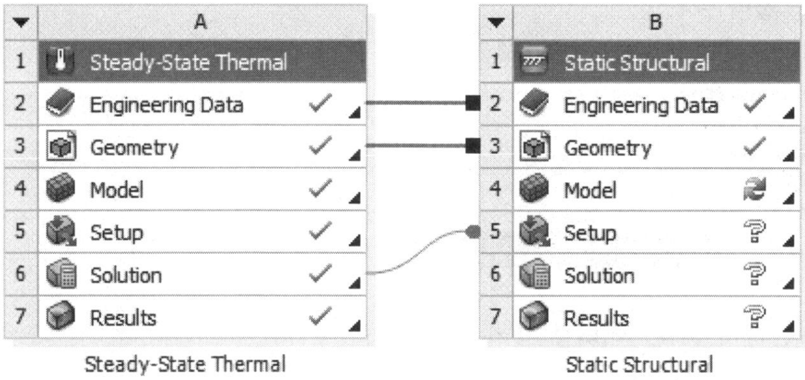

(14) 모델의 재질을 확인하고 메시는 기본설정으로 한다.

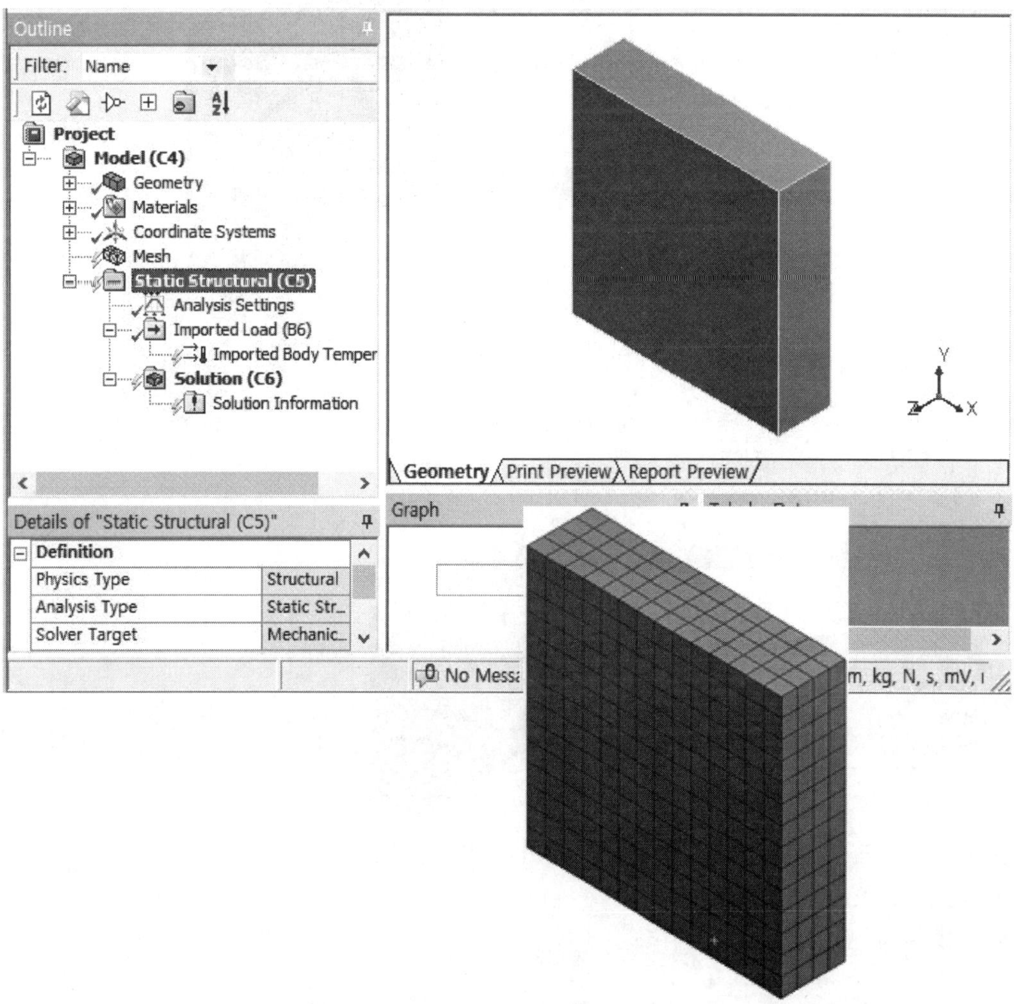

(15) 온도데이터를 불러온다.

① Static Structural에서 Imported Load를 클릭한다.

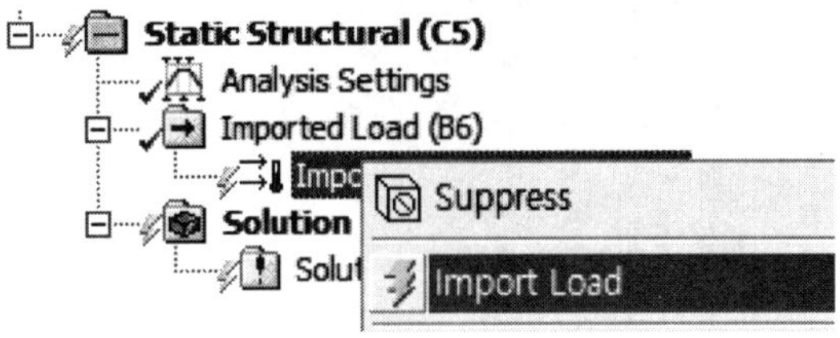

② Import Load를 해서 온도데이터를 불러온 결과.

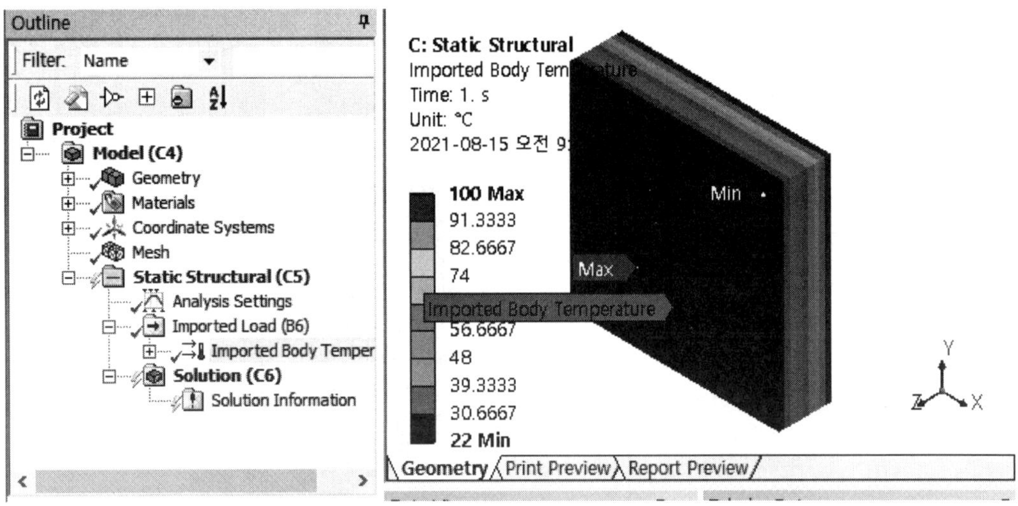

(16) 경계조건을 설정한다.

① Support의 Fixed support를 추가한다.

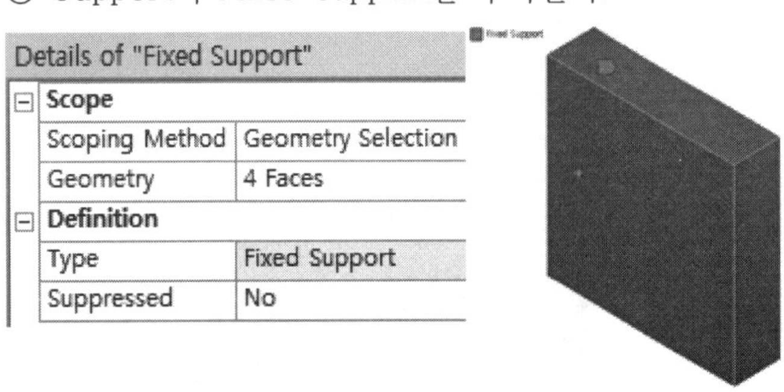

(17) 확인하고자 하는 결과 값을 Solution에 추가한다.

① Total deformation

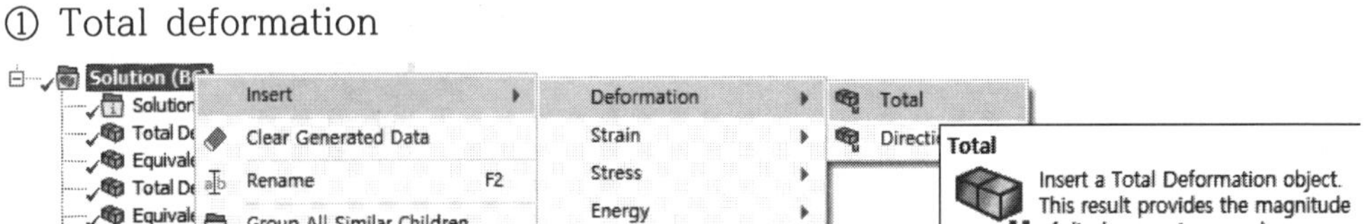

② Equivalent Stress

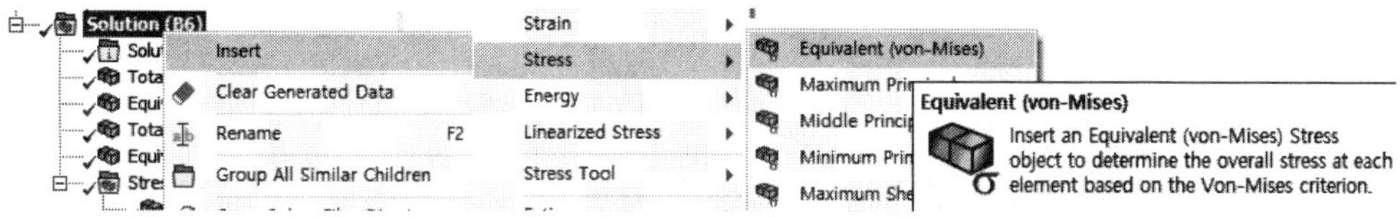

(18) 해석을 수행한다.

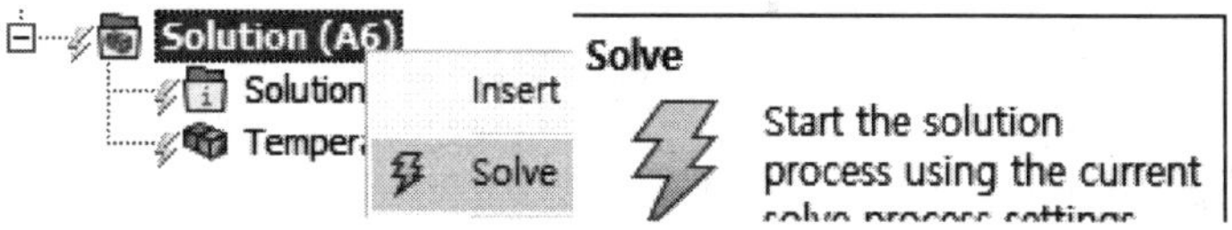

(19) 해석결과 확인

① Total deformation

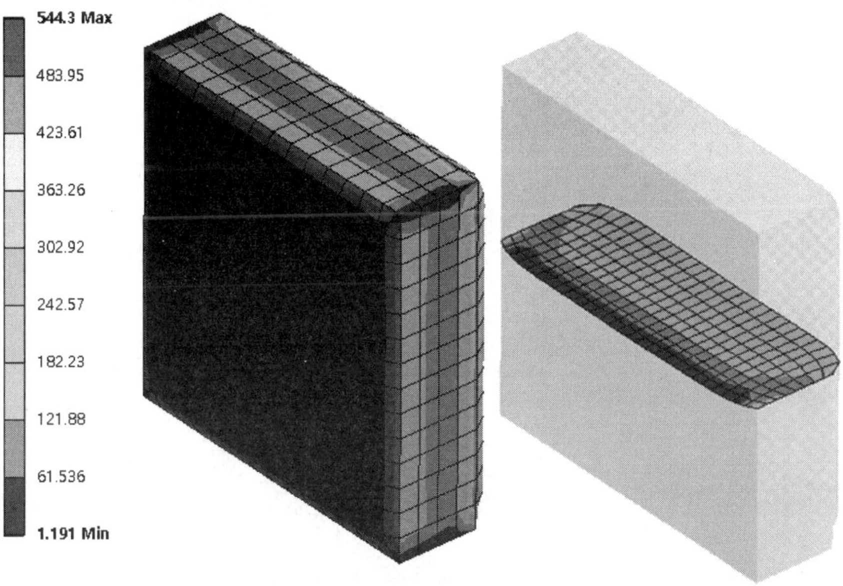

② Equivalent Stress

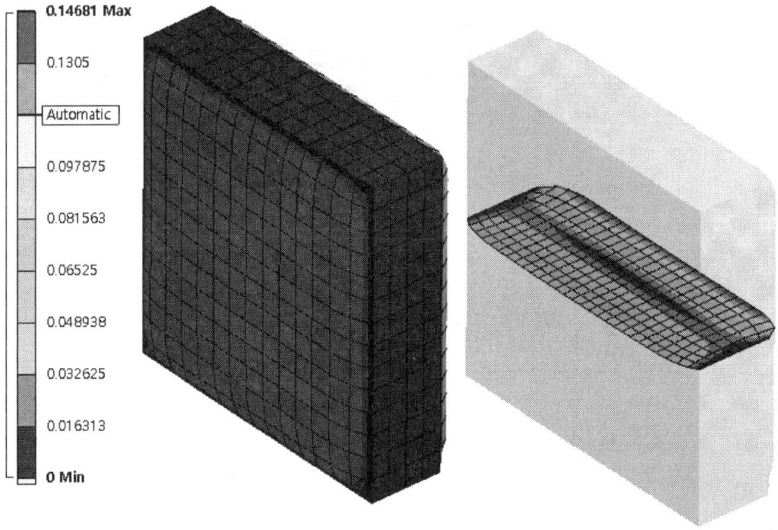

예제 4.2 Heat Sink (Heat-sink)

다음과 같은 Heat Sink는 80℃로 발열되는 chip을 대기 중의 자연대류에 의해 냉각시키는 역할을 맡고 있습니다. Heat Sink의 전체온도 분포를 구합니다.

- 기타 설정 사항

항목	설정 내용
해석 시스템	steady state thermal
단위 시스템	Metric(kg, mm, N, ℃)
적용 제질	Copper Alloy
하중 조건	Temperature, Convection

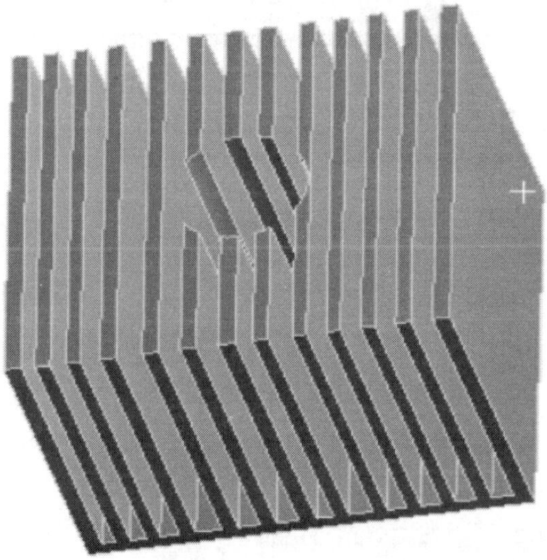

(1) ANSYS Workbench를 실행하고, Steady-state Thermal System을 생성합니다.

(2) 해석에 사용할 재료 물성을 정의하기 위해 Engineering Data Cell을 더블클릭하거나 또는 RMB(마우스 오른쪽 버튼)>Edit...를 선택합니다.

(3) Engineering Data Sources 아이콘을 클릭 후 General Materials Library에서 Copper Alloy를 추가(노란색+아이콘클릭)합니다.

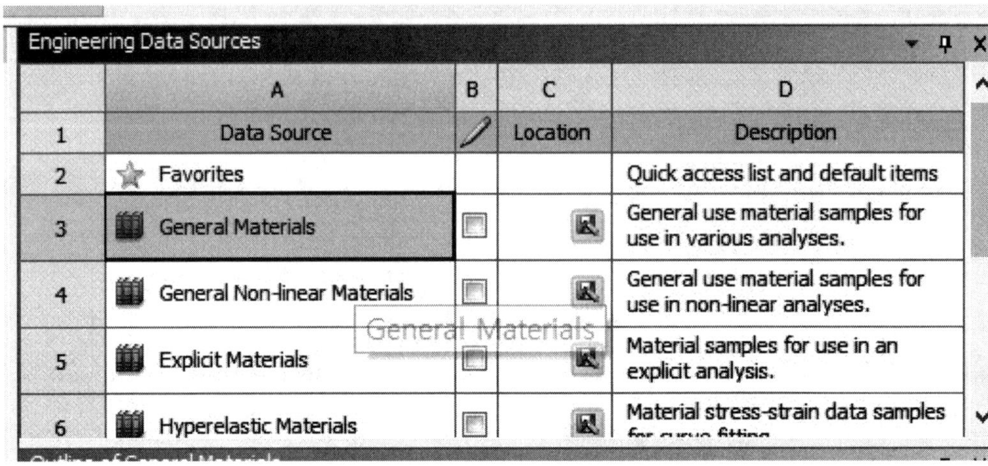

(4) Engineering Data 탭을 닫고 Project Schematic 환경으로 돌아갑니다.
Project를 클릭한다.

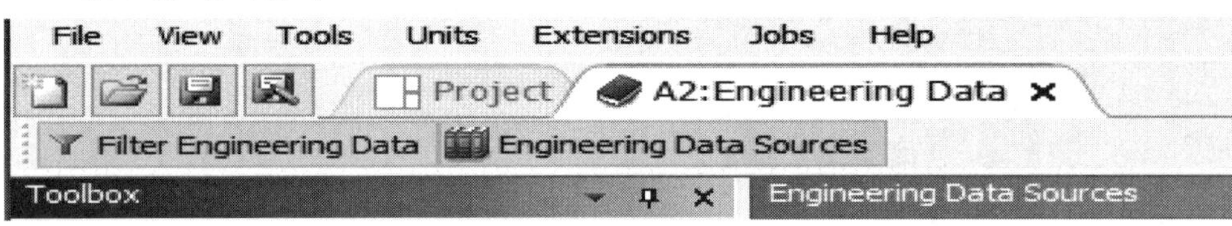

(5) Geometry Call에서 RMB(마우스 오른쪽 버튼)>import geometry>Browse...를 클릭하여 모델파일 (heat sink.stp 또는 heat.igs)을 선택합니다.

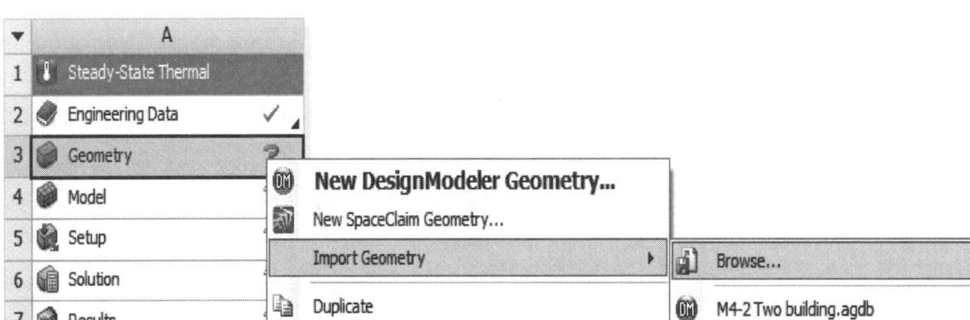

(6) Project Schematic에 생성된 Steady-State Thermal System의 Model Cell을 더블클릭하여 Mechanical Application을 실행합니다.

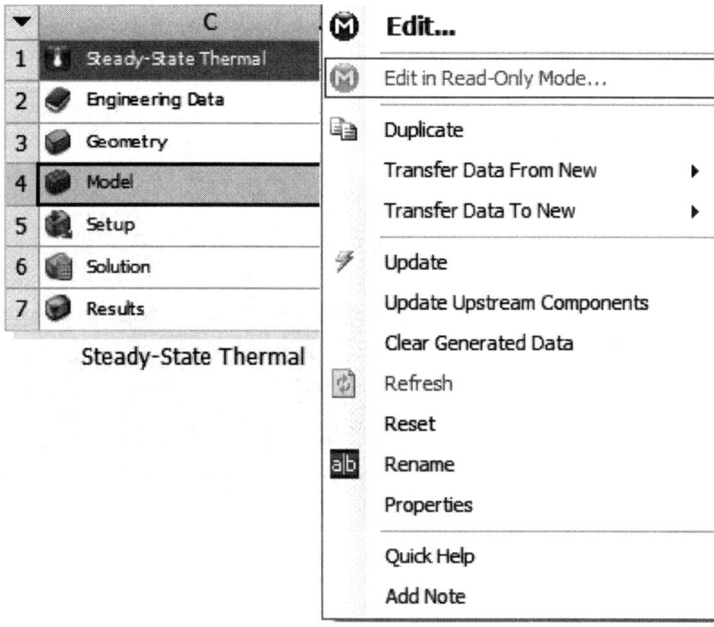

(7) 모델에 적용할 재질을 Copper Alloy로 변경합니다.

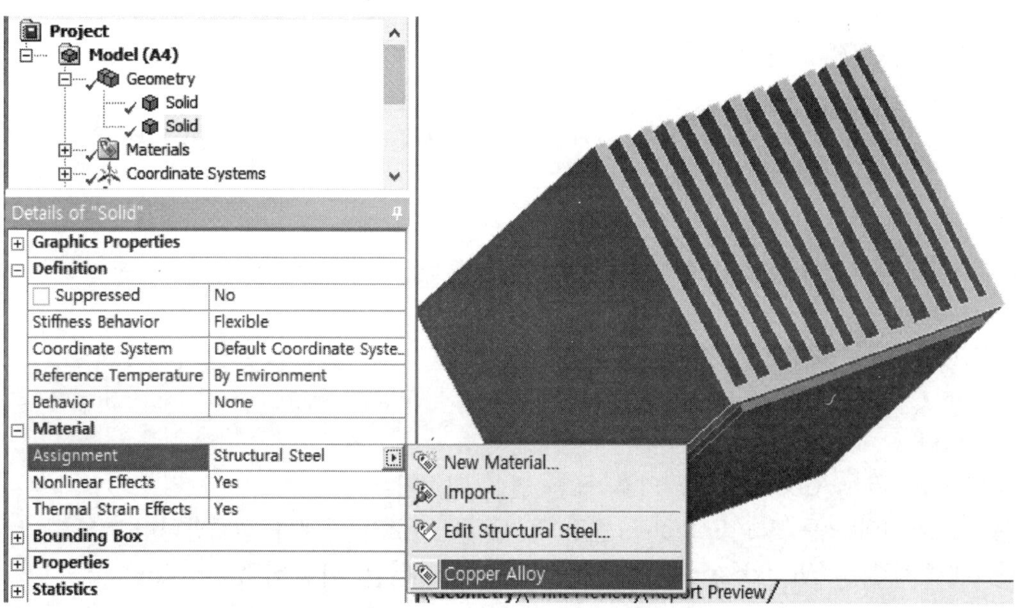

(8) Hest Sink 밑면 분할한 면에 Chip에 의한 발열 온도조건을 부여합니다.

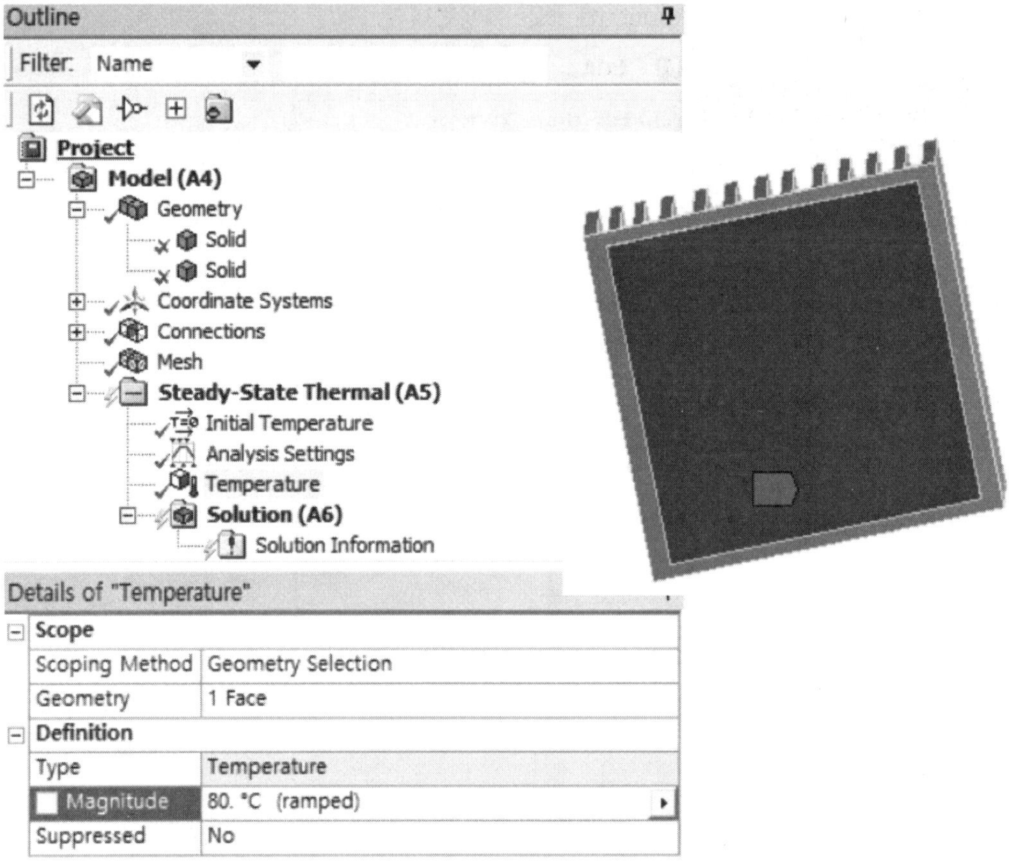

Tree Outline의 Steady State-Thermal에서 RBM>Insert>Temperature를 추가합니다.

① Detail View>Geometry에 분할면 (1 Face)을 지정합니다.

② Definition >Magnitude에 80을 입력합니다.

(9) Heat Sink에 대류를 조건을 부여합니다.

Three Outline의 Steady State-Thermal에서 RBM > Insert > Convection을 추가합니다.

① Detail View>Geometry에 외부 돌출 면을 지정합니다.

② Select Filter를 Box Select로 변경 후 Heat sink의 날개를 선택합니다.

③ 대류계수는 Workbench에서 제공하는 데이터를 사용하겠습니다.

Detail View >Film Coefficient 항목의 버튼을 클릭하여 추가 Menu의 Import Temperature Dependent...를 클릭합니다.

④ Ambient Temperature에 22°C(주변 공기의 온도)를 사용합니다.

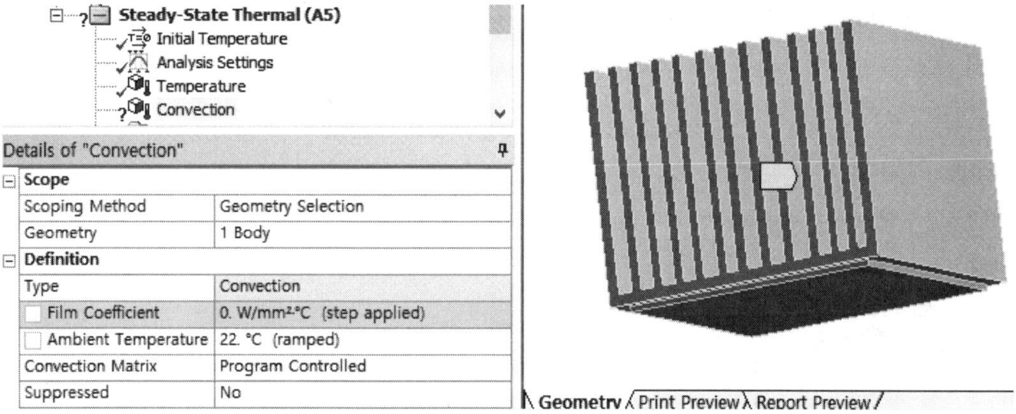

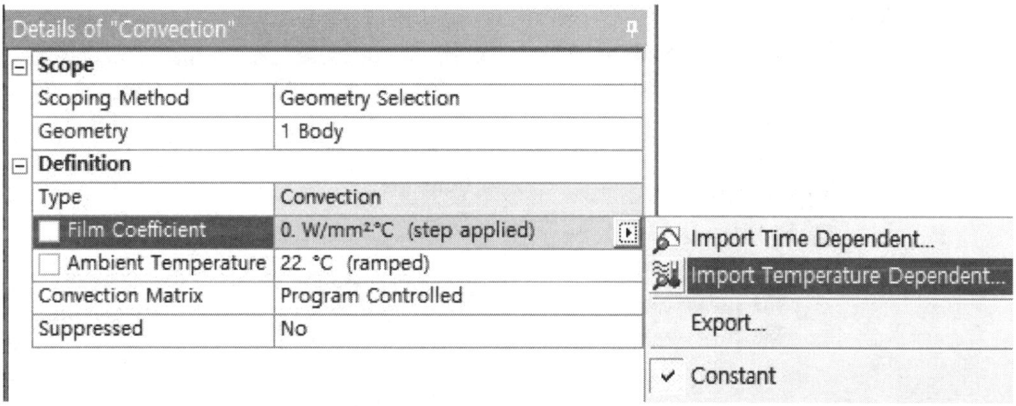

(10) Convection Data들 중에서 Stagnant Air-Simplified Case 항목을 적용합니다.

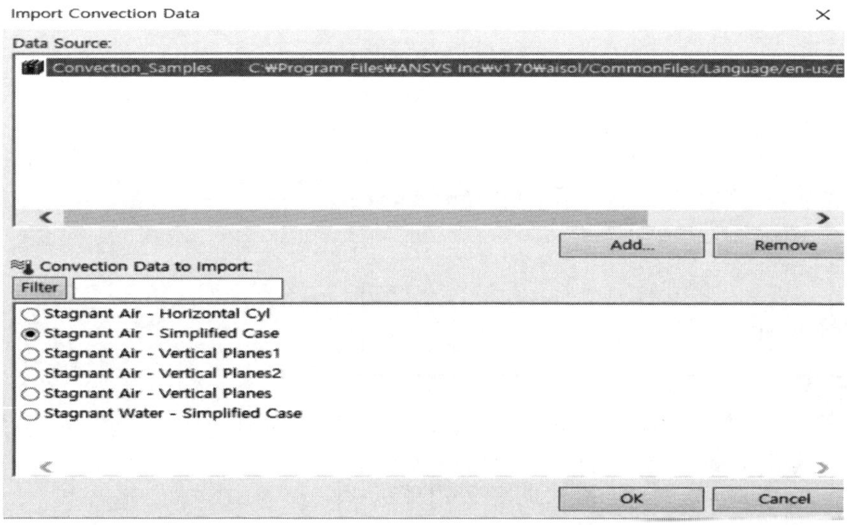

(11) 결과 항목으로 Temperature, Total Heat Flux를 추가합니다.

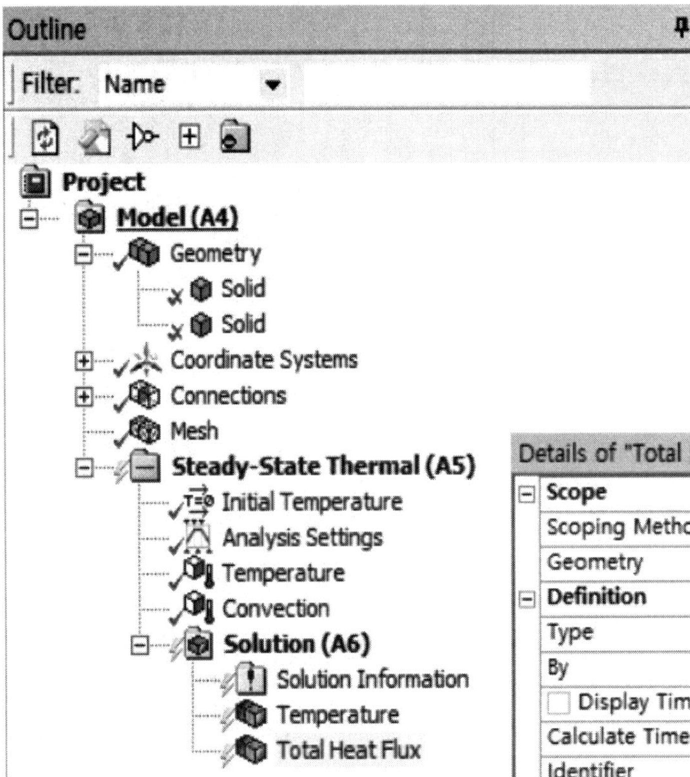

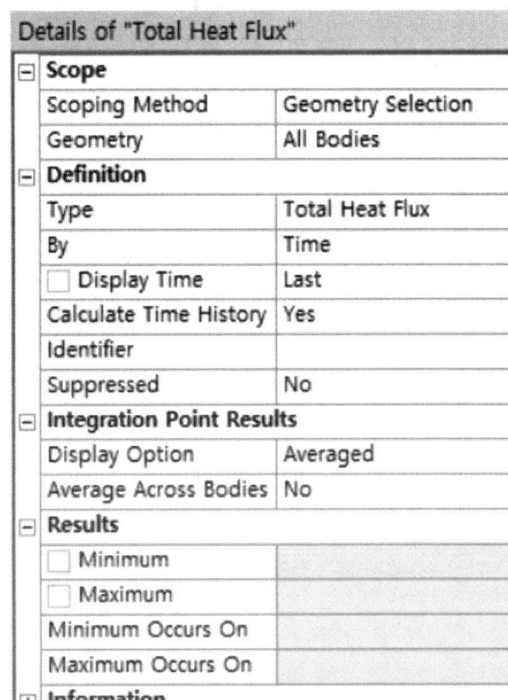

(12)해석을 실행합니다.

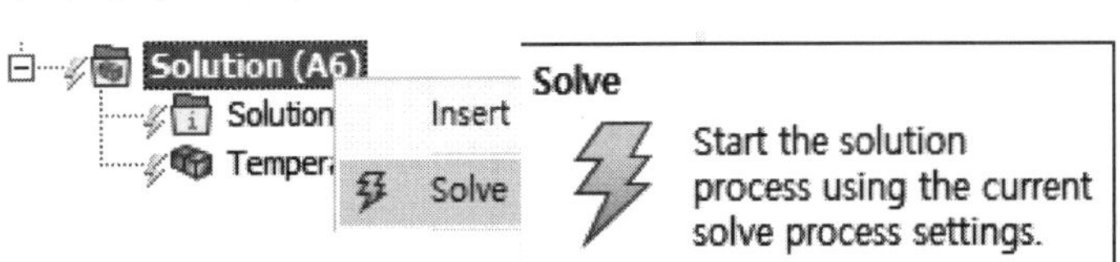

(13) 온도 분포와 열속 분포를 확인합니다. Heat Sink의 온도는 80℃에서 약 73.8℃로 분포(격자밀도에 따라 약간의 차이가 발생 가능)하며 최대 Heat Flux값은 약 0.0376W/mm^2입니다.

① Temperature 결과

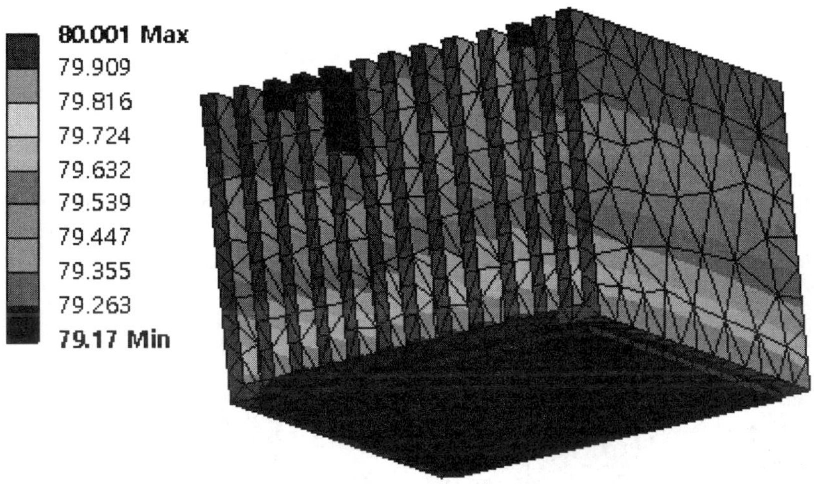

② Total Heat Flux 결과

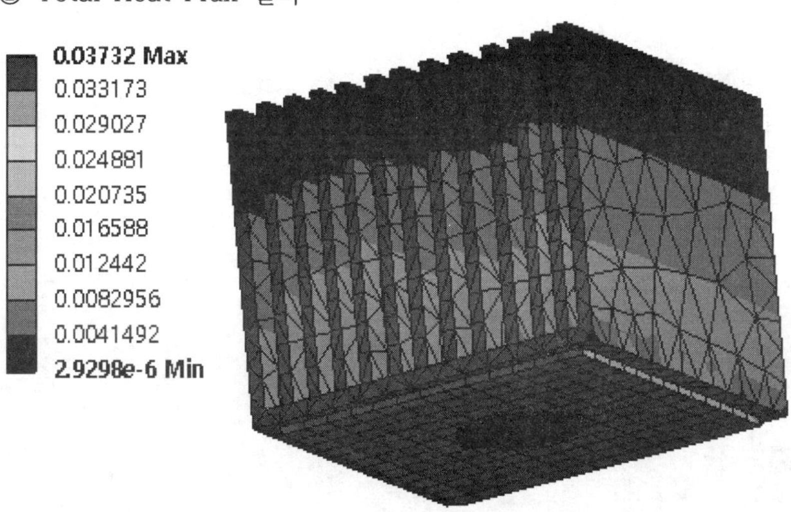

예제 4.3 펌프하우징의 열해석 (Cover-pump)

그림과 같은 펌프 하우징에서 내부의 온도가 외부 공기의 대류에 의한 영향으로 하우징 표면에 전달되는 온도를 분석하고 온도분포에 따른 응력 및 변형을 해석하고자 한다.
내부 유체에 의해 내부 온도는 90℃이다. 펌프 하우징 하부와 결합되는 결합부의 온도는 60℃이다. 펌프 하우징 외부 표면은 외기에 의한 대류가 발생하여 공기의 온도는 25℃이다.

(1) 해석대상을 분석하고 자유물체도를 작성한다.

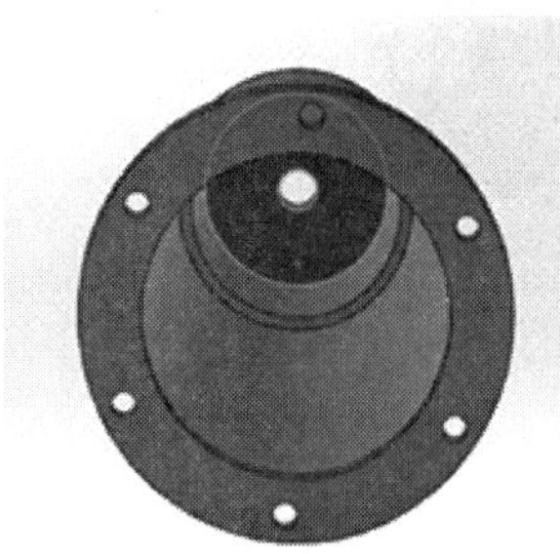
내부 온도 90℃

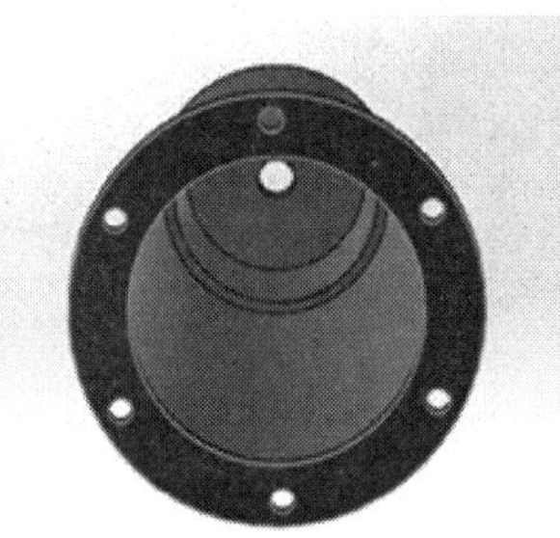
결합면 온도 60℃ 외부

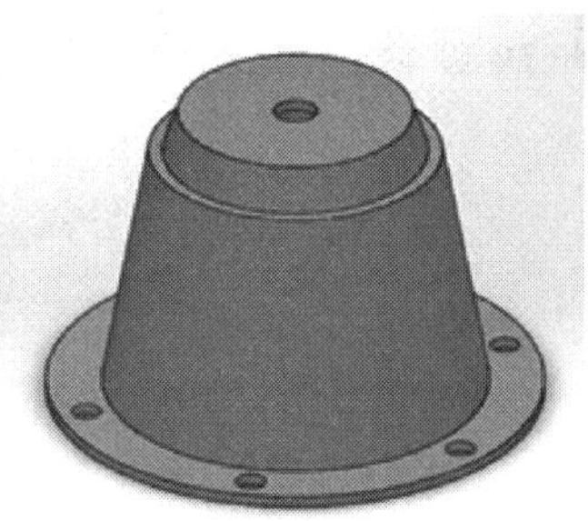
대류 외기온도: 25℃

(2) 해석 시스템을 생성한다. (Steady-State Thermal)
① Project Schematic에 Steady-State Thermal을 Project Schematic 추가한다. (더블클릭 또는 드래그 함)
② Project 이름을 변경한다.

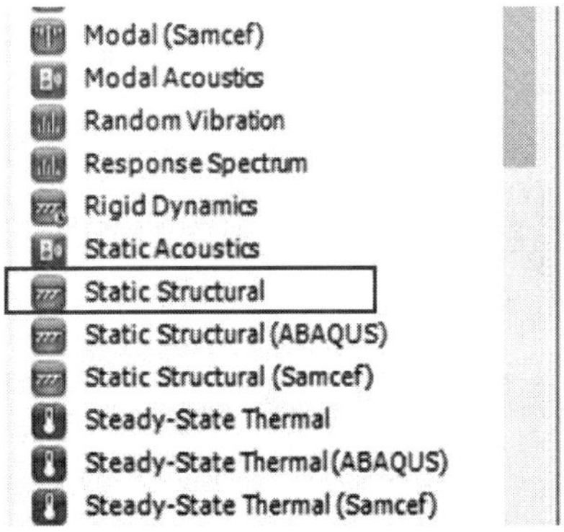

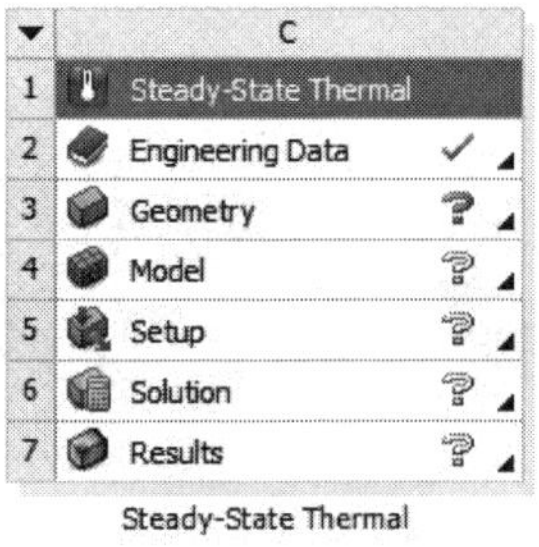

③ Mechanical 창에서 Units menu를 클릭하고 단위를 설정한다.
- Metric (mm, kg, N, s, mV, mA)

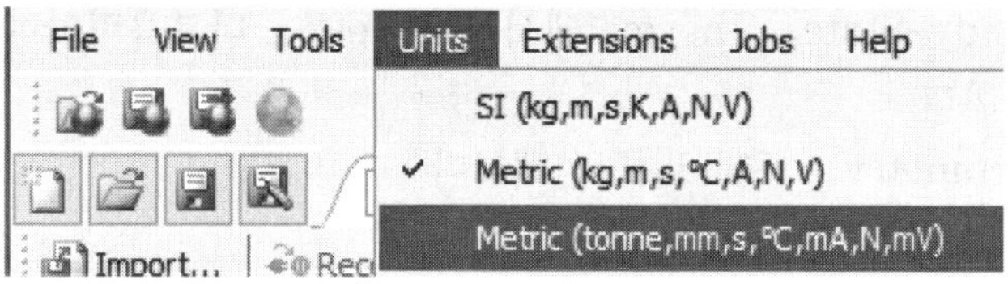

(3) 재료의 물성을 정의한다. (Engineering Data)

① Engineering Data를 더블 클릭하여 Outline of Schematic A2: Engineering Data 화면으로 들어간다.
General Materials에서 Polyethylene의 + 표시를 클릭하여 bookmark가 활성화되게 한다.

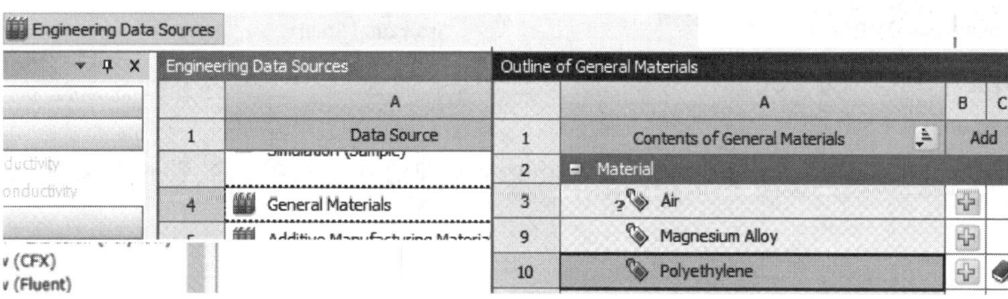

② Properties outline Row 3 :

ⓐ 재료명: polyethylene

ⓑ 전도율: 0.28 W/m℃

ⓒ 밀도: 950×10^{-9} kg/㎣

ⓓ Specific Heat: 296J/kg℃

③ Project를 선택하여 Project Schematic 화면으로 돌아간다.

(4) 해석 모델을 불러들이거나 모델링을 수행한다. (Geometry)

① Geometry에서 RMB > Replace Geometry > Browse를 클릭한다.

② 탐색기에서 이미 만들어진 CAD 데이터를 선택한다.

③ Geometry에서 RMB > Update를 수행한다.

(5) 해석 Tool을 부른다. (Model)

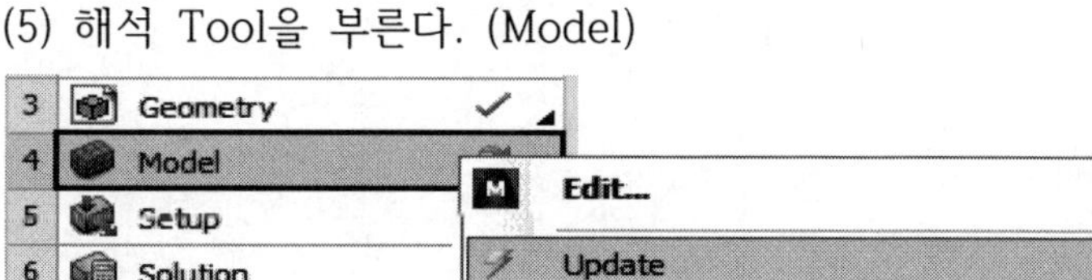

① Project Schematic의 Steady-State Thermal에서 Model을 더블클릭하여 Steady-State Thermal을 활성화한다.
② Outline화면에서 Model > Geometry > Solid 를 선택한다.
③ Material을 Polyethylene로 변경한다.

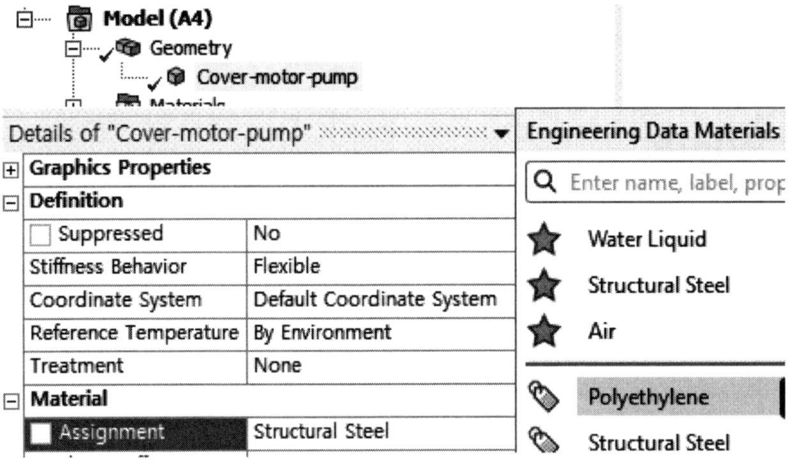

(6) 좌표계 설정 (Coordinate Systems) : 변경내용 없음

(7) 연결 관계 정의(Connections) : Geometry에 모델이 하나이므로 활성화 되지 않았음

(8) 격자 모델 생성 (Mesh)
① Outline화면에서 Model > Mesh 를 선택한다.
② Detail view에서 Sizing > Element Size 선택하여 값을 20mm로 세팅한다.

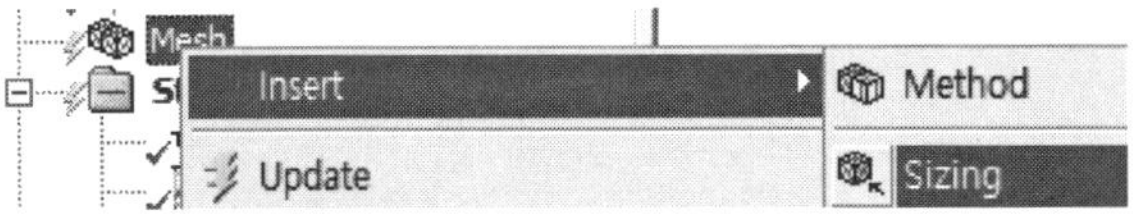

③ Outline화면에서 Model > Mesh 를 선택하고 RMB > Update 실행한다.
Graphic화면에서 모델에 메시가 생성된 것 을 확인할 수 있다.
④ Detail view에서 Statistics에서 메시 생성에 대한 결과를 확인할 수 있다.

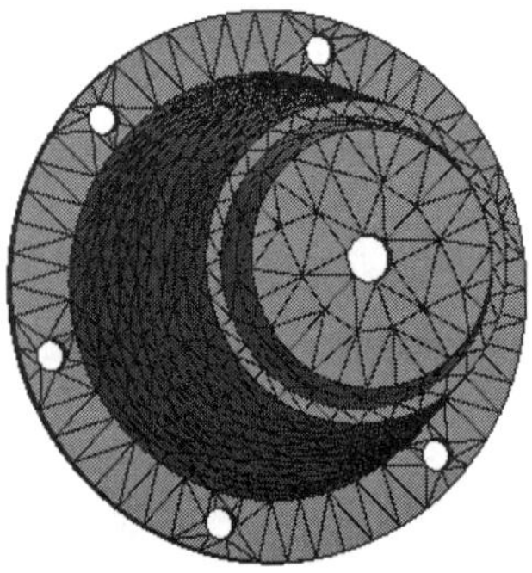

(9) 해석 설정 정의(Analysis Settings) : 설정되어 있는 값을 사용한다.

(10) 초기 조건 정의

본 문제에서는 자중의 영향이 있을 수 있으나 고려하지 않는다.

(11) 구속조건 정의

ⓐ Temperature

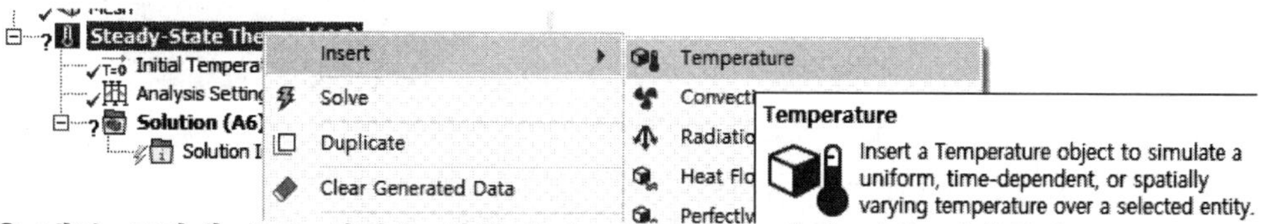

① 내부 표면에 온도 설정을 위해 Selection filter에서 면을 선택한다.

② 온도조건을 설정할 내부 면을 선택한다. 여러 면을 동시에 선택할 경우 ctrl키를 누르고 추가 선택한다.

③ Details of “Temperature”에서 Magnitude에 기존 22을 90으로 변경하여 입력한다.

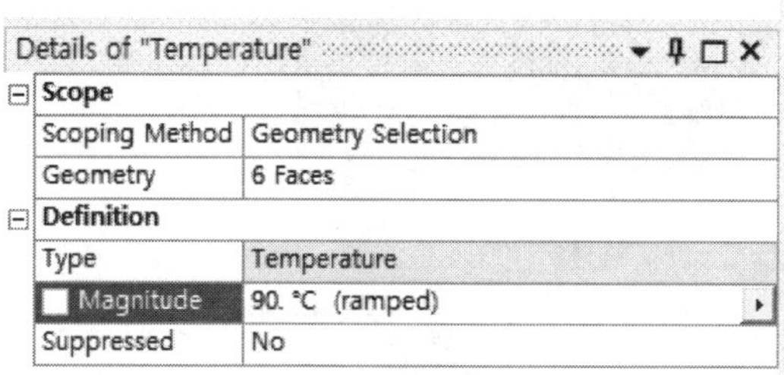

Details of "Temperature"

Scope	
Scoping Method	Geometry Selection
Geometry	6 Faces
Definition	
Type	Temperature
Magnitude	90. °C (ramped)
Suppressed	No

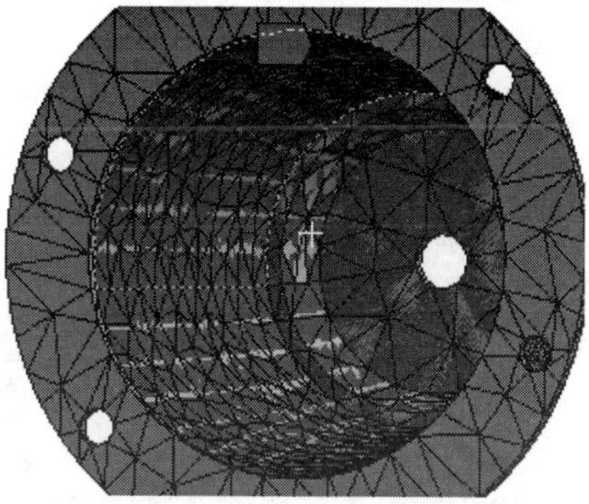

ⓑ 결합면의 온도를 설정한다.

① 상부 툴바에서 Temperature를 클릭한다.

② 내부 표면에 온도 설정을 위해 Selection filter에서 면을 선택한다.

③ 온도조건을 설정할 결합면을 선택한다.

④ Details of“Temperature”에서 Magnitude에 기존 22을 60으로 변경하여 입력한다.

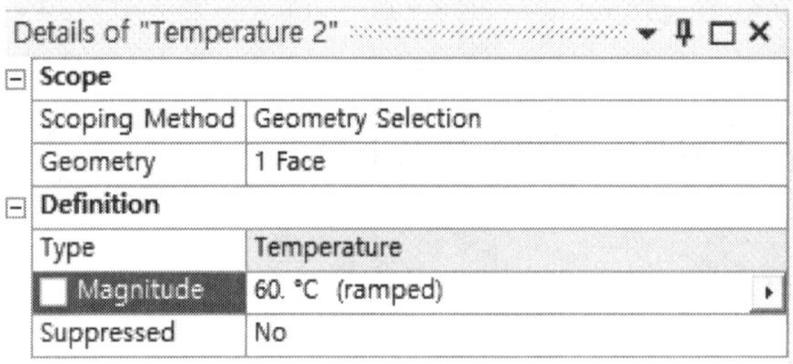

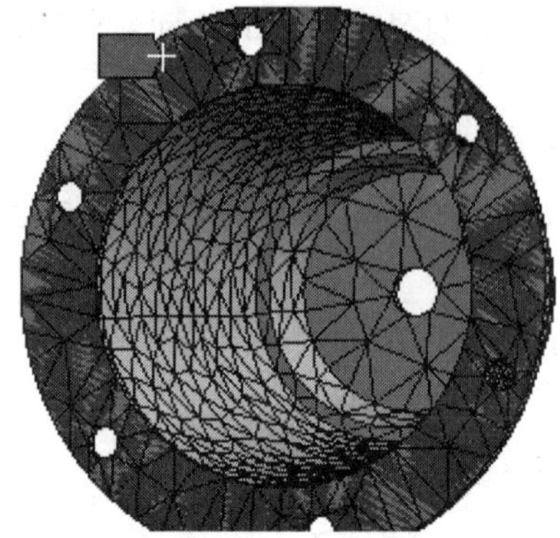

ⓒ 외부 공기로 인한 대류 조건 및 대기온도 조건을 설정한다.

① 상부 툴바에서 Convection을 클릭한다.

② 외부 표면에 조건을 설정하기 위해 Selection filter에서 면을 선택한다.

③ 모델 외부를 선택한다.

④ Details of “Convection”에서 Film coefficient를 클릭하고 Import Temperature Dependent를 선택한다.

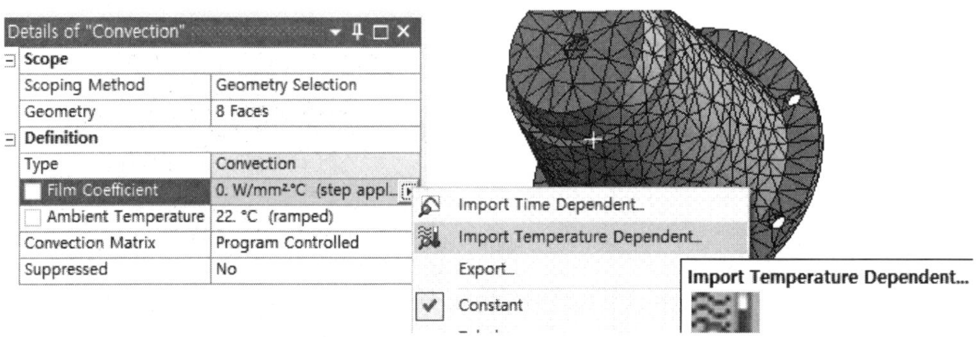

⑤ Stagnant Air-Simplified Case를 선택하고 OK를 클릭한다.

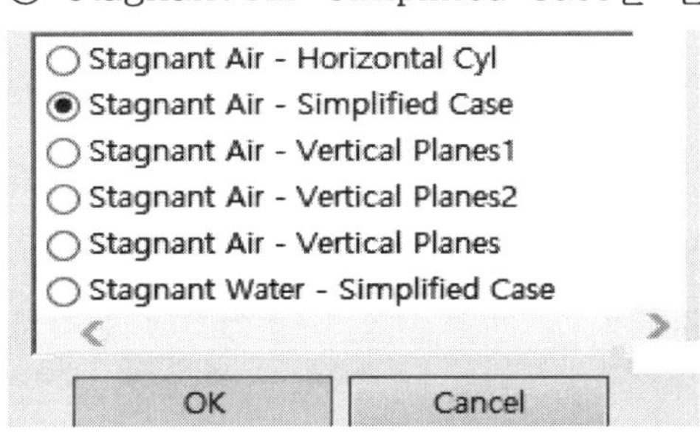

⑥ Details of “Convection”에서 Ambient Temperature를 25로 입력한다.

Details of "Convection"

Scope	
Scoping Method	Geometry Selection
Geometry	8 Faces
Definition	
Type	Convection
Film Coefficient	5.e-006 W/mm²·°C (step a...
Coefficient Type	Average Film Temperature
Ambient Temperature	25. °C (ramped)
Convection Matrix	Program Controlled
Suppressed	No

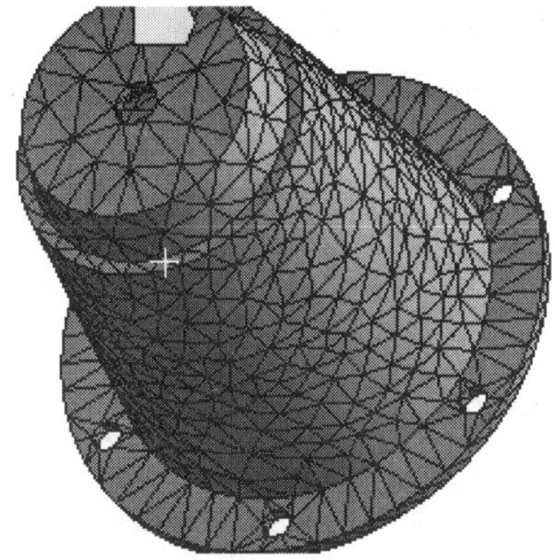

(12) 해석 수행

① Outline 화면에서 solution을 선택한다.

② Tool bar에서 Solve를 클릭하거나, Solution > RMB > Solve 를 클릭한다.

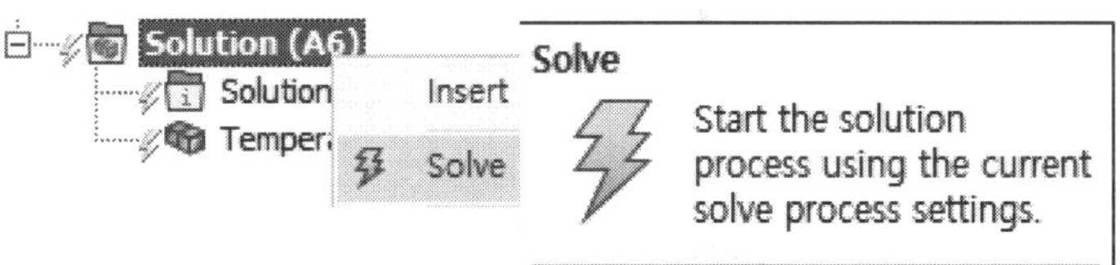

(13) 결과 확인

① Temperature 결과

Details of "Temperature"

Scope	
Definition	
Results	
Minimum	59.192 °C
Maximum	90.098 °C
Average	84.3 °C
Minimum Occurs On	Cover-motor-pump
Maximum Occurs On	Cover-motor-pump
Information	

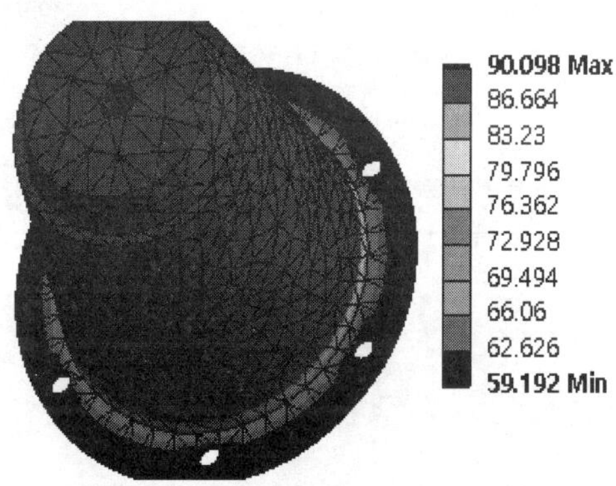

② Total Heat Flux 결과

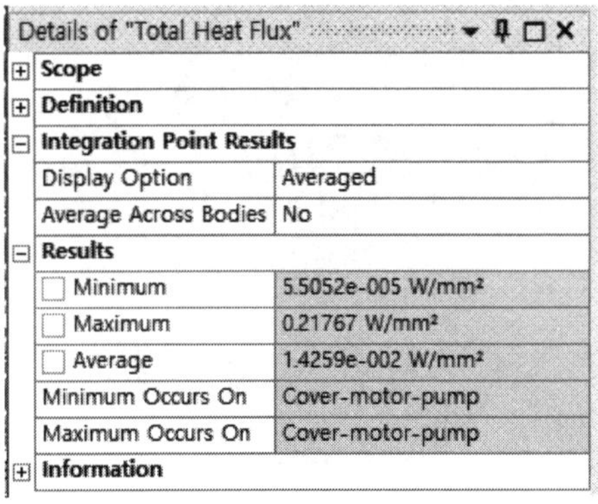

Details of "Total Heat Flux"

Scope	
Definition	
Integration Point Results	
Display Option	Averaged
Average Across Bodies	No
Results	
Minimum	5.5052e-005 W/mm²
Maximum	0.21767 W/mm²
Average	1.4259e-002 W/mm²
Minimum Occurs On	Cover-motor-pump
Maximum Occurs On	Cover-motor-pump
Information	

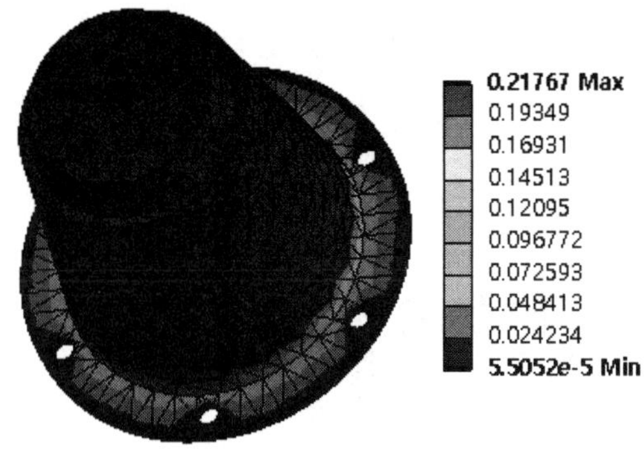

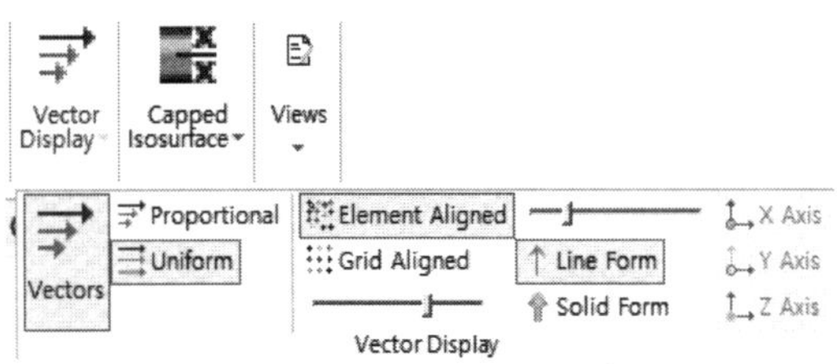

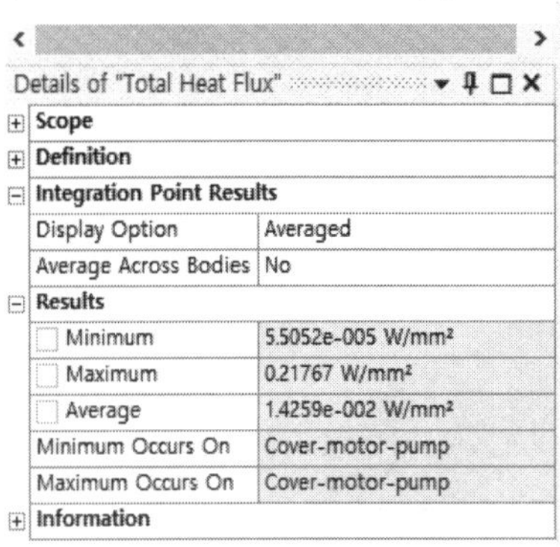

Details of "Total Heat Flux"

Scope	
Definition	
Integration Point Results	
Display Option	Averaged
Average Across Bodies	No
Results	
Minimum	5.5052e-005 W/mm²
Maximum	0.21767 W/mm²
Average	1.4259e-002 W/mm²
Minimum Occurs On	Cover-motor-pump
Maximum Occurs On	Cover-motor-pump
Information	

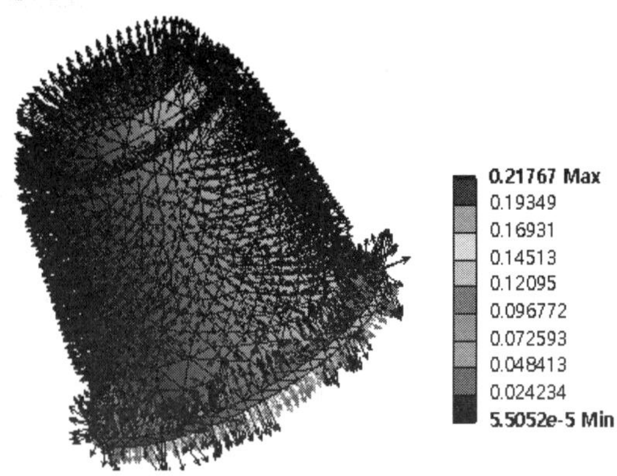

(14) 열응력 해석을 위하여 열전도 해석 결과로 얻은 데이터를 응력 해석에 연속해서 수행한다.

① 열전도 해석 결과에 얻은 데이터를 정적구조해석으로 가져온다.

② Toolbox에서 Static Structural을 Project Schematic에 Drag하여 놓는다.

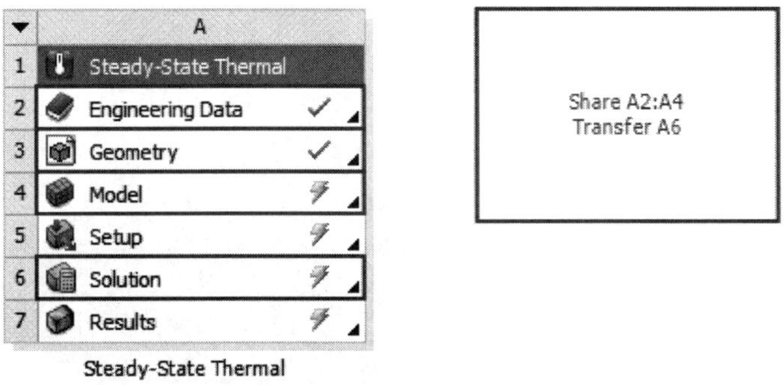

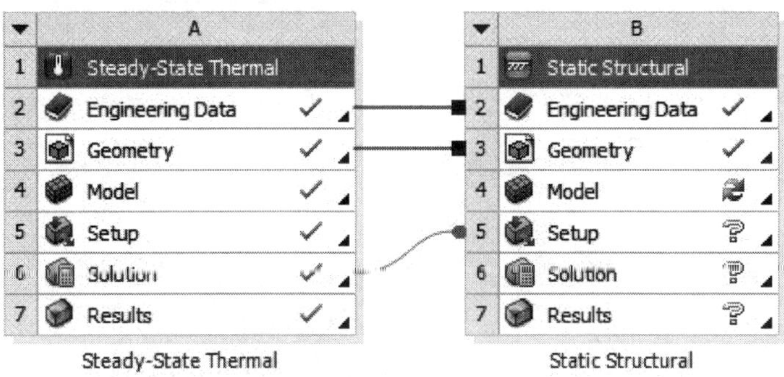

(15) 온도데이터를 불러온다.

① Static Structural에서 Imported Load를 클릭한다.

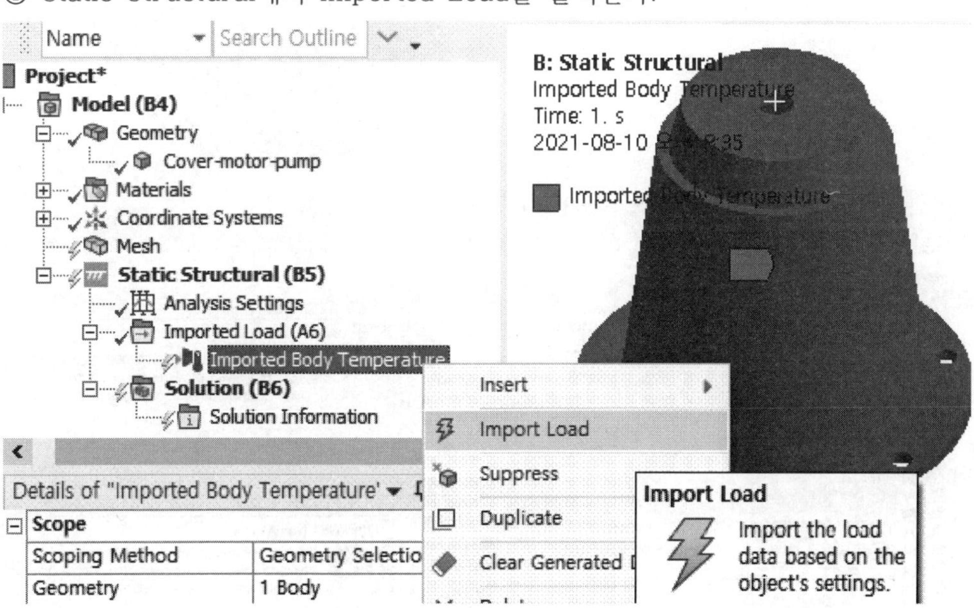

② Import Load를 해서 온도데이터를 불러온 결과.

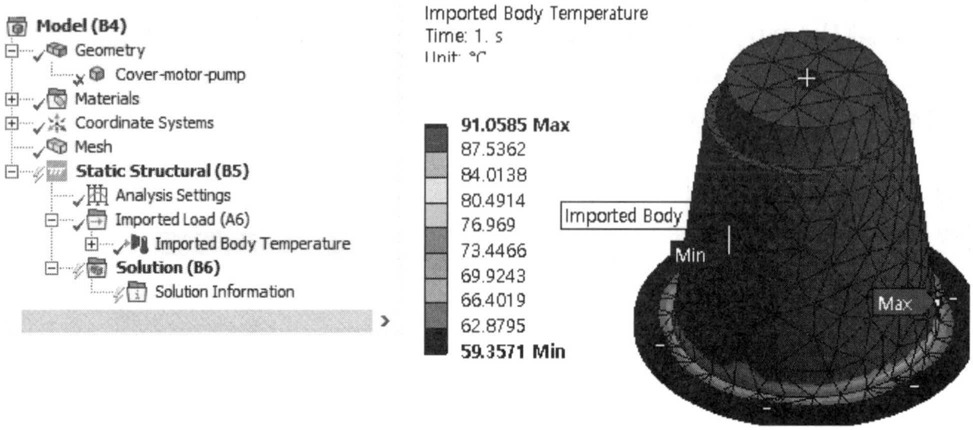

(16) 경계조건을 설정한다.

① 하우징을 고정 조건을 설정한다.

Support의 Fixed support를 추가한다.

하부 하우징과 볼트로 체결되어 고정되는 조건을 설정하기 위해 6개의 구멍 표면에 고정조건을 설정한다.

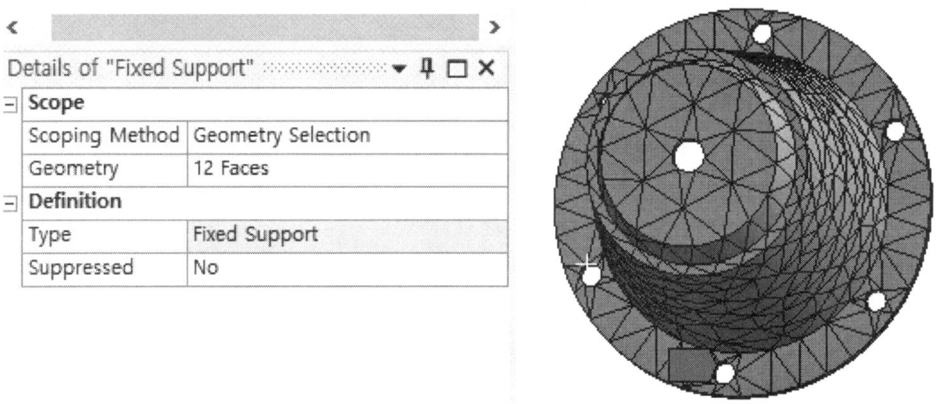

(17) 확인하고자 하는 결과 값을 Solution에 추가한다.

① Total deformation

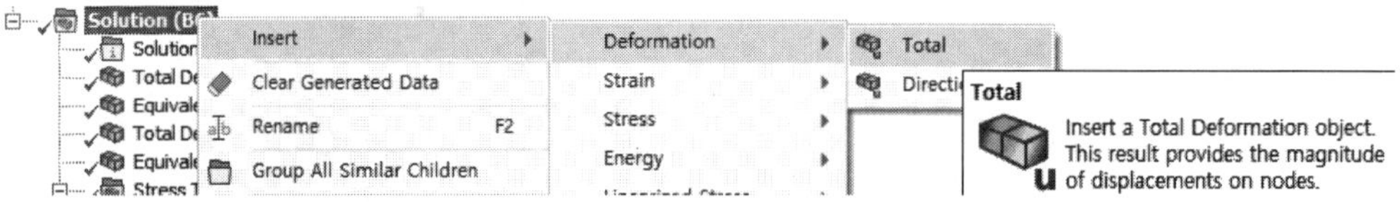

② Equivalent Stress

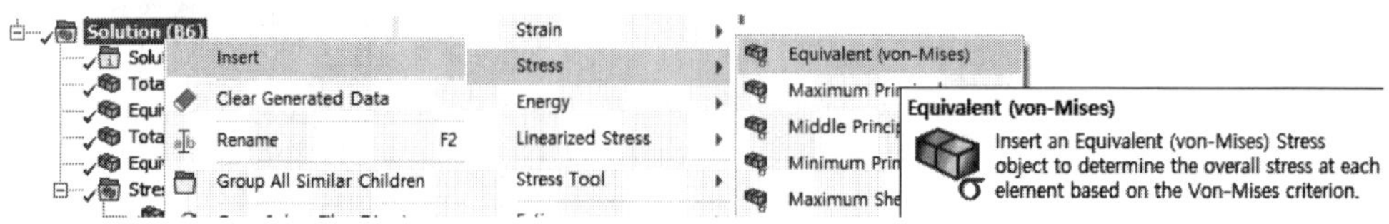

(18) 해석을 수행한다.

(19) 해석결과 확인

① Total deformation

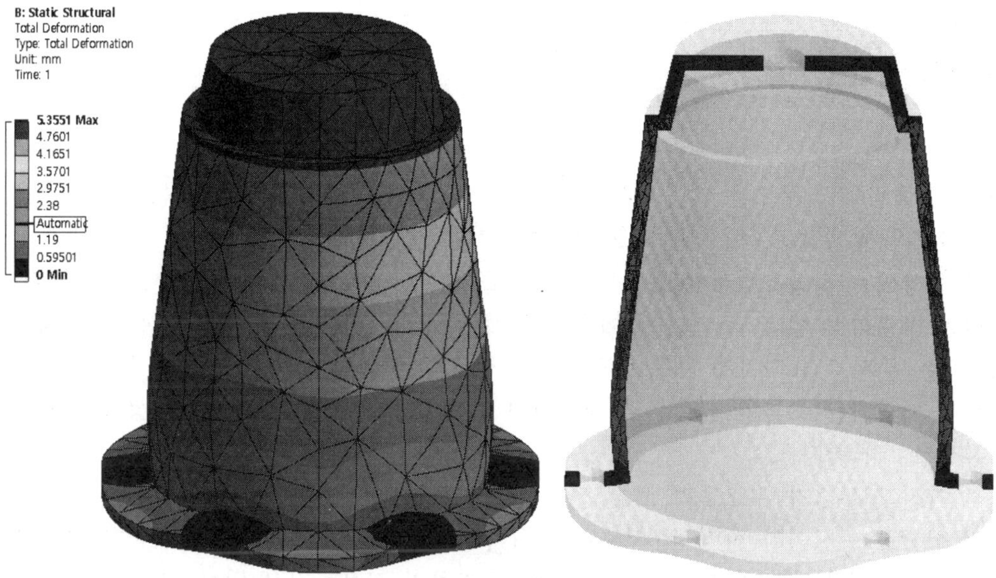

② Equivalent Stress

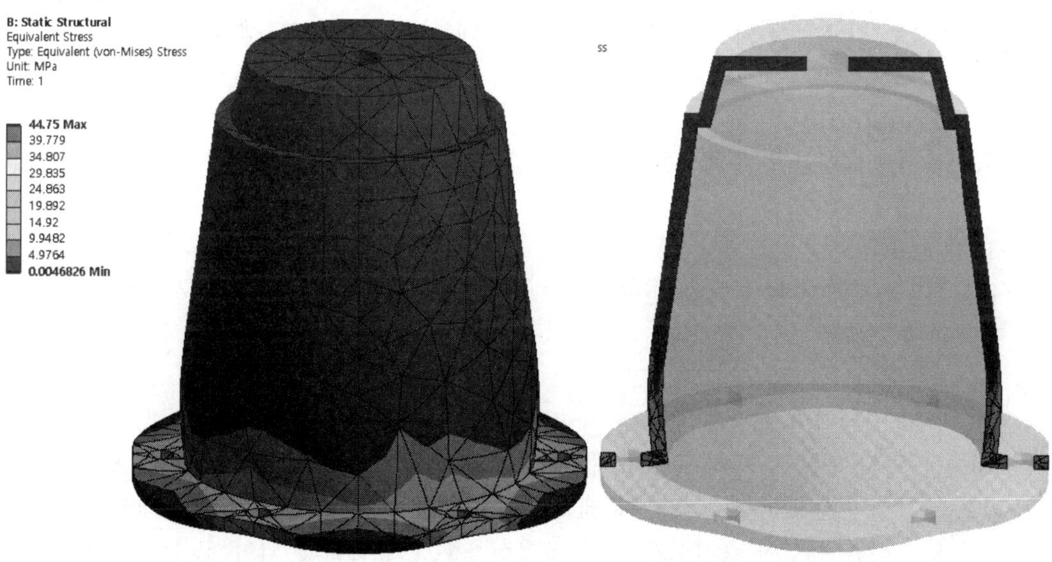

5 진동 해석

1. 진동 해석

기계, 건물의 기초구조물, 엔진 제어계 등에는 진동이 발생한다. 반복되는 진동으로 피로파괴가 발생할 수 있으며 마모량이 커지거나 심한 소음이 발생한다.
모든 탄성체는 자연스럽게 진동하는 진동수를 가진다. 쇳조각의 소리와 나무 조작의 소리는 구분하기 쉽다. 소리는 물체의 진동에 의해 만들어지는데 물체가 흔들릴 때 진동하는 주파수가 다르기 때문이다. 탄성물질로 이루어진 물체가 진동할 때는 그 물체에 해당하는 고유의 진동수로 진동하며 고유의 소리를 낸다. 이런 특성을 물체의 고유진동수라 한다.
외부 가진 진동수가 구조물의 고유 진동수와 일치할 때에는 변위가 크게 증폭되는데 이런 현상을 공진이라 한다. 공진으로 인하여 과도한 변형과 파괴가 발생된다. 따라서 구조물을 설계할 때는 외부 하중의 주기와 구조물의 고유주기가 일치하지 않도록 설계해야 한다.
진동모드 형상이란 자연계에서 어떤 모델이 변형할 수 있는 확률이 가장 높은 쪽부터 1차, 2차로 나오게 된다. 진동모드란 질량에 대한 강성의 비로 생각할 수 있다.

1) Vibration Tool
Workbench에서는 진동해석을 수행하기 위하여 다음과 같은 도구를 제공하고 있다.

(1) Modal
구조물의 고유진동수 분석을 한다. 각 차수별 고유진동수와 그 때의 모드 형상을 파악할 수 있다.

(2) 전하중상태에서 모달해석
하중을 받고 있는 상태의 구조물에 대한 모달 해석이다. 구조물이 하중을 받고 있으면 강성이 변화하는데 이 때문에 고유진동수가 변하게 된다. 현악기에서 줄을 잡아 당겨지면 강성이 증가하게 되고 고유진동수가 높아지게 되어 고음이 발생하는 형상과 같다.

(3) Harmonic Response

구조물에 sine 파의 주기적인 하중이 작용할 때 적용하는 최대 변위를 산정한다. 구조물의 공진 특성을 분석할 때 사용한다.

(4) Response Spectrum

하중이 시간이력에 대해서 변동이 있으나 측정시마다 달라지지는 않는다. 시간 영역의 과도 해석을 하지 않고 구조물의 최대 응답 특성을 구할 수 있다. 즉 구조물의 스펙트럼 분석에 사용한다.

예제 5.1 외팔보의 고유진동수 (모델 : Beam40x40x1000)

그림과 같은 외팔보는 직사각형으로 폭 40mm, 높이 40mm 이며 길이가 1000 m 이다. 이 보의 한쪽 면에 집중하중 100 kN이 작용하고 있다.
재질은 Structural Steel 이며 탄성계수는 200,000 MPa, 푸아송 비 0.3 이다.
① 외팔보의 고유 진동수를 구하시오.

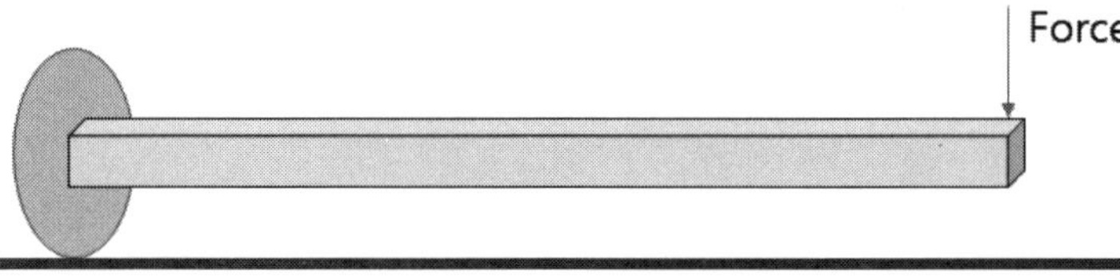

A. 이론적 계산

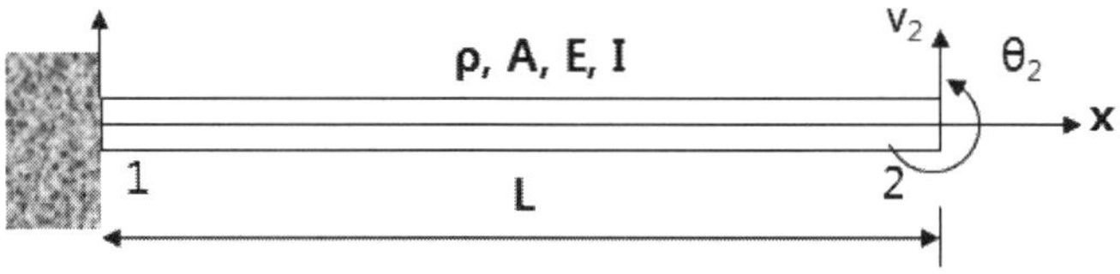

자유진동(고유치 문제)의 경우 운동방정식은 다음과 같다

$$[K-\omega^2 M]\begin{Bmatrix} v_2 \\ \theta_2 \end{Bmatrix} = \begin{Bmatrix} 0 \\ 0 \end{Bmatrix} \text{ 여기서 } K=\frac{EI}{L^3}\begin{pmatrix} 12 & -6L \\ -6L & 4L^2 \end{pmatrix} \quad M=\frac{\rho AL}{420}\begin{pmatrix} 156 & -22L \\ -22L & 4L^2 \end{pmatrix}$$

고유진동수를 구하기 위한 식은 다음과 같다.

$$\begin{vmatrix} 12-156\lambda & -6L+22L\lambda \\ -6L+22L\lambda & 4L^2-4L^2\lambda \end{vmatrix} = 0 \quad \text{여기서 } \lambda = \omega^2 \rho A L^4 / 420EI$$

그러므로 고유진동수는 다음과 같다.

$$\omega_1 = 3.533\,(\frac{EI}{\rho AL^4})^{1/2}, \quad \begin{Bmatrix} v_2 \\ \theta_2 \end{Bmatrix} = \begin{Bmatrix} 1 \\ 1.38/L \end{Bmatrix}$$

$$\omega_2 = 34.81\,(\frac{EI}{\rho AL^4})^{1/2}, \quad \begin{Bmatrix} v_2 \\ \theta_2 \end{Bmatrix} = \begin{Bmatrix} 1 \\ 7.62/L \end{Bmatrix}$$

이 문제에 대한 처음 1차, 2차 고유진동수는 다음과 같다.

$$\omega_1 = 3.516\,(\frac{EI}{\rho AL^4})^{1/2} = 3.516\,(\frac{2e11*2.1e-7}{7850*0.0016*1^4})^{1/2} = 204.926 \quad f = \frac{w_n}{2\pi} = 32.631$$

$$\omega_2 = 22.03\,(\frac{EI}{\rho AL^4})^{1/2} = 22.03\,(\frac{2e11*2.1e-7}{7850*0.0016*1^4})^{1/2} = 1283.997 \quad f = \frac{w_n}{2\pi} = 204.458$$

B. Workbench 해석

(1) 해석대상을 분석하고 자유물체도를 작성한다.

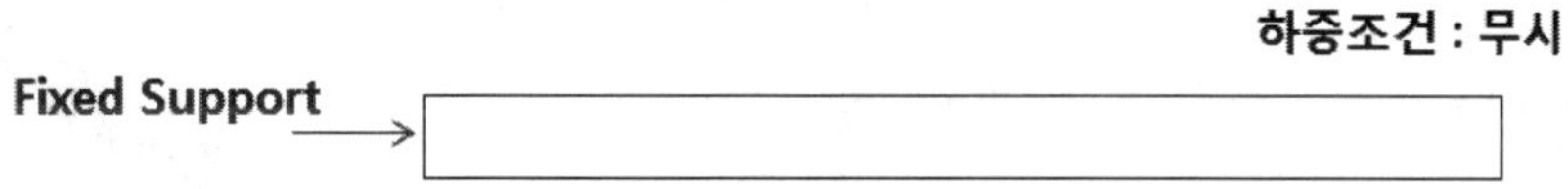

자유물체도

(2) 해석 시스템을 생성한다.(Modal)

① Workbench의 Tool Box에서 “Modal”을 Project Schematic에 추가한다. (더블클릭 또는 Drag함)

② Project 이름 변경

(3) 재료의 물성을 정의한다. (Engineering Data)

(4) 해석 모델을 불러들이거나 모델링을 수행한다. (Geometry)

① 데이터 공유 : Static Structural의 Engineering Data와 Geometry를 드래그 하여 Modal의 Engineering Data와 Geometry에 놀려 놓는다.

② Mechanical 창에서 Units menu를 클릭하고, 아래의 단위로 설정한다.

- Metric (mm, kg, N, s, mV, mA)

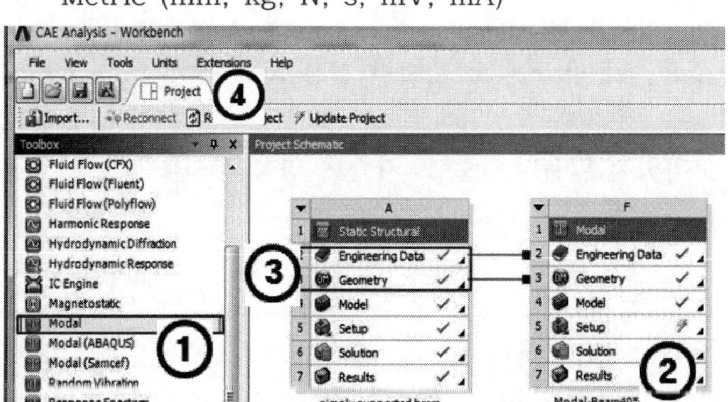

(5) 해석 모델의 환경을 설정한다. (Model)
① Modal 활성화 : Project Schematic > Modal> Model 더블클릭
② 모델 확인 : Outline > Model > Geometry > Solid
③ Solid의 이름 변경 : Outline > Model > Geometry > Solid> RMB > Rename
이름 : " Rectangular-Beam "
④ Solid 재질 변경 : Model > Geometry > Solid > Details > Material > Assignment
Assignment : Structural Steel

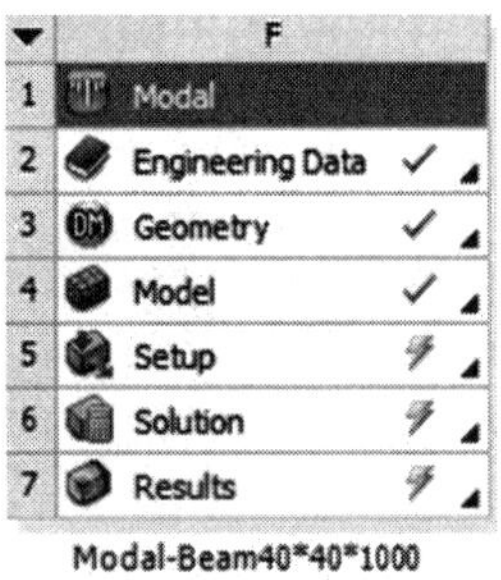

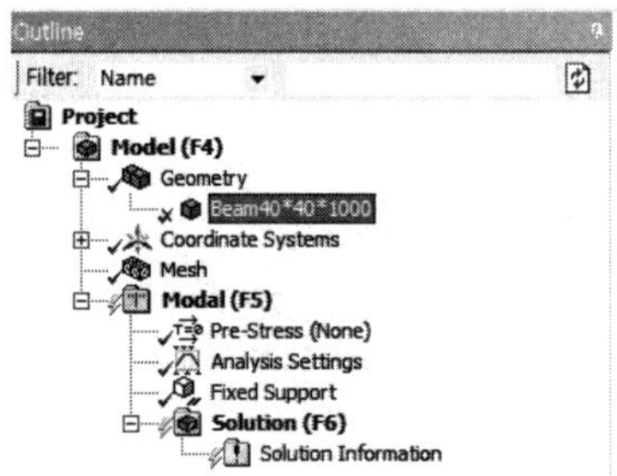

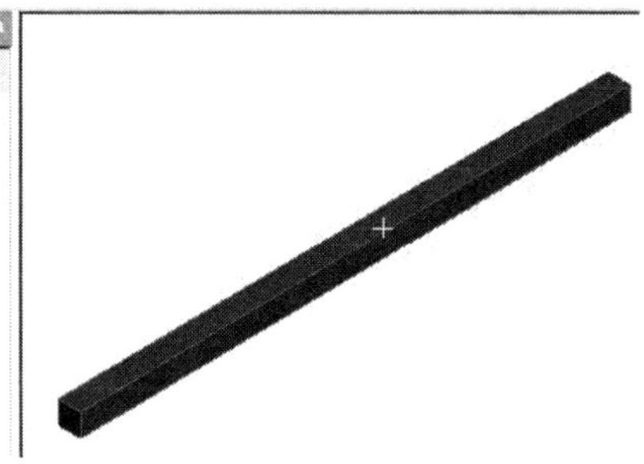

(6) 좌표계 설정 (Coordinate Systems) : 변경내용 없음(Global Coordinate)

(7) 연결 관계 정의(Connections) : Geometry에 모델이 하나이므로 활성화 안 됨.

(8) 격자 모델 생성 (Mesh)
① 격자 사이즈 결정 :
Outline > Model > Mesh > Details > Sizing > Element Size
Element Size : 10mm
② 격자 Update : Outline > Model > Mesh > RMB > Update
Graphic화면에서 모델에 mesh가 생성된 것 을 확인할 수 있다.
③ 격자 데이터 확인 : Detail > Statistics (Nodes, Elements)

(9) 해석의 설정 정의(Analysis Settings) : 지정된 값을 사용한다.

(10) 초기 조건 정의 : 고려하지 않는다. (중력, 가속도 영향 무시)

(11) 구속조건 정의
ⓐ 고정 지점 설정
① Support 항목설정 : Fixed Support 적용
Outline > Static structure > RMB > Insert > Fixed Support
② Geometry 입력 : Graphic window에서 대상 선정 (Beam의 측면 선택) > Detail

> Geometry > Apply

(12) 하중 조건 정의 : Modal 해석에서 하중(Load)은 활성화되지 않는다.

(13) 해석 수행
① Modal의 Analysis setting
추출할 모드의 개수를 지정한다. (기본값 : 6)
주파수 검색 범위를 필요에 따라 선택 할 수 있다. (기본값 : 0Hz ~ 1e+08Hz)
 - Note: Damped modal analysis은 고급 교육에서 소개된다.
결과 출력 항목은 필요에 따라 활성화/비활성화 된다.

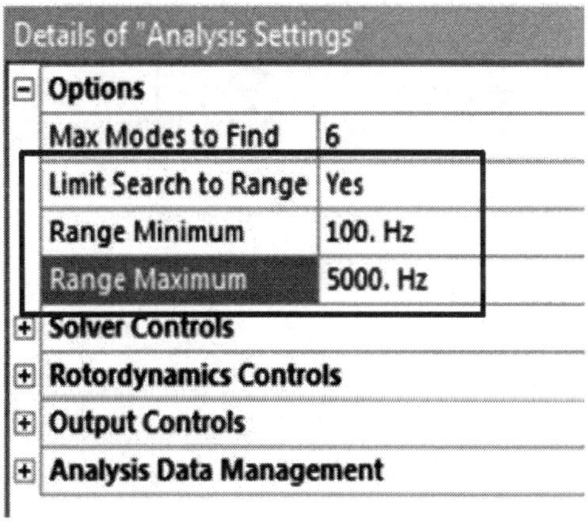

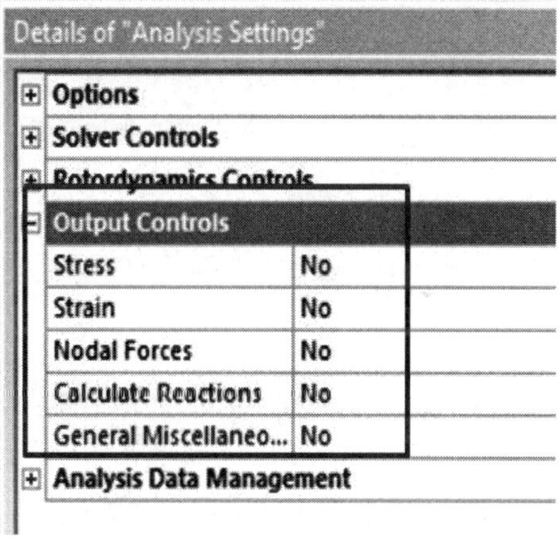

☞ 해석이 완료된 후, solution 항목을 활성화(클릭)하면 chart와 table 형태로
 주파수와 모드 수 출력한다. RMB로 출력할 모드를 일부 또는 전부를 선택할 수 있다. 각각의 Mode shape을 동영상으로 확인 가능하다.

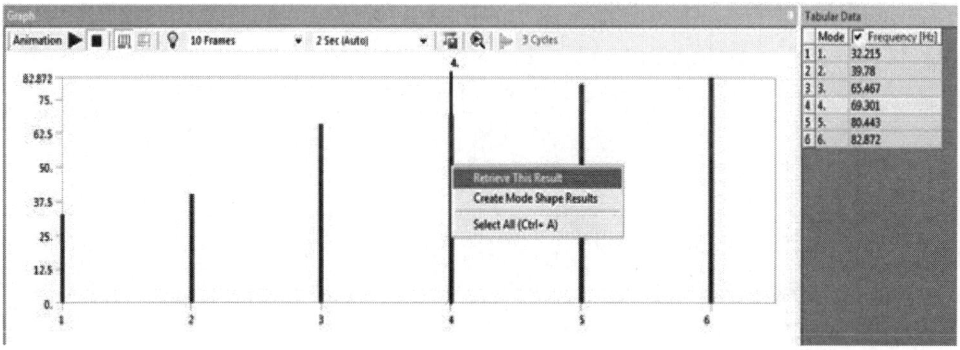

② 해석 실행 : Tool bar > Solve (또는 Outline > Model > RMB > Solve)

(14) 결과 확인

(a) Deformation(변형)

① 항목 선택 : Outline > Solution >RMB >Insert >Deformation >Total

② Mode 설정 : 1

(b) Deformation(변형) 추가 (3개를 추가 한다)

① 항목 선택 : Outline > Solution > Total Deformation > RMB > Duplication

② Mode 설정 : 2

③ 결과 호출 : Outline > Solution >RMB > Evaluate All Results

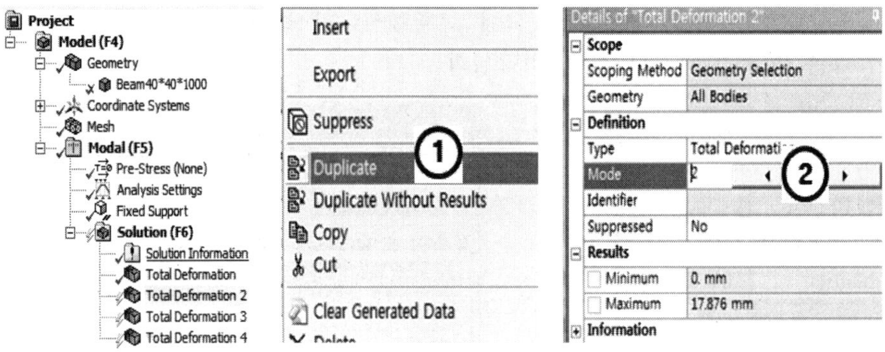

(b) Deformation (변형 결과) : 구조물의 고유진동수를 확인한다.

① 항목 선택 : Outline > Solution > Total Deformation (Mode 1의 결과)

② Graphic 실행 : Graphic > Animation > play

③ Mode 값 확인 : Graphic > Tabular Data

(c) Deformation (변형 결과) : 4개의 Mode의 형태 비교

① Four Viewports 선택 : Tool Bar > Viewports > Four Viewports

② Graphic 화면 선택 : Graphic > Animation > play

③ 항목선택 : Total Deformation2

* Mode3, Mode4에 대해서도 같은 작업을 반복한다.

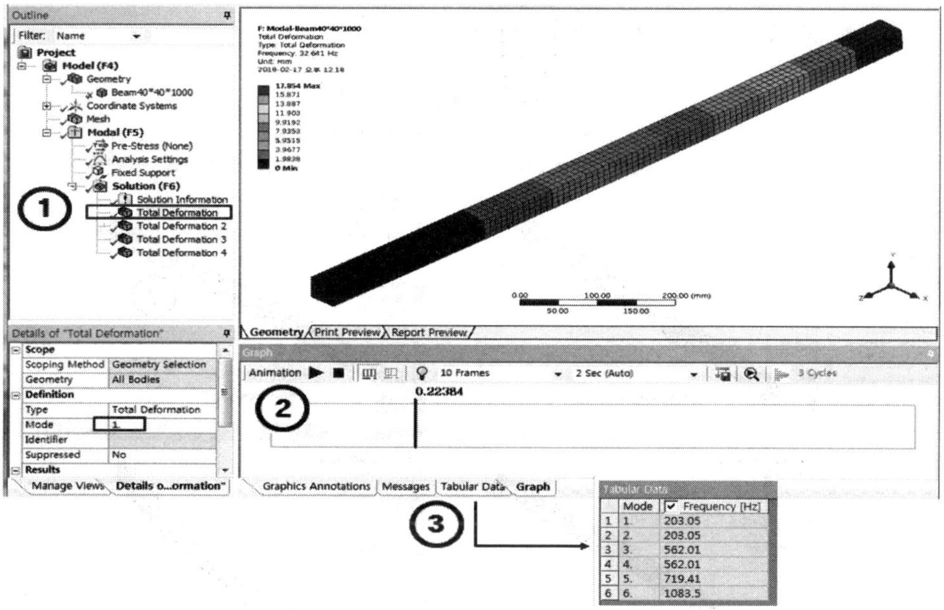

(15) 결론 및 고찰

이론식으로 구한 고유진동수 f_1=32.631 f_2 = 204.4581 이다.

모드	주파수
1	32.641
2	32.641
3	203.05
4	203.05
5	562.01
6	562.01

CAE해석으로 구한 고유진동수는 모드1, 2 와 모드3, 4 모드5, 6은 같은 값으로 계산되었는데 이것은 변위가 x 축과 y 축 방향만 다르다. 방향을 제외하고 모드의 크기를 비교하면 이론과 같은 결과를 보여주고 있다. 모드1에 대한 오차는 0.029%, 모드2에 관한 오차는 0.683%를 산정된다. 하나의 보 요소에서 구조해석의 결과는 모드1의 결과가 모드 2보다 정확히 계산되는 것을 볼 수 있다. 모드2를 더 정확히 계산하려면 더 많은 요소가 필요하다.

①
One Viewport
Horizontal Viewports
Vertical Viewports
Four Viewports

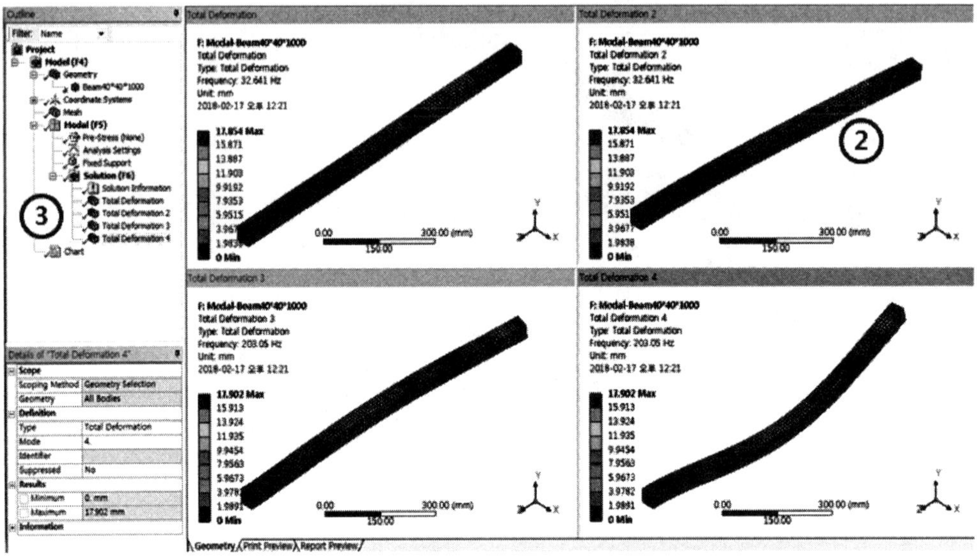

②
③
Total Deformation
Total Deformation 2
Total Deformation 3
Total Deformation 4
Geometry
Print Preview
Report Preview

예제 5.2 라멜 골조 고유진동수
(모델 : Rahmel-220x220x3000x5000)

한 변의 길이가 220mm인 되어 있는 정사각형골조의 라멘구조의 강성(k)을 구하시오. 보의 무게는 2000kg 이고, 기둥의 탄성계수 E는 200GPa 이다.

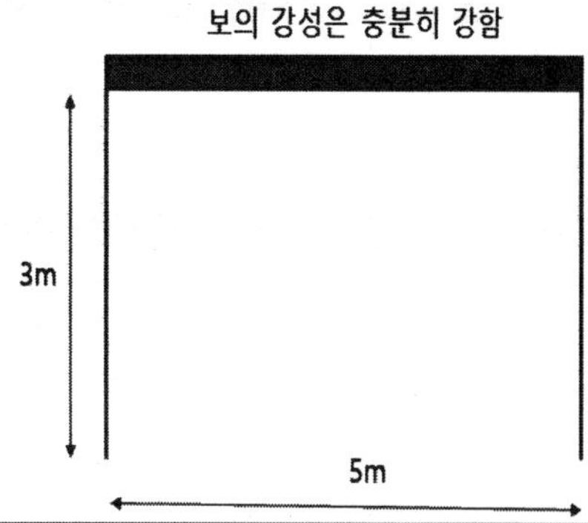

A. 이론적 계산

구조물 1개의 강성 k=12EI/L^3 = $\dfrac{12(200000)(1.95213\times10^8)}{3000^3} = 17352.3\,N/mm$

구조물 전체의 강성 $k_e = 2k = 34704.5N/mm$

구조물의 고유 진동수 $f = \dfrac{1}{2\pi}\sqrt{\dfrac{k_e}{M}} = \dfrac{1}{2\pi}\sqrt{\dfrac{34704.5\times10^3}{2000}} = 20.9652\,Hz$

B. Workbench 해석

A) 구조해석
(1) 모델을 불러오고 Static structural로 진입한다.
모델은 Line body로 모델링한다.

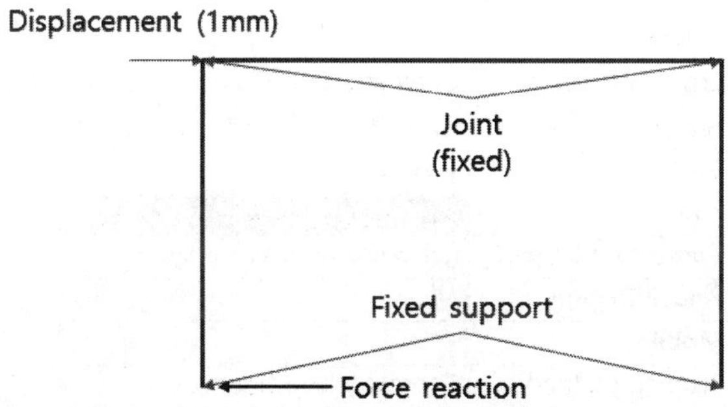

(2) 재질 선택
Structural steel을 복사하여 rigid를 만들고 탄성계수를 크게 하고 밀도는 작게 한다.

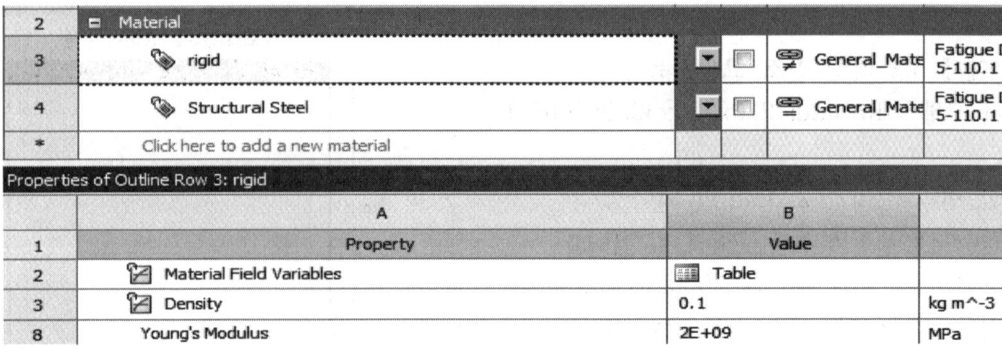

(2) 모델 이름변경과 재질 설정

column1, column2 는 structural steel로 설정하고, beam은 rigid로 설정한다.

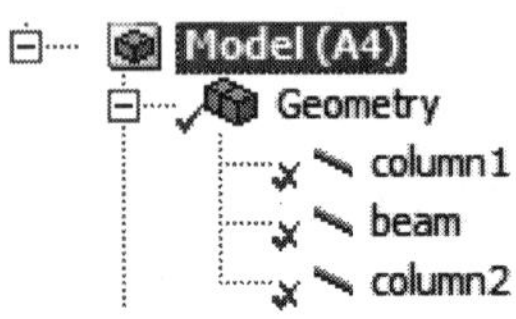

(3) Connection

column과 beam 사이에 Fixed Joint로 연결한다.

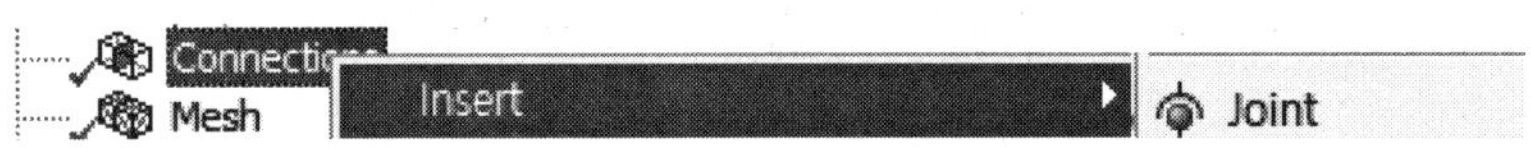

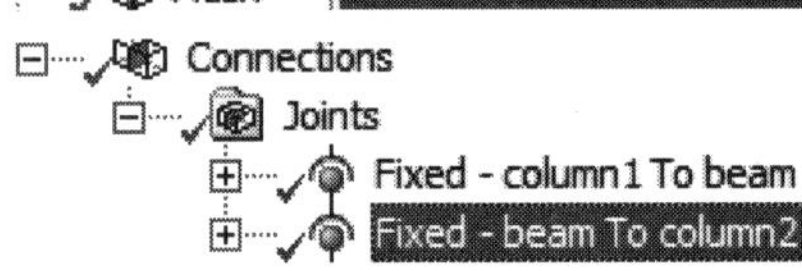

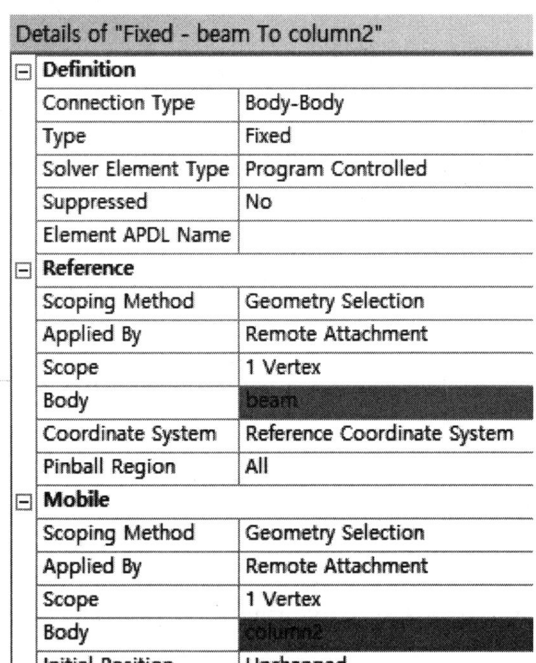

(4) 경계조건

① Fixed support로 column의 하단을 고정한다.

② Displacement를 column과 beam의 부분에 설정한다.

단위 변위 1mm가 변할 때 구조물에 걸리는 하중이 등가 스프링 상수가 된다.

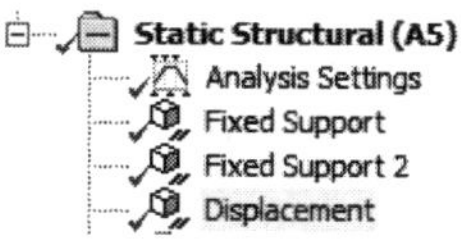

Details of "Displacement"

Scope	
Scoping Method	Geometry Selection
Geometry	1 Vertex
Definition	
Type	Displacement
Define By	Components
Coordinate System	Global Coordinate System
X Component	1. mm (ramped)
Y Component	0. mm (ramped)
Z Component	0. mm (ramped)
Suppressed	No

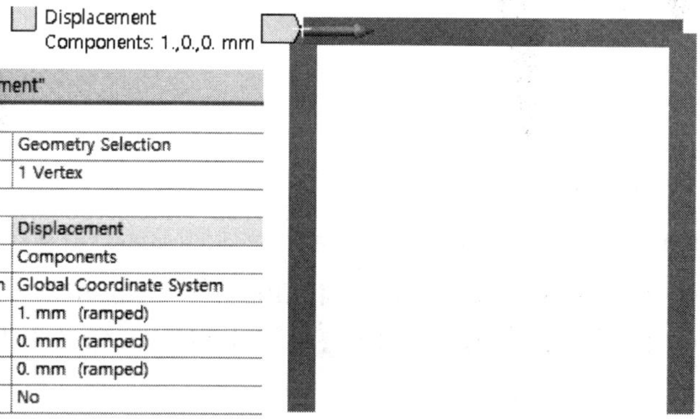

(5) 결과 확인

Fixed support의 Reaction force가 단위 길이 증가할 때의 하중이므로 스프링상수가 된다.

Details of "Force Reaction"

Definition	
Type	Force Reaction
Location Method	Boundary Condition
Boundary Condition	Fixed Support
Orientation	Global Coordinate System
Suppressed	No
Options	
Result Selection	All
Display Time	End Time
Results	
Maximum Value Over Time	
X Axis	-17051 N
Y Axis	0. N
Z Axis	-6.8793e-009 N
Total	17051 N

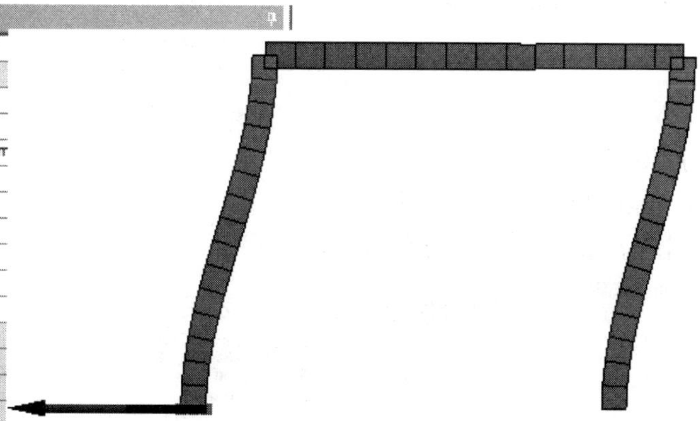

따라서 전체 구조물의 강성은 2x17051 = 34102 N/mm 이다.

(6) 고찰

이론 34704.5 N/mm 이므로 1.7% 차이가 있다.

beam의 강성이 structural steel로 설정되면 아래와 같이 변위가 발생하므로 구조물의 강성이 변하기 된다.

B) Modal 해석

(1) Modal 해석 도구

① workbench에서 menu의 modal을 Drag하여 Static structural에 올려놓는다.

② Modal의 Setup을 더블클릭하여 Modal 해석도구를 불러온다.

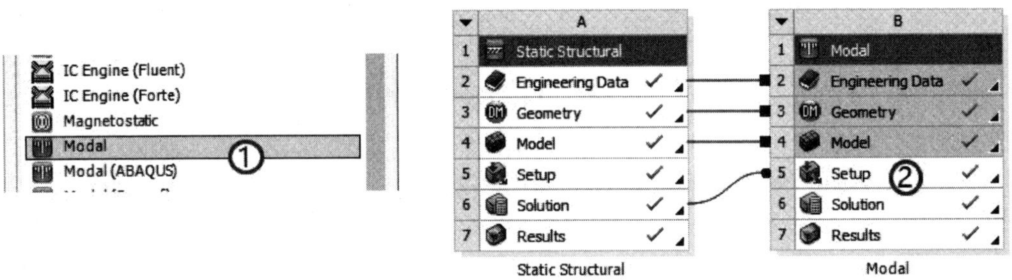

(2) Point Mass 설정

① point Mass를 실행한다.

② beam을 선택하고 질량을 입력한다.

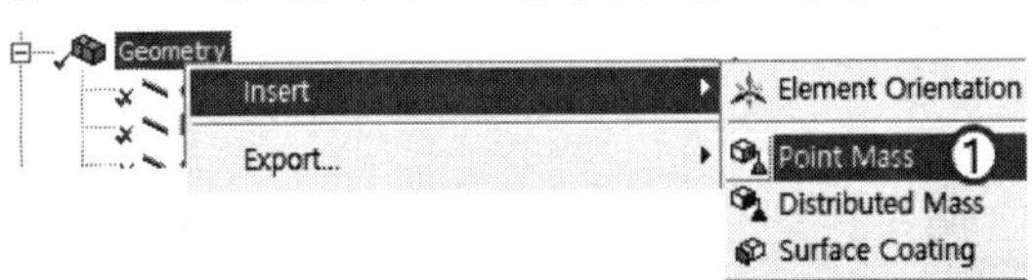

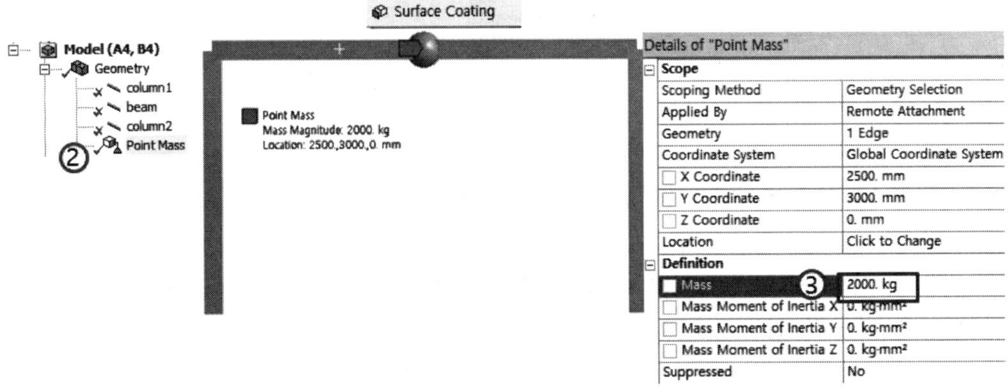

(3) Total deformation을 설정한다.

Total deformation을 삽입하고, mode를 설정한다.

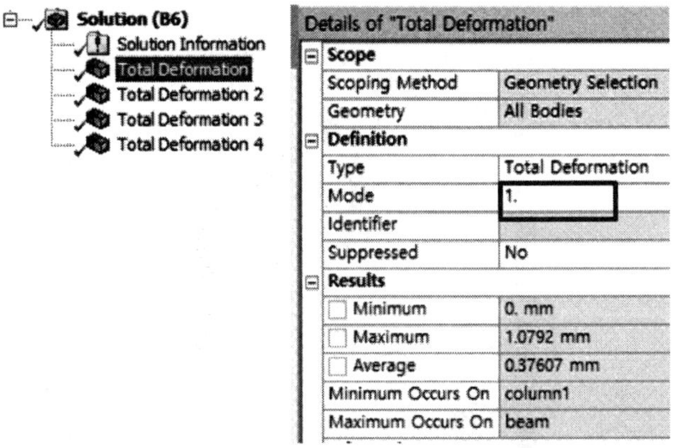

(4) 모드해석결과

① 1차 주기는 18.387Hz에서 발생한다.

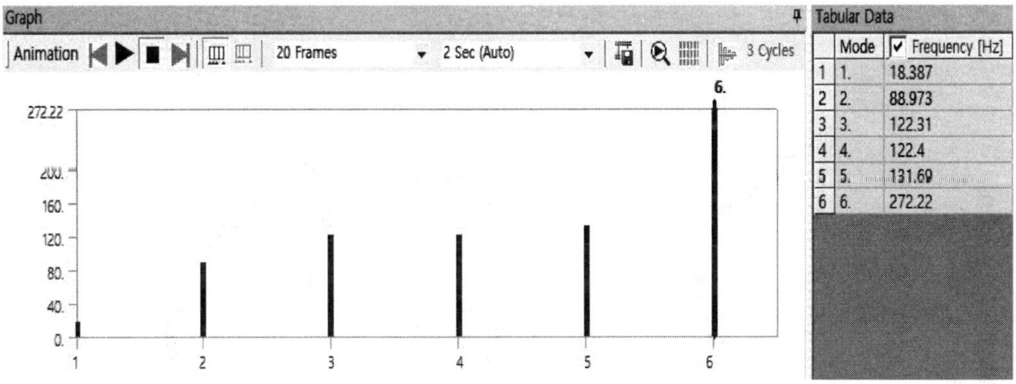

② 모드형상은 다음과 같다.

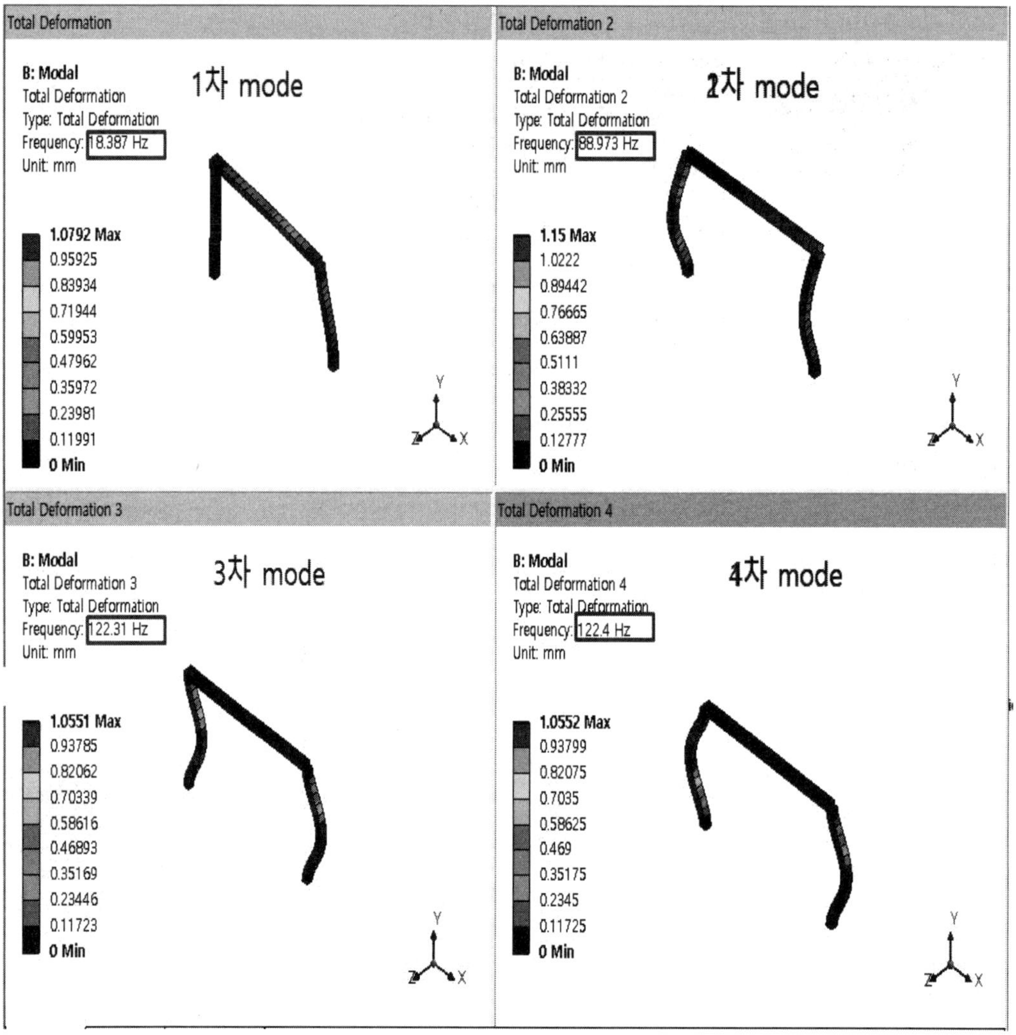

예제 5.3 층별 고유진동수
(모델: building-2층
building-8층
building-20층)
다음과 같이 철골구조물이 강접점 되어 있다. 구조물의 주기를 계산하시오.

(1) 모델을 불러오고 Static structural로 진입한다.

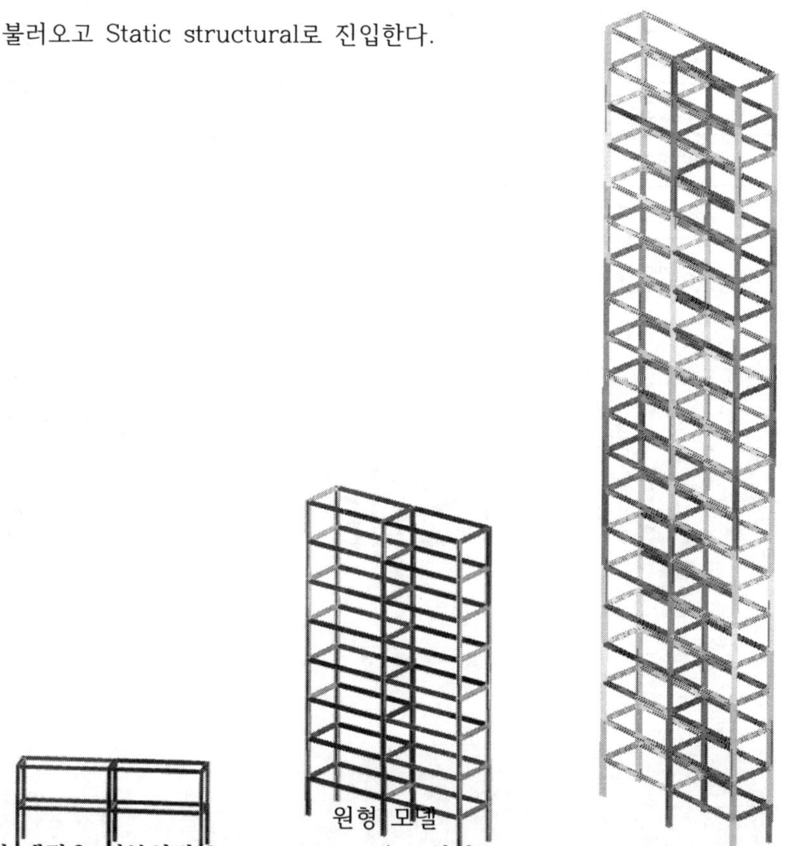

원형 모델

(2) Model의 재질은 기본설정(Structural steel)로 한다.

(3) 메시는 기본설정으로 한다.

(4) 접촉조건은 기본설정으로 한다.(Bonded)

(5) 경계조건

① 구조물 하단의 6면을 Fixed support로 고정한다.

(6) Total deformation으로 모드분석을 한다.

층수가 높을수록 주기가 길어진다.

	Frequency(Hz)			Period(sec)		
Mode	2층	8층	20층	2층	8층	20층
1	4.624	0.890	0.324	**0.216**	**1.123**	**3.083**
2	4.706	1.096	0.368	0.213	0.912	2.715
3	5.623	1.246	0.432	0.178	0.803	2.315
4	8.139	2.980	1.004	0.123	0.336	0.996
5	8.183	3.358	1.181	0.122	0.298	0.847
6	13.500	3.871	1.361	0.074	0.258	0.735

(7) 모드형상

① 2층 모드형상

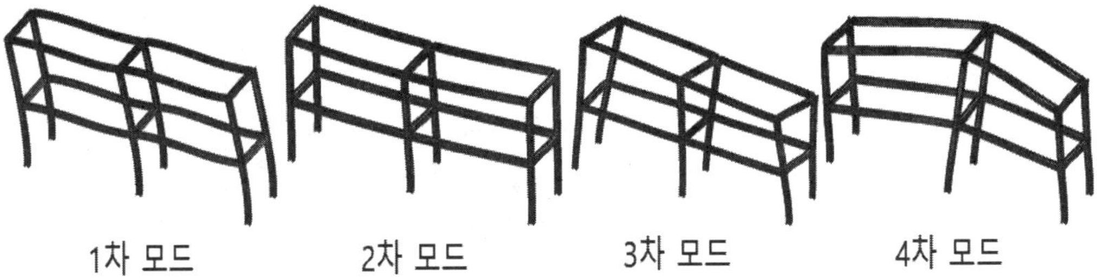

② 8층 모드형상

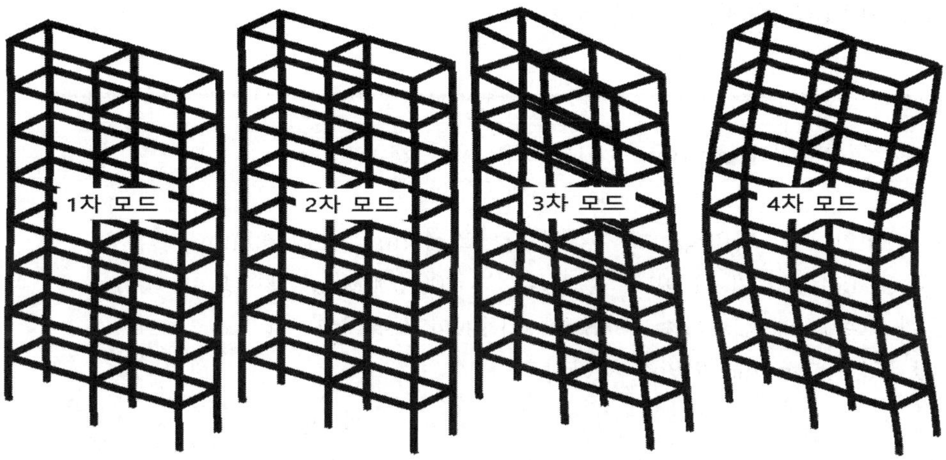

③ 20모드형상

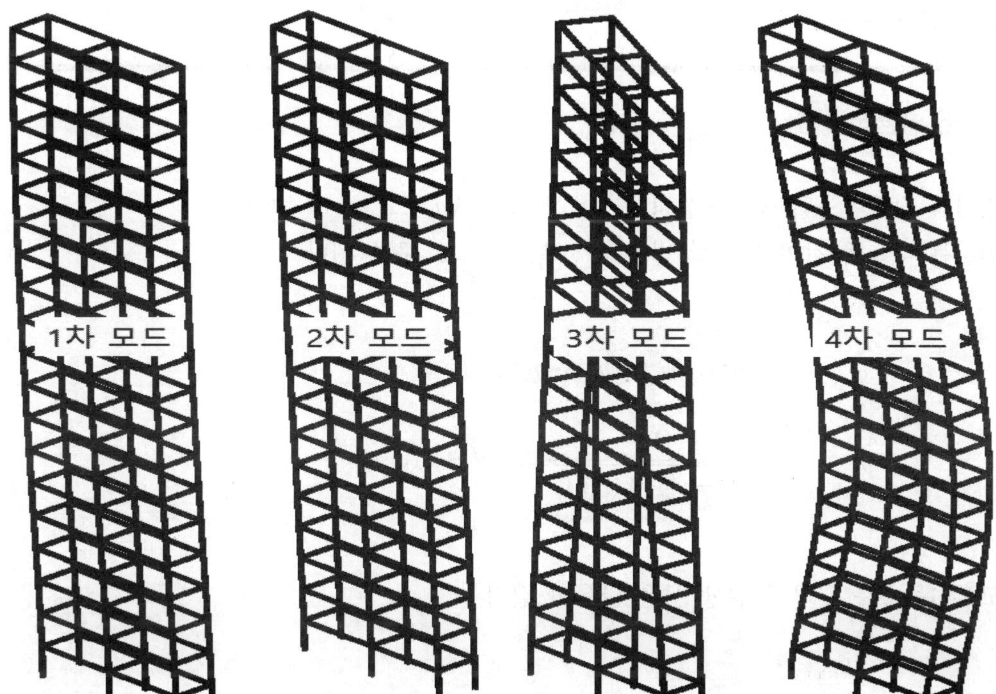

2. Harmonic 해석

예제 5.4 외팔보의 Harmonic (모델 : Beam40x40x1000)

길이가 1m인 보의 단면적은 직사각형으로 폭 40mm, 높이 40mm 이다.
재질은 Structural Steel 이다. (탄성계수는 200,000MPa, 푸아송 비 0.3)
이 보의 한쪽 면에 집중하중 F =5sin(wt) kN이 작용하고 있다.
① 외팔보의 Harmonic 변위를 구하시오.

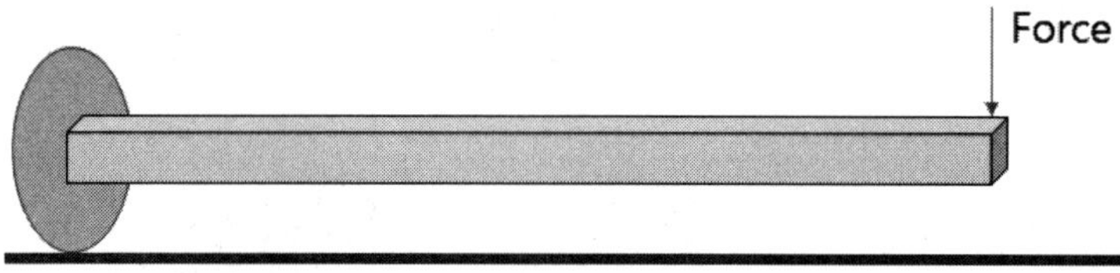

A. 이론적 계산

비감속 강제운동의 운동방정식은 $my'' + cy' + ky = F_o \sin wt$ 이다.
변위는 다음과 같이 일시적 반응과 지속반응으로 구분 된다.

$$y(t) = y_c + y_p$$

$$y_c = e^{-\xi w_n t}(A\cos w_n t + B\sin w_n t)$$

$$y_p = \frac{F_o}{k}\frac{1}{\sqrt{(1-r^2)^2+(2\xi r)^2}} sin(wt-\alpha)\ ,\ r = \frac{w}{w_n}$$

고유진동수를 구하기 위한 식은 다음과 같다.

$$y_{st \cdot \max} = \frac{F_o}{k}$$

$$DAF(동적증폭계수) = \frac{1}{\sqrt{(1-r^2)^2+(2\xi r)^2}}$$

본 문제에서 $y_{st \cdot \max} = \frac{F_o}{k} = \frac{F_o L^3}{3EI} = \frac{5000 * 1^3}{3 * 2e+11 * 2.1e-7} = 38.981 mm$
이 문제에 대한 처음 1차, 2차 고유진동수는 다음과 같다.

$$DAF(w=32)=\frac{1}{\sqrt{(1-r^2)^2}}=\frac{1}{\sqrt{(1-0.980^2)^2}}=26.08375 \quad r=32/32.641$$

$$DAF(w=204)=\frac{1}{\sqrt{(1-r^2)^2}}=\frac{1}{\sqrt{(1-1.004^2)^2}}=106.619 \quad r=204/203.05$$

$$y(\max,w=32)=yst.\max{}^*DAF=38.981*26.084 \ = 1004.433mm$$

$$y(\max,w=204)=yst.\max{}^*DAF=38.981*106.619 \ = 4164.804\,mm$$

B. Workbench 해석

(1) 해석대상은 분석하고 자유물체도를 작성한다.

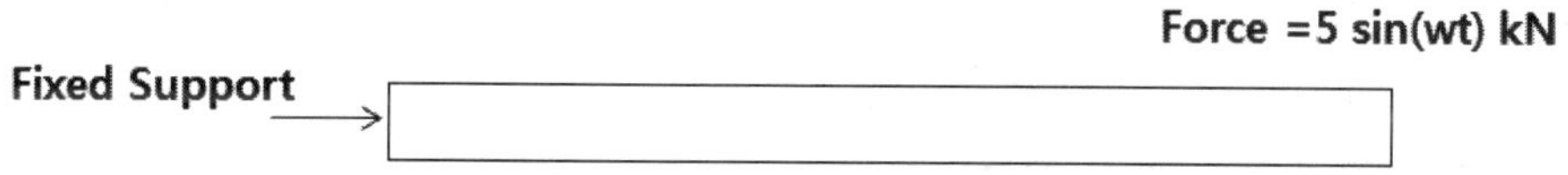

(2) 해석 시스템을 생성한다.(Harmonic Response)

① Workbench의 Tool Box에서 “Hormonic Response”을 드래그하여 예제 12-1의 Project Schematic의 Modal에 Engineering Data, Geometry, Modal 위에 올려놓는다.

② Project 이름변경 : 예제 12-2

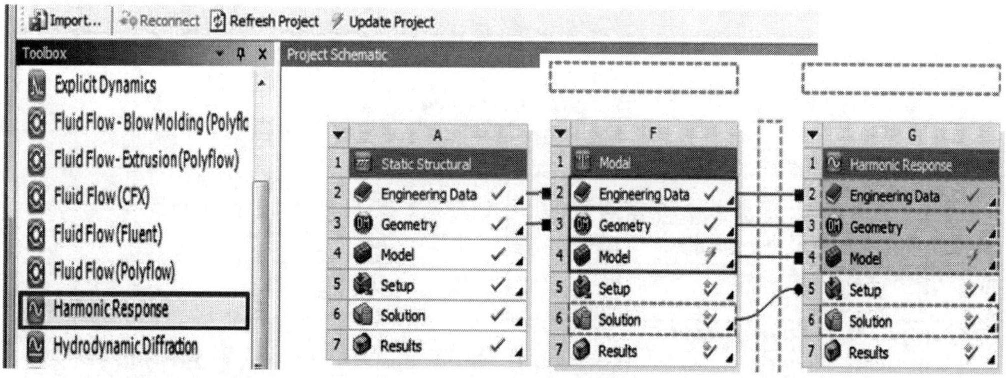

(3) ~ (11) 구속조건 까지는 Modal 해석에서 정의한 내용을 고유하여 사용한다.

(12) 하중조건 정의

(a) 집중하중 설정

① 하중 항목설정 : Force

Outline > Harmonic Response > RMB > Insert > Force

② Geometry 입력 : 보의 측면 선택

Graphic window에서 대상 선정 > Detail > Geometry > Apply

③ 압력 값 입력 방법 선정 : Components

④ 압력 값 입력 : Y Component = -5,000 N

(13) 해석 수행

① Harmonic Response 의 Analysis setting:

F = 5 sin(wt) kN의 주파수 범위는 0 ~ 1000 Hz

Damping Control : Damping 효과는 없는 것으로 한다.

② 해석 실행 : Tool bar > Solve (또는 Outline > Model > RMB > Solve)

Details of "Analysis Settings"

Options	
Frequency Spacing	Linear
Range Minimum	0. Hz
Range Maximum	1000
Solution Intervals	500
Solution Method	Mode Superposition
Include Residual Vector	No
Cluster Results	No
Store Results At All Frequencies	Yes
Rotordynamics Controls	
Coriolis Effect	Off
Output Controls	
Stress	Yes
Strain	Yes
Nodal Forces	No
Calculate Reactions	Yes
Expand Results From	Program Controlled
-- Expansion	Modal Solution
General Miscellaneous	No
Damping Controls	
Constant Damping Ratio	0.
Stiffness Coefficient Define By	Direct Input
Stiffness Coefficient	0.
Mass Coefficient	0.
Analysis Data Management	
Solver Files Directory	D:₩ansys₩CAE해석 및 설계₩CAE Analysis_files₩dp0₩...
Future Analysis	None
Scratch Solver Files Directory	
Save MAPDL db	No
Delete Unneeded Files	Yes
Solver Units	Active System
Solver Unit System	nmm

(14) 결과 확인

(a) Frequency Response(주파수 응답)

① 항목 선택 : Outline>Solution>RMB>Insert>Frequency Response>Deformation

② Geometry : 하중이 가해지는 상측 Edge 선택

③ Directional Deformation 방향설정 : Y 축

④ Chart View Style : Linear

⑤ 결과 호출 : Outline > Solution >RMB > Evaluate All Results

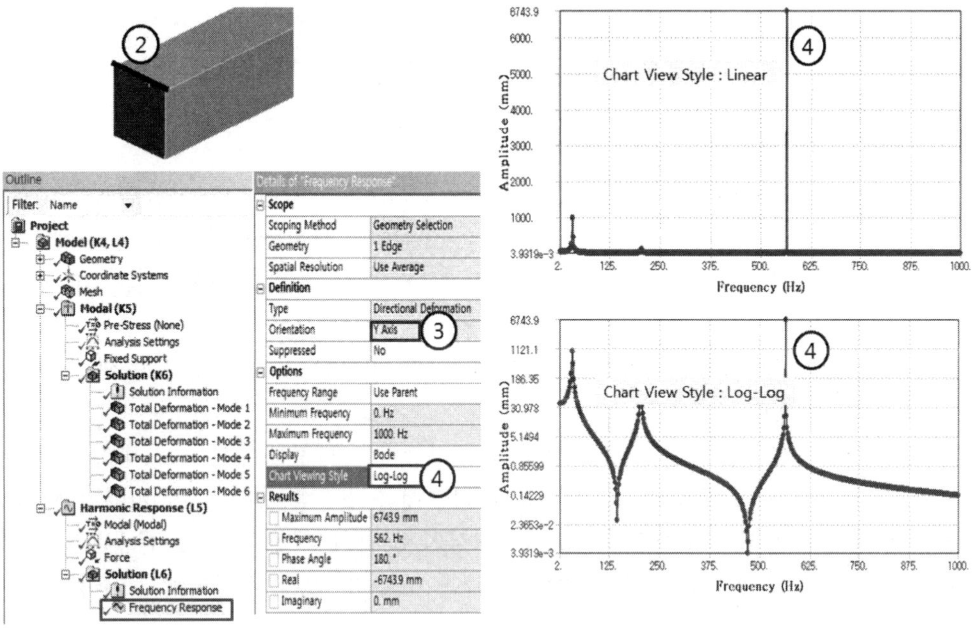

이 구조물의 고유진동수를 근처에서의 변위값을 관찰하면 다음과 같다.

2Hz 에서는 정적하중을 받는 외팔보의 최대변위는 38.981mm와 비슷하게 39.073 mm이다.

1차 공진주파수 33Hz에서의 최대변위는 1711.6mm 이다.

2차 공진주파수 203Hz에서의 최대변위는 1829mm 이다.

3차 공진주파수 562Hz에서의 최대변위는 6744.2mm 이다.

Tabular Data

	Frequency [Hz]	Amplitude [mm]	Phase
1	2.	39.073	180.
2	4.	39.508	180.
3	6.	40.255	180.
4	8.	41.35	180.
5	10.	42.852	180.
6	12.	44.847	180.
7	14.	47.465	180.
8	16.	50.904	180.
9	18.	55.473	180.

Messages Tabular Data Graph

Tabular Data

	Frequency [Hz]	Amplitude [mm]	Phase
13	26.	104.62	180.
14	28.	144.35	180.
15	30.	244.77	180.
16	32.	973.47	180.
17	34.	444.16	0.
18	36.	173.75	0.
19	38.	105.37	0.
20	40.	74.289	0.
21	42.	56.578	0.

Messages Tabular Data Graph

Tabular Data

	Frequency [Hz]	Amplitude [mm]	Phase
99	198.	18.776	180.
100	200.	31.532	180.
101	202.	92.636	180.
102	204.	104.46	0.
103	206.	33.945	0.
104	208.	20.44	0.
105	210.	14.702	0.
106	212.	11.522	0.
107	214	9.498	0

Messages Tabular Data Graph

Tabular Data

	Frequency [Hz]	Amplitude [mm]	Phase
278	556.	5.5683	180.
279	558.	8.4751	180.
280	560.	17.176	180.
281	562.	6743.9	180.
282	564.	17.751	0.
283	566.	8.9825	0.
284	568.	6.0633	0.
285	570.	4.6036	0.

Messages Tabular Data Graph

(15) 결론 및 고찰

이론식으로 구한 고유진동수 f_1=32.631 f_2 = 204.4581 이다. 이 고유진동수와 근접한 주기로 하중을 가하면 공진이 발생된다. 32Hz로 가진 할 때 이 32Hz에서의 CAE 해석의 최대변위는 973.47mm로 이론과 6.8% 오차 발생되었다. (이론 1044.46 mm)

204Hz에서의 CAE 해석의 최대변위는 104.46mm로 이론과 61.7% 오차 발생되었다. (이론 4164.804 mm)

CAE해석에 의한 변위의 이론값보다 작게 산출되었다. 보 요소에서 구조해석의 결과는 모드1의 결과가 모드 2보다 정확히 계산되는 것을 볼 수 있다. Modal해석에서의 고유진동수 계산보다 Harmonic Response에서의 변위의 계산 오차가 큰 것은 CAE 해석을 3차원으로 해석하여 체적의 변위에 따른 효과가 있기 때문이라고 추정할 수 있다.

3. 회전체 전하중 해석

회전체 진동문제는 공진회피 설계를 목적으로 위험속도 산정과 위험속도를 통한 베어링지지 강성선정, 안정성평가 등을 수행한다. 진폭제어 목적으로 불평형 응답해석을 수행한다.

예제 5.5 3개의 회전 Rotor (모델 : Rotors-3ea)

3개의 Rotor로 구성된 회전축의 회전속도에 따른 고유진동수를 산정하시오. shaft 양단은 베어링으로 지지되어 있다. 재질은 Structural steel 이다.
베어링의 Stiffness(N/mm)는 k_{xx} =50000, k_{yy} = 70000, Damping (N.s/mm)은 c_{xx} =0.5, c_{yy} = 0.7 이다.
① Rotor가 2500 RPM으로 회전할 때 모드형상을 확인하시오.

---

(1) 해석 대상을 분석 및 자유 물체도 작성

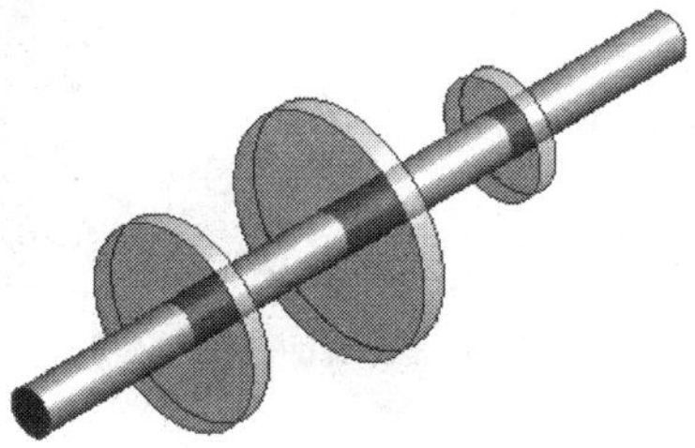

원형모델

(2) 해석 시스템을 생성(Static structural): Project이름을 예제 12-3 으로 설정

(3) 재료의 물성 정의(Engineering Data) : Structural steel 사용

(4) 모델링 수행(Geometry) : M12-3 3 rotors를 불러온다.

(5) 좌표계 설정 (Coordinate Systems) : 변경내용 없음

(6) 연결 관계 정의(Connections) : 회전체의 양 끝단에 베어링 지지를 설정한다. 생성된 Bearing의 stiffness, Damping값을 설정한다.

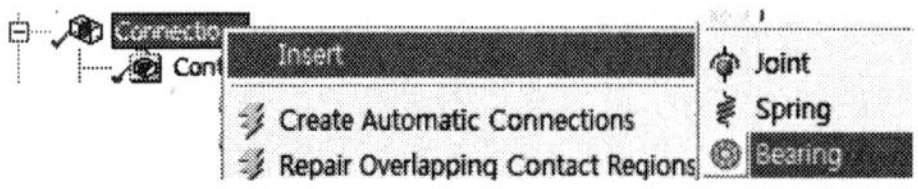

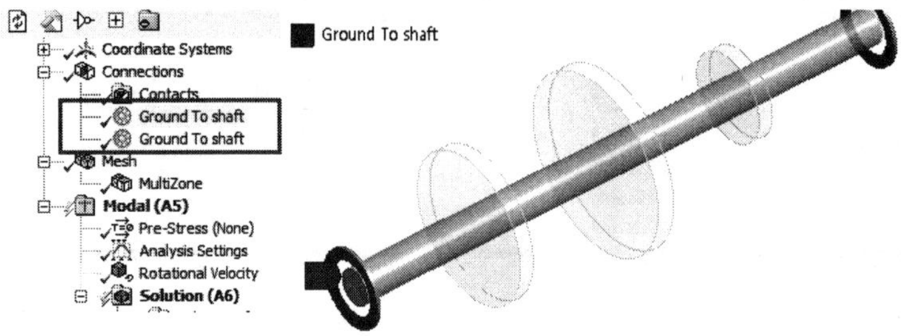

Details of "Ground To shaft"

Definition	
Connection Type	Body-Ground
Rotation Plane	X-Y Plane
Stiffness K11	50000 N/mm
Stiffness K22	70000 N/mm
Stiffness K12	0. N/mm
Stiffness K21	0. N/mm
Damping C11	0.5 N-s/mm
Damping C22	0. N-s/mm
Damping C12	0. N-s/mm
Damping C21	0. N-s/mm
Suppressed	No

(7) 메시 설정

Global Mesh Control에서 Relevance를 100으로 설정하다.

Outline> Mesh > RMB > Insert > Mehtod 를 클릭한다

Local Mesh Control에서 Method를 MultiZone으로 설정한다.

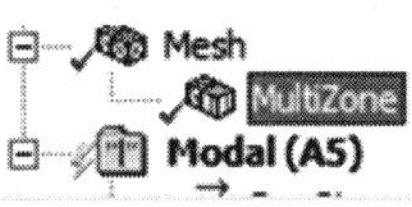

Details of "MultiZone" - Method

Scope	
Scoping Method	Geometry Selection
Geometry	3 Bodies
Definition	
Suppressed	No
Method	MultiZone
Mapped Mesh Type	Hexa

(8) Analysis Setting에서 Detail View을 설정한다. Number of Points는 고유진동수를 측정할 회전속도의 구간 개수이다.

Details of "Analysis Settings"	
Options	
Max Modes to Find	10
Limit Search to Range	No
Solver Controls	
Damped	Yes
Solver Type	Program Controlled
Rotordynamics Controls	
Coriolis Effect	On
Campbell Diagram	On
Number of Points	7
Output Controls	
Damping Controls	
Analysis Data Management	

(9) Rotational Velocity를 추가한다.
Outline> Modal> RMB > Insert > Rotational Velocity 를 추가한다.
Tabular Data에서 고유진동수를 측정할 7구간의 회전속도를 정의 한다.
회전축은 축의 원통면을 선택한다.

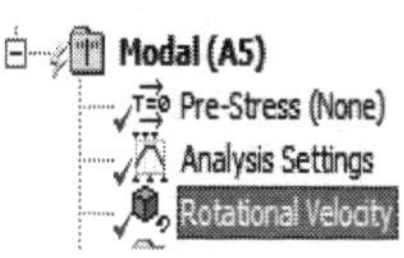

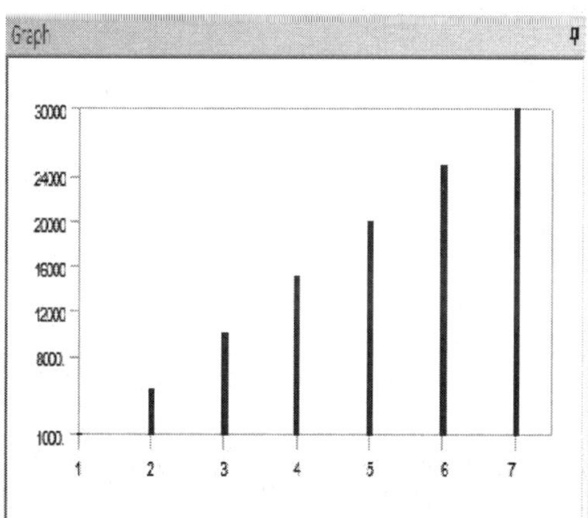

Tabular Data

	Points	Rotational Velocity [rad/s]
1	1	1000.
2	2	5000.
3	3	10000
4	4	15000
5	5	20000
6	6	25000
7	7	30000
*		

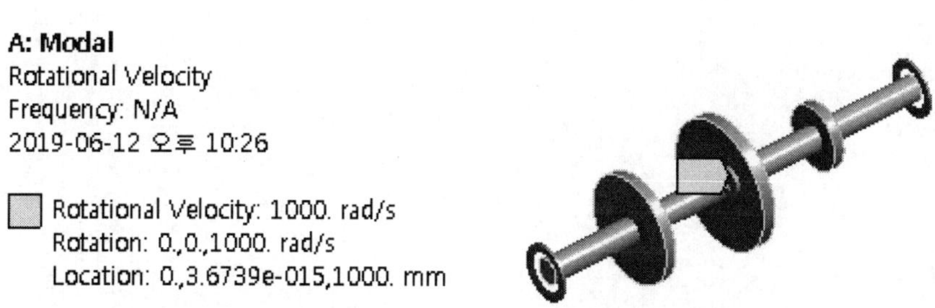

(10) 해석을 실행한다.

Tabular Data에서 속도 구간에 따른 모드의 고유진동수를 확인한다.

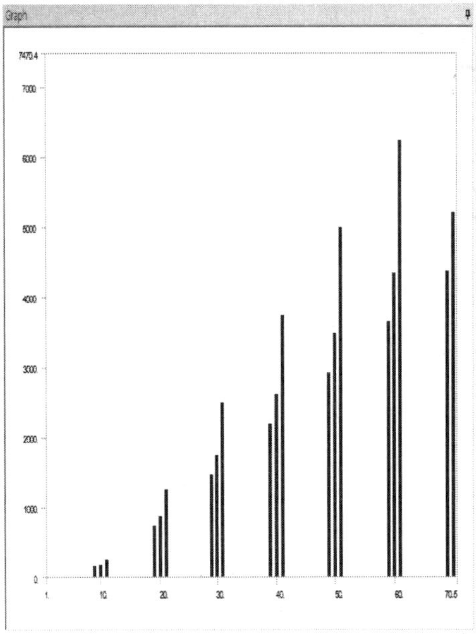

Tabular Data

	Set	Solve Point	Mode	Damped Frequency [Hz]	Stability [Hz]	Modal Damping Ratio	Logarithmic Decrement
1	1.	1.	1.	0.	0.	N/A	N/A
2	2.	1.	2.	1.7061e-009	-1.0684e-015	6.2625e-007	-3.9349e-006
3	3.	1.	3.	1.8768e-009	-9.2154e-016	4.9102e-007	-3.0851e-006
4	4.	1.	4.	0.	2.1976e-004	-1.	N/A
5	5.	1.	5.	0.	3.0995e-004	-1.	N/A
6	6.	1.	6.	0.	3.9394e-004	-1.	N/A
7	7.	1.	7.	0.	2.1251e-003	-1.	N/A
8	8.	1.	8.	145.38	0.	0.	0.
9	9.	1.	9.	173.29	0.	0.	0.
10	10.	1.	10.	249.01	0.	0.	0.
11	11.	2.	1.	0.	0.	N/A	N/A
12	12.	2.	2.	0.	0.	N/A	N/A
13	13.	2.	3.	0.	0.	N/A	N/A
14	14.	2.	4.	0.	2.1976e-004	-1.	N/A
15	15.	2.	5.	0.	3.0995e-004	-1.	N/A
16	16.	2.	6.	0.	3.9394e-004	-1.	N/A
17	17.	2.	7.	0.	2.1251e-003	-1.	N/A
18	18.	2.	8.	726.88	0.	0.	0.
19	19.	2.	9.	866.46	0.	0.	0.
20	20.	2.	10.	1245.1	0.	0.	0.
21	21.	3.	1.	0.	0.	N/A	N/A
22	22.	3.	2.	0.	0.	N/A	N/A
23	23.	3.	3.	0.	0.	N/A	N/A
24	24.	3.	4.	0.	2.1976e-004	-1.	N/A
25	25.	3.	5.	0.	3.0995e-004	-1.	N/A
26	26.	3.	6.	0.	3.9394e-004	-1.	N/A
27	27.	3.	7.	0.	2.1251e-003	-1.	N/A
28	28.	3.	8.	1453.8	0.	0.	0.
29	29.	3.	9.	1732.9	0.	0.	0.
30	30.	3.	10.	2490.1	0.	0.	0.
31	31.	4.	1.	0.	0.	N/A	N/A
32	32.	4.	2.	0.	0.	N/A	N/A

(10) 모드현상 확인

ⓐ 2500 RPM 구간은 Solve Point 6번 이다. 이 구간을 확인한다.

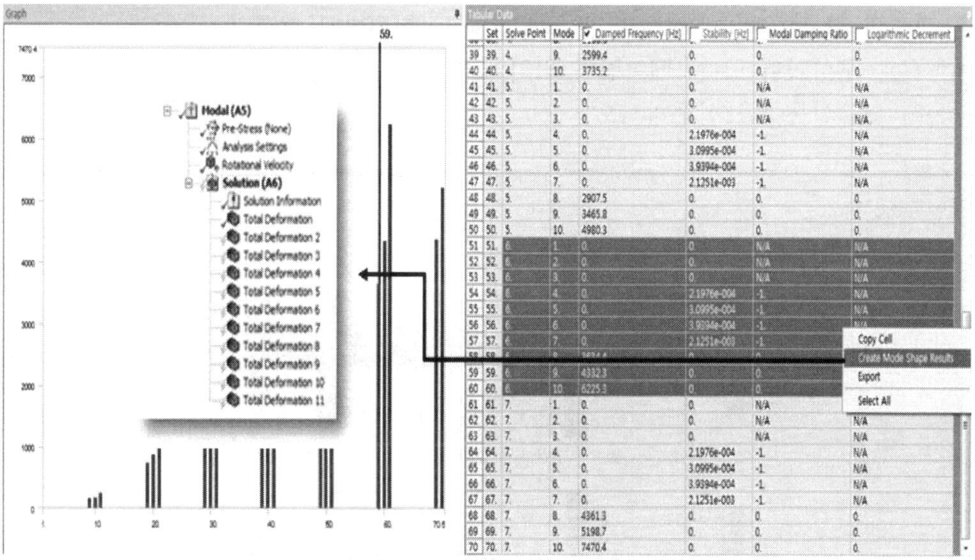

ⓑ Tabular에서 Point 6을 선택하고 RMB > Create Mode Shape Results 클릭한다.

Total Deformation에서 모드 형상을 확인한다. (Set Number 51)

예제 5.6 Rotor의 고유진동수 (모델 : Rotors-3ea)

다음 그림과 같은 3개의 Rotor가 벨트에 의해서 회전한다. 3개의 rotor는 일체형으로 구성되어 있다. 베어링의 위치에 따라서 고유진동수가 어떻게 변하는지 고유진동수를 산정하시오.

1. 원형모델

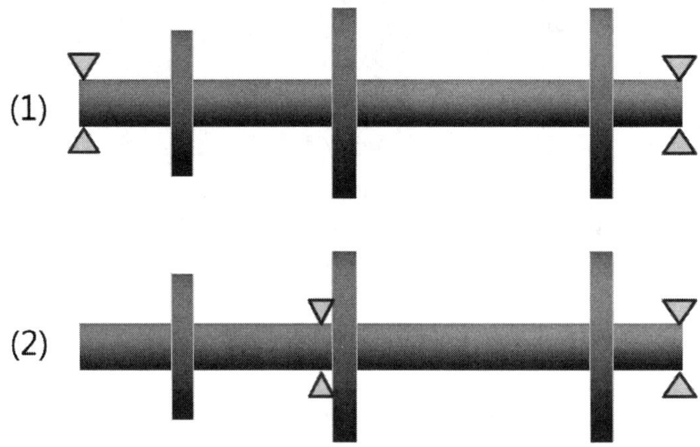

2. 해석결과

고유진동수 비교

Mode	(1) Frequency	(2) Frequency
1	118.18	111.19
2	119.22	111.28
3	238.28	376.86
4	346.18	404.52
5	348.05	408.9
6	413.59	410.14

3. Rotor Frequency

(1) 사례

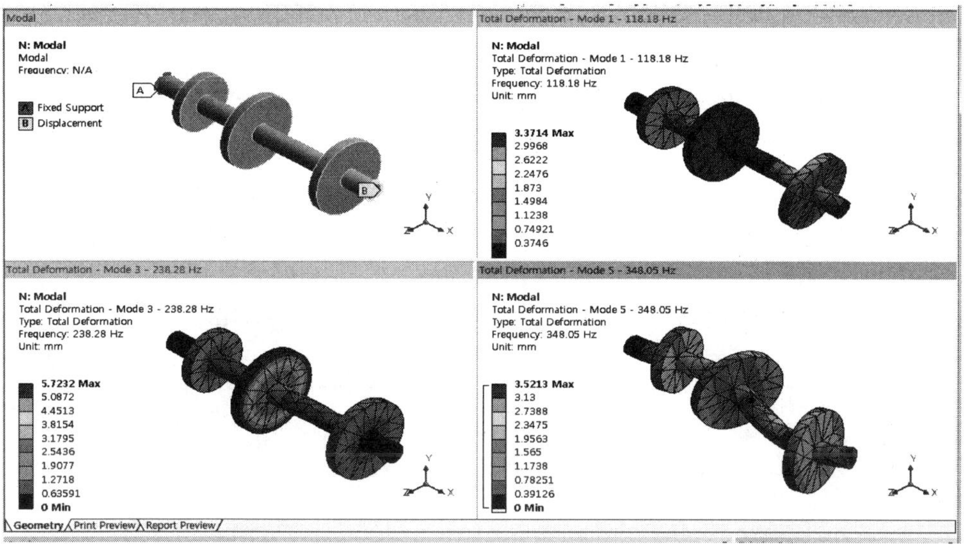

(2) 사례

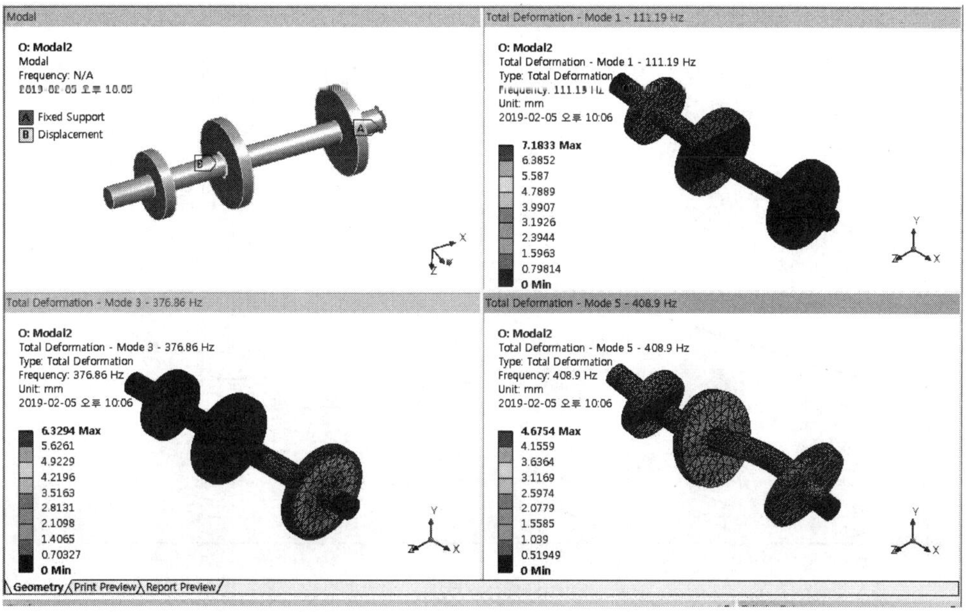

4. 응답스펙트럼(Response spectrum)

(1) Response-spectrum analysis 개요

응답 스펙트럼 분석(RSA: Response-spectrum analysis)은 기여도를 측정하는 선형 동적 통계 분석 방법이다. 기본적으로 탄성 구조의 가능한 최대 지진 응답을 나타내는 각 고유 진동 모드에서 응답 스펙트럼 분석은 주어진 시간 기록 및 감쇠 수준에 대한 구조적 기간의 함수로 의사 스펙트럼 가속도, 속도 또는 변위를 측정하여 동적 거동에 대한 정보를 제공한다. 응답 스펙트럼 분석은 주로 다음과 같은 무작위 또는 시간 종속 하중 조건에 대한 구조물의 응답을 결정하는 데 사용된다.

- 지진
- 풍하중
- 파동/전류 부하
- 제트 엔진 추력/로켓 모터 진동

(2) 응답 스펙트럼 형태

응답 스펙트럼은 피크 또는 정상 상태 응답(변위, 속도 또는 가속도)의 플롯이다. 다양한 고유 주파수의 발진기 시리즈, 동일한 기본 진동 또는 충격에 의해 강제로 움직이는 것 등이 이에 속한다.

응답 스펙트럼의 결과 플롯은 고유 진동 주파수가 주어지면 선형 시스템의 응답을 선택하는 데 사용할 수 있다. 그러한 용도 중 하나는 지진에 대한 건물의 최대 응답을 평가하는 것이다.

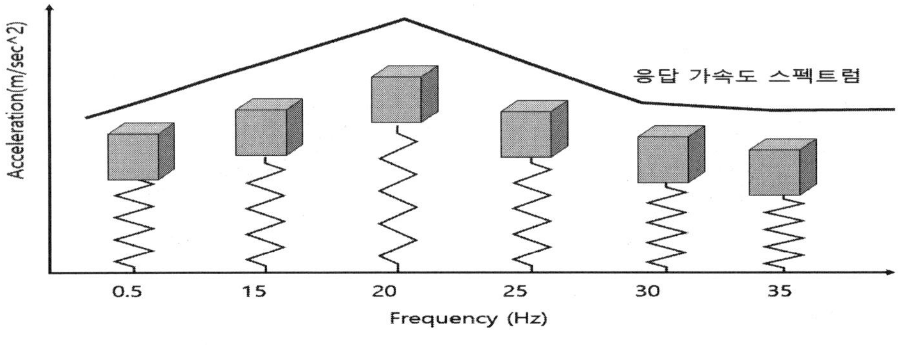

(3) 응답 스펙트럼에 대한 댐핑의 기여도

RSA는 댐핑이 구조적 응답에 미치는 영향에 대한 정보를 제공합니다. 감쇠가 증가함에 따라 응답 스펙트럼이 아래쪽으로 이동한다. 국제 건축법(IBC)은 5% 감쇠를 기반으로 하며 이는 RSA 동안 명시적으로 모델링 되지 않은 히스테리시스 거동으로 인한 부수적 감쇠를 규정하고 있다. 점성 댐퍼는 RSA 동안 모델링 되지 않으며 5% 댐핑에 대한 IBC 규정에 적용되지 않는다.

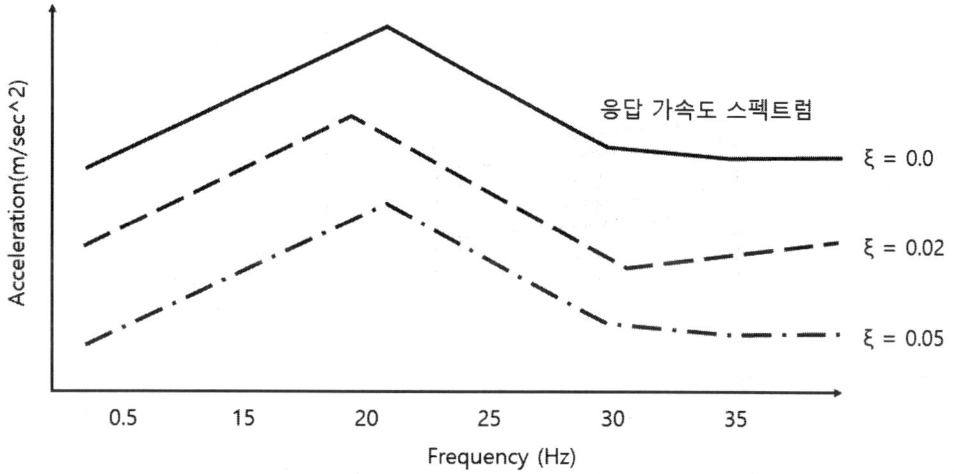

(4) 스펙트럼 단위 변환

가속도와 속도 및 변위 스펙트럼은 쉽게 서로가 변환될 수 있다.

주파수를 곱하거나 나누어 가속도, 속도 및 변위 스펙트럼 사이를 쉽게 변환한다.

구조물의 응답을 조화함수로 가정하여 단자유도 구조물에서 유사속도(Pseudo-velocity), 유사가속도(Pseudo-acceleration)를 산정한다.

$u(t) = u_o \sin w_n t$ 따라서 최대 변위는 $D = S_d = u_o$ 이다.

$\dot{u}(t) = u_o w_n \cos w_n t$ 유사속도는 $V = S_v = u_o w_n = S_d w_n = (2\pi f) S_d$

$\ddot{u}(t) = -u_o w_n^2 \sin w_n t$ 유사가속도 즉 최대가속도는 $A = S_a = u_o w_n = S_d w_n^2 = (2\pi f)^2 S_d$ 이다.

구조물에 작용하는 밑면 전단력 $V = mS_a = \frac{W}{g} S_a = \frac{S_a}{g} W$와 같다.

유사가속도를 S_a/g 형태로 표현한다.

(5) 응답 스펙트럼 분석의 유형

① 단일 포인트 RSA

단일 포인트 RSA에서 단일 스펙트럼은 모든 지원 포인트에 균일하게 작용합니다.

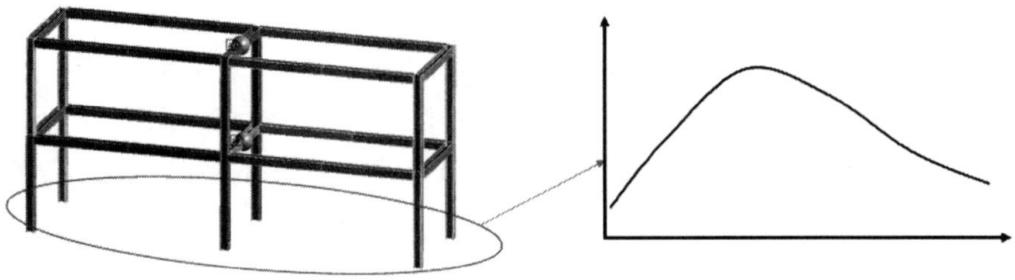

② 멀티 포인트 RSA

다중 포인트 응답에서 스펙트럼 분석은 서로 다른 구속 포인트가 서로 다른 스펙트럼을 받을 수 있습니다.

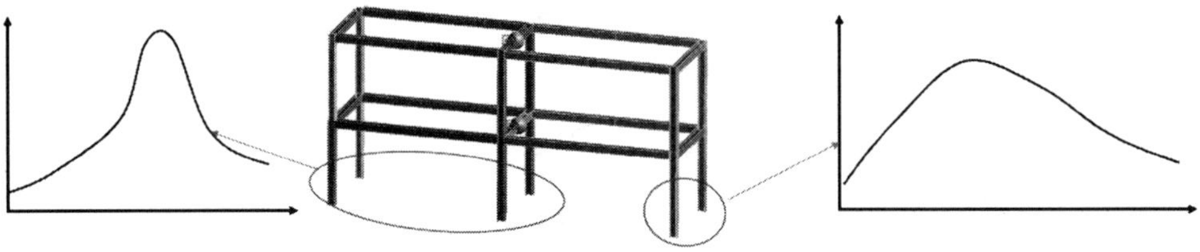

(6) 모드 조합 방법

① 충분히 모두가 분리된 경우

충분히 분리된 주파수가 있는 모드의 경우(모달 주파수가 가깝지 않은 경우)에는 SRSS(Sum of the Square) 방법의 제곱근을 사용한다. 대략적으로 가능한 최대 응답 값입니다. 계산 결합 응답은 제곱합(SRSS)의 제곱근을 찾는 것입니다.

② 근접 모드의 경우

근접한 주파수의 모드가 존재하는 경우에는 SRSS 방법을 적용하지 않는다. 주파수가 근접한 모드는 임계 감쇠비의 함수이다. 임계 감쇠비(2%의 경우: 주파수가 서로의 10% 이내이면 모드가 근접한 간격으로 간주됩니다. 임계 감쇠비)2%의 경우 주파수가 서로 임계 감쇠비의 5배 이내이면 모드가 밀접하게 간격을 둔 것으로 간주된다. 두 가지 조합 방법을 사용할 수 있습니다. 이런 경우 로젠블루스(ROSE) 방식과 완전한 이차 결합(CQC) 방법을 사용한다.

(7) 누락된 질량 응답

일반적으로 구조 질량의 100%를 설명하기 위해 가능한 모든 모드를 실제로 추출할 수는 없다. 많은 구조물은 ZPA 주파수보다 높은 주파수에서 중요한 고유 진동 모드를 가질 수 있다.

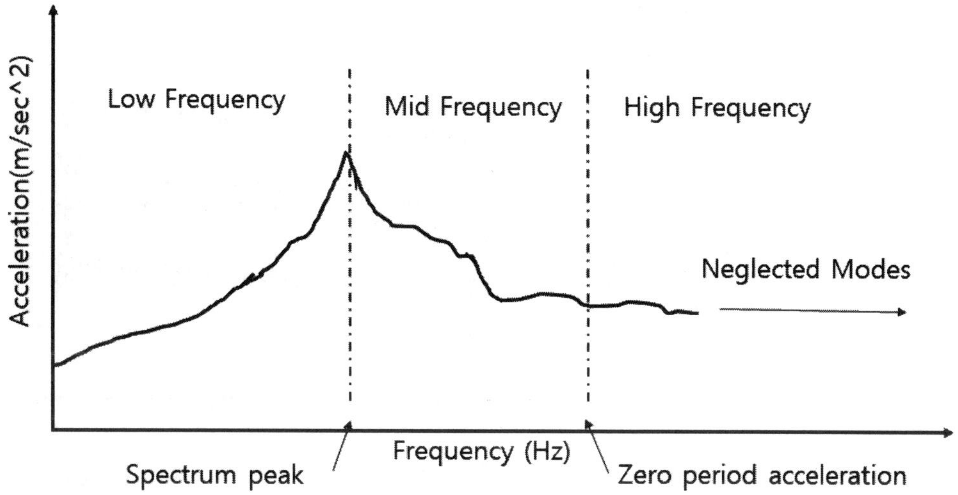

(8) 응답 스펙트럼 분석 프로세스 흐름

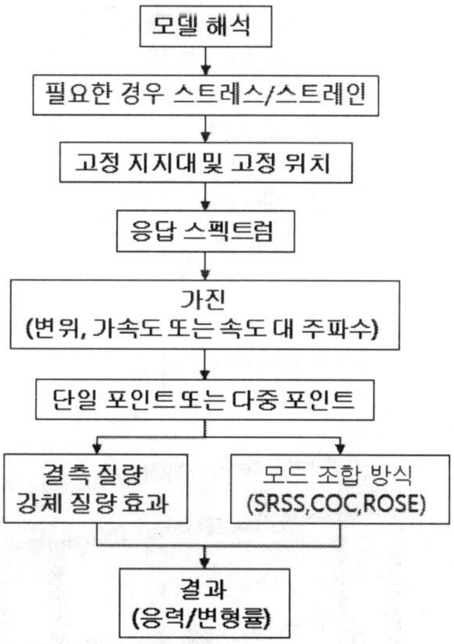

예제 5.7 스펙트럼 분석 (모델: building-2층)

다음과 같이 철골구조물에 지진이 작용할 때 구조물의 최대 변위와 각층의 가속도를 구하시오. Single point response spectrum을 사용하며 지진하중의 방향은 구조물의 폭이 짧은 쪽으로 해석한다.

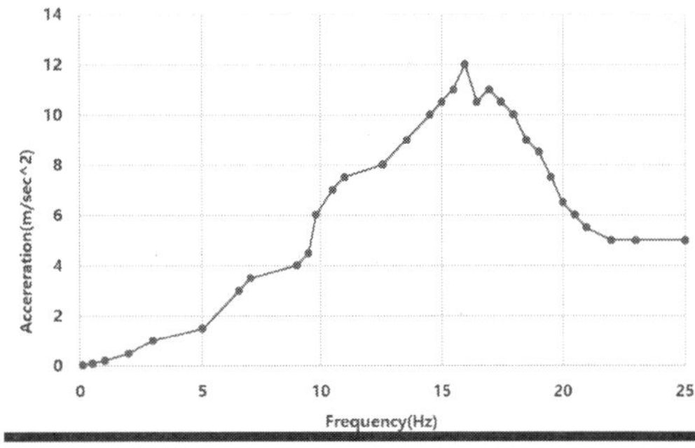

(1) Workbench 메뉴에서 Response Spectrum을 Drag 하여 Modal 에 올려놓아 Response Spectrum 을 불러온다.

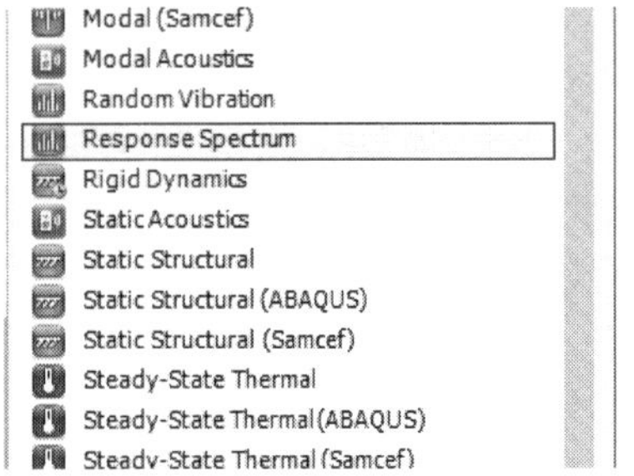

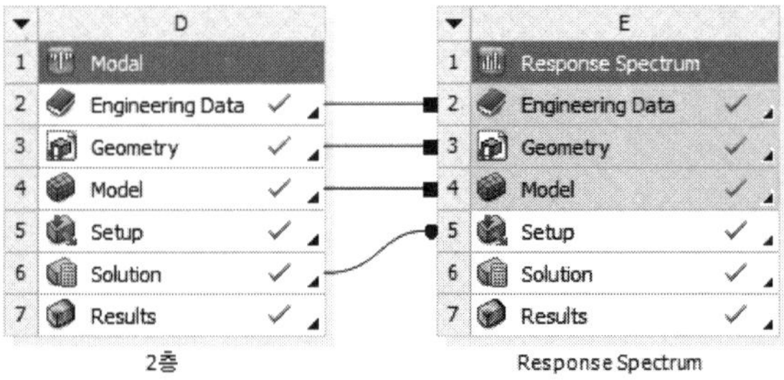

(2) Setup을 클릭하여 Response Spectrum로 진입한다.
2층 건물에 point mass를 설정한다. Modal 해석을 실행한다.

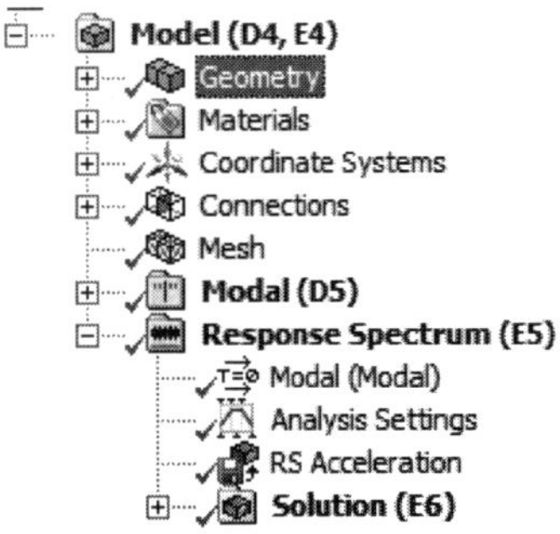

(3) Response Spectrum의 Analysis를 설정한다.
Spectrum Type은 Single Point를 사용하고 Combination Type은 SRSS로 한다.
Calculation Velocity와 Calculation을 Yes로 한다.

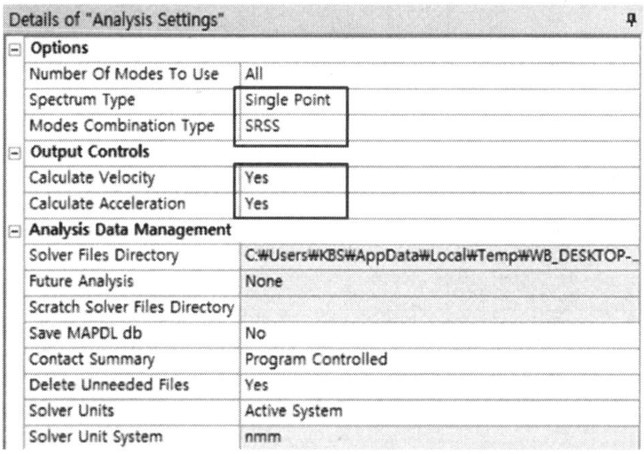

(4) Response Spectrum을 설정하고 데이터를 입력한다.
① RS Acceleration을 클릭한다.
② Tabular data를 선택하고 엑셀 데이터를 복사하여 Table에 붙여넣기를 한다.
③ 지진의 진행 방향을 설정한다.

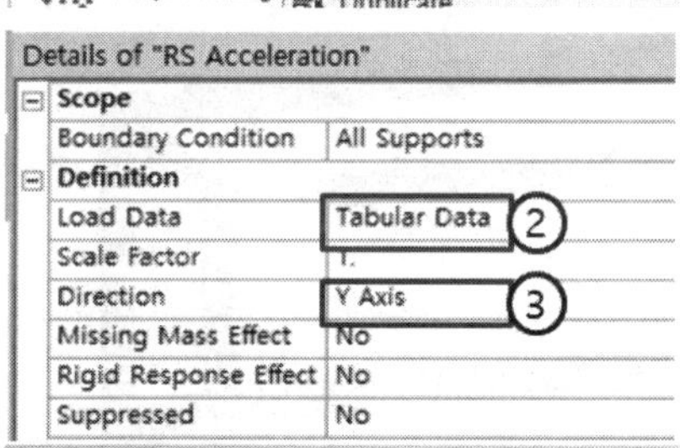

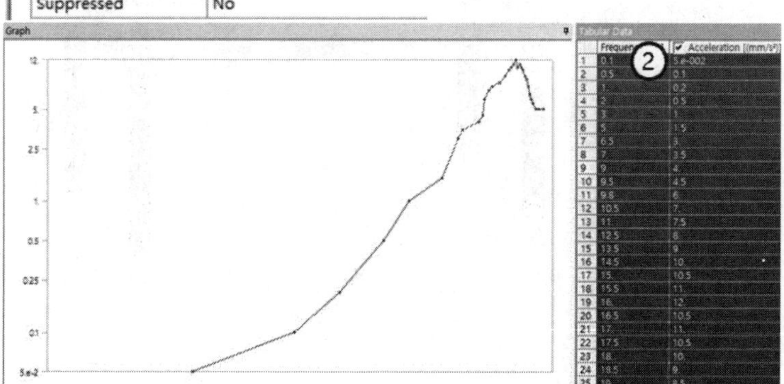

※ 스펙트럼 데이터

Frequency	m/sec^2	Frequency	m/sec^2
0.1	0.05	15	10.5
0.5	0.1	15.5	11

1	0.2	16	12
2	0.5	16.5	10.5
3	1	17	11
5	1.5	17.5	10.5
6.5	3	18	10
7	3.5	18.5	9
9	4	19	8.5
9.5	4.5	19.5	7.5
9.8	6	20	6.5
10.5	7	20.5	6
11	7.5	21	5.5
6.5	8	22	5
13.5	9	23	5
14.5	10	25	5

(5) 해석을 실행한다.

(6) 해석결과를 검토한다.

① Total deformation

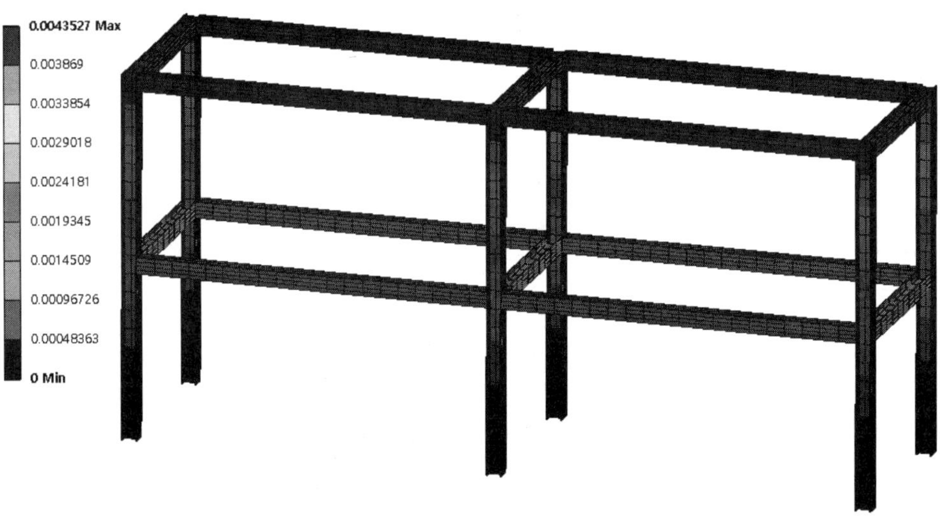

② Equivalent stress

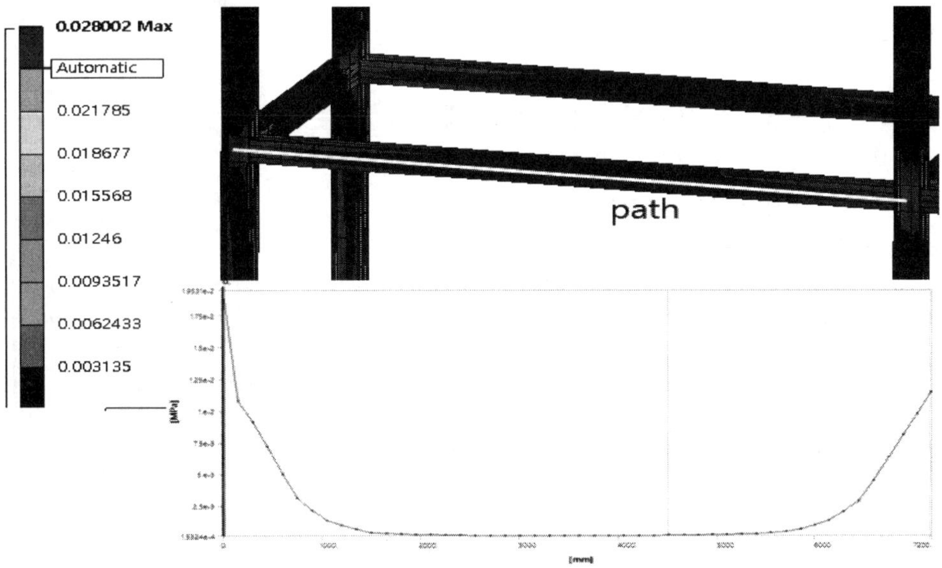

③ Directional acceleration(x축) (단위 m/sec^2)

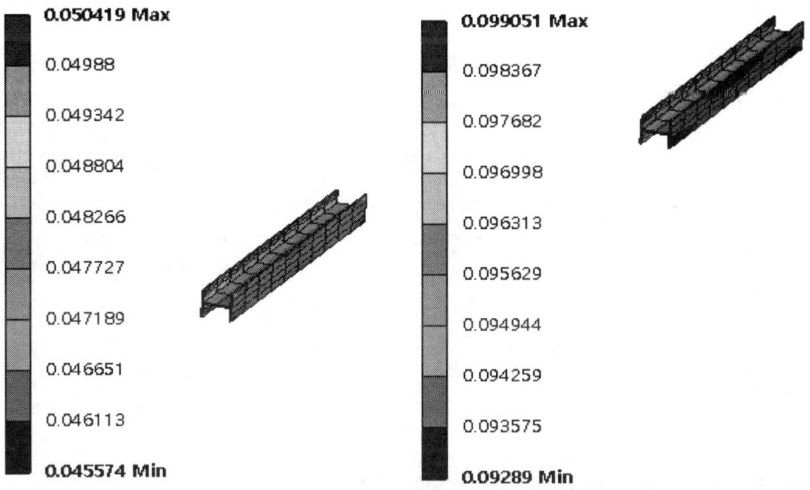

예제 5.8 스펙트럼 분석 (모델 : building-8층)

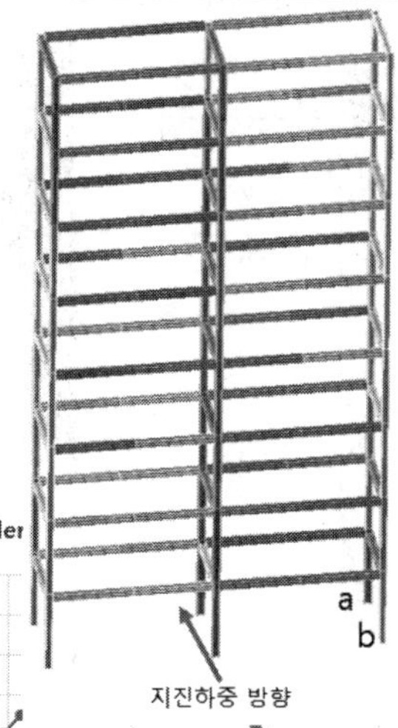

다음과 같이 철골구조물에 지진이 작용할 때
구조물의 최대 변위와 각층의 가속도를 구하시오.
Multi point response spectrum을 사용한다.
a,b 지점에는 acceleration(2)가 작용한다.
지진하중의 방향은 구조물의 폭이 긴 쪽으로 해석한다.

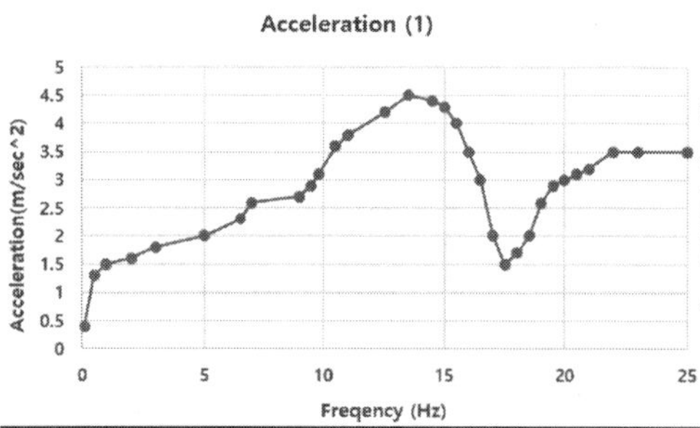

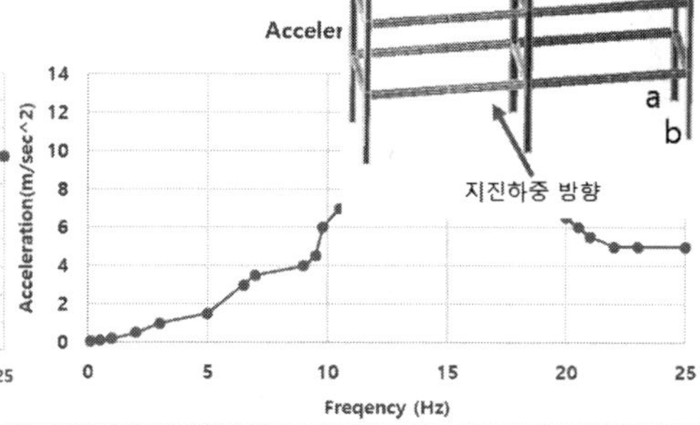

(1) Workbench 메뉴에서 Response Spectrum을 Drag 하여 Modal 에 올려놓아 Response Spectrum 을 불러온다.

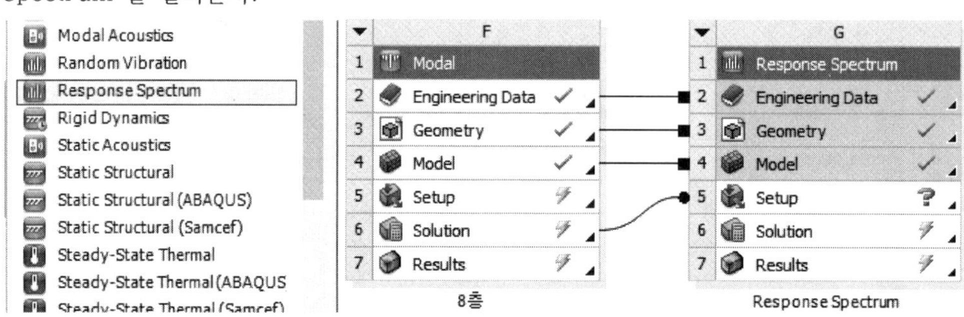

(2) Setup을 클릭하여 Response Spectrum로 진입한다.
8층 건물에 각 층마다 point mass를 설정한다. 건물 한 개 층의 무게는 41400 kg으로 설정한다.

(3) 경계조건 설정

스펙트럼 데이터 입력을 위하여 a, b 지점을 Fixed support 2로 설정하고, 나머지 4개는 Fixed support1 설정한다.

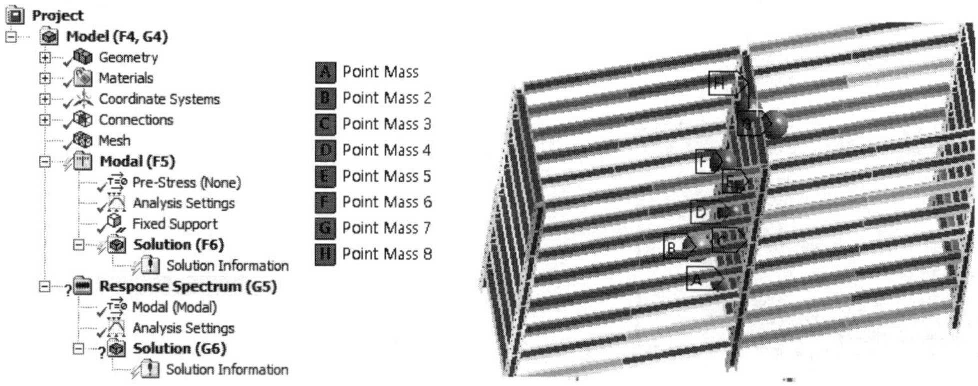

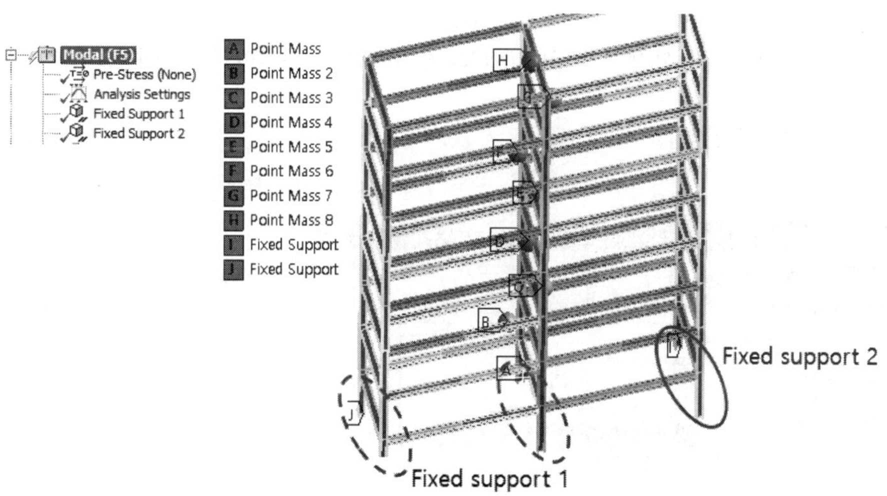

(4) Response Spectrum의 Analysis를 설정한다.
Spectrum Type은 Single Point를 사용하고 Combination Type은 SRSS로 한다.
Calculation Velocity와 Calculation을 Yes로 한다.

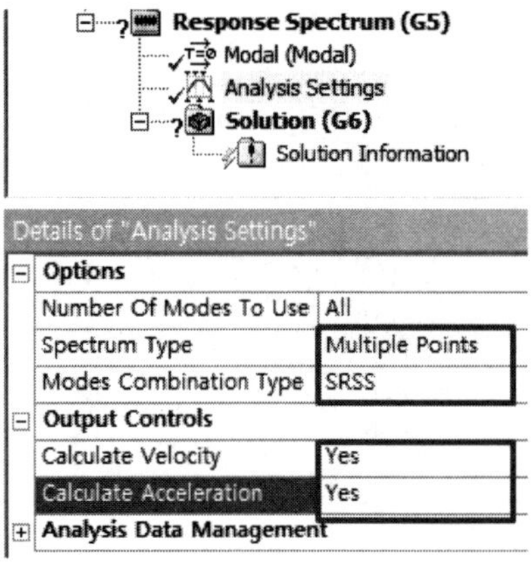

(5) Response Spectrum을 설정하고 데이터를 입력한다.
① RS Acceleration을 클릭하여 RS Acceleration을 생성한다.
② Tabular data를 선택하고 엑셀 데이터(Acceleration1)를 복사하여 Table에 붙여넣기를 한다.
③ 지진의 진행 방향을 설정한다.

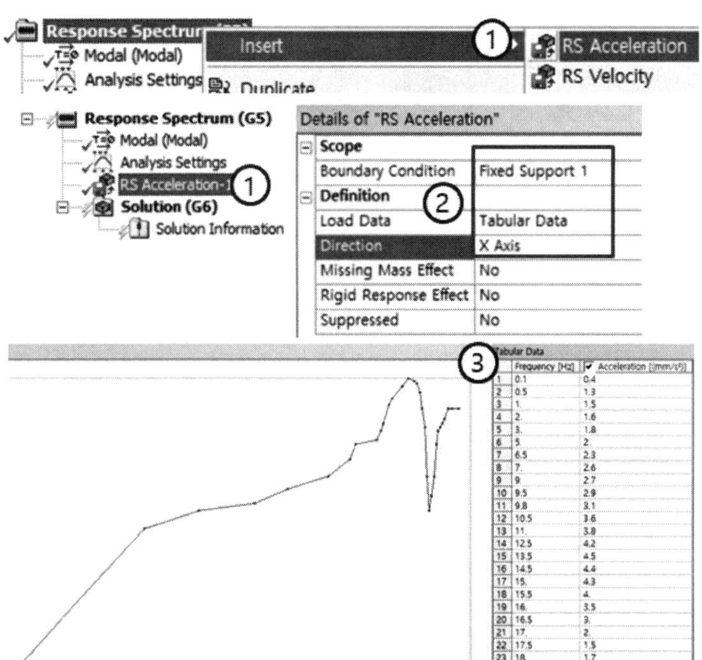

※ 스펙트럼 데이터 (Acceleration1)

Frequency	m/sec^2	Frequency	m/sec^2
0.1	0.4	15	4.3
0.5	1.3	15.5	4
1	1.5	16	3.5
2	1.6	16.5	3
3	1.8	17	2
5	2	17.5	1.5
6.5	2.3	18	1.7
7	2.6	18.5	2
9	2.7	19	2.6
9.5	2.9	19.5	2.9
9.8	3.1	20	3
10.5	3.6	20.5	3.1
11	3.8	21	3.2
12.5	4.2	22	3.5
13.5	4.5	23	3.5
14.5	4.4	25	3.5

④ RS Acceleration을 클릭하여 RS Acceleration2-을 생성한다.
⑤ 지진하중을 적용할 Fixed support2를 선택하고 지진의 진행 방향을 설정한다.
⑥ Tabular data를 선택하고 엑셀 데이터(Acceleration2)를 복사하여 Table에 붙여넣기를 한다.

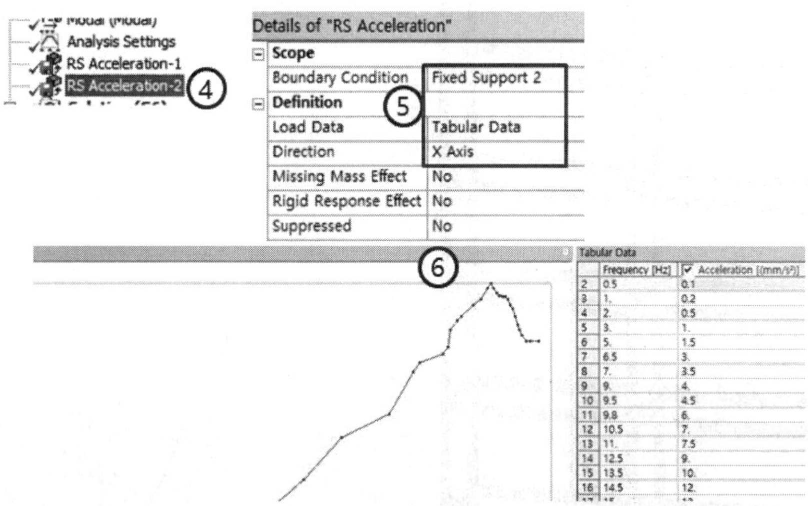

※ 스펙트럼 데이터 (Acceleration2)

Frequency	m/sec^2	Frequency	m/sec^2
0.1	0.05	15	13
0.5	0.1	15.5	12
1	0.2	16	11
2	0.5	16.5	10.5
3	1	17	10.4
5	1.5	17.5	10.3
6.5	3	18	10
7	3.5	18.5	9

9	4	19	8.5
9.5	4.5	19.5	7.5
9.8	6	20	6.5
10.5	7	20.5	6
11	7.5	21	5.5
12.5	9	22	5
13.5	10	23	5
14.5	12	25	5

(6) 해석을 실행한다.

(7) 해석결과를 검토한다.

① Total deformation

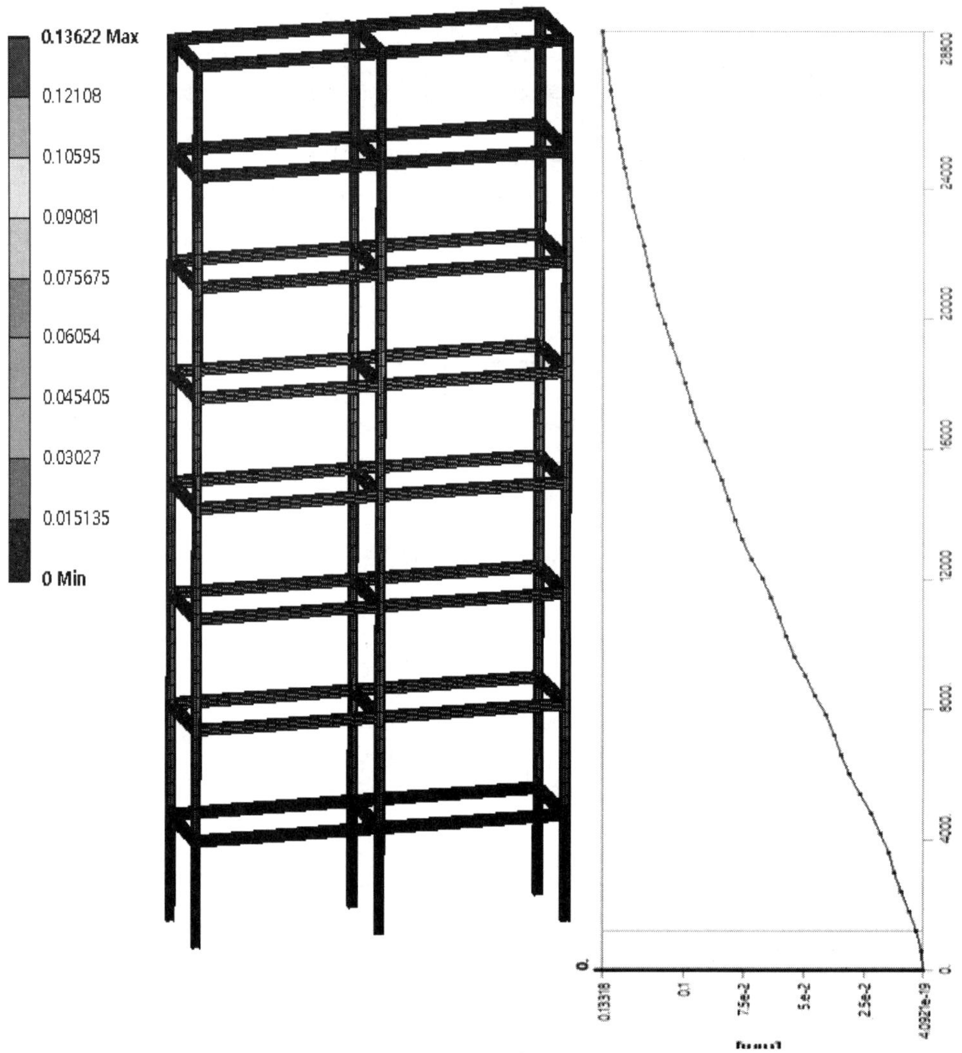

② Equivalent stress

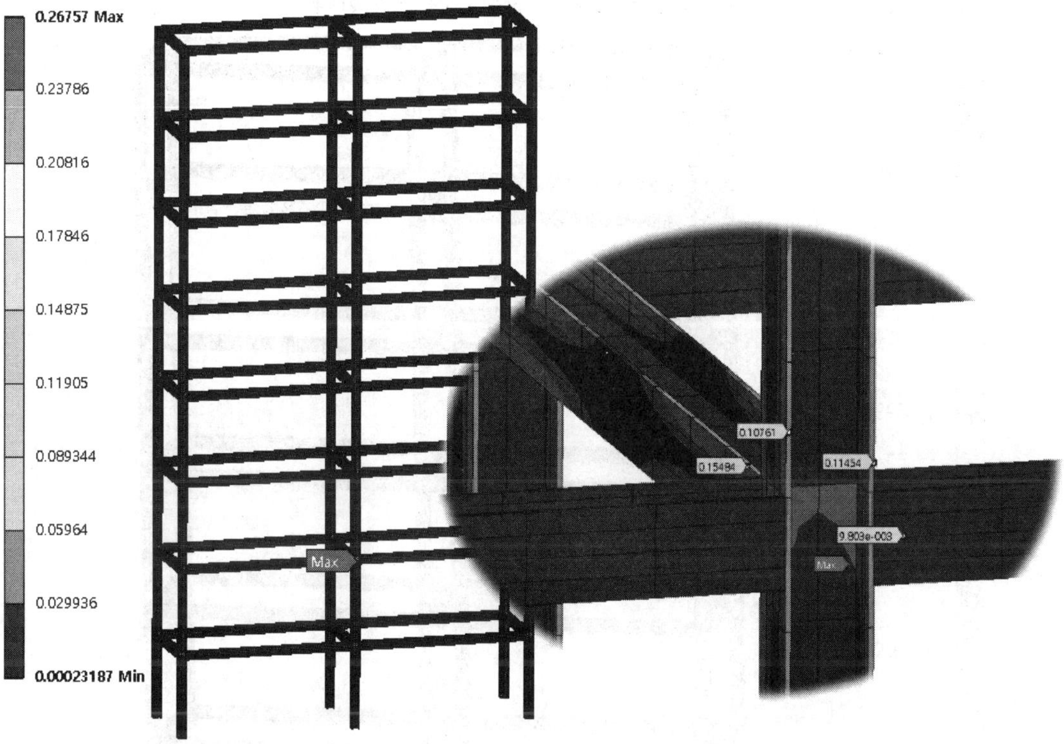

③ Directional acceleration(x축) (단위 m/sec^2)

1.4849 m/sec^2 은 0.15G의 가속도가 최상층에 발생한다.

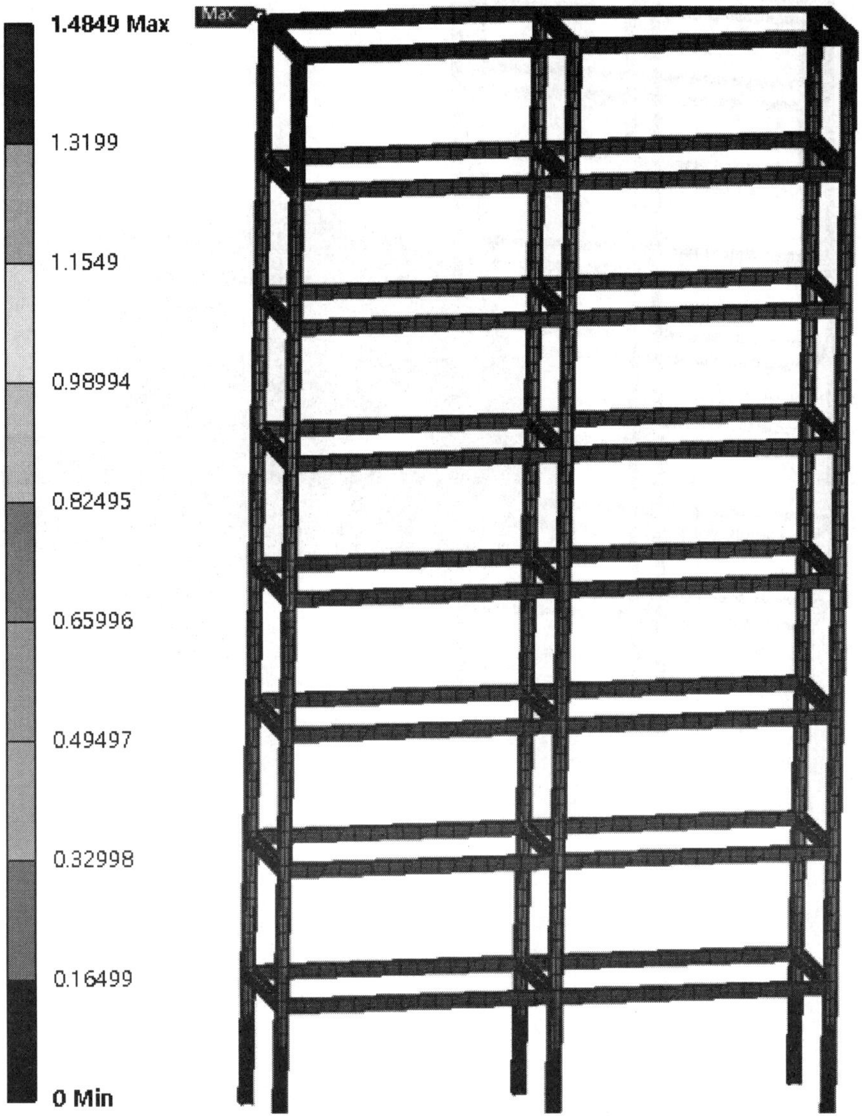

6 동력학 해석 (I)

1. Rigid Dynamic

ANSYS Rigid Dynamics 솔버를 사용하여 기계 응용 프로그램에서 강체 역학 해석을 수행할 수 있다. 이 유형의 분석은 조인트와 스프링으로 연결된 강체 어셈블리의 동적 응답을 결정하는 데 사용한다. 이러한 유형의 분석을 사용하여 예를 들어 로봇 팔이나 크랭크 샤프트 시스템의 운동학을 연구할 수 있다.

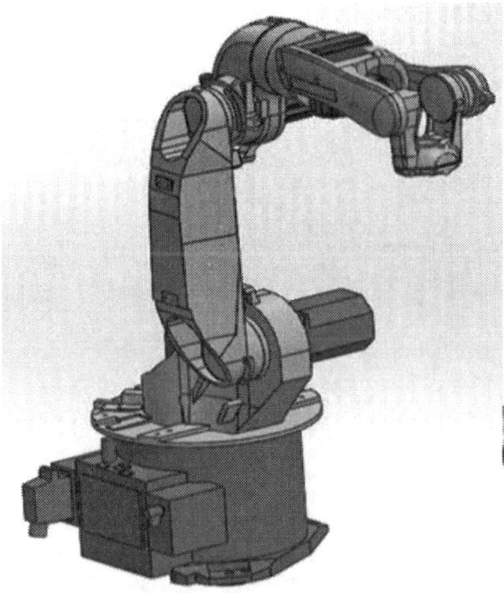

(1) 핵심 항목

① 입력 및 출력은 관절력, 모멘트, 변위, 속도 및 가속도이다.

② 단단한 부품에서는 응력과 변형률 결과가 생성되지 않고 힘, 모멘트, 변위, 속도 및 가속만 생성된다.

③ 솔버는 시간 단계를 자동으로 조정하도록 조정된다. 수동으로 수행하는 것은 종종 비효율적이며 실행 시간이 길어진다.

예제 6.1 크랭크-레버 운동 (4ea-link) [3)]

그림과 같은 크랭크 슬라이더의 거동을 해석하시오.

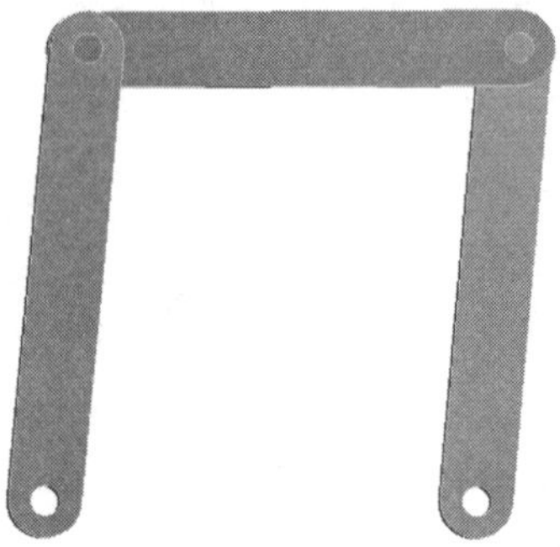

크랭크의 절점에 10 Nmm의 모멘트가 작용한다.

(1) 해석대상을 분석하고 자유물체도를 작성한다.

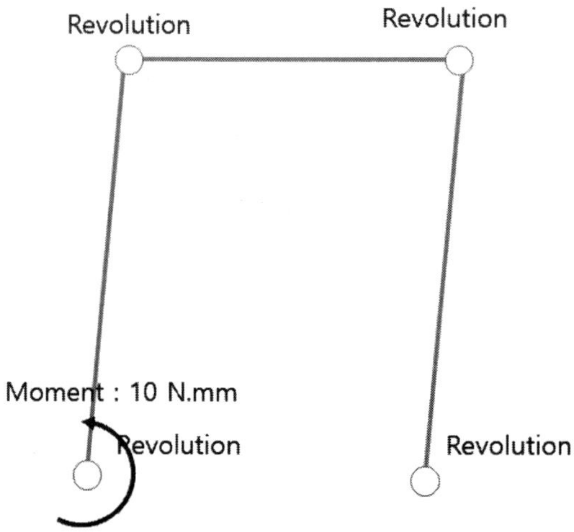

(2) 해석 시스템을 생성한다.(Rigid Dynamic)

① Project Schematic에 Static Structural 시스템 추가한다. (더블클릭 또는 드래그 함)

② Project 이름을 변경한다.

3) www.youtube.com/watch?v=Dyo6RP3-AW0&list=PLKJp8cZQtryKc6ldCWRMjHnladA--o-6C

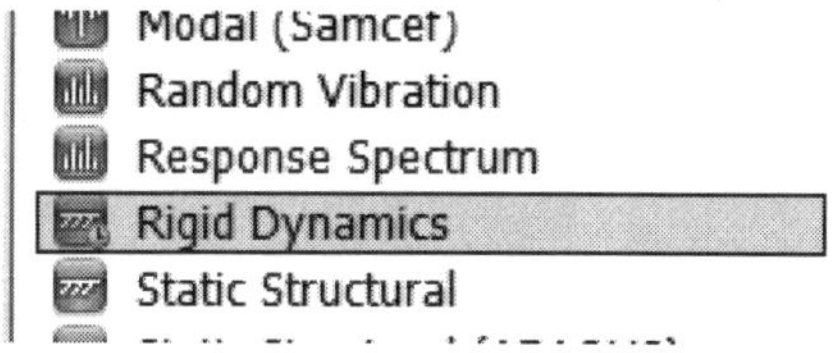

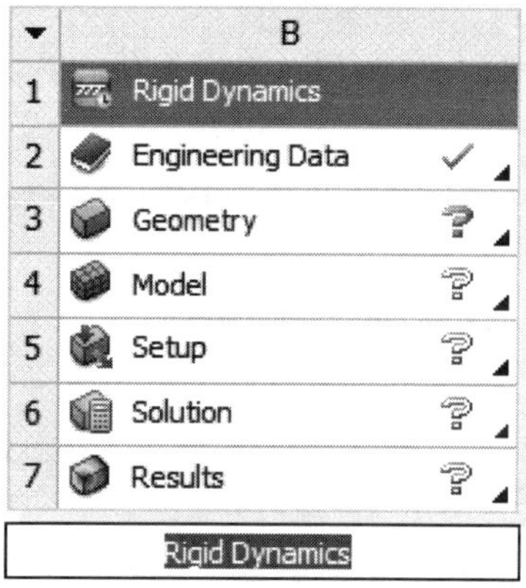

(3) 해석 모델을 불러들이거나 모델링을 수행한다. (Geometry)

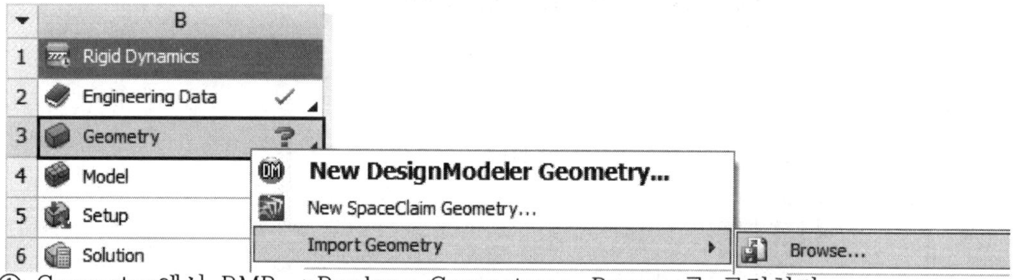

① Geometry에서 RMB >Replace Geometry > Browse를 클릭한다.

② 탐색기에서 이미 만들어진 CAD 데이터를 선택한다.

③ Geometry에서 RMB > Update를 수행한다.

원형모델

(5) 해석 도구를 불러온다. (Model)

① Project Schematic의 Static Structural에서 Model을 더블클릭하거나 Update를 수행하여 한다.

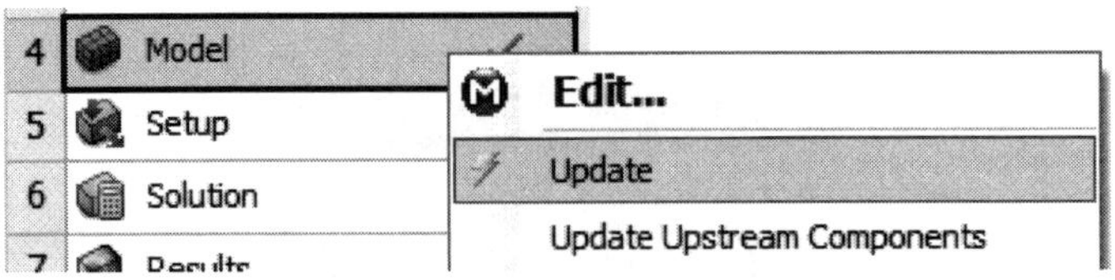

(6) Geometry에서 자제의 이름을 변경하고, 속성을 확인 한다.

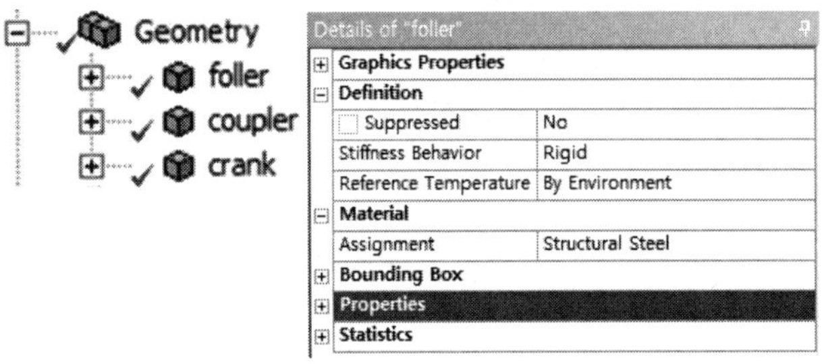

(7) Connections를 설정한다.

① 자동으로 설정된 Connection은 삭제한다.

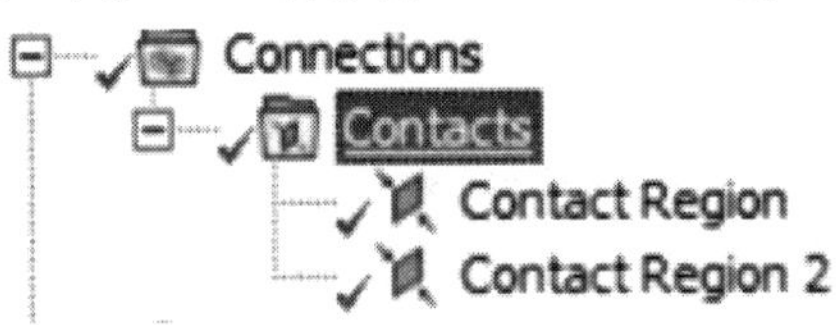

② Joint 명령어를 사용하여 4개의 Joint를 설정한ㄴ다.

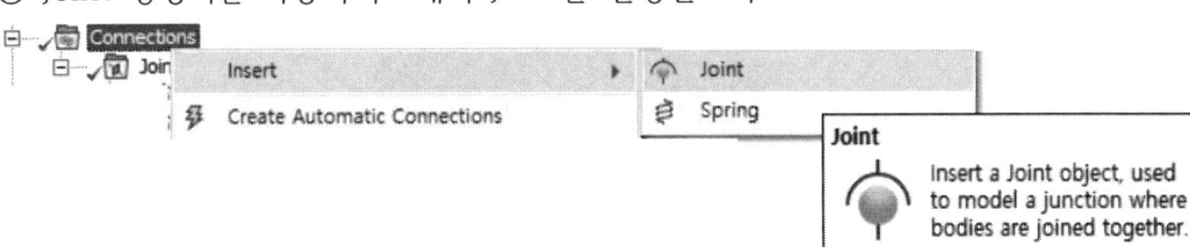

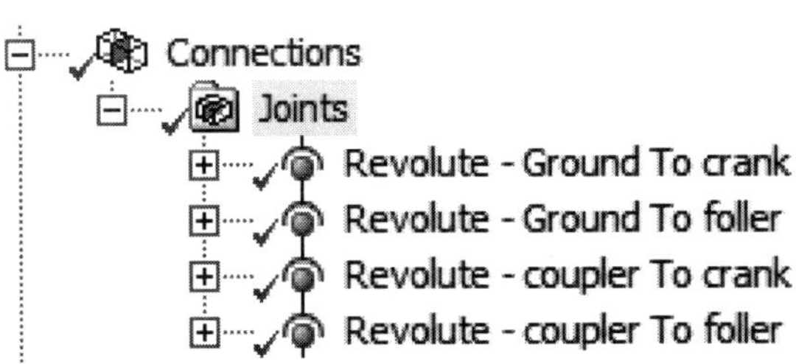

③ Joint를 설정할 때 Connections >Exploded > Slider를 사용하여 접촉면적을 쉽게 선택할 수 있다.

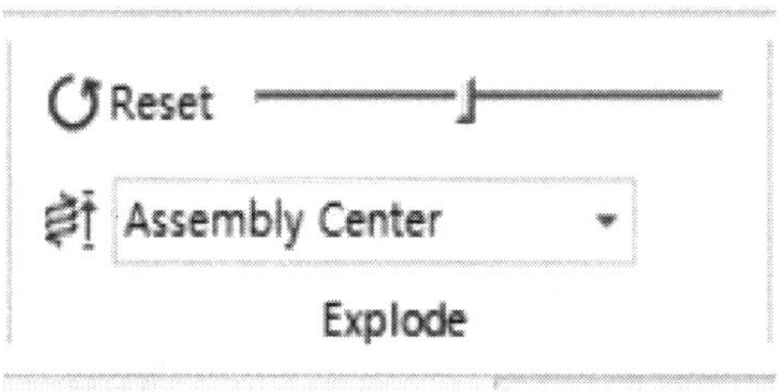

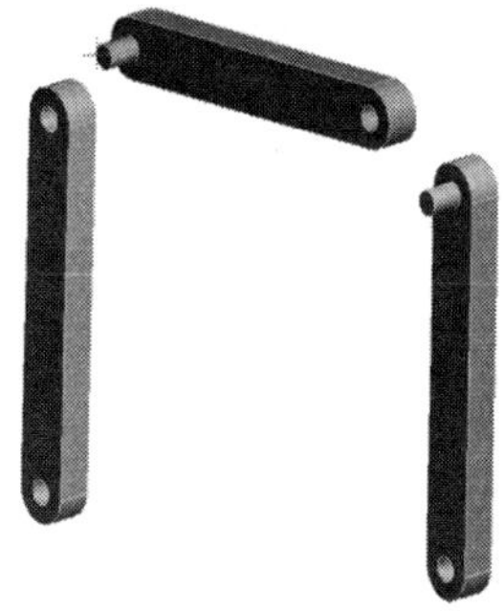

ⓐ Revolution-Ground To Crank

Revolute의 회전중심축은 Z축이므로 Z축을 회전 중심으로 맞춘다.

Details of "Revolute - coupler To crank"

Definition	
Connection Type	Body-Body
Type	Revolute
Torsional Stiffness	0. N·mm/°
Torsional Damping	0. N·mm·s/°
Suppressed	No
Friction Coefficient	0.
Inner Radius	0. mm
Outer Radius	0. mm
Effective Length	0. mm
Reference	
Scoping Method	Geometry Selection
Applied By	Remote Attachment
Scope	2 Faces
Body	coupler
Coordinate System	Reference Coordinate System
Behavior	Rigid
Pinball Region	All
Mobile	
Scoping Method	Geometry Selection
Applied By	Remote Attachment
Scope	2 Faces
Body	crank
Initial Position	Unchanged
Behavior	Rigid
Pinball Region	All

ⓑ Revolute-Ground to foller

Details of "Revolute - coupler To foller"

Definition	
Connection Type	Body-Body
Type	Revolute
Torsional Stiffness	0. N·mm/°
Torsional Damping	0. N·mm·s/°
Suppressed	No
Friction Coefficient	0.
Inner Radius	0. mm
Outer Radius	0. mm
Effective Length	0. mm
Reference	
Scoping Method	Geometry Selection
Applied By	Remote Attachment
Scope	2 Faces
Body	coupler
Coordinate System	Reference Coordinate System
Behavior	Rigid
Pinball Region	All
Mobile	
Scoping Method	Geometry Selection
Applied By	Remote Attachment
Scope	2 Faces
Body	foller
Initial Position	Unchanged

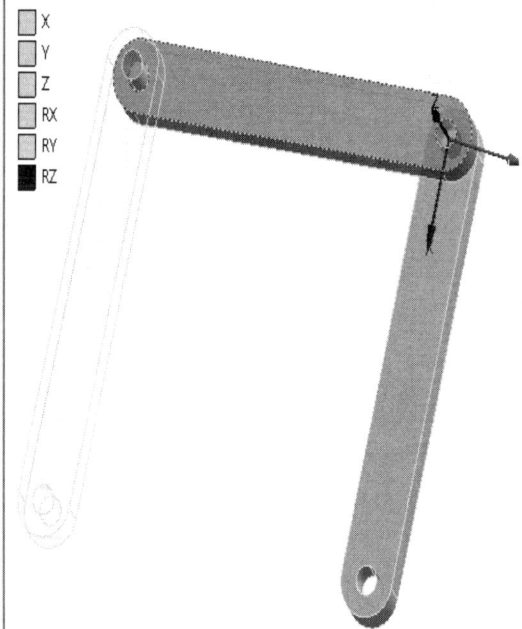

ⓒ Revolute-coupler to crank

Details of "Revolute - coupler To crank"

Definition	
Connection Type	Body-Body
Type	Revolute
Torsional Stiffness	0. N·mm/°
Torsional Damping	0. N·mm·s/°
Suppressed	No
Friction Coefficient	0.
Inner Radius	0. mm
Outer Radius	0. mm
Effective Length	0. mm
Reference	
Scoping Method	Geometry Selection
Applied By	Remote Attachment
Scope	2 Faces
Body	coupler
Coordinate System	Reference Coordinate System
Behavior	Rigid
Pinball Region	All
Mobile	
Scoping Method	Geometry Selection
Applied By	Remote Attachment
Scope	2 Faces
Body	crank
Initial Position	Unchanged
Behavior	Rigid
Pinball Region	All

ⓓ Revolute-coupler to foller

Details of "Revolute - coupler To foller"	
Definition	
Connection Type	Body-Body
Type	Revolute
Torsional Stiffness	0. N·mm/°
Torsional Damping	0. N·mm·s/°
Suppressed	No
Friction Coefficient	0.
Inner Radius	0. mm
Outer Radius	0. mm
Effective Length	0. mm
Reference	
Scoping Method	Geometry Selection
Applied By	Remote Attachment
Scope	2 Faces
Body	coupler
Coordinate System	Reference Coordinate System
Behavior	Rigid
Pinball Region	All
Mobile	
Scoping Method	Geometry Selection
Applied By	Remote Attachment
Scope	2 Faces
Body	foller
Initial Position	Unchanged

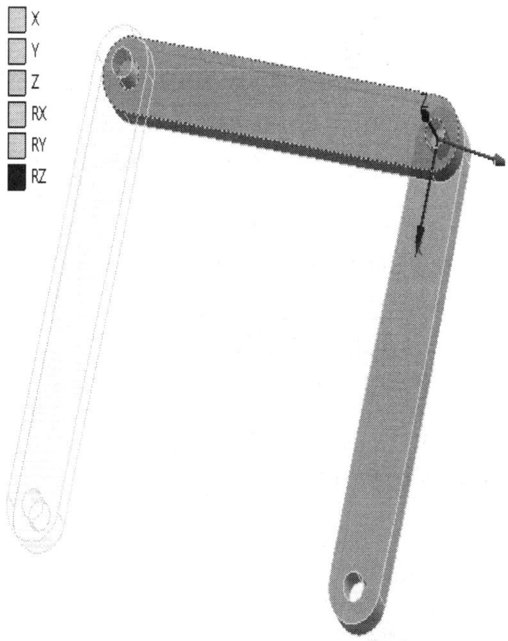

ⓔ Joint의 설정을 확인하기 위하여 Connection > Joints > Configure를 사용하여 설정을 확인한다.

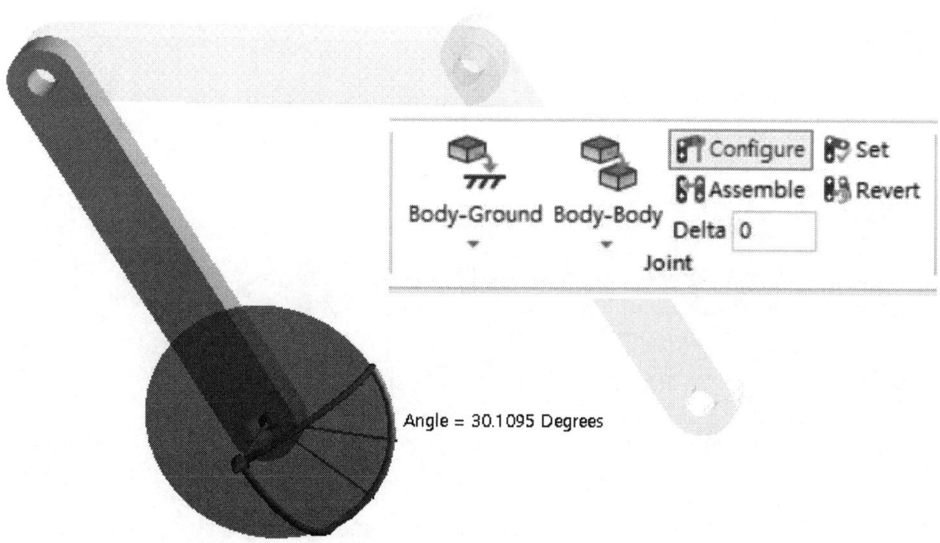

(8) Boundary Conditions 설정

① Revolute-Ground To crank를 Drag하여 Transient에 놓는다.

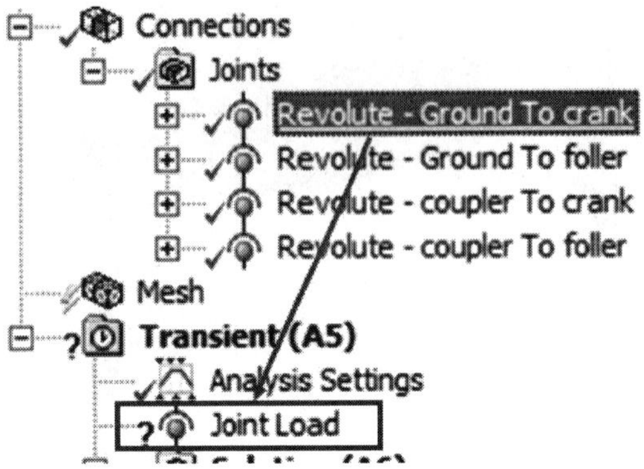

② Joint Load를 설정한다.

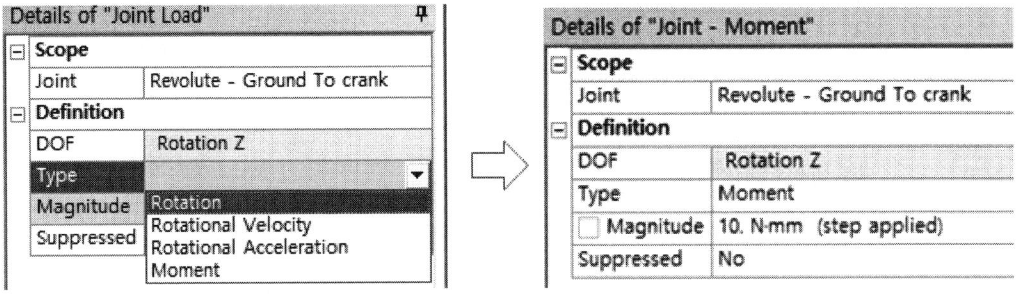

(9) 해석을 수행한다.

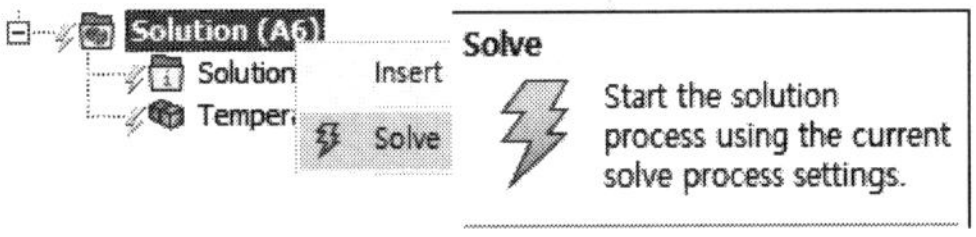

(6) 해석결과를 검토한다.

① Joint 4개를 Drag하여 Solution에 놓는다.

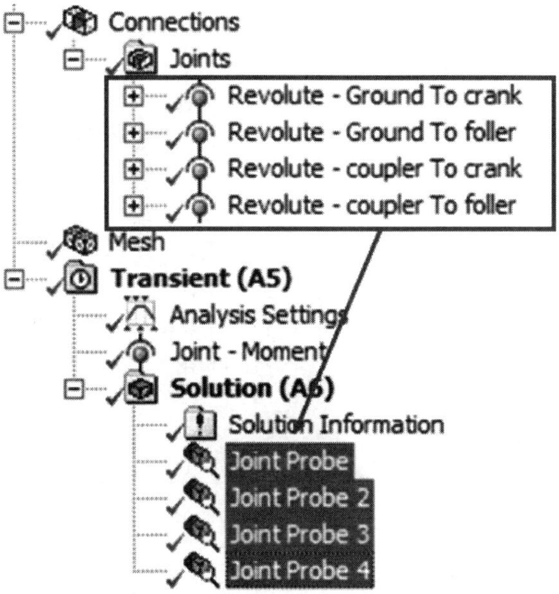

② 해석데이터를 가져온다.

RMB > Evaluation All Results

ⓐ Revolution-Ground To Crank

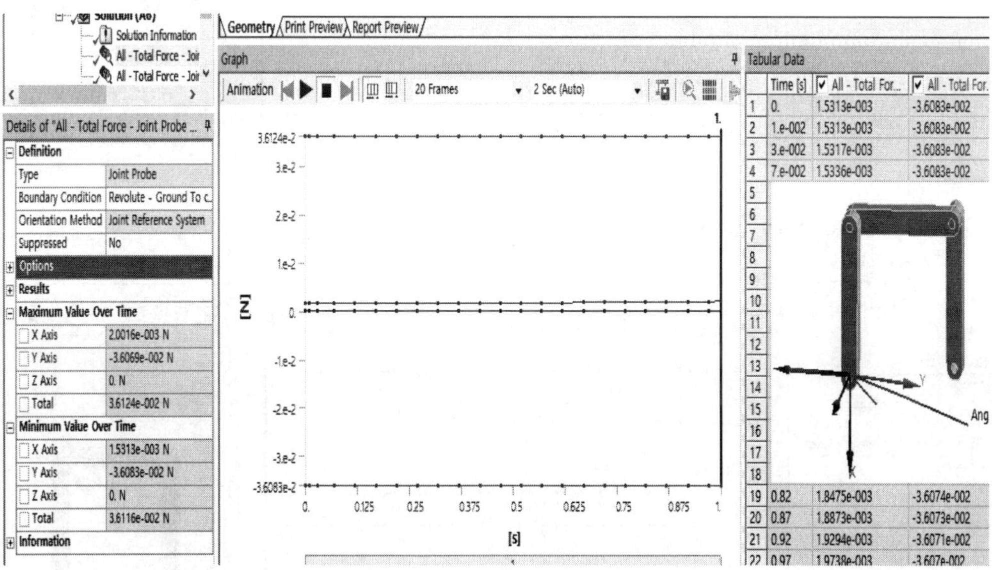

ⓑ Revolute-Ground to foller

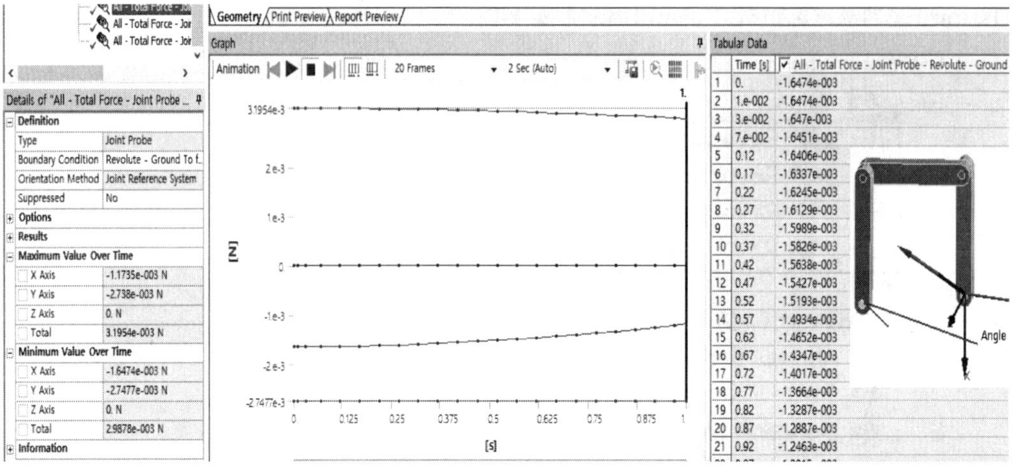

ⓒ Revolute-coupler to crank

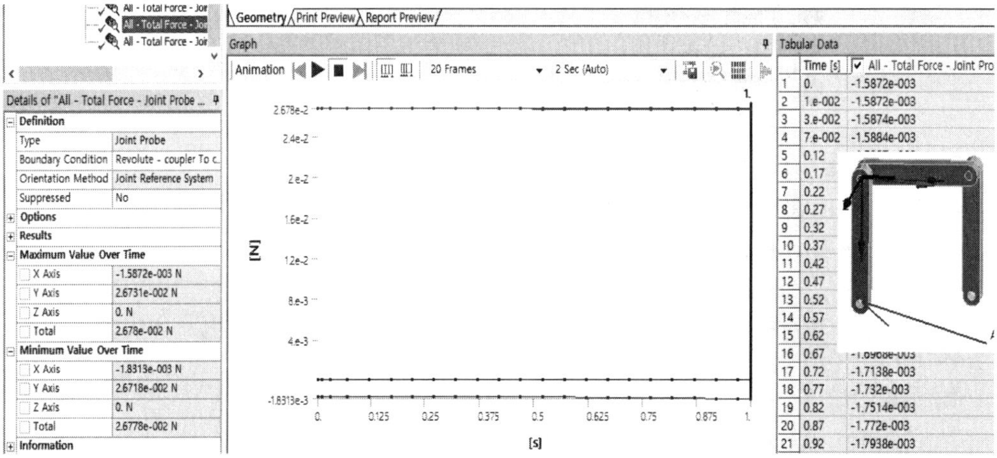

ⓓ Revolute-coupler to foller

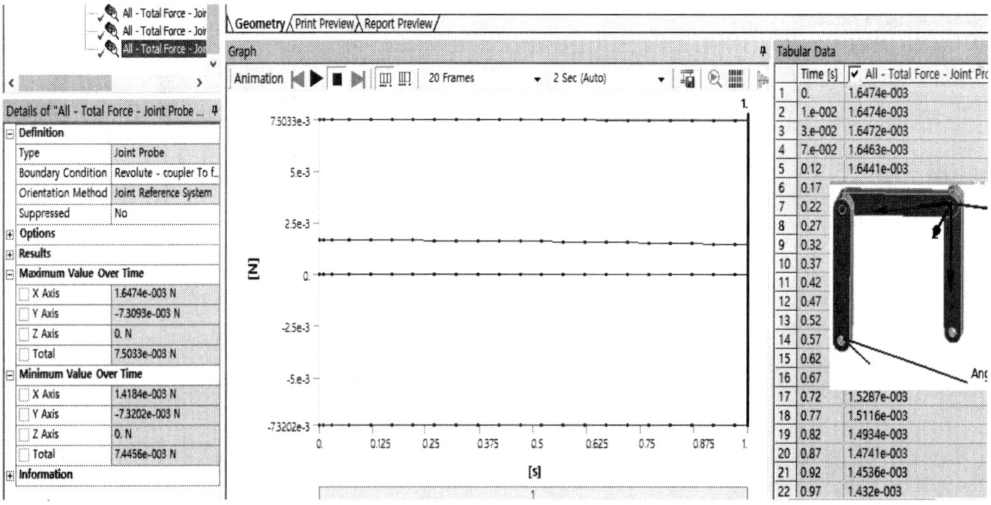

예제 6.2 크랭크-슬라이더 운동 (crank-slider) [4]

그림과 같은 크랭크 슬라이더의 거동을 해석하시오.

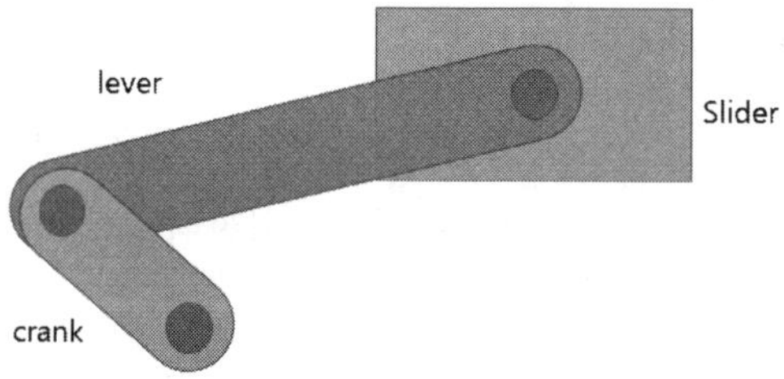

크랭크의 각속도는 3rad/s 이다.

(1) 해석대상을 분석하고 자유물체도를 작성한다.

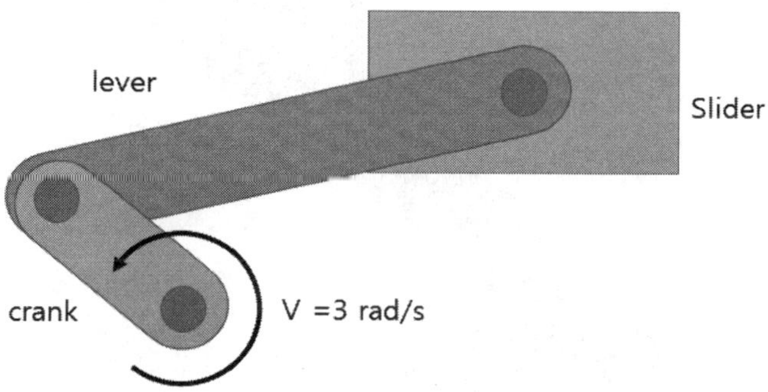

(2) 해석 시스템을 생성한다.(Rigid Dynamic)

① Project Schematic에 Static Structural 시스템 추가한다. (더블클릭 또는 드래그 함)

② Project 이름을 변경한다.

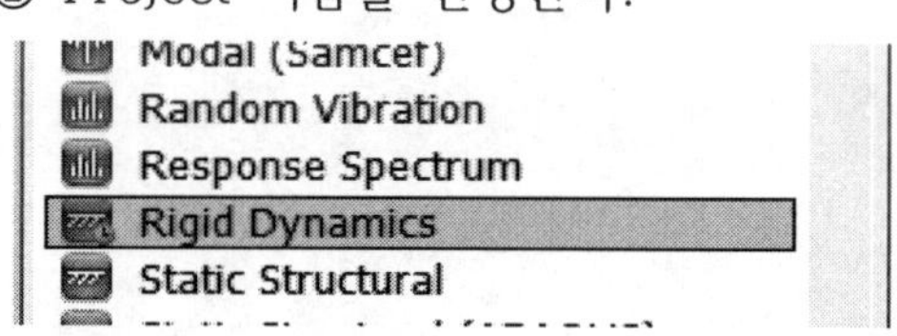

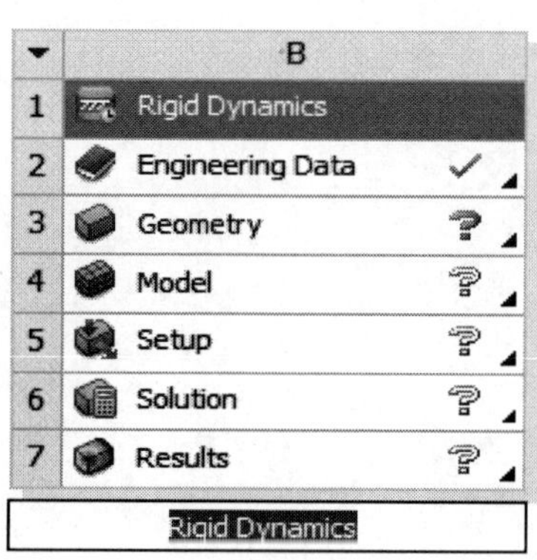

4) www.youtube.com/watch?v=Dyo6RP3-AW0&list=PLKJp8cZQtryKc6ldCWRMjHnladA--o-6C

(3) 해석 모델을 불러들이거나 모델링을 수행한다. (Geometry)

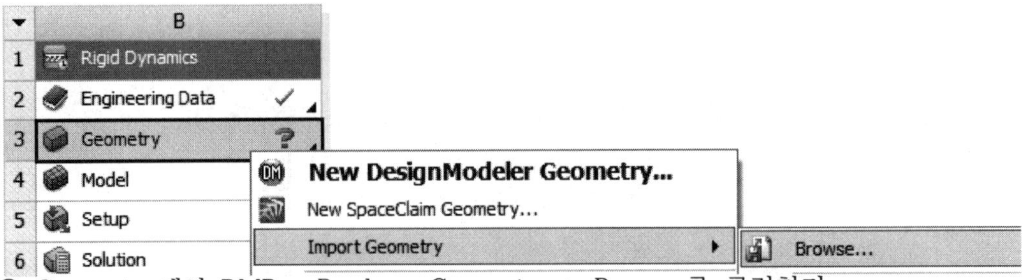

① Geometry에서 RMB >Replace Geometry > Browse를 클릭한다.

② 탐색기에서 이미 만들어진 CAD 데이터를 선택한다.

- Design Modeler의 파일 :

③ Geometry에서 RMB > Update를 수행한다.

원형모델

(4) 해석 도구를 불러온다. (Model)

① Project Schematic의 Static Structural에서 Model을 더블클릭하거나 Update를 수행하여 한다.

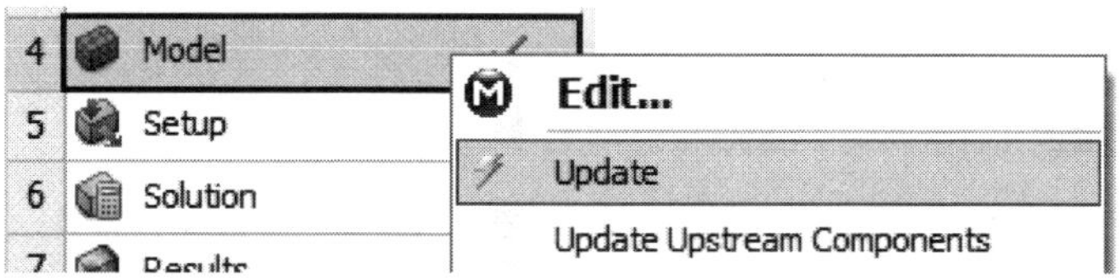

(5) Geometry에서 자제의 이름을 변경하고, 속성을 확인 한다.

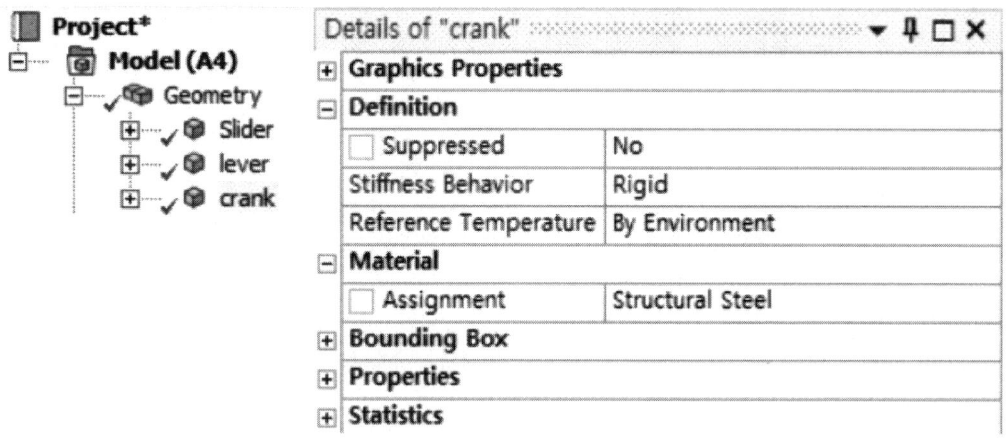

(6) Connections를 설정한다.

① 자동으로 설정된 Connection은 삭제한다.

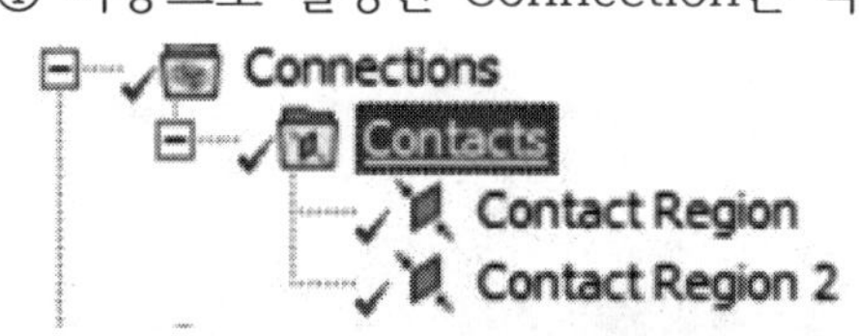

② Joint 명령어를 사용하여 4개의 Joint를 설정합니다.

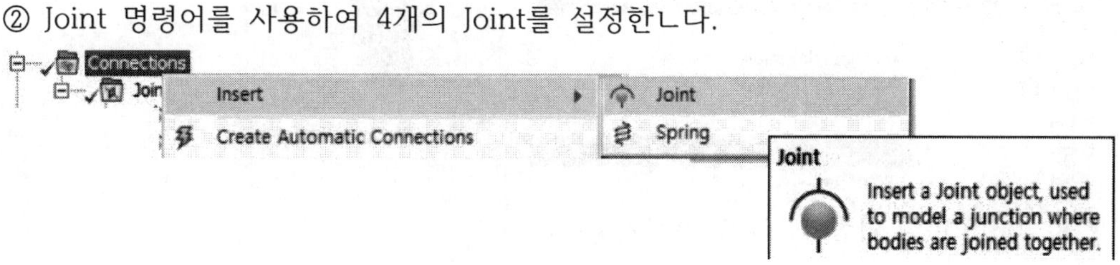

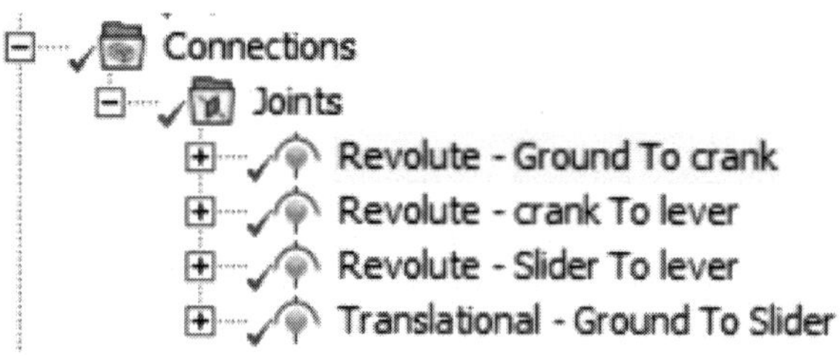

③ Joint를 설정할 때 Connections >Exploded > Slider를 사용하여 접촉면적을 쉽게 선택할 수 있다.

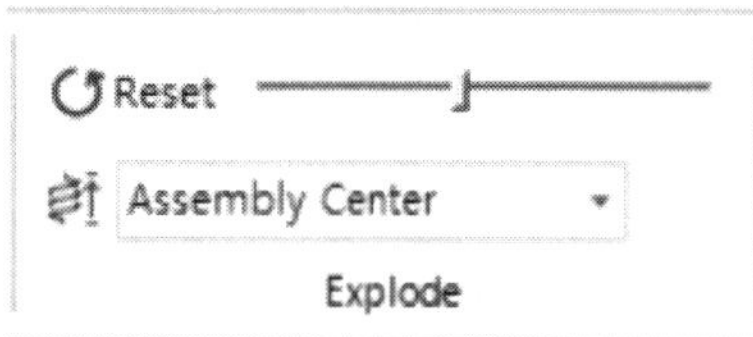

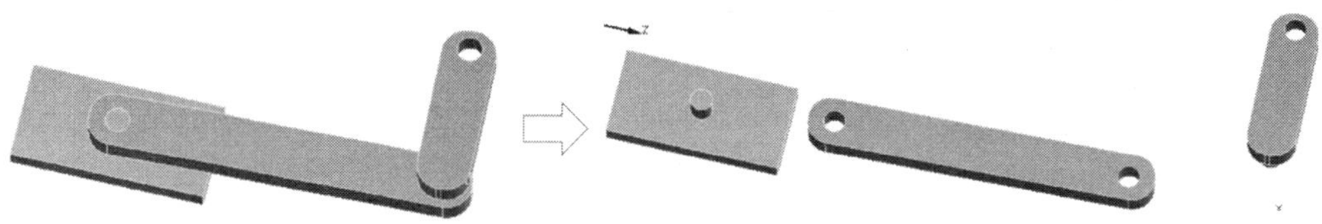

ⓐ Revolution-Ground To Crank

Revolute의 회전중심축은 Z축이므로 Z축을 회전 중심으로 맞춘다.

Details of "Revolute - Ground To crank"

Definition	
Connection Type	Body-Ground
Type	Revolute
Torsional Stiffness	0. N·mm/°
Torsional Damping	0. N·mm·s/°
Suppressed	No
Friction Coefficient	0.
Inner Radius	0. mm
Outer Radius	0. mm
Effective Length	0. mm
Joint Friction Type	Program Controlled
Reference	
Mobile	
Scoping Method	Geometry Selection
Applied By	Remote Attachment
Scope	2 Faces
Body	crank
Initial Position	Unchanged

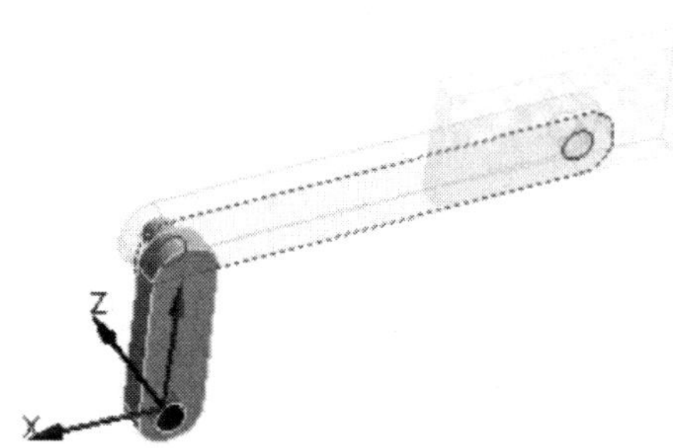

* Revolution의 회전축은 Z축이어야 한다.

ⓑ Revolute-crank to lever

Details of "Revolute - crank To lever"

Definition	
Connection Type	Body-Body
Type	Revolute
Torsional Stiffness	0. N·mm/°
Torsional Damping	0. N·mm·s/°
Suppressed	No
Friction Coefficient	0.
Inner Radius	0. mm
Outer Radius	0. mm
Effective Length	0. mm
Joint Friction Type	Program Controlled
Reference	
Mobile	
Scoping Method	Geometry Selection
Applied By	Remote Attachment
Scope	2 Faces
Body	lever
Initial Position	Unchanged

ⓒ Revolute-Slider to lever

Details of "Revolute - Slider To lever"

Definition	
Connection Type	Body-Body
Type	Revolute
Torsional Stiffness	0. N·mm/°
Torsional Damping	0. N·mm·s/°
Suppressed	No
Friction Coefficient	0.
Inner Radius	0. mm
Outer Radius	0. mm
Effective Length	0. mm
Joint Friction Type	Program Controlled
Reference	
Mobile	
Scoping Method	Geometry Selection
Applied By	Remote Attachment
Scope	2 Faces
Body	lever
Initial Position	Unchanged
Behavior	Rigid
Pinball Region	All

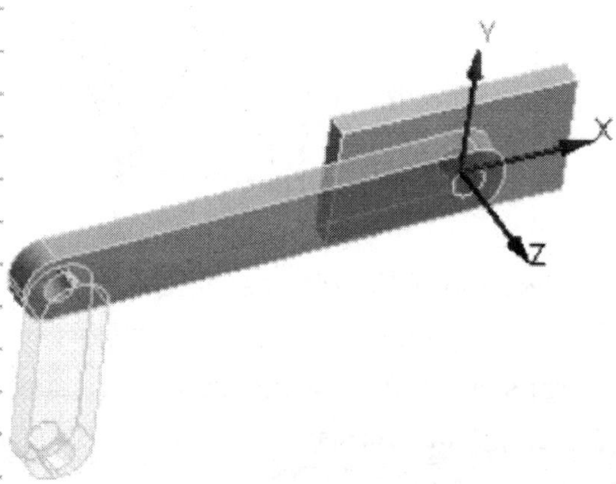

ⓓ Translation-Ground to slider

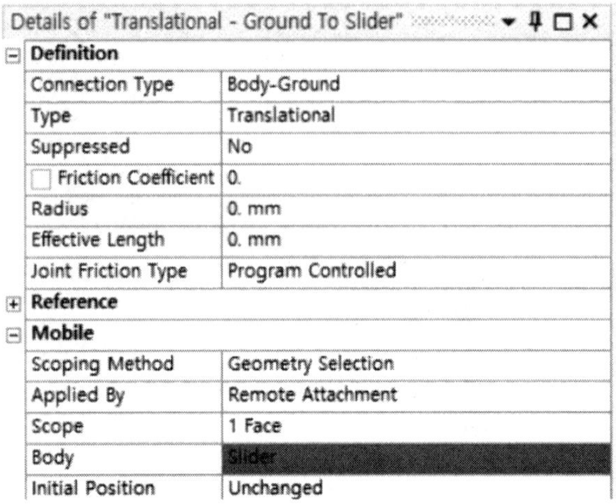

Details of "Translational - Ground To Slider"

Definition	
Connection Type	Body-Ground
Type	Translational
Suppressed	No
Friction Coefficient	0.
Radius	0. mm
Effective Length	0. mm
Joint Friction Type	Program Controlled
Reference	
Mobile	
Scoping Method	Geometry Selection
Applied By	Remote Attachment
Scope	1 Face
Body	Slider
Initial Position	Unchanged

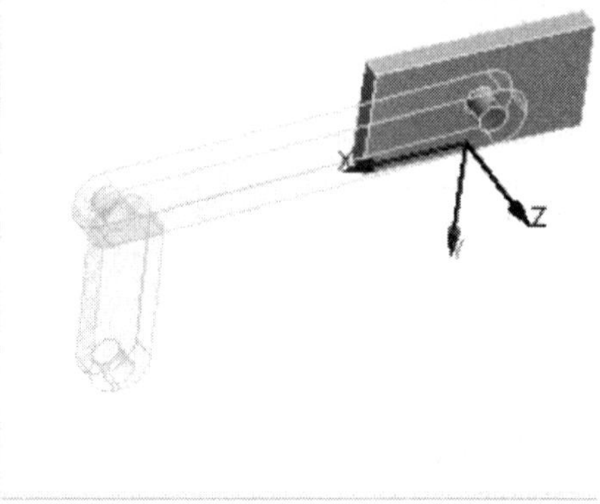

* Translation의 이동방향은 X축이어야 한다.

ⓔ Joint의 설정을 확인하기 위하여 Connnections > Joints > Configs를 사용하여 설정을 확인한다.

(8) Boundary Conditions 설정

① Joint-Rotational velocity 를 설정

Transient > RMB > Insert > Joint Load를 선택한다.

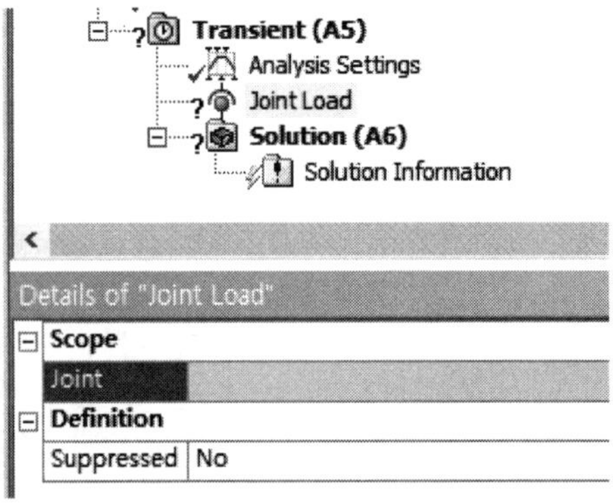

Joint에 대한 설정을 한다.

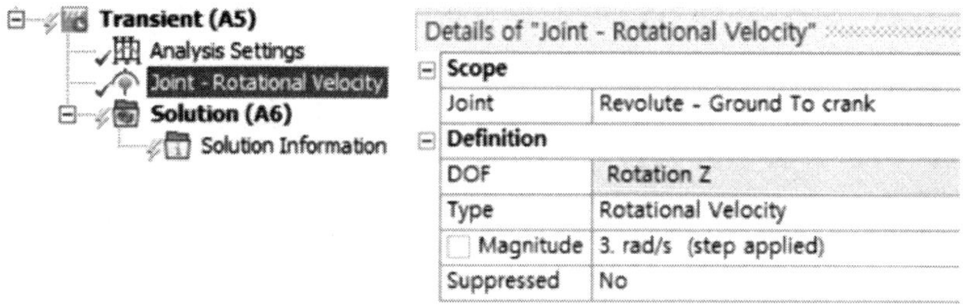

(9) 해석을 수행한다.

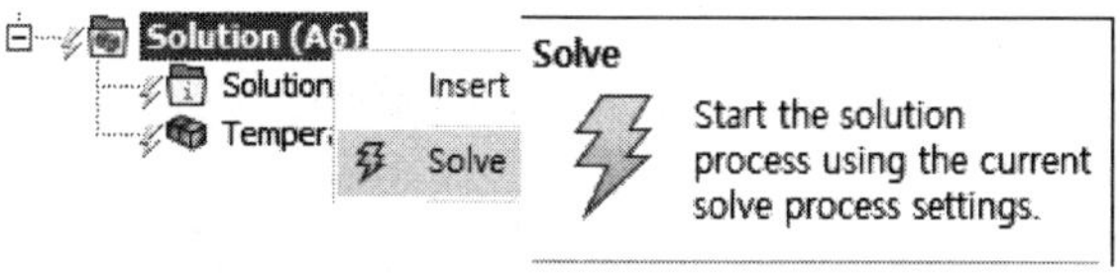

(10) 해석결과를 검토한다.

① Total deformation을 확인한다.

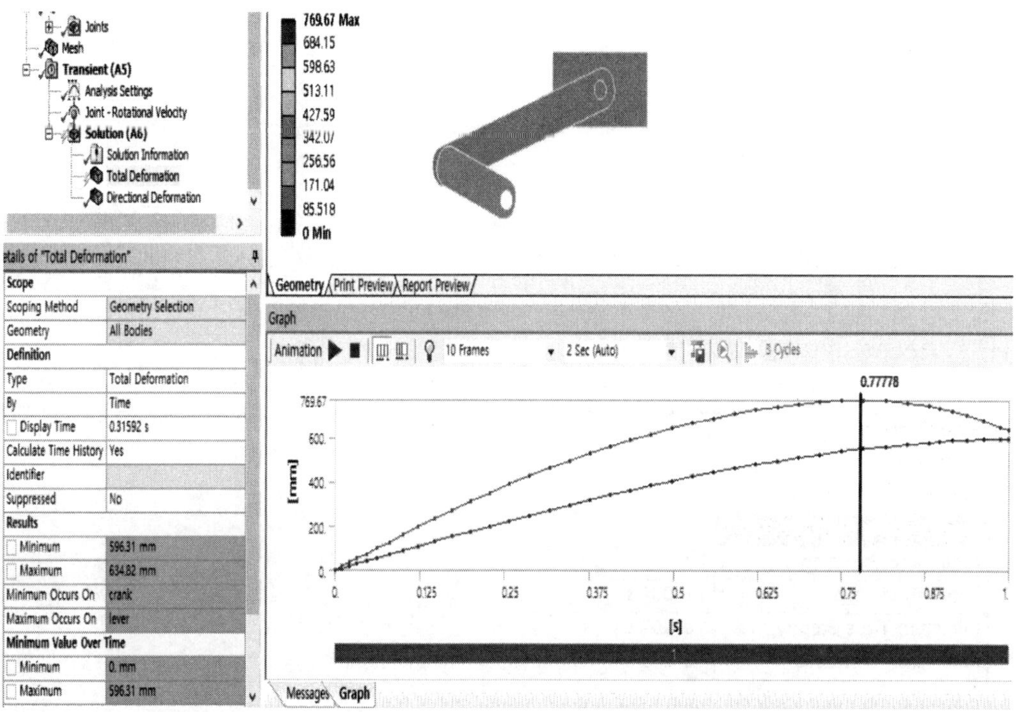

② Revolution-Ground to Crank에 작용하는 반력을 확인한다.

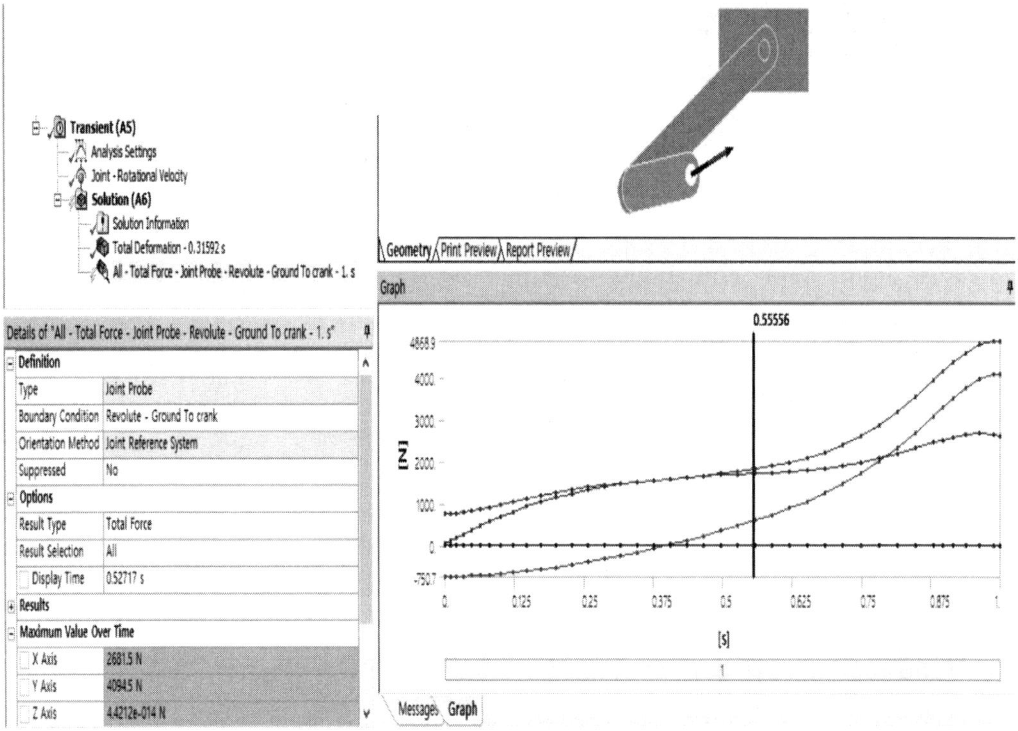

< 참고 >
crank의 해석 회전수를 증가시키는 방법.

(1) Analysis Setting 설정 변경

Details of "Analysis Settings"	
Step Controls	
Number Of Steps	1
Current Step Number	1
Step End Time	5. s
Auto Time Stepping	On
Initial Time Step	1.e-002 s
Minimum Time Step	1.e-007 s
Maximum Time Step	5.e-002 s

(2) 해석결과

① Total Deforamtion

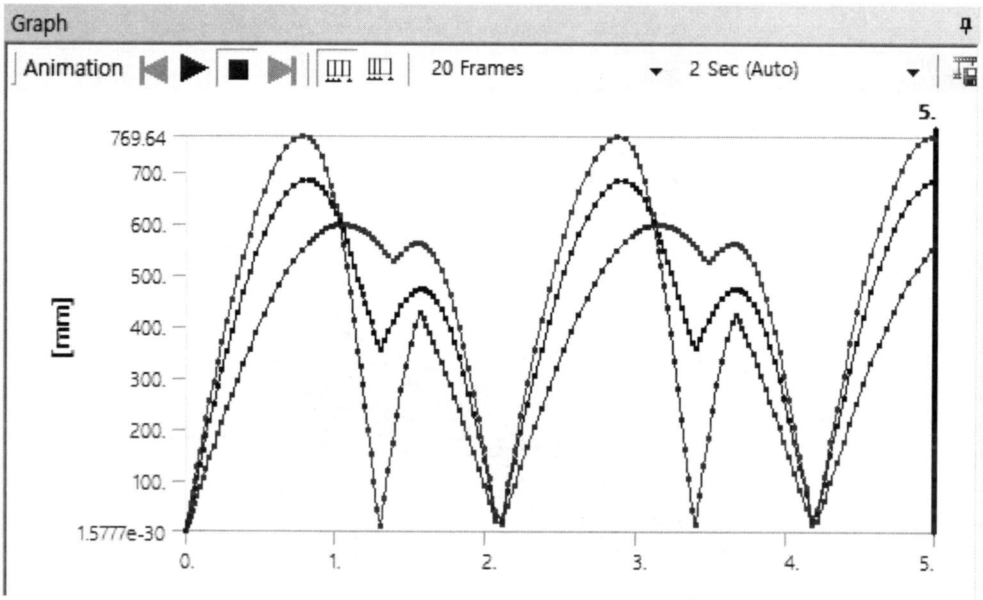

예제 6.3 Crank-cylinder (crank-cylinder) [5]

그림과 같은 4절 링크의 운동의 해석하시오.
Rod의 속도는 0.5mm/s 이며, 가속도는 386.09mm/s^2 가 작용한다.

(1) 해석대상을 분석하고 자유물체도를 작성한다.

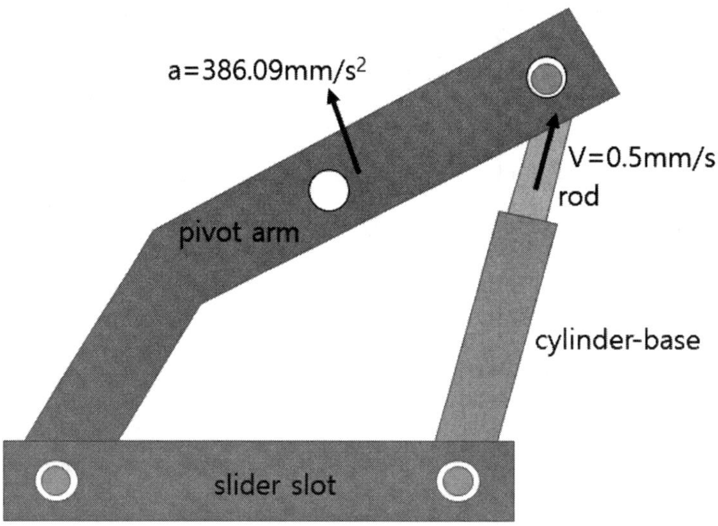

(2) 해석 시스템을 생성한다.(Rigid dynamic)

① Project Schematic에 Static Structural 시스템 추가한다. (더블클릭 또는 드래그 함)

② Project 이름을 변경한다.

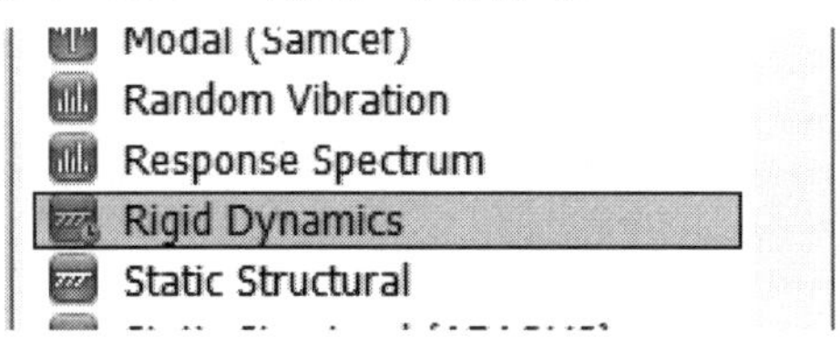

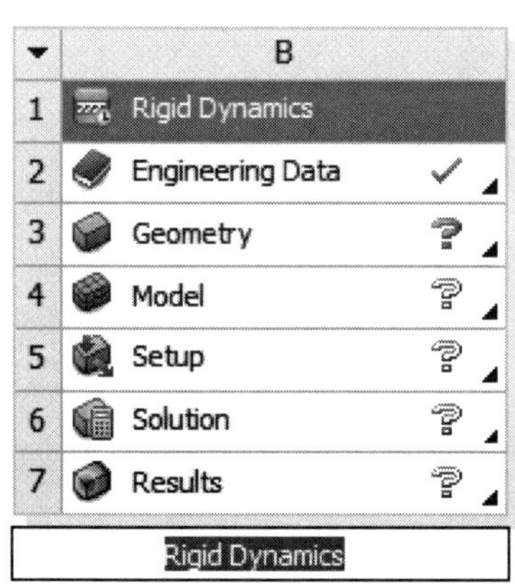

5) www.youtube.com/watch?v=mRGS5eC_8-Y

(3) 해석 모델을 불러들이거나 모델링을 수행한다. (Geometry)

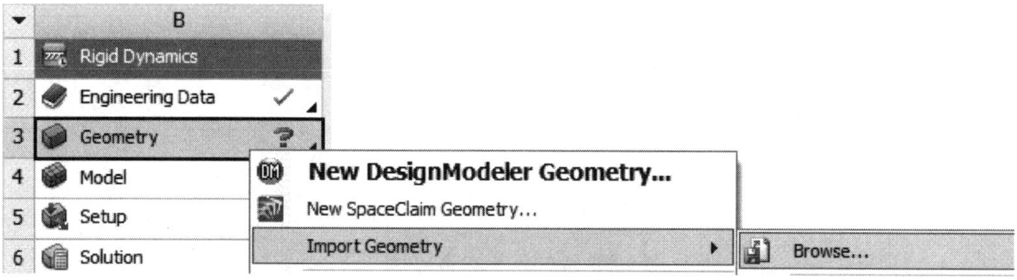

① Geometry에서 RMB >Replace Geometry > Browse를 클릭한다.

② 탐색기에서 이미 만들어진 CAD 데이터를 선택한다.

③ Geometry에서 RMB > Update를 수행한다.

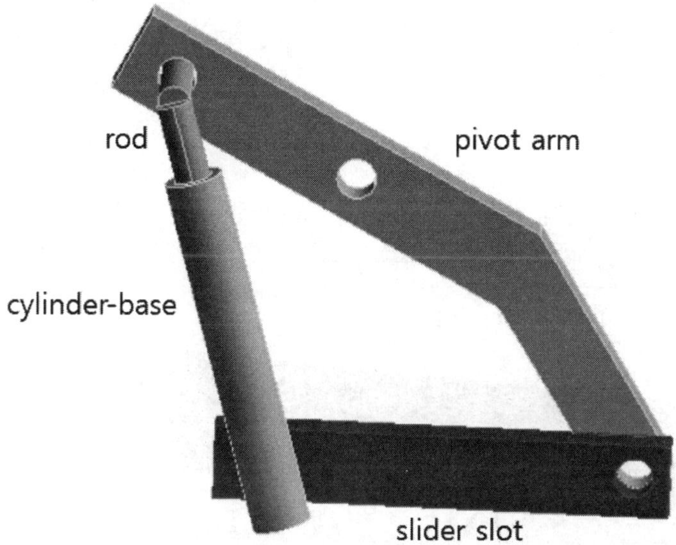

원형모델

(4) 해석 도구를 불러온다. (Model)

① Project Schematic의 Static Structural에서 Model을 더블클릭하거나 Update를 수행하여 한다.

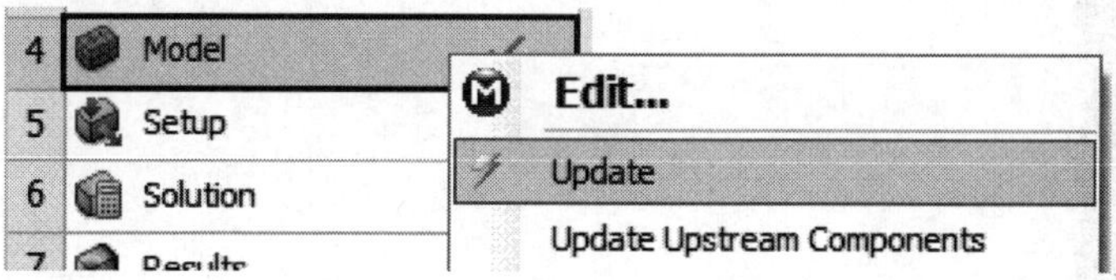

(6) Geometry에서 자제의 이름을 변경하고, 속성을 확인 한다.

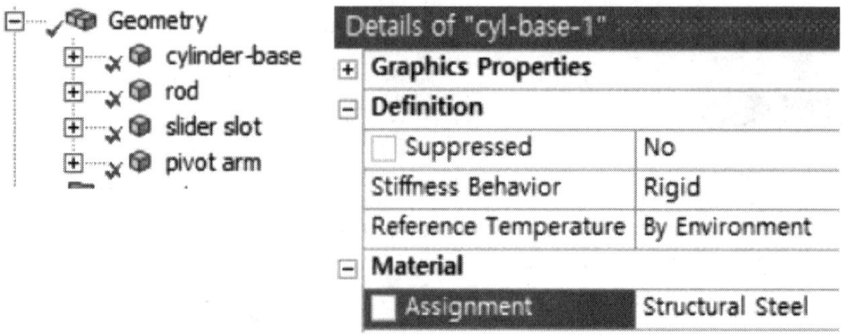

(7) Connections를 설정한다.

① 자동으로 설정된 Connection은 삭제한다.

② Joint 명령어를 사용하여 5개의 Joint를 설정한다.

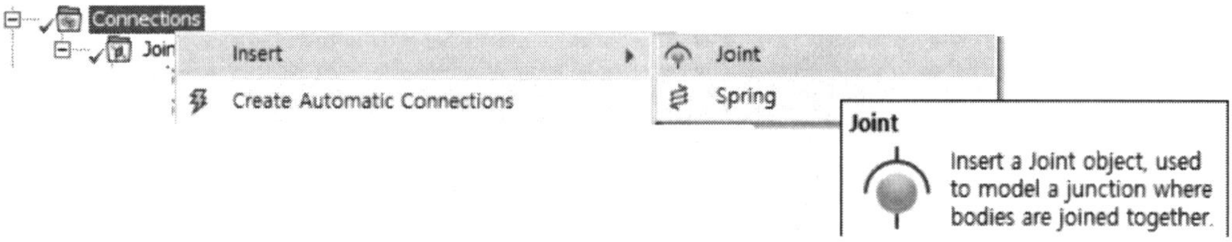

Tip : Joint 설정을 쉽게 하려고 Explode facter를 사용한다.

ⓐ Fixed-Ground To Slider slot

ⓑ Revolute-Slider to cylinder-base

Revolute의 회전중심축은 Z축이므로 Z축을 회전 중심으로 맞춘다.

좌표축을 변경하는 방법은 coordination system을 클릭하면 Local 좌표가 나타나는데 ⓐ를 클릭하고 ⓑ를 클릭하면 두 좌표축이 서로 변경된다.

Reference	
Scoping Method	Geometry Selection
Applied By	Remote Attachment
Scope	1 Face
Body	slider slot
Coordinate System	Reference Coordinate System
Behavior	Rigid
Pinball Region	All
Mobile	
Scoping Method	Geometry Selection
Applied By	Remote Attachment
Scope	2 Faces
Body	cylinder-base
Initial Position	Unchanged
Behavior	Rigid

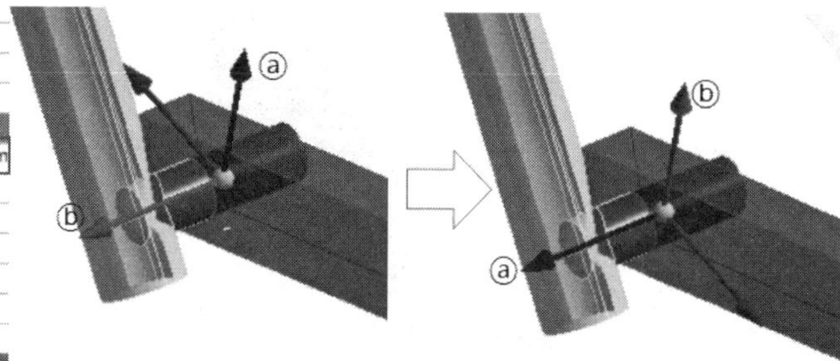

ⓒ Revolute-Slider slot to pivot arm

ⓓ Revolute-rod to pivot arm

ⓔ Translational-cylinder base to rod
Translation의 이동 방향은 X축이므로 좌표를 맞추어야 한다.

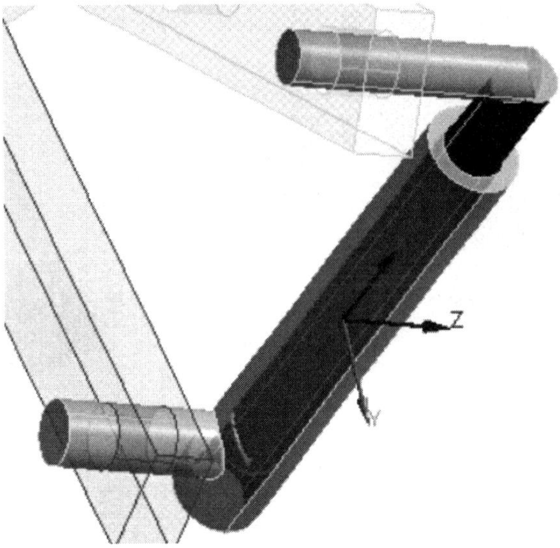

Tip : Joint 연결을 확인하기 위하여 Joint Configure를 사용한다.

(8) Boundary Conditions 설정

(a) 가속도를 설정한다.

① RMB > Insert > Acceleration

② 가속도 386.09 mm/s^2을 입력하고 방향을 설정하기 위하여 Pivot arm의 상변(녹색부분)을 선택하고 Apply한다.

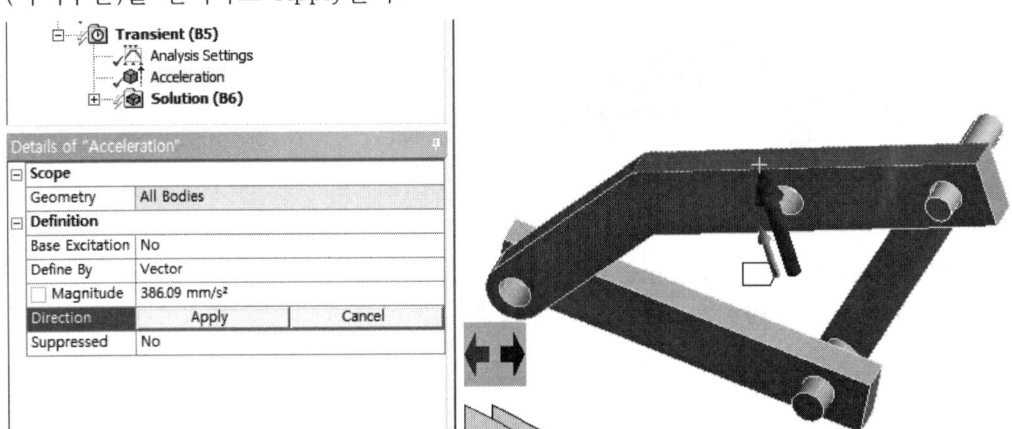

(B) Joint Load를 설정

① RMB > Insert > Joint Load

② Joint type : Translation-rod to cylinder-base

DOF : X Displacement,

Type : Velocity

Velocity : 0.5mm/s 를 설정한다.

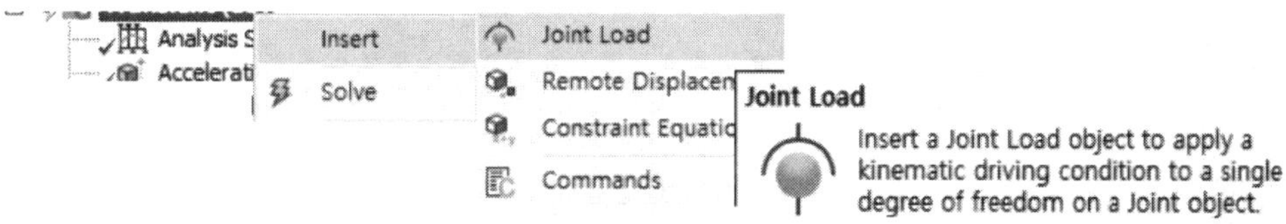

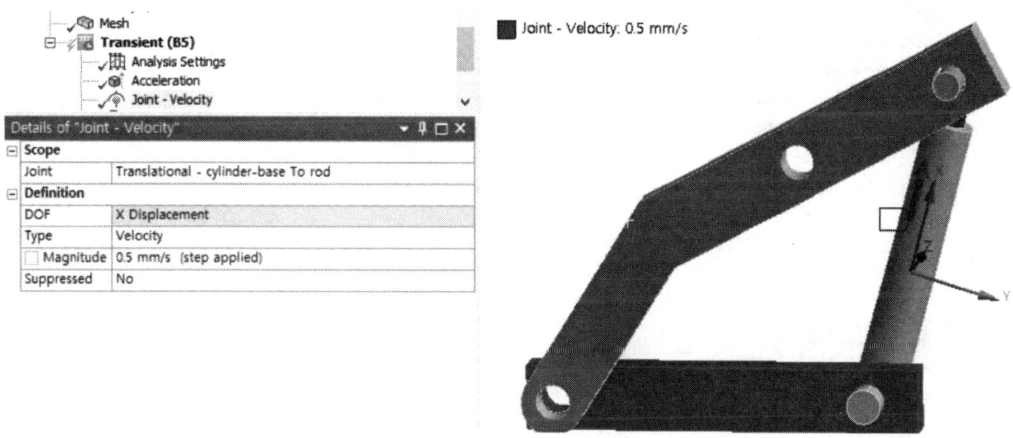

(9) 해석을 수행한다.

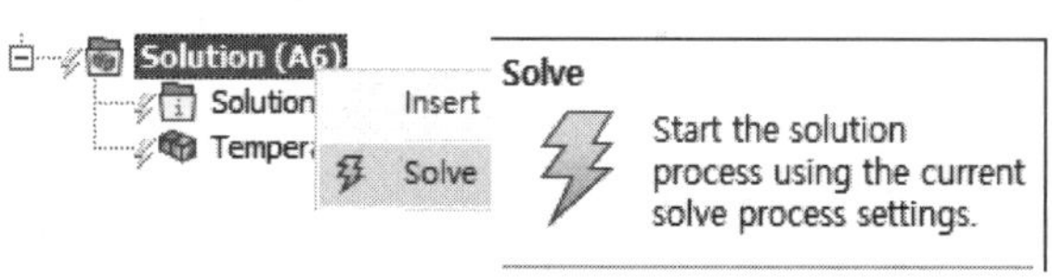

(12) 해석결과를 검토한다.

① Joints를 드래그하여 Solution에 가져온다.

② Joint Probe의 이름을 변경한다.

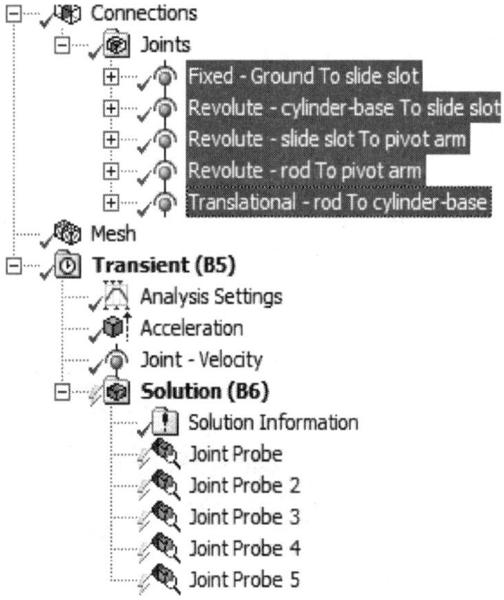

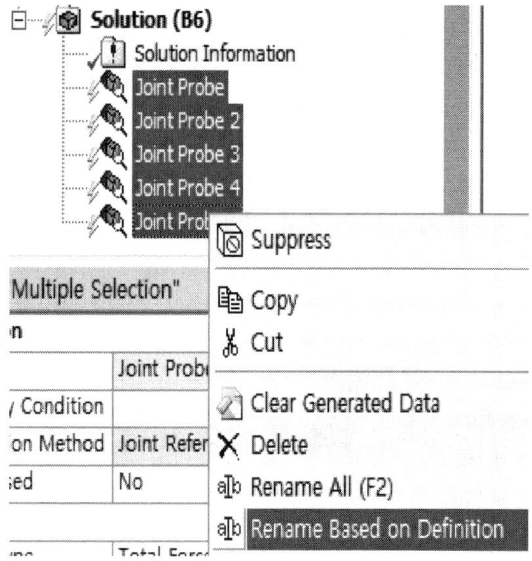

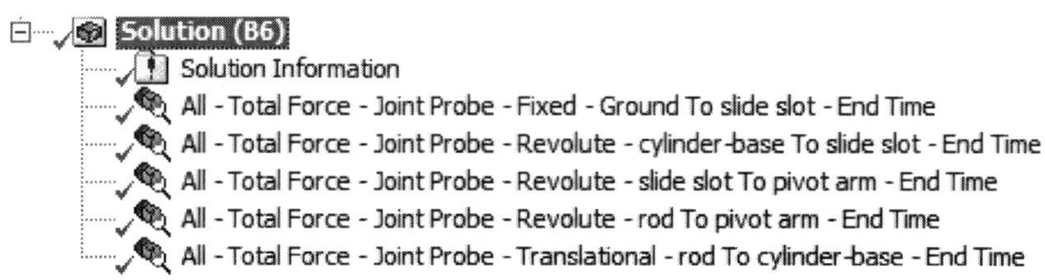

② Slider slot새 pivot arm 결과를 확인한다.

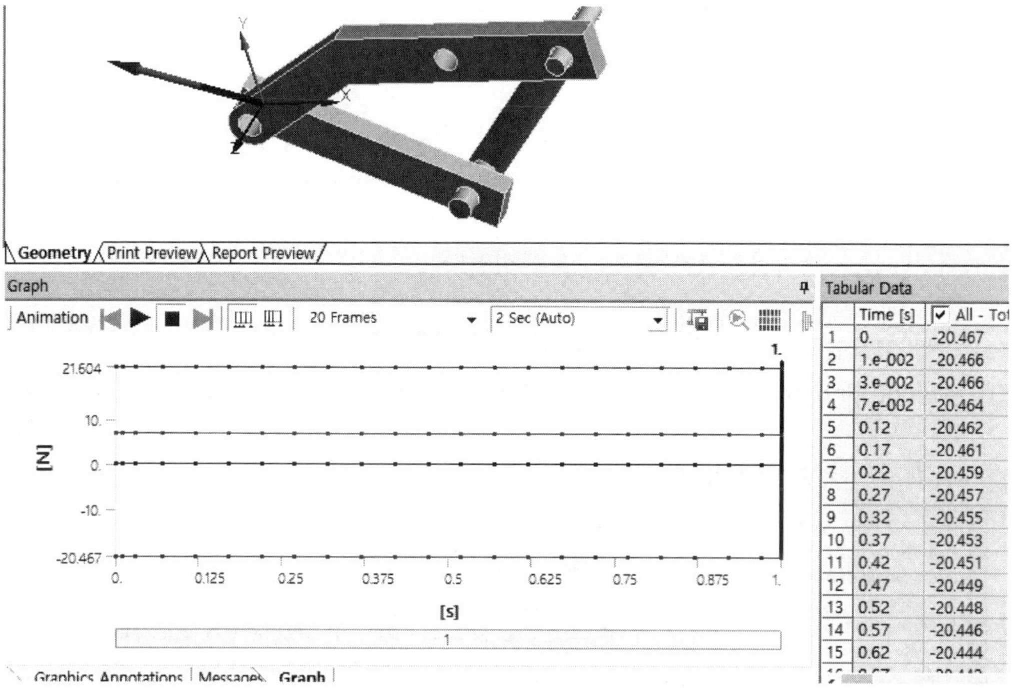

예제 6.4 실린더 엔진 해석 (Engine-1 cylinder) 6)

1개의 피스톤으로 구성된 2륜 전동차의 엔진에 대하여 해석하시오.

(1) 해석대상을 분석하고 자유물체도를 작성한다.

(2) 해석 시스템을 생성한다.(Fluid Flow(Fluent)
① Project Schematic에 Static Structural 시스템 추가한다. (더블클릭 또는 드래그 함)
② Project 이름을 변경한다.

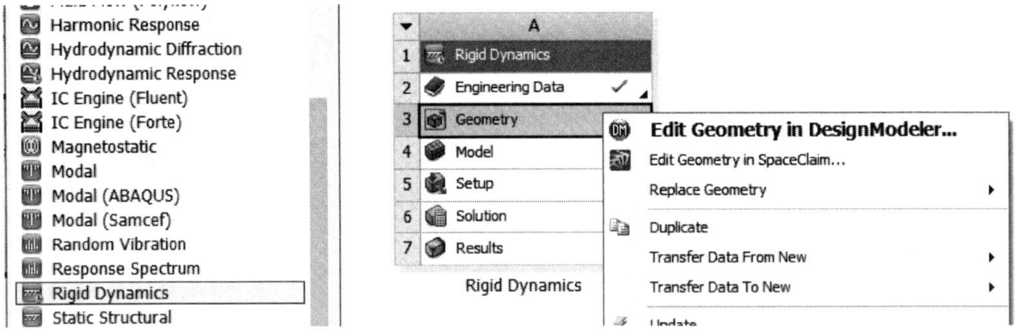

(3) 해석 모델을 불러들이거나 모델링을 수행한다. (Geometry)

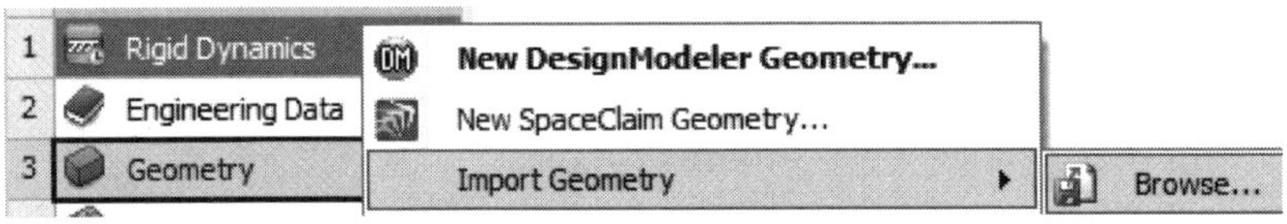

① Geometry에서 RMB > Replace Geometry > Browse를 클릭한다.
② 탐색기에서 이미 만들어진 CAD 데이터를 선택한다.
③ Geometry에서 RMB > Update를 수행한다.

6) www.youtube.com/watch?v=mRGS5eC_8-Y

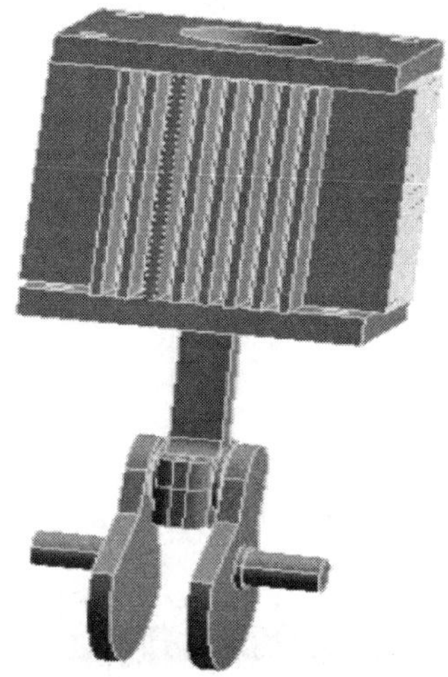

원형모델

(4) 해석 도구를 불러온다. (Model)

① Project Schematic의 Static Structural에서 Model을 더블클릭하거나 Update를 수행하여 한다.

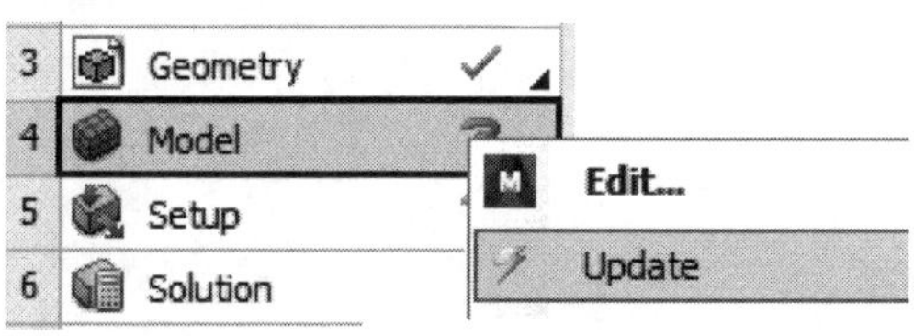

(5) Geometry에서 자제의 이름을 변경하고, 재질을 Structural steel로 설정한다.

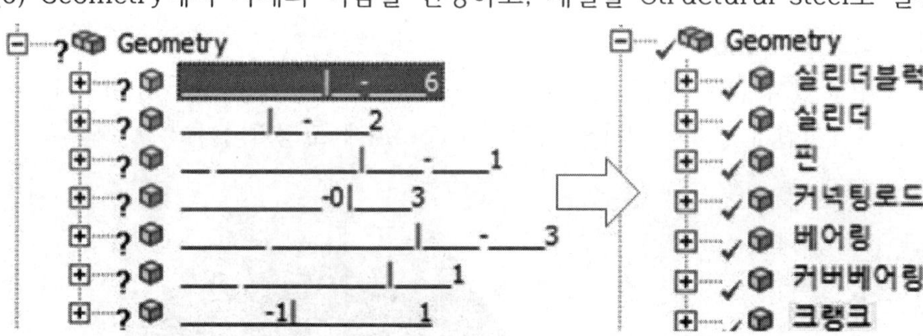

(6) Connections 을 설정한다.

① 자동으로 설정된 Connection은 삭제한다.

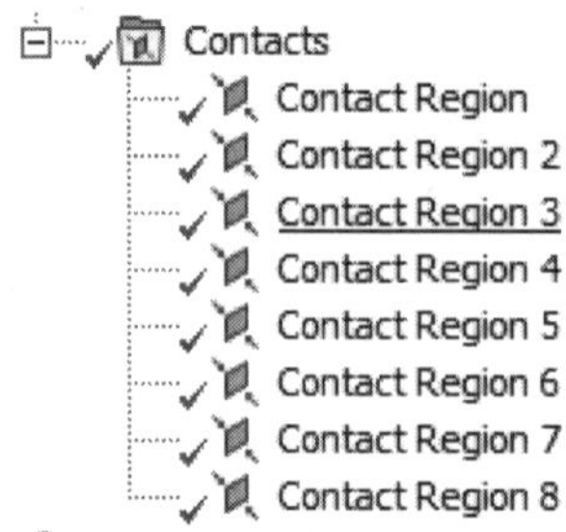

② Joint 명령어를 사용하여 Joint를 설정한다.

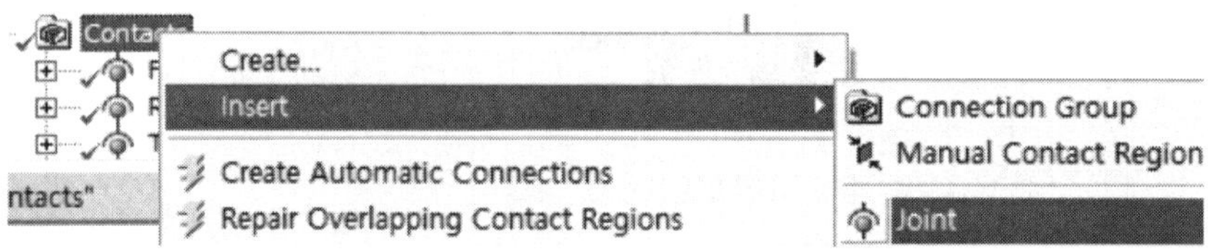

다음과 같은 Joint를 설정한다.

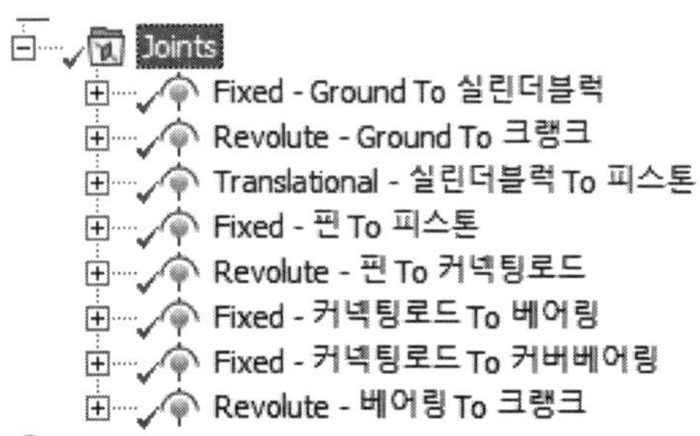

(A) 실린더 블록과 Ground

먼저 모델링 되어 있지 않은 부위와의 관계를 정의하여 주는 Body-Ground의 Fixed joint를 이용하여 실린더 블록을 3차원 공간인 Ground에 고정합니다.

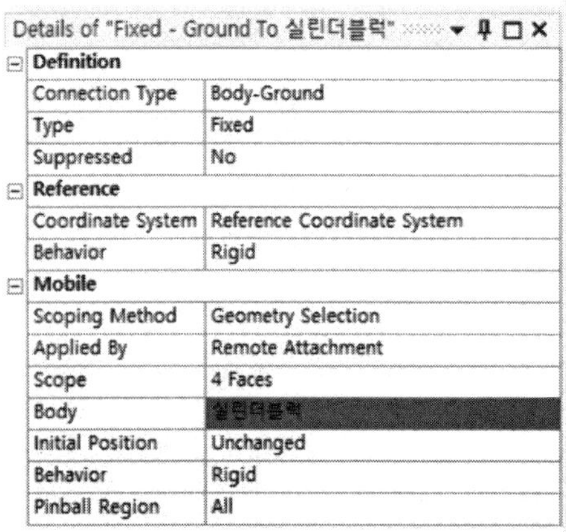
Details of "Fixed - Ground To 실린더블럭"

Definition	
Connection Type	Body-Ground
Type	Fixed
Suppressed	No
Reference	
Coordinate System	Reference Coordinate System
Behavior	Rigid
Mobile	
Scoping Method	Geometry Selection
Applied By	Remote Attachment
Scope	4 Faces
Body	실린더블럭
Initial Position	Unchanged
Behavior	Rigid
Pinball Region	All

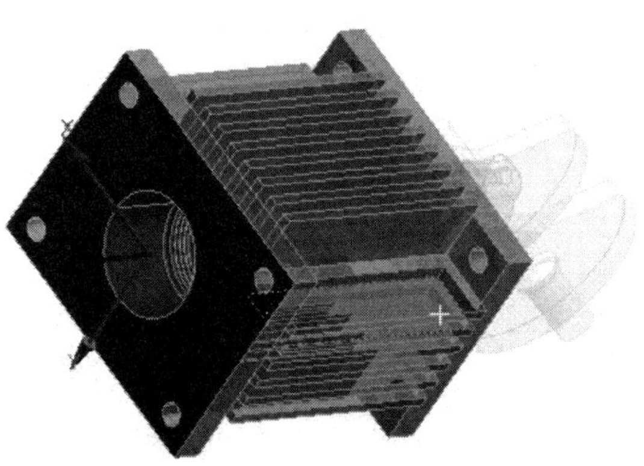

(B) 크랭크와 Ground

① Resolute Joint를 추가하여 크랭크축을 Ground와 회전하는 운동학적 관계를 정의하되 Z축을 중심으로 회전하도록 좌표계를 변경합니다.

② Detail View > Reference > Coordinate System을 선택하면 좌표계의 방향을 수정할 수 있습니다.

먼저 Z축(ⓐ)을 클릭하고 어느 방향(ⓑ)으로 변환할 것인지 클릭하면 좌표 방향이 변경된다. 변경된 내용을 확정하기 위하여 Apply를 한다.

Details of "Revolute - Ground To 크랭크"

Definition	
Connection Type	Body-Ground
Type	Revolute
Torsional Stiffness	0. N·mm/°
Torsional Damping	0. N·mm·s/°
Suppressed	No
Friction Coefficient	0.
Inner Radius	0. mm
Outer Radius	0. mm
Effective Length	0. mm
Joint Friction Type	Program Controlled
Reference	
Coordinate System	Apply / Cancel
Behavior	Rigid
Mobile	
Scoping Method	Geometry Selection
Applied By	Remote Attachment
Scope	4 Faces
Body	크랭크
Initial Position	Unchanged
Behavior	Rigid
Pinball Region	All
Stops	

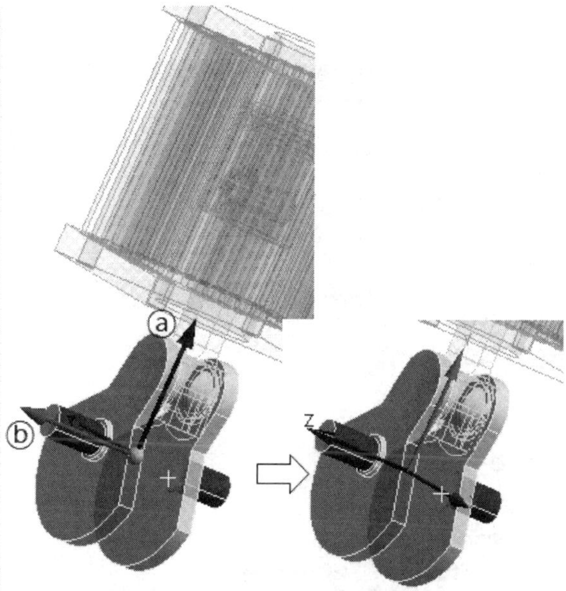

(C) 피스톤와 실린더블럭

① Body-Body Translational Joint를 추가한다.

② 실린더 블록과 피스톤의 왕복운동을 정의합니다. 왕복운동은 X축을 변경합니다.

좌표축 변경방법은 크랭크의 좌표변경과 동일하다.

Reference Body인 실린더 블록과 자유도 방향(X축)이 동일한지 확인합니다.

Details of "Translational - 실린더블럭 To 피스톤

Definition	
Connection Type	Body-Body
Type	Translational
Suppressed	No
Friction Coefficient	0.
Radius	0. mm
Effective Length	0. mm
Joint Friction Type	Program Controlled
Reference	
Scoping Method	Geometry Selection
Applied By	Remote Attachment
Scope	2 Faces
Body	실린더블럭
Coordinate System	Reference Coordinate System
Behavior	Rigid
Pinball Region	All
Mobile	
Scoping Method	Geometry Selection
Applied By	Remote Attachment
Scope	2 Faces
Body	피스톤
Initial Position	Unchanged
Behavior	Rigid
Pinball Region	All

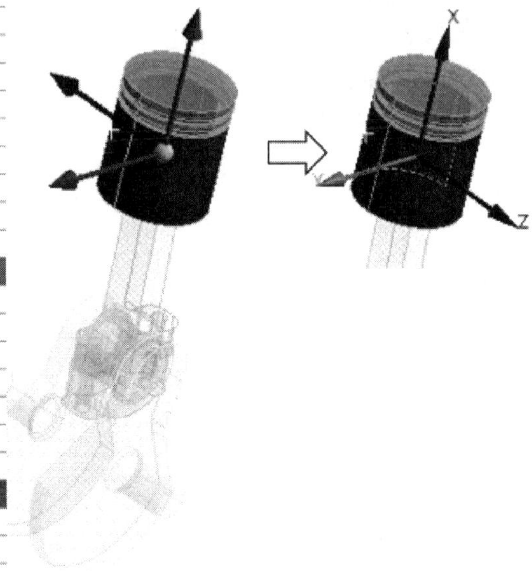

(D) 핀과 실린더

Details of "Fixed - 핀 To 실린더"

Definition	
Connection Type	Body-Body
Type	Fixed
Suppressed	No
Reference	
Scoping Method	Geometry Selection
Applied By	Remote Attachment
Scope	2 Faces
Body	핀
Coordinate System	Reference Coordinate System
Behavior	Rigid
Pinball Region	All
Mobile	
Scoping Method	Geometry Selection
Applied By	Remote Attachment
Scope	4 Faces
Body	실린더
Initial Position	Unchanged
Behavior	Rigid
Pinball Region	All

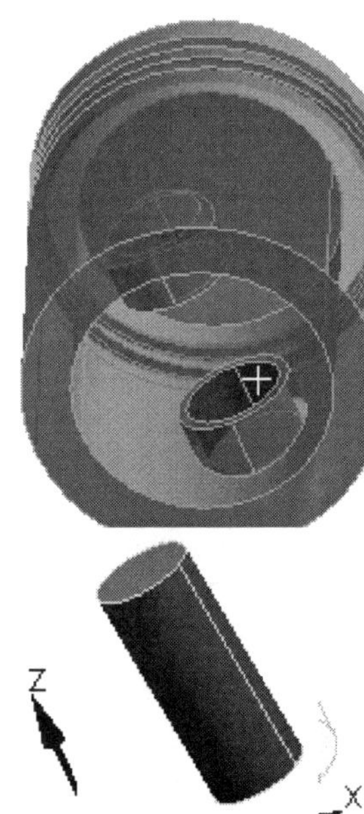

Body-Body Fixed Joint 추가하여 핀과 피스톤에 고정한다.

(E) 케넥팅로드와 핀

① Body-Body Resolute Joint를 추가하여 핀과 커넥팅로드의 회전자유도를 일치시킵니다.

② Reference Body에 핀 바깥 면을 지정하고 Z축을 핀의 축 방향과 일치시킵니다.

③ Mobile body에 핀 바깥 면을 지정하고 Z축을 핀의 축 방향과 일치시킵니다. 그 다음에 Mobile Body에 커넥팅 로드의 안쪽 면을 지정합니다.

Details of "Revolute - 핀 To 커넥팅로드"

Definition	
Connection Type	Body-Body
Type	Revolute
Torsional Stiffness	0. N·mm/°
Torsional Damping	0. N·mm·s/°
Suppressed	No
Friction Coefficient	0.
Inner Radius	0. mm
Outer Radius	0. mm
Effective Length	0. mm
Joint Friction Type	Program Controlled
Reference	
Scoping Method	Geometry Selection
Applied By	Remote Attachment
Scope	2 Faces
Body	핀
Coordinate System	Reference Coordinate System
Behavior	Rigid
Pinball Region	All
Mobile	
Scoping Method	Geometry Selection
Applied By	Remote Attachment
Scope	2 Faces
Body	커넥팅로드
Initial Position	Unchanged
Behavior	Rigid
Pinball Region	All

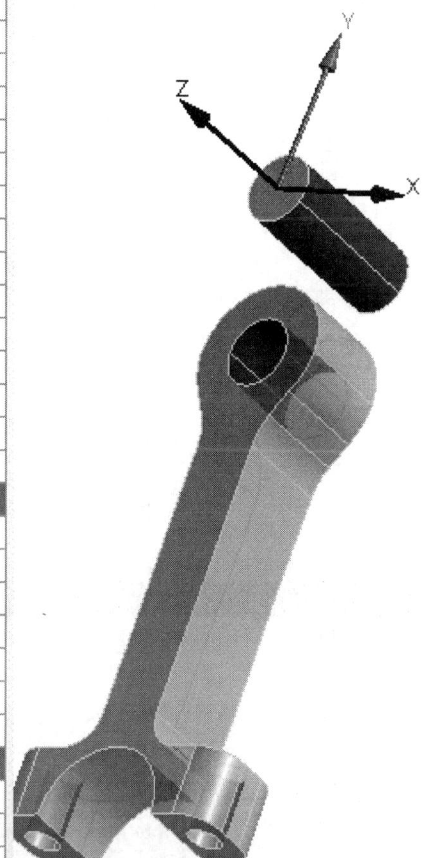

(F) 커넥팅로드와 베어링

① Body-Body Revolute Joint를 추가하여 커넥팅로드와 베어링의 회전자유도를 일치시킵니다.

② Reference Body에 커넥팅로드 안쪽 면을 지정하고 Z축 방향과 일치시킵니다.

③ Mobile Body에 베어링의 바깥면을 지정하고 Z축을 일치시킵니다.

Details of "Fixed - 커넥팅로드 To 베어

Definition	
Connection Type	Body-Body
Type	Fixed
Suppressed	No
Reference	
Scoping Method	Geometry Selection
Applied By	Remote Attachment
Scope	1 Face
Body	커넥팅로드
Coordinate System	Reference Coordinate System
Behavior	Rigid
Pinball Region	All
Mobile	
Scoping Method	Geometry Selection
Applied By	Remote Attachment
Scope	2 Faces
Body	베어링
Initial Position	Unchanged
Behavior	Rigid
Pinball Region	All

(G) 커넥팅로드와 커버베어링

① Body-Body Fixed joint를 추가하여 커넥팅로드에 커버베어링의 자유도를 고정시킵니다.

Details of "Fixed - 커넥팅로드 To 커버

Definition	
Connection Type	Body-Body
Type	Fixed
Suppressed	No
Reference	
Scoping Method	Geometry Selection
Applied By	Remote Attachment
Scope	1 Face
Body	커넥팅로드
Coordinate System	Reference Coordinate System
Behavior	Rigid
Pinball Region	All
Mobile	
Scoping Method	Geometry Selection
Applied By	Remote Attachment
Scope	1 Face
Body	커버베어링
Initial Position	Unchanged
Behavior	Rigid
Pinball Region	All

(H) 크링크와 베어링

① Body-Body Revolute Joint를 추가하여 베어링과 크랭크축의 회전 자유도를 일치시킵니다.

② Reference Body에 베어링 바깥(또는 안쪽) 면을 지정하고 Z축을 축방향과 일치시킵니다.

③ Mobile Body에 크랭크축의 바깥 면을 지정하고 Z축을 일치시킵니다.

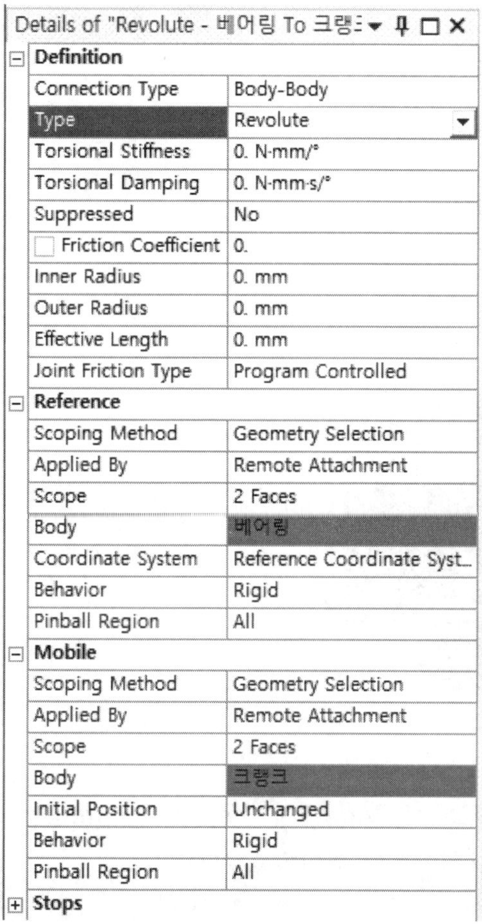

Details of "Revolute - 베어링 To 크랭크"

Definition	
Connection Type	Body-Body
Type	Revolute
Torsional Stiffness	0. N·mm/°
Torsional Damping	0. N·mm·s/°
Suppressed	No
Friction Coefficient	0.
Inner Radius	0. mm
Outer Radius	0. mm
Effective Length	0. mm
Joint Friction Type	Program Controlled
Reference	
Scoping Method	Geometry Selection
Applied By	Remote Attachment
Scope	2 Faces
Body	베어링
Coordinate System	Reference Coordinate Syst...
Behavior	Rigid
Pinball Region	All
Mobile	
Scoping Method	Geometry Selection
Applied By	Remote Attachment
Scope	2 Faces
Body	크랭크
Initial Position	Unchanged
Behavior	Rigid
Pinball Region	All
Stops	

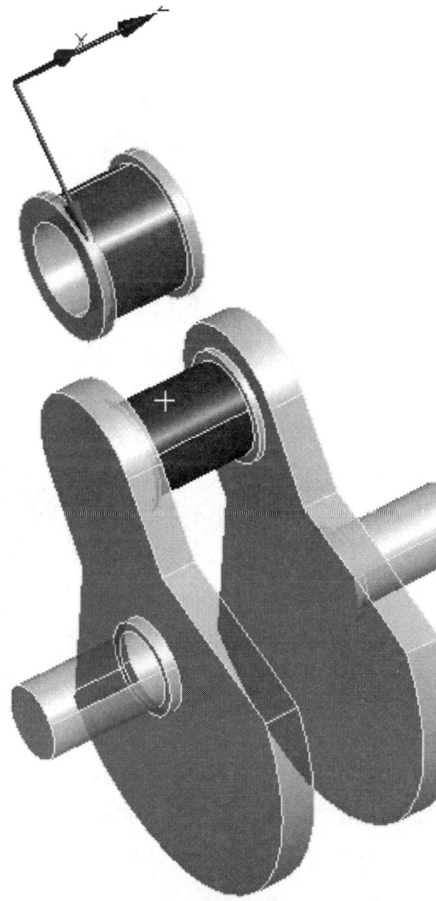

(I) 자유도 구속조건을 확인

① Ground와 크랭크축에 회전 자유도를 부여한 Revolute Joint를 선택한 후, Context Toolbar에서 Configure를 선택한다.

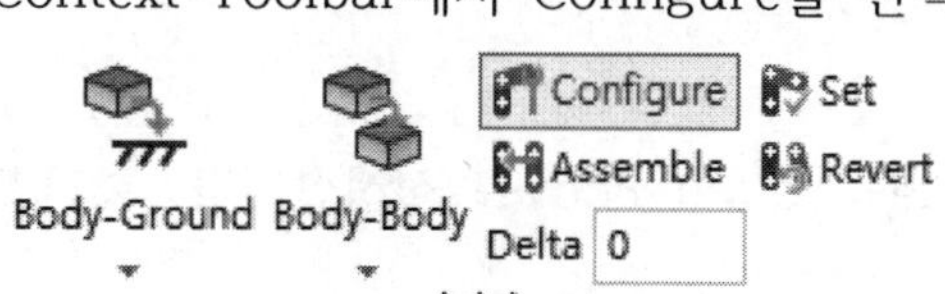

② Revolute Joint의 회전 자유도가 화면에 표시되며 마우스로 조작하여 조립상태를 확인해 볼 수 있다.

(7) Analysis Settings

① Outline의 Analysis Settings를 선택하고 Detail View에서 Step End Time을 1s로 설정합니다. 1초 동안의 운동메커니즘을 해석하도록 설정하겠습니다.

(8) 경계조건

① 운동메커니즘을 해석하기 위해 구동조건을 부여합니다.

② Revolute-Ground to 크랭크를 Drag하여 Transient에 올려 넣는다.

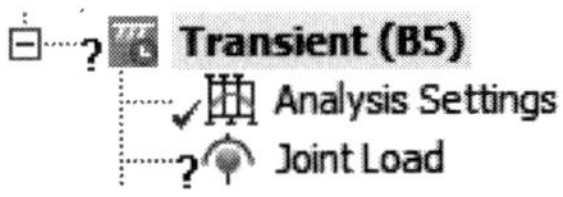

③ Detail >Joint 항목에 크랭크축의 Revolute-Ground-Body를 설정합니다. 회전조건은 1초에 360° 회전을 설정합니다.

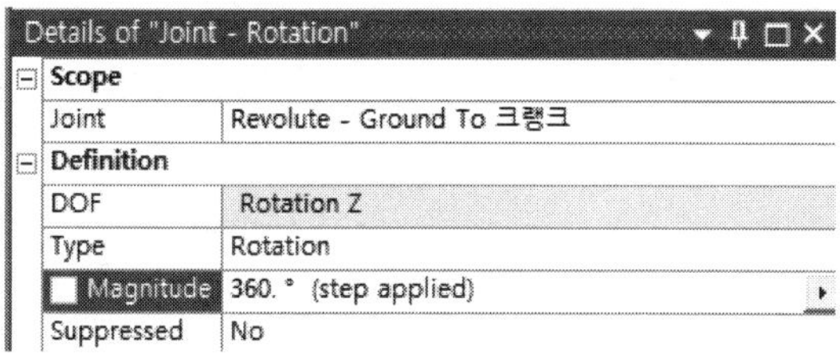

(9) 결과 항목 추가

① Joint의 내용을 Drag하여 Solution에 올려 놓는다.

② 이름을 Rename based on definition으로 변경한다.

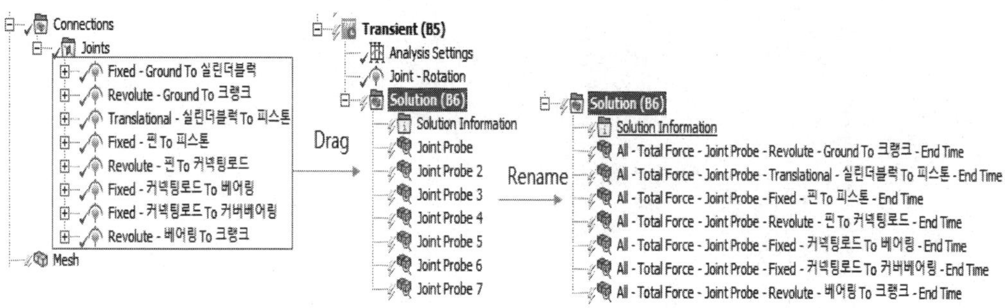

(10) 해석을 수행합니다.

(11) 결과 항목을 확인합니다.

① 크랭크의 작용하중

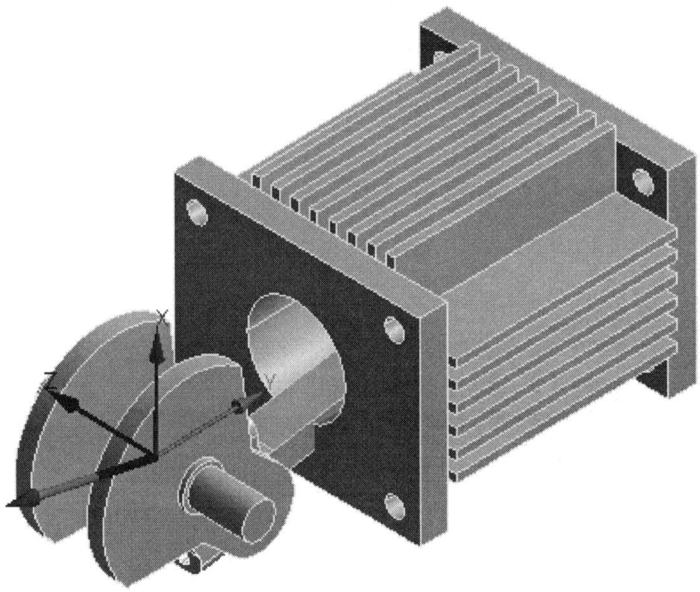

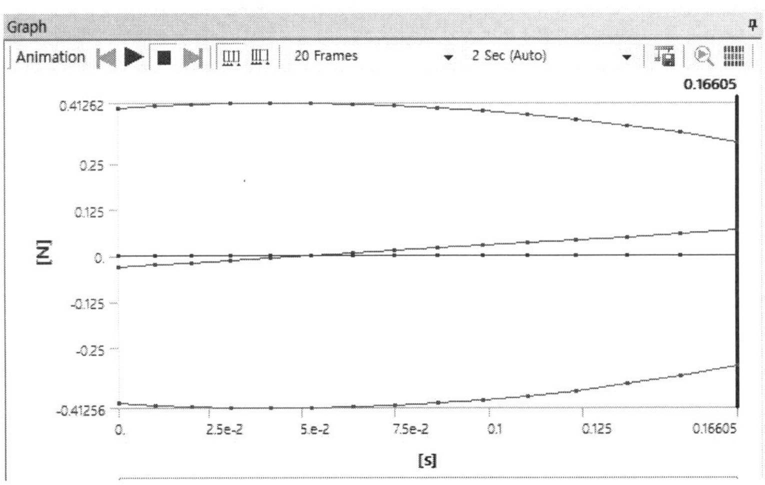

Tabular Data

	Time [s]	All - Total F
1	0.	-3.0482e-002
2	1.e-002	-2.4792e-002
3	2.0106e-002	-1.9048e-002
4	3.0521e-002	-1.3127e-002
5	4.1271e-002	-7.0044e-003
6	5.2297e-002	-7.0034e-004
7	6.3535e-002	5.7603e-003
8	7.4935e-002	1.2365e-002
9	8.6466e-002	1.9113e-002
10	9.8268e-002	2.6107e-002
11	0.11052	3.3483e-002
12	0.12335	4.1357e-002
13	0.13683	4.9837e-002
14	0.15104	5.9041e-002
15	0.16605	6.9095e-002

7 동력학 해석(II)

1. Explicit Dynamic 분석 개요

ANSYS Explicit Dynamics는 고체, 유체, 가스의 비선형 동적 거동 모델링 및 상호 작용을 포함하여 다양한 엔지니어링 시뮬레이션을 수행 할 수있는 일시적 명시적 동적 Dynamics Workbench 응용 프로그램입니다. 또한 LS-DYNA 솔버를 사용한 후속 분석을 위해 모델을 LS-DYNA .k 파일 형식으로 내보내는 데 명시적 역학 (LS-DYNA 내보내기) 시스템을 사용할 수 있습니다.

일반적인 시뮬레이션은 모델, 상호 작용 및 적용된 하중을 설정하고 하중 및 상호 작용에 대한 시간에 따른 모델의 비선형 동적 응답을 해결 한 다음 다양한 사용 가능한 도구를 사용하여 응답의 세부 사항을 검사합니다.

Explicit Dynamics응용 프로그램에는 시뮬레이션의 여러 단계를 안내하는 트리 구조로 배열 된 개체가 있습니다. 객체를 확장하면 객체와 관련된 세부 정보가 노출되고 해당 도구 및 사양 테이블을 사용하여 시뮬레이션의 해당 부분을 수행 할 수 있습니다. 예를 들어 객체는 접촉 표면 및 하중과 같은 환경 조건을 정의하고 검토 할 수 있는 결과 유형을 정의하는 데 사용됩니다.

1) 암시적 모델을 명시적으로 실행할 수 있는 경우

암시적 및 명시적 유한 요소 솔버는 다른 방법을 사용하여 기본 방정식을 평가합니다. 아래 그림은 간단한 고급 개요입니다. "Quasi-Static"응용 프로그램 영역에 겹치는 부분이 있습니다. 여기서 암시적 방법과 명시적 방법을 모두 사용하여 모델을 해결할 수 있습니다. 암시적 방법은 일반적으로 발생하는 변형 및 접촉 비선형 성의 양에 의해 제한되며, 여기서 명시적 방법은 일반적으로 문제의 시간 척도에 의해 제한되므로 과도한 실행 시간이 발생합니다.

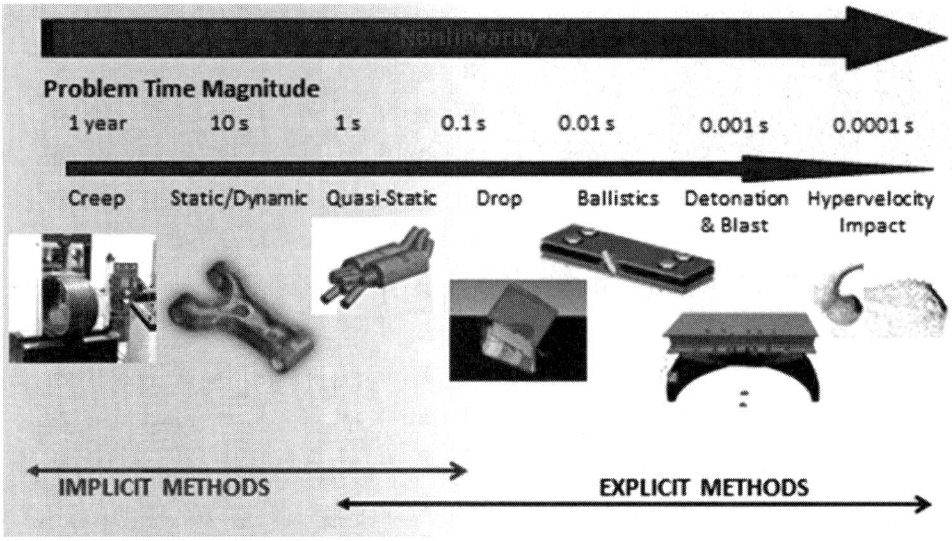

[그림] 속도와 관련하여 두 솔버의 다른 응용

이 "Quasi-Static"범위에 있는 문제는 특정 솔버의 한계에 도달 할 때까지 두 가지 방법으로 해결할 가능성이 높습니다. 이 시점에서 대체 솔버의 사용을 고려하는 것이 좋습니다. 이 장에서는 암시적 솔버에서 시뮬레이션을 위해 초기에 설정된 모델을 명시적 솔버에서 시뮬레이션을 위한 모델 셋업으로 변환하는 데 필요한 단계를 설명합니다. 일반적으로 모델의 비선형 성 수준이 암시적 메서드에 문제를 일으키기 시작할 때 이 작업을 수행하는 것이 좋습니다. 두 방법의 특성으로 인해 명시적 솔버는 비선형 문제에 더 적합하며 계산량이 적지 만 훨씬 더 높은 빈도에서 물리적 매개변수 변경을 수행 할 수 있는 훨씬 더 많은 반복 횟수로 작업합니다. 암시적 솔버는 각 반복에 대해 훨씬 더 복잡한 계산으로 작동하지만 그보다 훨씬 적은 수를 가지고 있습니다.

예제 7.1 볼의 자유 낙하

지름 0.4m의 강철 구가 10m 높이에서 강철판(5 m x 5m x 0.1 m)으로 자유 낙하할 때 물체에 발생되는 현상을 분석합니다.

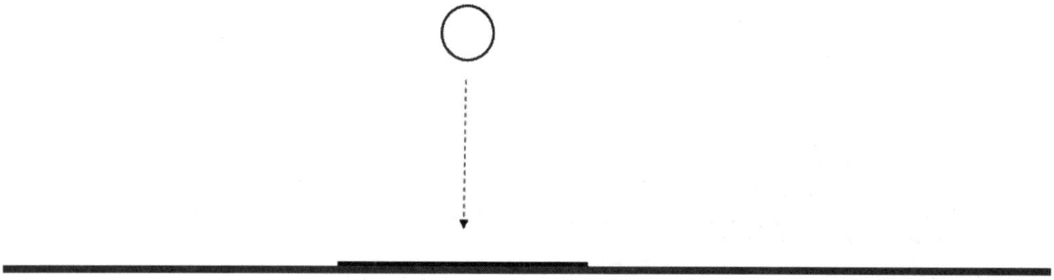

(1) 분석 시스템 만들기

분석 시스템 작성에 대한 일반적인 정보는 ANSYS Mechanical 사용자 안내서의 분석 시스템 작성을 참고하십시오. 도구 상자에서 Explicit Dynamics 또는 Explicit Dynamics (LS-DYNA 내보내기) 템플릿을 프로젝트 회로도로 끕니다.

명시적 역학 분석은 mm, mg, ms 솔버 단위 시스템 만 지원합니다.
Explicit Dynamics 솔버는 배정 밀도입니다.

ⓐ ANSYS Workbench를 시작합니다.
ⓑ Explicit Dynamic Project Schematic을 생성합니다.
ⓒ Project Schematic 이름을 "자유낙하"로 변경합니다.
ⓓ 프로젝트 단위 확인합니다.

▶ 약어는 다음과 같습니다.
- **DC = 마우스 왼쪽 버튼으로 더블 클릭**
- **SC = 마우스 왼쪽 버튼으로 한 번 클릭**
- **RMB = 마우스 오른쪽 버튼 선택**
- **D & D = 끌어서 놓기 = 항목에서 마우스 왼쪽 버튼을 누른 상태에서 새 위치로 끌어 놓았다가 놓습니다. (즉, 복사 또는 이동)**

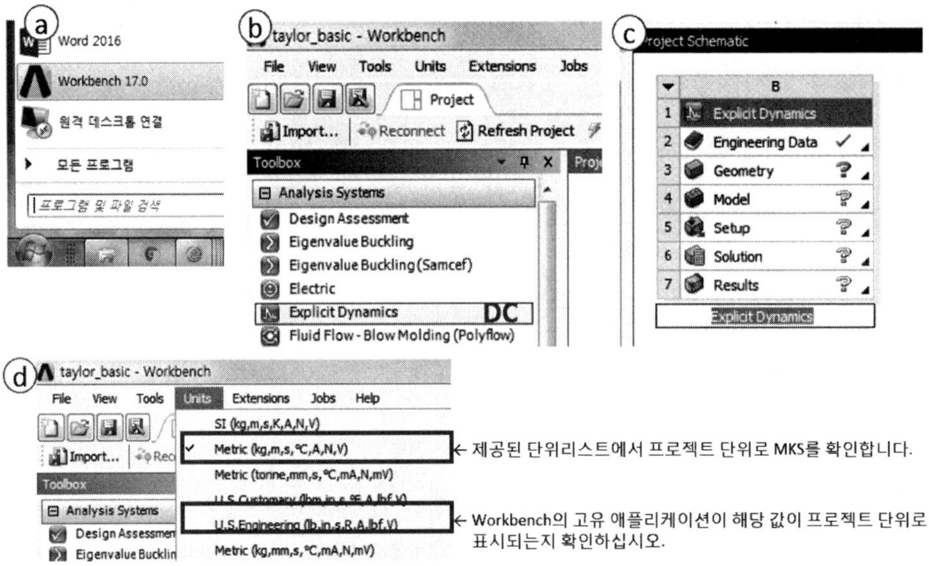

(2) 엔지니어링 데이터 정의

Help 엔지니어 데이터 정의에 대한 일반적인 정보는 ANSYS Mechanical 사용자 안내서에서 엔지니어링 데이터 정의를 참조하십시오. 재료 특성은 선형 탄성 또는 직교 이방성 일 수 있습니다. 초 탄성, 속도 및 온도 의존성 소성, 압력 의존성 소성, 다공성, 재료 강도 저하 (손상), 재료 파괴 / 실패 / 조각화를 포함하여 많은 다른 형태의 재료 비선형 성이 표현 될 수 있다. Explicit Dynamics에서 사용되는 재료 모델에 대한 자세한 내용은 Explicit Dynamics Analysis에 사용 된 재료 모델을 참조하십시오. 명시적 역학 분석에 사용되는 재료의 밀도는 항상 지정해야합니다. 다양한 재료에 대한 데이터는 명시적 재료 라이브러리에서 사용할 수 있습니다.

ⓐ 본 문제에서는 기본으로 제공하는 Structural steel을 사용합니다.
ⓑ 데이터의 추가는 없습니다.

(3) 모델 데이터 불러오기(또는 모델 만들기)

ⓐ Geometry에서 New DesignModeler 를 불러옵니다.
ⓑ DesignModeler에서 Primitives로 sphere와 box를 만듭니다.
ⓒ 모델을 형성하고 Schematic으로 돌아갑니다.

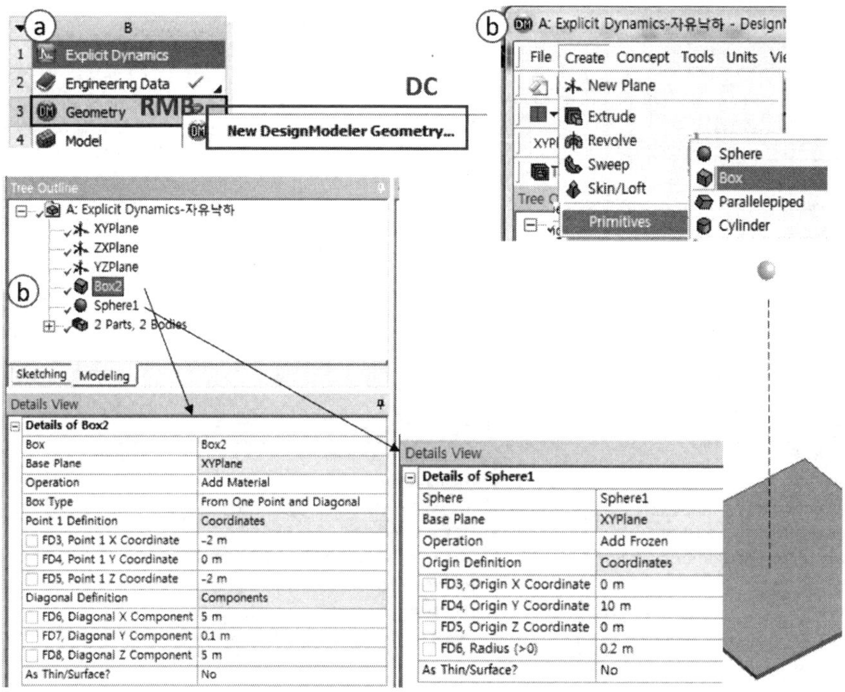

(4) 부품 동작 정의

ⓐ Workbench Mechanical에서 모델을 편집하십시오.

ⓑ 단위를 조정합니다. MKS 장치 시스템을 선택하십시오.

-Mechanical은 Workbench에 고유하지 않으므로 여기의 단위는 프로젝트 단위와 일치하지 않을 수 있습니다.

ⓒ 이 해석에서는 강체의 변형에는 관심이 없으므로 강체를 Rigid로 설정하여 해석시간을 단축합니다. 모델의 재질은 기본으로 Structural Steel로 되어 있습니다.

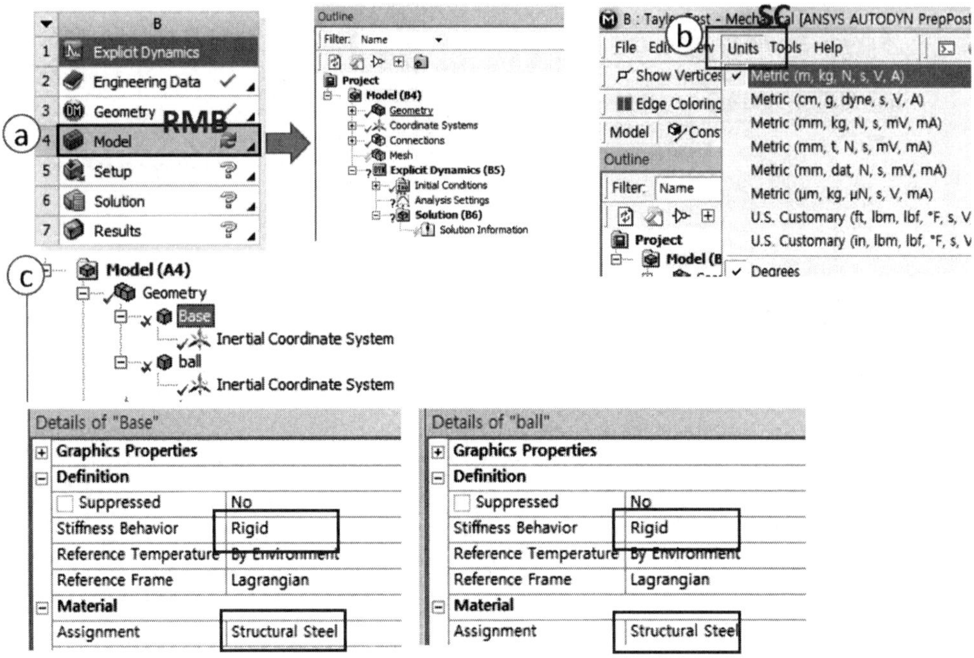

(5) 연결(Connection)정의

ⓐ ball과 plate가 분리되어 있기 때문에 connection에는 아무 조건도 부여되어 있지 않습니다.

ⓑ 페널티 기반 궤적 접촉은 기본 상호 작용이며 유형은 마찰이 없음을 주목하십시오.

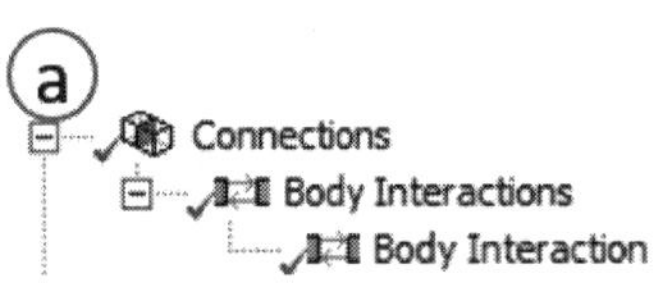

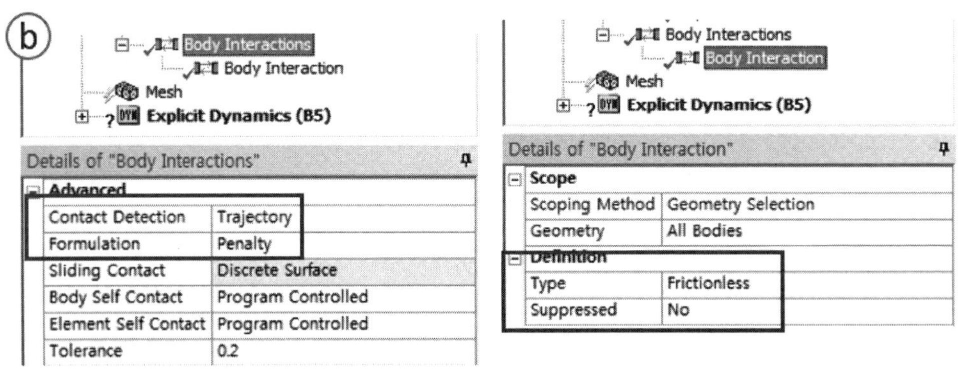

(6) 원격점 정의, 이름선정(Named selection) 정의

ⓐ 본 문제에서 적용하지 않습니다.

(7) 대칭설정 (대칭모델에 대하여 적용)

ⓐ 본 문제에서 적용하지 않습니다.

(8) 메시 컨트롤(Mesh Control) 적용/ 미리보기 메시

ⓐ 메쉬 분기를 선택하십시오.
ⓑ 메시에서 Sizing을 삽입합니다. (2개)
ⓒ 메쉬 사이즈의 이름을 변경합니다. (Body Sizing-plate, Body Sizing-ball)
ⓓ 메쉬를 사이즈를 지정합니다.
- Body Sizing-plate size = 0.5, Body Sizing-ball size = 0.005
ⓔ 메쉬를 생성합니다.

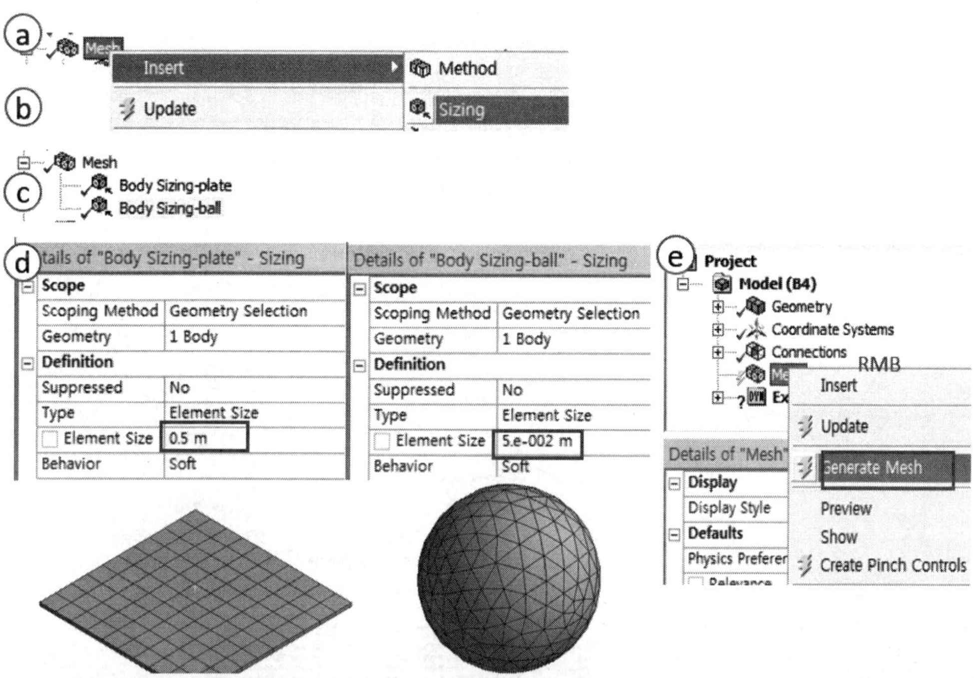

(9) 초기조건(Intial condition) 정의

ⓐ 본 문제에는 자유 낙하이므로 초기속도를 설정하기 않습니다.

(10) 분석설정(Analysis Settings)

ⓐ 트리에서 분석 설정을 선택하고 세부 정보보기에서 종료 시간을 10 s로 설정하십시오.
ⓑ Maximum Time Step을 0.001 로 설정합니다.
ⓒ 애니메이션에 동일한 간격으로 배치 된 100 개의 결과 세트가 충분해야합니다.

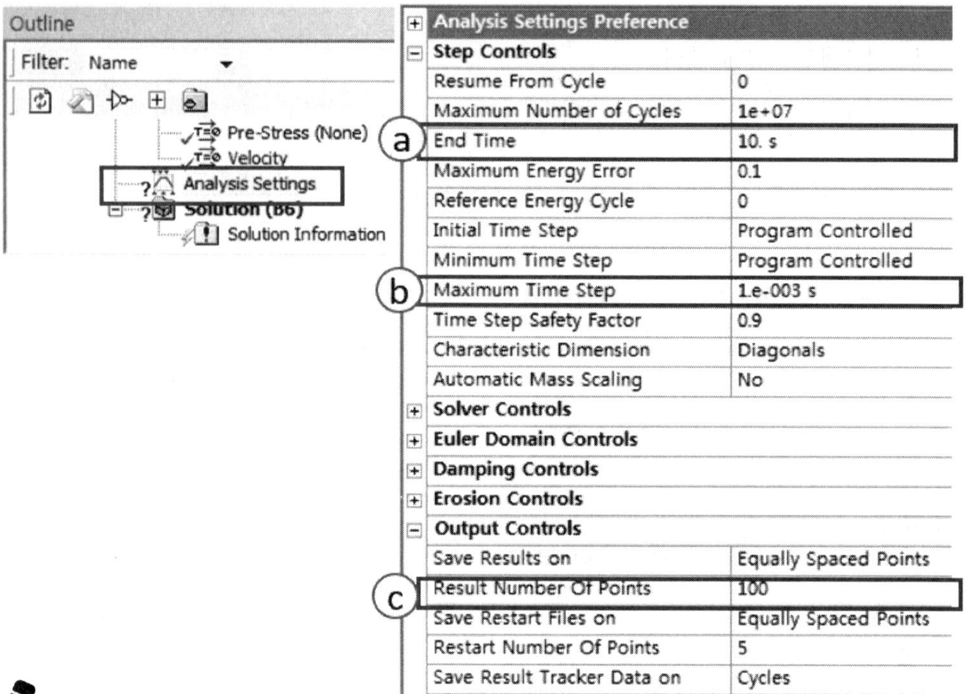

설정 파라미터와 관련된 해석결과

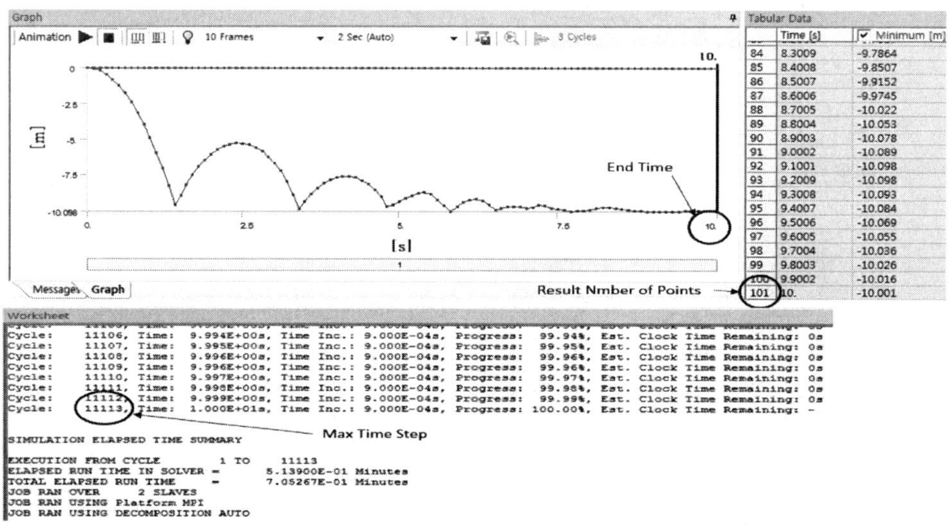

Analysis Settings Preference

Analysis Settings	Program Controlleed	Efficiency	Low Velocity	High Velocity	Quasi-Static
Step Controls					
Time step Safety Factor	0.9	1	0.9	0.9	0.9
Mass Scaling	No	Yes	Yes	No	Yes
Minimum CFL time step	Off	User Must Define	User Must Define	Off	User Must Define
Maximum Element Scaling Factor(%)	Off	1000	100	Off	1000
Maximum Part Scaling	Off	1000	5	Off	1001
Update Frequency	Off	0	0	Off	0
Characteristic Dimension	Diagonals	Opposing Faces	Opposing Faces	Diagonals	Opposing Faces
Solver Controls					
Beam Time step Safety Factor	0.5	1	0.1	0.1	0.1
Hex Integration Type	Exact	1pt Gauss	1pt Gauss	Exact	1pt Gauss
Shell Sub layers	3	2	3	3	3
Shell Inertia Update	Recompute	Rotate	Recompute	Recompute	Recompute
Tet Integration	ANP	SCP	NBS	ANP	NBS
Minimum Strain Rate Cutoff	1.00E-10	1.00E-10	0	1.00E-10	0
Damping Controls					
Houglass Damping	Autodyn Standard	Autodyn Standard	Flanagan Belytschko	Autodyn Standard	Flanagan Belytschko
Static Damping	0	0	0	0	User Must Define
Erosion Controls					
On Geometric Strain Limit	Yes	No	No	Yes	No
Geometric Strain Limit	1.5	0.75	Unchanged	1.5	Unchanged
Output Controls					
Result Number of Points	20	20	50	50	10
Tracker Cycles	1	10	10	1	10
Output : Cycles	100	1000	100	100	100
Body Interactions :Details Options					
Body self Contact	Yes	No	No	Yes	No
Element Self Contact	Yes	No	No	Yes	No

(11) 하중(Load) 및 지지대(Support) 적용

ⓐ Body 선택 필터를 선택하십시오.

ⓑ Plate를 고정 지지대로 삽입하십시오. 필요에 따라 형상을 회전 시킵니다.

ⓒ 중력 조건을 부여합니다.

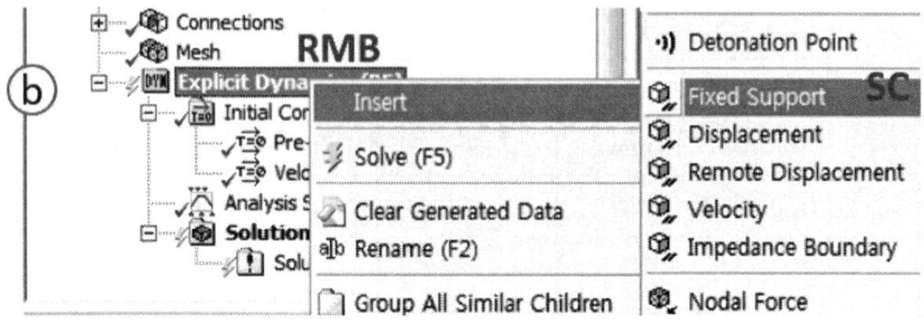

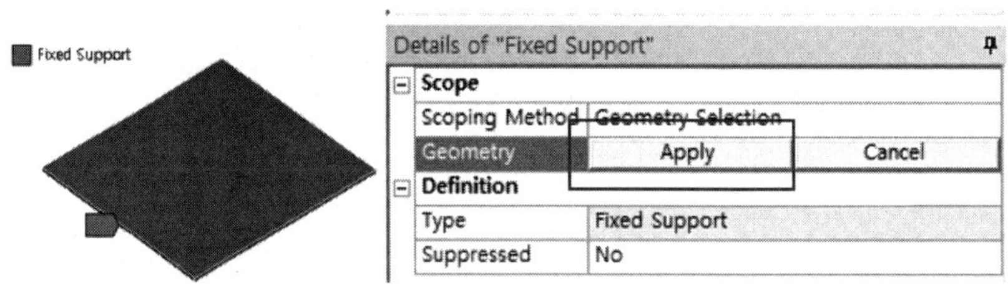

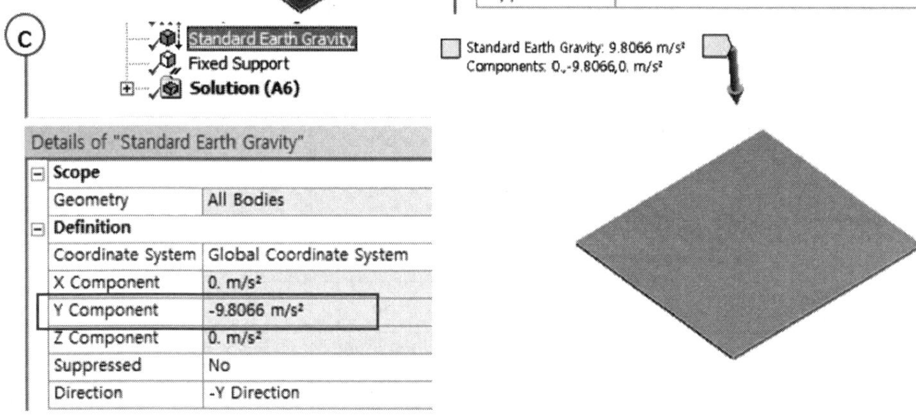

(12) 해석 검토항목 설정

ⓐ 솔루션 분기 아래에 방향 변형 플롯 요청을 삽입하고 세부 정보보기에서 방향을 y축으로 설정합니다.

ⓑ 프로젝트 페이지에서 프로젝트 저장합니다.

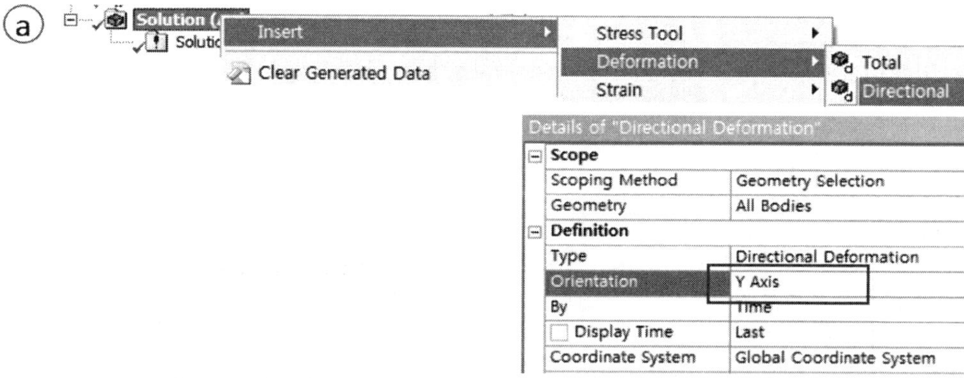

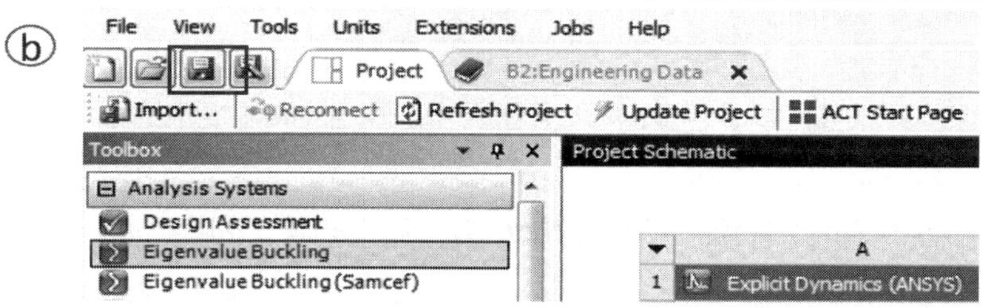

(13) 해석실행(Solver)

ⓐ 솔루션 정보와 RMB "솔버"에서 솔버 출력을 선택하여 시뮬레이션을 시작합니다.

ⓑ 모델이 해결을 수행하는 AUTODYN 솔버에 제출 된 것을 볼 수 있습니다.

ⓒ 솔버 출력은 실행 통계를 보여줍니다. 이 문제는 해결하는 데 몇 분밖에 걸리지 않으며 "완료 시간에 도달 했습니다"라는 메시지로 종료해야합니다.

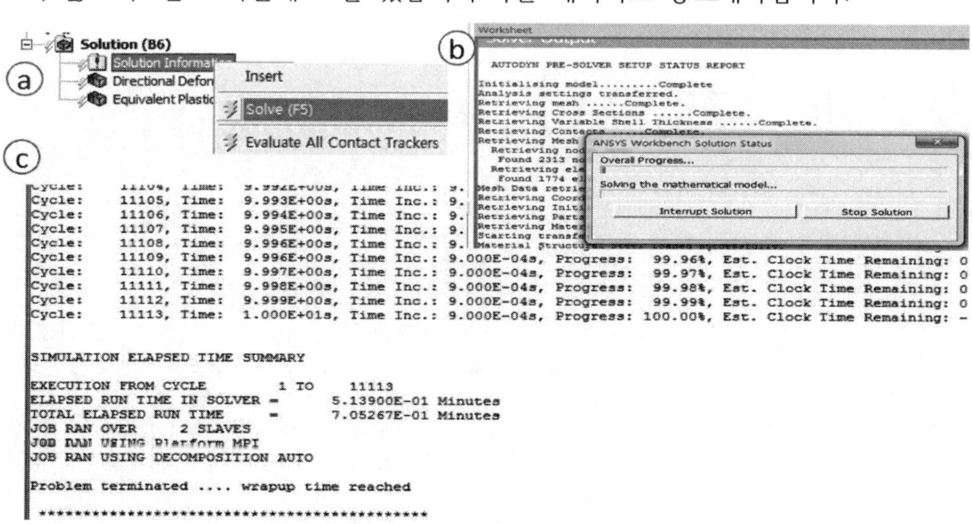

(14) 후 처리(Post-process)

ⓐ 방향 변형 (y 축)을 선택하고 요소를 실제 배율로 표시합니다.

ⓑ Ball이 Plate에 충돌하여 반발하는 현상이 나타납니다.

ⓒ Ball이 자유 낙하하여 plate와 충돌할 때의 시간은 1.4006 sec 입니다.

ⓓ 마지막으로 모델을 저장 한 후 Workbench를 종료하십시오.

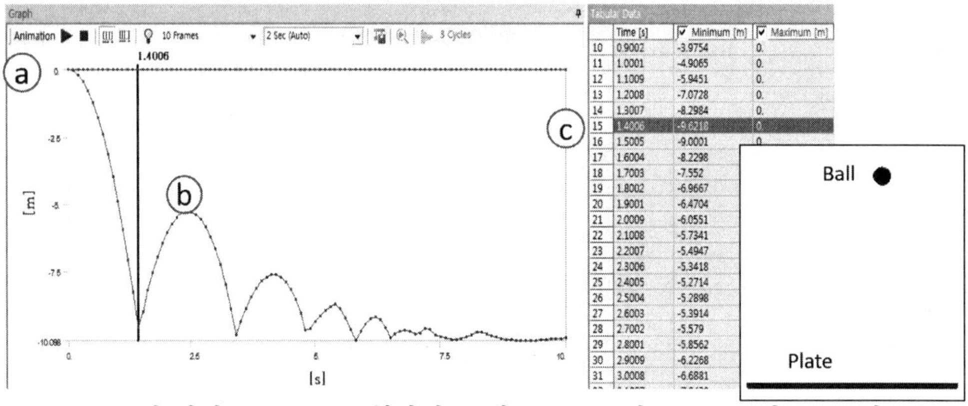

Ball의 반지름은 0.2m, 철판의 두께는 0.1m 이므로 Ball과 Plate의 순은 9.7 m 이다.

단순 자유낙하 하는 강체의 위치는 다음과 같이 정의된다.

$y = \frac{1}{2} g t^2$ 따라서 $t = \sqrt{\frac{2y}{g}} = \sqrt{\frac{2 \times 9.7}{9.8}} = 1.40697\,\mathrm{sec}$이다.

해석에서 Ball이 Plate와 충돌할 때의 시간이 1.4006 sec이므로 거의 같다고 할 수 있다.

예제 7.2 모래의 처짐

Explicit Dynamic의 성능을 평가하기 위하여 Ball을 흙판에 자유 낙하시켜서 Ball의 위치를 측정하여 해석의 결과값과 비교하여 해석의 정확성을 평가하고자 한다.

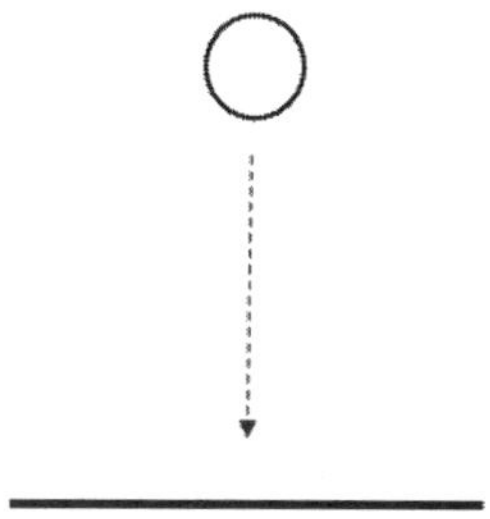

□ **문제 정의**

실험에 사용하는 모래통의 크기는 225 x 140 x 155 (mm)입니다.
실험에는 3가지 종류의 쇠구슬을 사용합니다.

Test 1 = Ball diameter : 30 mm

Test 2 = Ball diameter : 20 mm

Test 3 = Ball diameter : 10 mm

5 번의 실험을 하고 평균값을 해석결과와 비교하고자 합니다.
측정값은 Ball이 SAND로 삽입된 깊이를 측정한 것입니다.

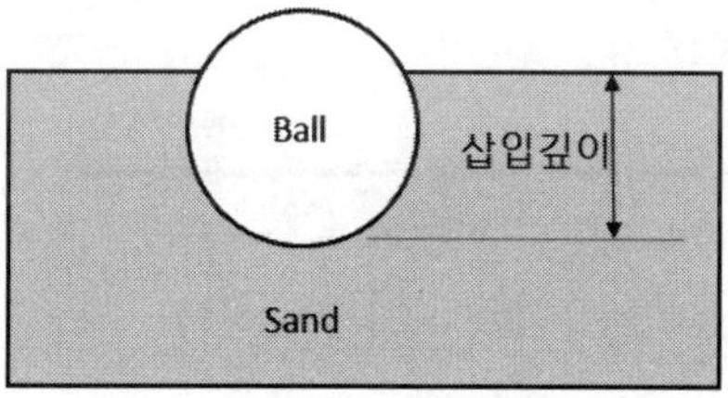

No	Test1	Test2	Test3
1	23.0	18.2	10.8
2	22.0	18.8	11.8
3	22.0	17.9	9.5
4	21.5	17.2	11.5
5	21.5	17.2	10.0
평균	22.0	17.86	10.72

(1) 분석 시스템 만들기

ⓐ ANSYS Workbench를 시작합니다.

ⓑ Explicit Dynamic Project Schematic을 생성합니다.

ⓒ Project Schematic 이름을 "Ball drop on sand"로 변경합니다.

ⓓ 프로젝트 단위 확인합니다.

(2) 엔지니어링 데이터 정의

ⓐ 엔지니어링 데이터 셀을 편집하여 데이터 소스에서 사전 정의 된 재료 모델을 선택 하십시오.

ⓑ SAND, SUY2, Structural steel의 재료 물성을 데이터 베이스에서 가져옵니다.

Outline of Schematic A2: Engineering Data

	A	B	C	D	E
1	Contents of Engineering Data			Source	Description
2	Material				
3	SAND			Explicit_Materials.xml	Laine L.,Sandvik A.,"Derivation of mechanical properties for sand",4th SILOS,CI-Premier LTD,p361-367
4	Structural Steel			General_Materials.xml	Fatigue Data at zero mean stress comes from 1998 ASME BPV Code, Section 8, Div 2, Table 5-110.1
5	SUJ2			General Materials Non-linear.xm	Fatigue Data at zero mean stress comes from 1998 ASME BPV Code, Section 8, Div 2, Table 5-110.1

Properties of Outline Row 3: SAND

	A	B	
1	Property	Value	
2	Density	2641	kg m^-3
3	MO Granular		
4	MO Granular Pressure Hardening	Tabular	
5	Scale	1	
6	Offset	0	Pa
7	MO Granular Density Hardening	Tabular	
8	Scale	1	
9	Offset	0	Pa
10	MO Granular Variable Shear Modulus	Tabular	
11	Scale	1	
12	Offset	0	Pa
13	Shear Modulus	7.69E+07	Pa
14	Tensile Pressure Failure		
15	Maximum Tensile Pressure	-1000	Pa
16	Compaction EOS Linear		
17	Solid Density	2641	kg m^-3
18	Compaction Path	Tabular	
19	Scale	1	
20	Offset	0	Pa
21	Linear Unloading	Tabular	
22	Scale	1	
23	Offset	0	m s^-1

Chart of Properties Row 3: MO Granular

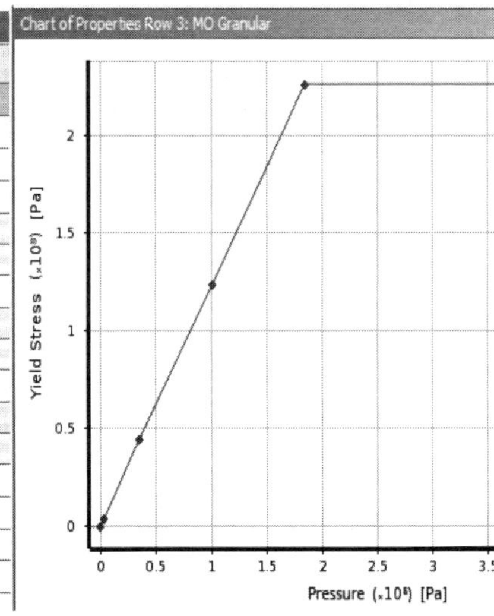

Properties of Outline Row 5: SUJ2

	A	B	
1	Property	Value	
2	Density	7810	kg m^-3
3	Isotropic Elasticity		
4	Derive from	Young's Modul...	
5	Young's Modulus	2.1E+11	Pa
6	Poisson's Ratio	0.3	
7	Bulk Modulus	1.75E+11	Pa
8	Shear Modulus	8.0769E+10	Pa
9	Specific Heat	475	J kg^-1 C^-1

Properties of Outline Row 4: Structural Steel

	A	B	
1	Property	Value	
2	Density	7850	kg m^-3
3	Isotropic Elasticity		
4	Derive from	Young's Modul...	
5	Young's Modulus	2E+11	Pa
6	Poisson's Ratio	0.3	
7	Bulk Modulus	1.6667E+11	Pa
8	Shear Modulus	7.6923E+10	Pa
9	Specific Heat	434	J kg^-1 C^-1

위 표에서 제공하지 않는 데이터는 제공해주는 데이터를 불러와서 복사한 후 일부를 수정하여 사용하는 것이 일반적입니다.

(3) 모델 데이터 불러오기(또는 모델 만들기)

ⓐ "Ball drop on sand.agdb " 모델을 모델 데이터베이스에서 가져 옵니다.

ⓑ Sand의 치수는 225 x 140 x 155 (mm)입니다.

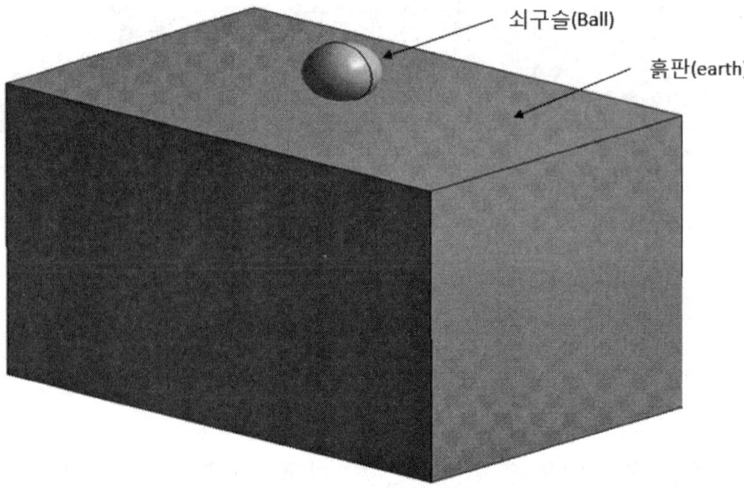

ⓒ Ball은 diameter를 30, 20, 10 (mm) 로 3가지로 합니다.
Ball의 재질은 SUJ2를 선정합니다.
Ball의 지름이 30mm 일 때는 모델링한 Ball의 무게가 0.11041 kg으로
110 g의 쇠구술의 질량과 비교하면 0.37%의 오차가 있습니다.
Ball의 지름이 20mm 일 때는 모델링한 Ball의 무게가 0.0032714 kg으로
31.87 g의 쇠구술의 질량과 비교하면 2.57%의 오차가 있습니다.
Ball의 지름이 10mm 일 때는 모델링한 Ball의 무게가 0.0040893 kg으로
3.525 g의 쇠구술의 질량과 비교하면 13.79%의 오차가 있습니다.

(4) 부품 동작 정의

ⓐ Workbench Mechanical에서 모델을 편집하십시오.
ⓑ 단위를 조정합니다. MKS 장치 시스템을 선택하십시오.
-Mechanical은 Workbench에 고유하지 않으므로 여기의 단위는 프로젝트 단위와 일치하지 않을 수 있습니다.
ⓒ Ball에는 SUJ2를 설정하고, SAND에는 Sand를 설정합니다.

(5) 연결(Connection)정의

ⓐ 자동으로 정의 된 접촉 영역이 있으면 삭제합니다.

(6) 원격점 정의, 이름선정(Named selection) 정의

ⓐ 본 문제에서는 적용하지 않습니다.

(7) 대칭설정 (대칭모델에 대하여 적용)

ⓐ 본 문제에서는 적용하지 않습니다.

(8) 메시 컨트롤(Mesh Control) 적용/ 미리보기 메시

ⓐ 메쉬 분기를 선택하십시오.

ⓑ Ball은 Size function은 Adaptive이고 size는 default를 사용합니다.

ⓒ Sand는 Body size를 설정하여 size를 5mm 로 설정한다.

ⓓ Nodes 개수 ; 42595개 Elements 개수 : 41855개
Aspect Ratio Average : 1.0773입니다.

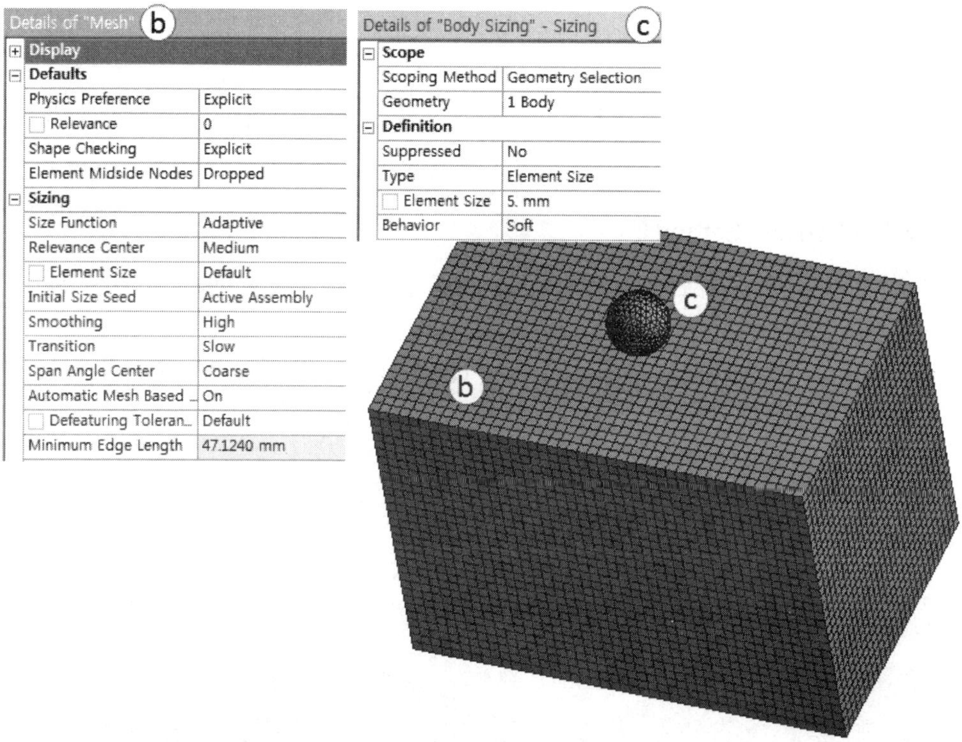

(9) 초기조건(Intial condition) 정의

ⓐ Ball의 자유낙하이므로 중력을 적용하여 해석할 수 있으나 Ball이 Sand 면에 접촉하는 순간의 초기속도를 입력하는 방법으로 해석을 수행한다.

ⓑ Ball이 이동한 거리는 300mm -155mm = 145 mm이므로 Ball이 충돌할 때의 시간 t는 0.172 s입니다. ($y = \frac{1}{2} g t^2 \ (g = 9.8 m/s^2, y = 145 mm)$

Ball이 Sand와 충돌 직전의 속도는 9.8 m/s2 x 0.172 s = 1.686 m/s입니다.

ⓒ 초기속도를 설정합니다.

Details of "Velocity"

Scope	
Scoping Method	Geometry Selection
Geometry	1 Body
Definition	
Input Type	Velocity
Define By	Components
Coordinate System	Global Coordinate System
X Component	0. mm/s
Y Component	-1686. mm/s
Z Component	0. mm/s
Suppressed	No

(10) 분석설정(Analysis Settings)

ⓐ Step Control에서 최소 End Time은 쇠구슬의 운동에너지가 0에 가까워질 때까지의 시간으로 선정합니다.
ⓑ Erosion Control에서 각 재료의 물성의 변형률이 1.5 이상일 경우 파괴가 되는 것으로 설정합니다. 파괴로 인한 파편에 관성을 부여함.

(11) 하중(Load) 및 지지대(Support) 적용

ⓐ Earth 5면을 고정 지지대를 삽입하십시오.

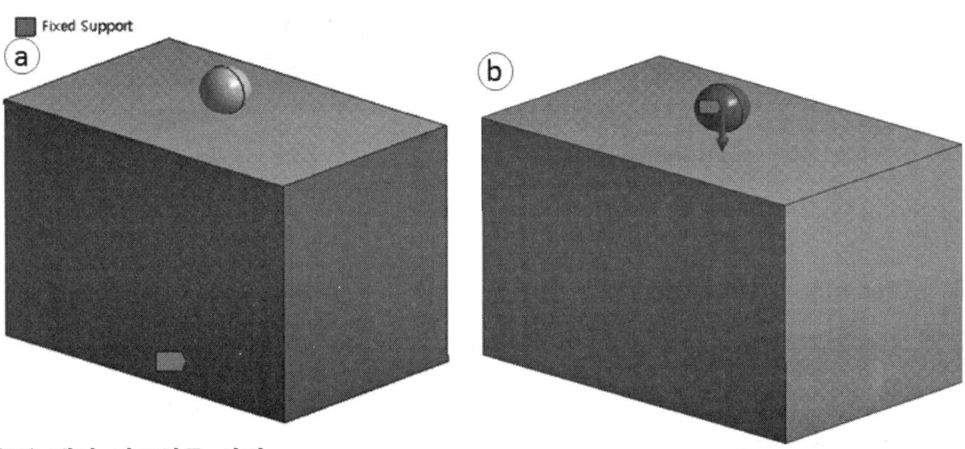

(12) 해석 검토항목 설정

ⓐ Directional Deformation을 Y축으로 설정합니다.

(13) 해석실행(Solver)

ⓐ 솔루션 정보와 RMB"솔버"에서 솔버 출력을 선택하여 시뮬레이션을 시작합니다.
ⓑ 해석시간은 3.8 시간이 소요됩니다.

```
Cycle:   494929, Time:  2.500E-02s, Time Inc.: 5.051E-08s, Progress: 100.00%, Est. Clock Time Remaining: 0s
Cycle:   494930, Time:  2.500E-02s, Time Inc.: 5.051E-08s, Progress: 100.00%, Est. Clock Time Remaining: 0s
Cycle:   494931, Time:  2.500E-02s, Time Inc.: 5.051E-08s, Progress: 100.00%, Est. Clock Time Remaining: 0s
Cycle:   494932, Time:  2.500E-02s, Time Inc.: 5.051E-08s, Progress: 100.00%, Est. Clock Time Remaining: 0s


SIMULATION ELAPSED TIME SUMMARY

EXECUTION FROM CYCLE        1 TO   494932
ELAPSED RUN TIME IN SOLVER =       2.25185E+02 Minutes
TOTAL ELAPSED RUN TIME     =       2.30829E+02 Minutes
JOB RAN OVER      8 SLAVES
JOB RAN USING Platform MPI
JOB RAN USING DECOMPOSITION AUTO
```

(14) 후 처리(Post-process)

ⓐ Directional Deformation을 사용하여 Ball의 최대 이동거리를 산정합니다.

ⓑ 실험 결과와 해석 결과의 비교는 다음과 같습니다.

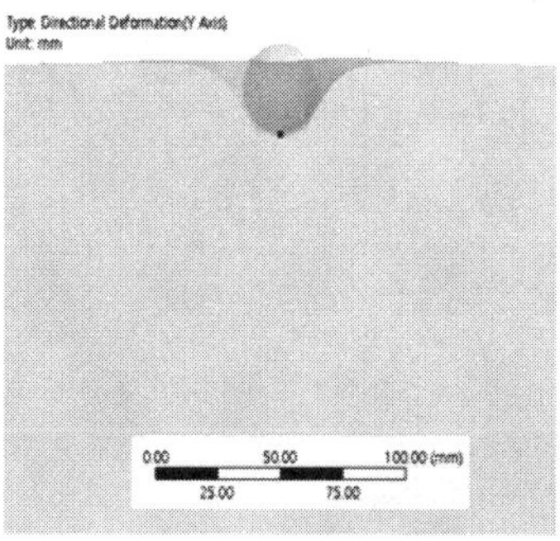

	Test1	Test2	Test3
해석(mm)	22.8	17.56	10.196
실험(mm)	22	17.86	10.72
오차(%)	3.64	1.66	4.8

ⓒ 시간에 따라서 Ball의 이동 거리는 다음과 같습니다.

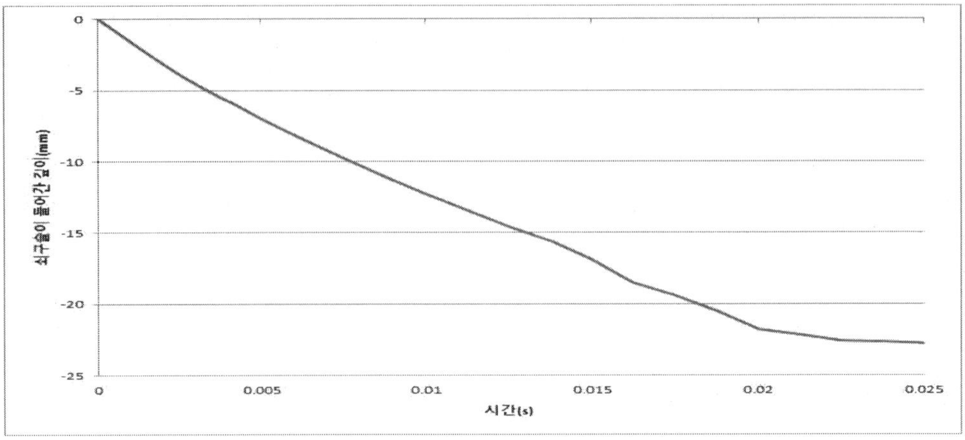

ⓓ 최대 4.8%의 오차가 발생되었는데 오차가 발생된 이유는 다음과 같이 추측합니다.

① 직접 구슬을 손으로 떨어트리는 과정 중 손 떨림으로 인한 오차.

② 모래 입자의 불균일로 인한 오차.

③ Ball이 맞닿는 모래 부분의 불완전한 평탄화로 인한 오차

ⓔ Total Deformation으로 Ball이 Sand에 충돌하는 모습은 다음과 같습니다.

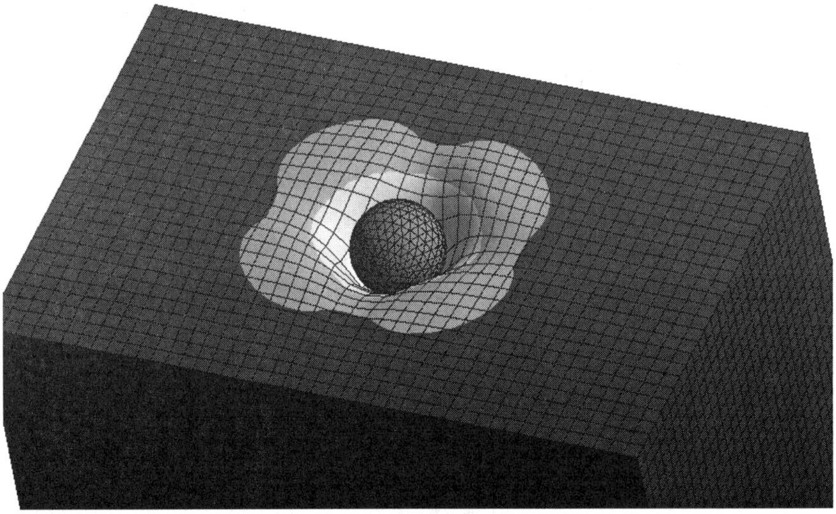

ⓔ Ball이 이동한 거리는 다음과 같습니다.

y = 300 mm - 155 mm = 145 m

ⓕ Ball이 충돌하기 직전의 속도 (V)는 다음과 같습니다.

$y = \frac{1}{2}gt^2$ 여기서 g = 9.8 m/s2 이고 y = 145 mm 이므로 t = 0.172 s

v = g = 9.8 m/s2 x 0.172 s = 1.686 m/s 입니다.

예제 7.3 강구의 철판 충돌

plate에 Bullet이 관통하는 현상을 시뮬레이션 하고자 합니다.
Bullet은 Structural steel로 지름 10mm이며 철판은 두께 4mm 입니다.
ⓐ Plate 재질을 Structural Steel NL, Aluminum Alloy NL, Copper Alloy NL를 사용할 때 차이점을 비교합니다. 이때 Bullet은 Rigid로 해석에서 변형을 제외합니다.
ⓑ 같은 방법으로 Bullet을 Flexible로 선언하여 변형을 고려 했을때의 결과를 비교합니다.

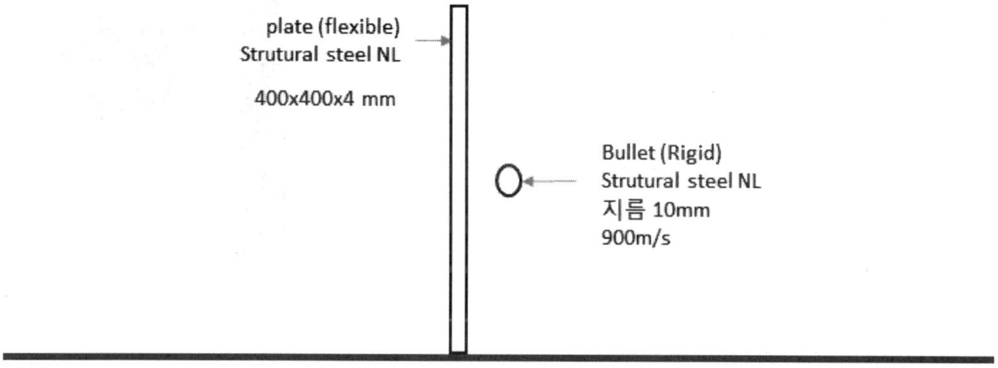

(1) 분석 시스템 만들기

ⓐ Project Schematic 이름을 "single plate-Bullet"로 변경합니다.
ⓑ 프로젝트 단위 확인합니다.

(2) 엔지니어링 데이터 정의

ⓐ 엔지니어링 데이터 셀을 편집하여 데이터 소스에서 사전 정의 된 재료 모델을 선택합니다.
ⓑ structural Steel NL, Aluminum Alloy NL, Copper Alloy NL

(3) 모델 데이터 불러오기(또는 모델 만들기)

ⓐ " Single plate-Bullet.agdb " 모델을 모델 데이터베이스에서 가져 옵니다.

(4) 부품 동작 정의

ⓐ Workbench Mechanical에서 모델을 편집하십시오.
ⓑ Bullet는 Structural Steel NL, Rigid로 선정합니다.
ⓒ Plate는 Flexible로 선언하고 재료는 Structural Steel NL, Aluminum Alloy

NL, Copper Alloy NL 로 바꾸어 가면서 해석합니다.

(5) 연결(Connection)정의

ⓐ Bullet과 plate가 분리되어 있기 때문에 connection에는 아무 조건도 부여되어 있지 않습니다

ⓑ 페널티 기반 궤적 접촉은 기본 상호 작용이며 유형은 마찰이 없음을 주목하십시오.

(6) 원격점 정의, 이름선정(Named selection) 정의

ⓐ 본 문제에서는 적용하지 않습니다.

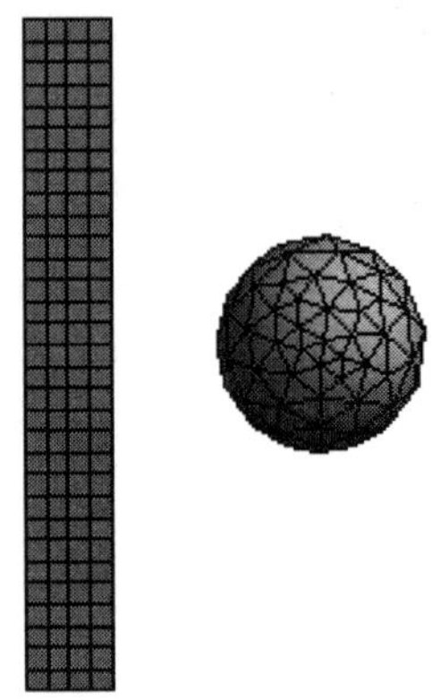

(7) 대칭설정 (대칭모델에 대하여 적용)

ⓐ 본 문제에서는 적용하지 않습니다.

(8) 메시 컨트롤(Mesh Control) 적용/ 미리보기 메시

ⓐ Plate 메쉬 사이즈 1 mm 로 설정합니다.

ⓑ Bullet 메쉬 사이즈 2mm 로 설정합니다.

(9) 초기조건(Intial condition) 정의

ⓐ Copper와 LEAD에 초기 속도 조건을 적용합니다.

ⓑ 다음으로 초기 속도를 정의하도록 선택합니다.

Details of "Velocity"	
Scope	
Scoping Method	Geometry Selection
Geometry	1 Body
Definition	
Input Type	Velocity
Define By	Components
Coordinate System	Global Coordinate System
X Component	0. m/s
Y Component	0. m/s
Z Component	900. m/s

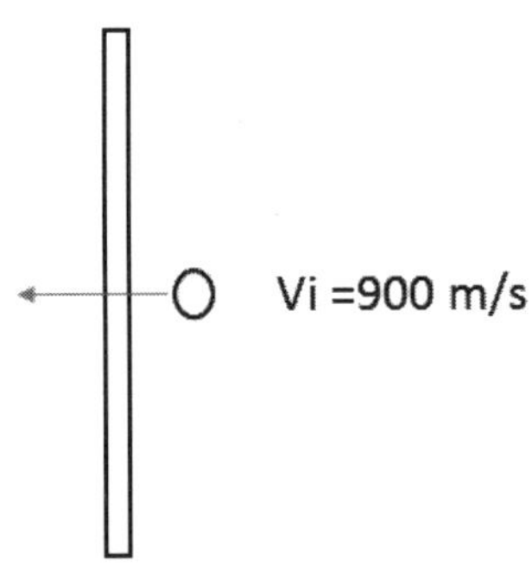

(10) 분석설정(Analysis Settings)

최소 End Time은 총알이 방탄 시험편을 뚫고 지나가는 거리로 선정합니다. Bullet의 예상 이동거리는 24mm 이므로 S = V t 의 식에서 t를 24/(900*1000) = 2.6e-5입니다. 다음과 같이 중요 항목을 설정합니다.

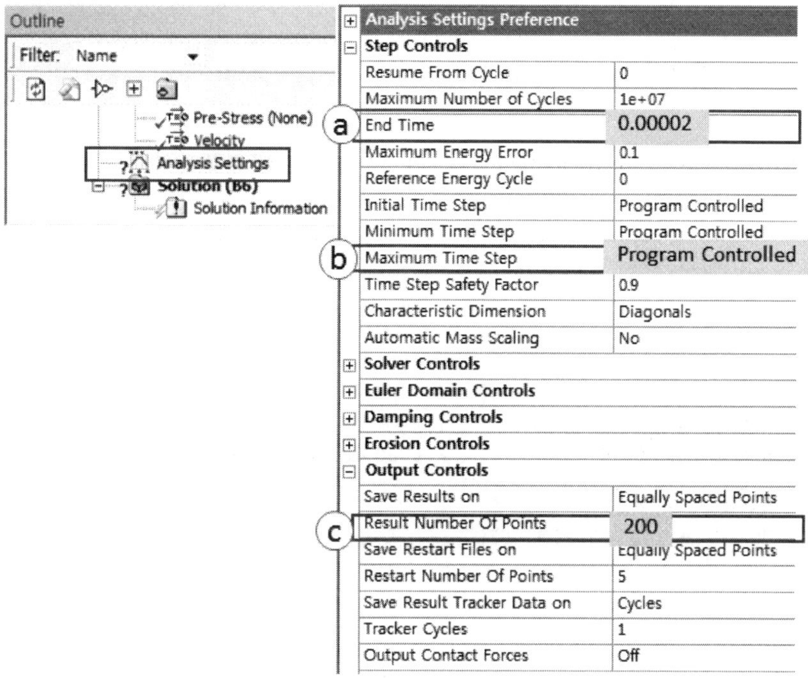

(11) 하중(Load) 및 지지대(Support) 적용

ⓐ Plate의 4면을 Fixed Support로 설정합니다.

(12) 해석 검토항목 설정

방폭문의 주된 관심사는 방폭문 중앙의 최대 변위입니다.

ⓐ 전체 모델에 대한 Total Deformation(최대변위)를 적용합니다.

(13) 해석실행(Solver)

ⓐ 솔루션 정보와 RMB“솔버”에서 솔버 출력을 선택하여 시뮬레이션을 시작합니다.

ⓑ Solution Information에서 Solver Output 를 선택하십시오.

```
Cycle:       800, Time:  1.999E-05s, Time Inc.: 1.417E-08s, Progress:
Cycle:       801, Time:  2.001E-05s, Time Inc.: 1.418E-08s, Progress:


SIMULATION ELAPSED TIME SUMMARY

EXECUTION FROM CYCLE         1 TO       801
ELAPSED RUN TIME IN SOLVER =       4.85967E-01 Minutes
TOTAL ELAPSED RUN TIME     =       2.62933E+00 Minutes
JOB RAN OVER     2 SLAVES
JOB RAN USING Platform MPI
JOB RAN USING DECOMPOSITION AUTO
```

(14) 후 처리(Post-process)

ⓐ Equivalent Plastic Strain 을 surface를 사용하여 Bullet 을 확인합니다.

ⓑ Bullet을 flexible로 설정하고 결과를 비교합니다.

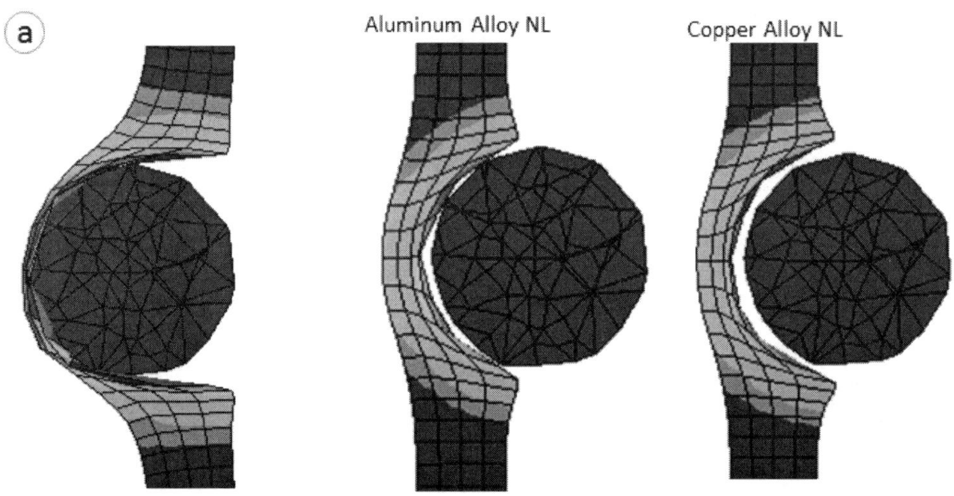

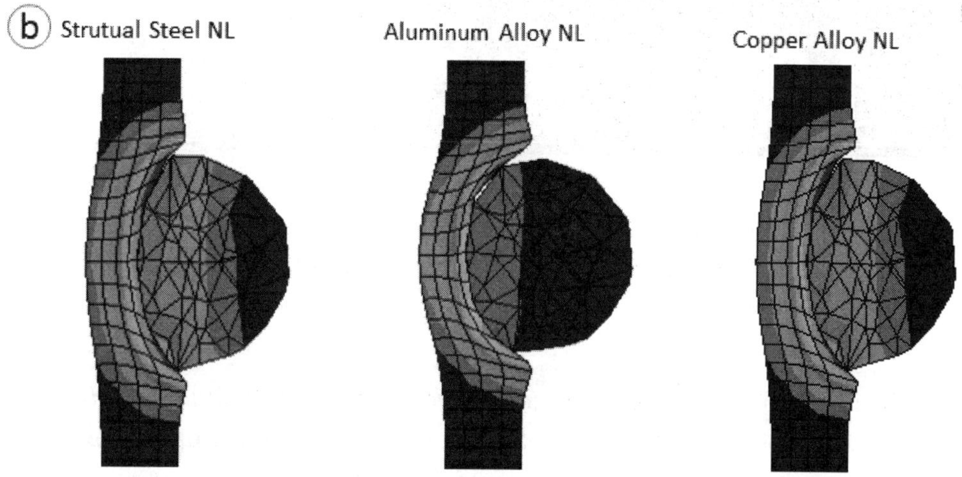
b
Strutual Steel NL
Aluminum Alloy NL
Copper Alloy NL

8 유체 역학 해석

1. Fluid CFD (Computation Fluid Dynamic) [7)]

컴퓨터는 수년 동안 유체 흐름 문제를 해결하는 데 사용되었다. 특정 문제 또는 특정 부류의 문제를 해결하기 위해 수많은 프로그램이 작성되었다. 1970년대 중반부터 알고리즘을 일반화하는 데 필요한 복잡한 수학이 이해되기 시작했고 범용 CFD 솔버가 개발되었다. 이들은 1980년대 초에 등장하기 시작했으며 당시에는 매우 강력한 컴퓨터였을 뿐만 아니라 유체 역학에 대한 심층적인 지식과 시뮬레이션을 설정하는 데 많은 시간이 필요하다. 결과적으로 CFD는 거의 독점적으로 연구에 사용되는 도구이다.

강력한 그래픽 및 모델의 대화형 3D 조작과 함께 컴퓨팅 성능의 최근 발전으로 인해 CFD 모델을 생성하고 결과를 분석하는 과정이 훨씬 덜 노동 집약적이어서 시간과 비용이 절감되었다. 고급 솔버에는 합리적인 시간에 유동장의 강력한 솔루션을 가능하게 하는 알고리즘이 포함되어 있다. 이러한 요인의 결과로 전산 유체 역학은 이제 엔지니어링 세계 전체에서 설계 시간 규모를 줄이고 프로세스를 개선하는 데 도움이 되는 확립된 산업 설계 도구가 되었다. CFD는 스케일 모델 테스트에 대한 비용 효율적이고 정확한 대안을 제공하며 시뮬레이션의 변형이 빠르게 수행되어 명백한 이점을 제공한다.

운동량, 열 및 물질 전달 과정을 설명하는 일련의 방정식을 나비에-스토크스 방정식이라고 한다. 이러한 편미분 방정식은 19세기 초에 파생되었으며 일반적인 분석 솔루션이 알려져 있지 않지만 이산화되고 수치적으로 풀 수 있다. 연소와 같은 다른 과정을 설명하는 방정식도 나비에-스토크스 방정식과 함께 풀 수 있다. 근사 모델이 이러한 추가 방정식을 유도하는 데 사용되며, 난류 모델은 특히 중요한 예이다.

CFD 코드에 사용되는 다양한 솔루션 방법이 있다. 가장 일반적이고 CFX의 기반이 되는 것은 유한 체적 기법으로 알려져 있습니다. 이 기술에서 관심 영역은 제어 볼륨이라고 하는 작은 하위 영역으로 나누어진다. 방정식은 이산화되고 각 제어 볼륨에 대해 반복적으로 해결된다. 결과적으로 도메인 전체의 특정 지점에서 각 변수값의 근사치를 얻을 수 있다. 이러한 방식으로 흐름의 동작에 대한 전체 그림을 도출할 수 있다.

CFD는 다양한 분야의 엔지니어와 과학자들이 사용한다. 일반적인 응용 프로그램은

---

7) ANSYS workbench user manual

다음과 같습니다.
① 공정 산업: 혼합 용기, 화학 반응기
② 건물 서비스: 아트리움과 같은 건물의 환기
③ 건강 및 안전: 화재 및 연기의 영향 조사
④ 자동차 산업: 연소 모델링, 자동차 공기 역학
⑤ 전자 제품: 회로 기판 내부 및 주변의 열 전달
⑥ 환경: 공기 또는 수중 오염물질의 분산
⑦ 전력 및 에너지: 연소 공정 최적화
⑧ 의료: 이식된 혈관을 통한 혈류

2. Fluid Fluent

ANSYS Fluent는 복잡한 형상에서 유체 흐름, 열 전달 및 화학 반응을 모델링하기 위한 최첨단 컴퓨터 프로그램이다. ANSYS Fluent는 C 컴퓨터 언어로 작성되었으며 언어가 제공하는 유연성과 기능을 최대한 활한다. 결과적으로 진정한 동적 메모리 할당, 효율적인 데이터 구조 및 유연한 솔버 제어가 모두 가능하다. 또한 ANSYS Fluent는 클라이언트/서버 아키텍처를 사용하므로 클라이언트 데스크톱 워크스테이션과 강력한 컴퓨팅 서버에서 별도의 동시 프로세스로 실행할 수 있다. 이 아키텍처는 서로 다른 유형의 기계 또는 운영 체제 간에 효율적인 실행, 대화식 제어 및 완전한 유연성을 허용한다.
ANSYS Fluent는 복잡한 형상에 대해 비교적 쉽게 생성할 수 있는 구조화되지 않은 메시를 사용하여 흐름 문제를 해결하는 기능을 포함하여 완전한 메시 유연성을 제공한다. 지원되는 메쉬 유형에는 2D 삼각형/사변형, 3D 사면체/육면체/피라미드/쐐기/다면체 및 혼합(하이브리드) 메쉬가 있습니다. ANSYS Fluent를 사용하면 흐름 솔루션을 기반으로 메쉬를 다듬거나 거칠게 할 수도 있습니다.
메쉬를 ANSYS Fluent로 읽어오거나 3D 형상의 경우 Fluent의 메쉬 모드를 사용하여 메쉬를 생성할 수 있다. 경계 조건 설정, 유체 속성 정의, 솔루션 실행, 메쉬 미세 조정, 후처리 및 결과 보기를 포함하여 나머지 모든 작업은 Fluent의 솔루션 모드 내에서 수행된다. ANSYS Fluent 직렬 솔버는 단일 컴퓨터에서 단일 솔버 프로세스를 사용하여 파일 입력 및 출력, 데이터 저장 및 유동장 계산을 관리한다. ANSYS Fluent는 또한 ANSYS Fluent의 사용자 인터페이스와 기본 그래픽 기능을 관리하는 cortex라는 유틸리티를 사용한다. ANSYS Fluent의 병렬 솔버를 사용하면 동일한 컴퓨터 또는 네트워크의 다른 컴퓨터에서 실행될 수 있는 여러 프로세스를 사용하여 솔루션을 계산할 수 있다. ANSYS Fluent 솔버는 파일 입력 및 출력, 데이터 저장 및 흐름장 계산을 관리한다. 처리에는 호스트 프로세스인

ANSYS Fluent와 하나 이상의 컴퓨팅 노드 프로세스 간의 상호 작용이 포함된다. ANSYS Fluent는 ANSYS Fluent의 사용자 인터페이스 및 기본 그래픽 기능을 관리하는 cortex라는 유틸리티를 사용하여 호스트 프로세스 및 컴퓨팅 노드와 상호 작용합니다.

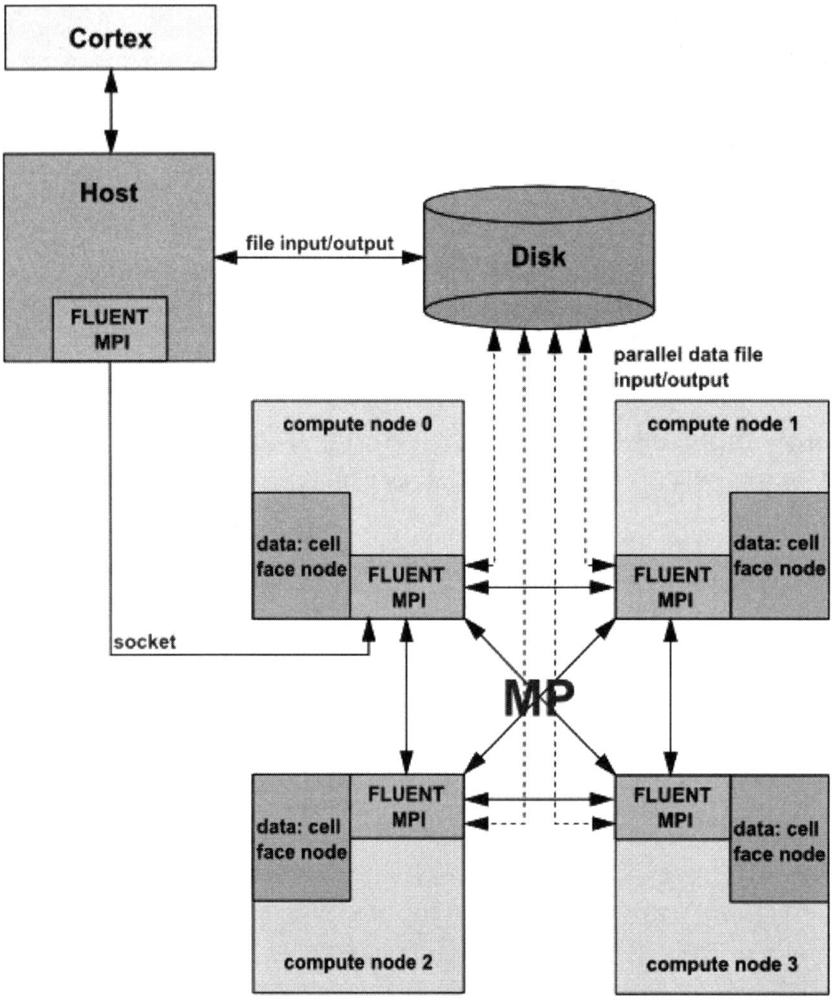

ANSYS Fluent 아키텍처[8)]

ANSYS Fluent의 직렬 솔버는 단일 컴퓨팅 노드를 사용하는 반면 병렬 솔버는 동일한 컴퓨터 또는 네트워크의 다른 컴퓨터에서 실행될 수 있는 여러 컴퓨팅 노드를 사용하여 솔루션을 계산한다. ANSYS Fluent의 병렬 처리 기능, 메시지 전달 인터페이스(MPI) 등에 대한 자세한 내용은 사용자 가이드의 병렬 처리를 참조한다. 솔루션을 계산하고 결과를 표시하는 데 필요한 모든 기능은 대화형 인터페이스를 통해 ANSYS Fluent에서 액세스할 수 있다.

8) ANSYS User's Manual

3 Fluid CFX

ANSYS CFX는 고급 솔버와 강력한 사전 처리 및 사후 처리 기능을 결합한 범용 CFD(Computational Fluid Dynamics) 소프트웨어 제품군이다. 여기에는 다음과 같은 기능이 포함된다. 안정적이고 강력한 고급 결합 솔버이다.
문제 정의, 분석 및 결과 프레젠테이션의 완전한 통합과 메뉴와 고급 그래픽을 사용하는 직관적인 대화형 설정 프로세스를 포함하고 있다.

ANSYS CFX는 다음을 모델링할 수 있습니다.
① 정상 상태 및 과도 흐름
② 층류 및 난류
③ 아음속, 천음속 및 초음속 흐름
④ 열전달 및 열복사
⑤ 부력
⑥ 비뉴턴 흐름
⑦ 미반응 스칼라 성분의 수송
⑧ 다상 흐름
⑨ 연소
⑩ 여러 참조 프레임의 흐름
⑪ 입자 추적.

ANSYS CFX의 구조는 다음과 같다.
ANSYS CFX는 지오메트리와 메쉬를 취하고 CFD 분석을 수행하는 데 필요한 정보를 전달하는 4개의 소프트웨어 모듈로 구성됩니다.

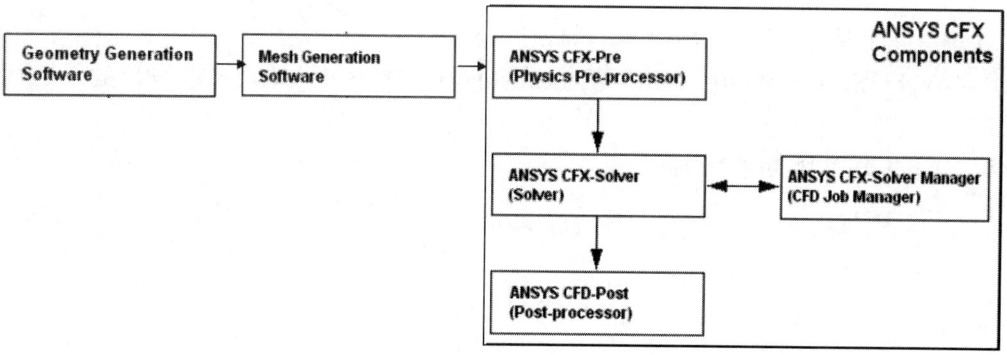

예제 8.1 원형 강관 2개의 접합 (모델: pipe-t)

지름이 100mm인 큰 관에 지름이 50mm인 작은 관이 90˚로 연결되어 있다.
큰 관에 흐르는 물은 20˚C 이고, 작은 관에 흐르는 물은 40˚C이다
이 관에 흐르는 물에 대하여 유동해석을 하시오.

(1) 해석대상을 분석하고 자유물체도를 작성한다.

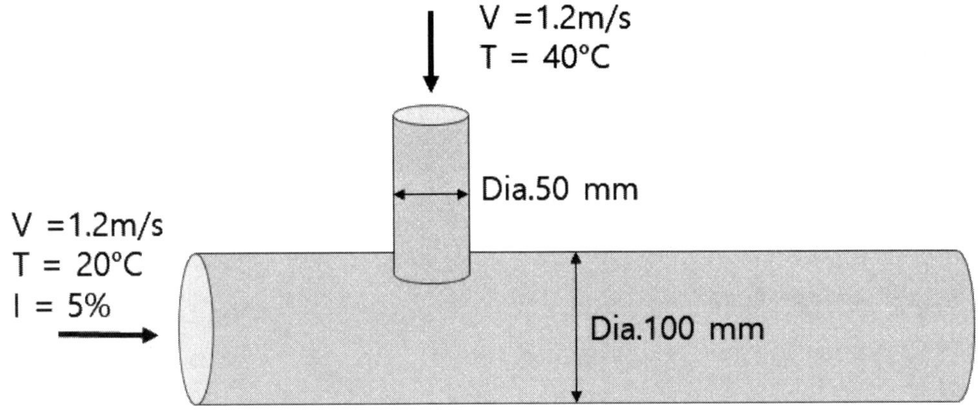

$Density \quad : \rho = 1000 kg/m^3$

$Viscosity \quad : \mu = 8 \times 10^{-4} Pa.s$

$Conductivity : k = 0.688\, W/m.K$

$Specific Heat : Cp = 4216\, J/Kg.K$

(2) 해석 시스템을 생성한다.(Fluid Flow(Fluent)

① Project Schematic에 Static Structural 시스템 추가한다. (더블클릭 또는 드래그 함)

② Project 이름을 변경한다.

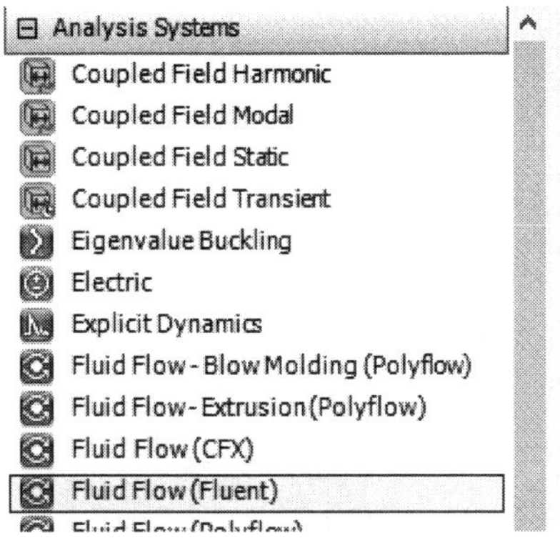

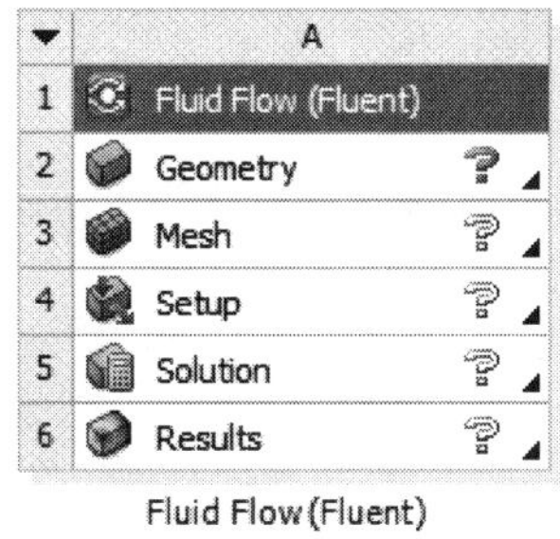

(3) 해석 모델을 불러들이거나 모델링을 수행한다. (Geometry)

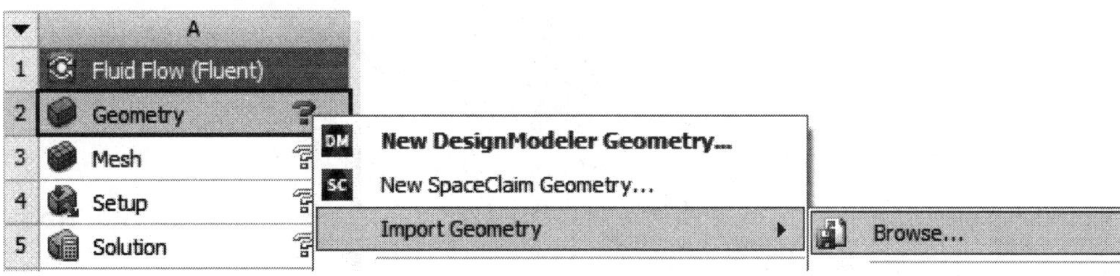

① Geometry에서 RMB >Replace Geometry > Browse를 클릭한다.

② 탐색기에서 이미 만들어진 CAD 데이터를 선택한다.

- Design Modeler의 파일 : Pipe-T.step

③ Geometry에서 RMB > Update를 수행한다.

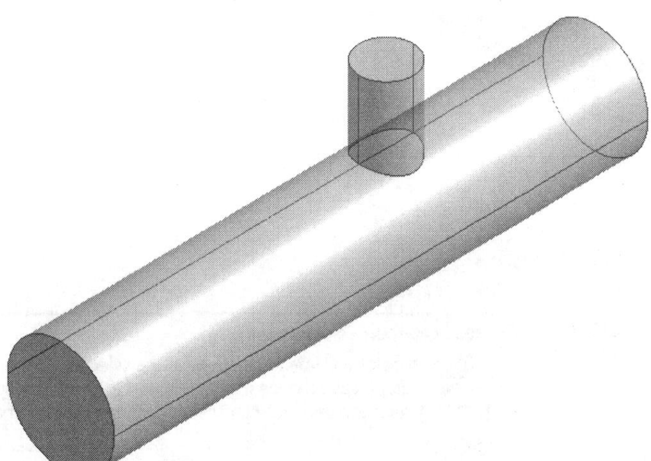

원형모델

(4) 격자 모델 생성 (Mesh)

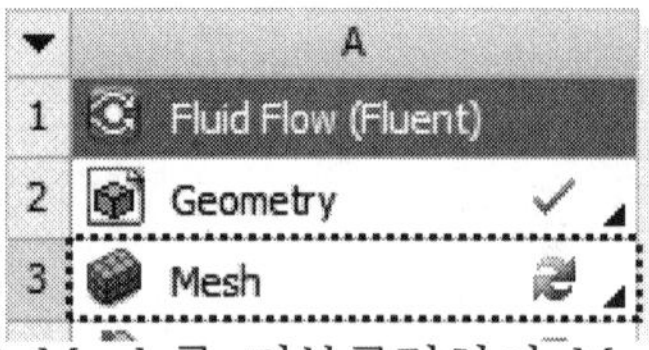

① Mesh를 더블클릭하여 Mesh 설정 환경으로 들어간다.

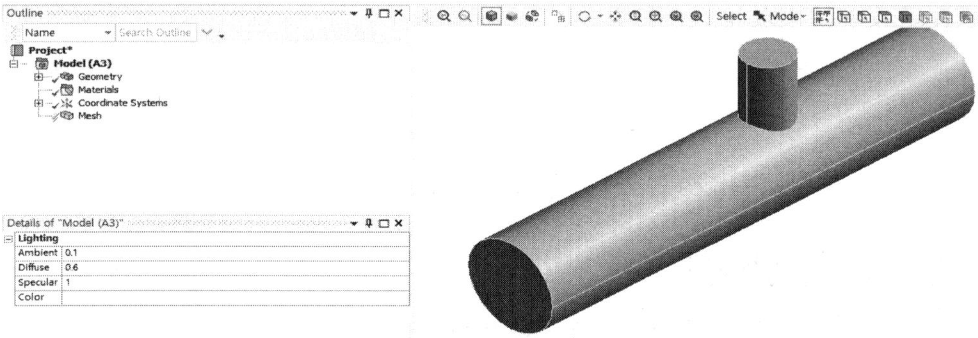

② 모델의 입력부분과 출력부분을 선택하여 이름을 정의한다.
그래픽에서 surface를 선택하고 RMB(오른쪽마우스버튼)을 클리하여 Create Named Selection을 실행하여 이름을 정의한다.
입력 면은 Inlet, 출력 면은 outlet을 기본적으로 사용해야 한다.

- Inlet velocity big
- Inlet velocity low
- outlet pressure

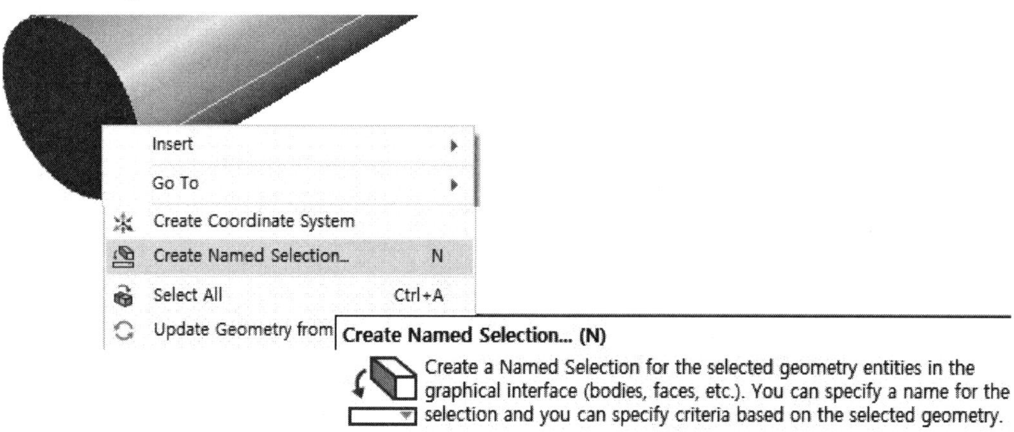

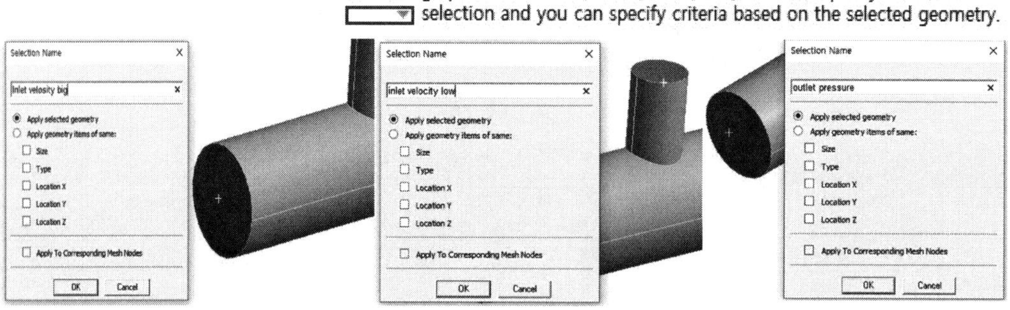

③ Outline에 3개의 Named selection이 생성된다.

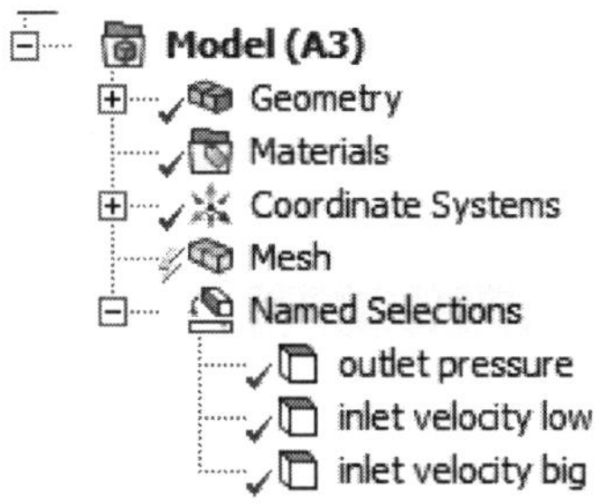

④ 메쉬에서 sizing을 실행하고, 전체 body를 선택하여 element size를 10mm로 설정한다.

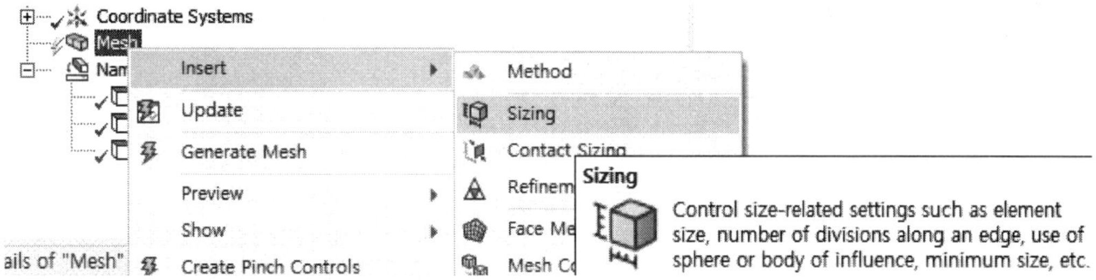

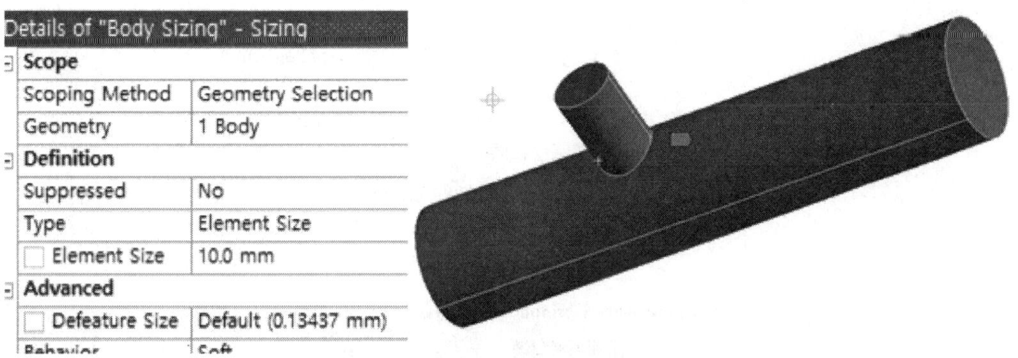

⑤ Details에서 Use Automatic Inflation을 Program Controlled로 변경한다.

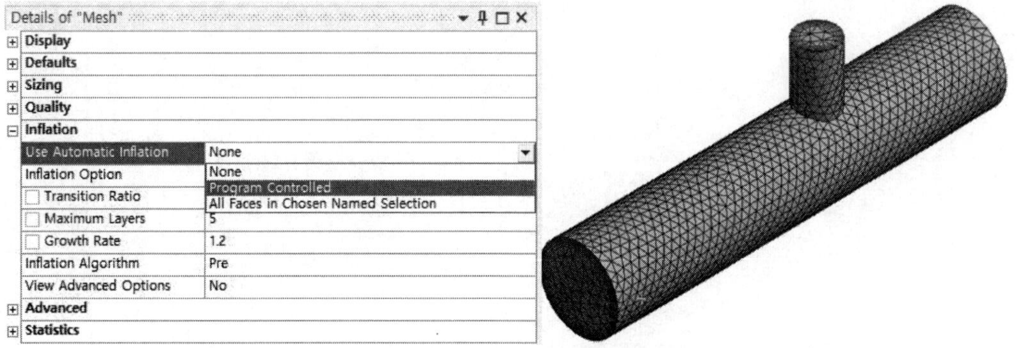

⑥ 메쉬 Update를 실행한다.

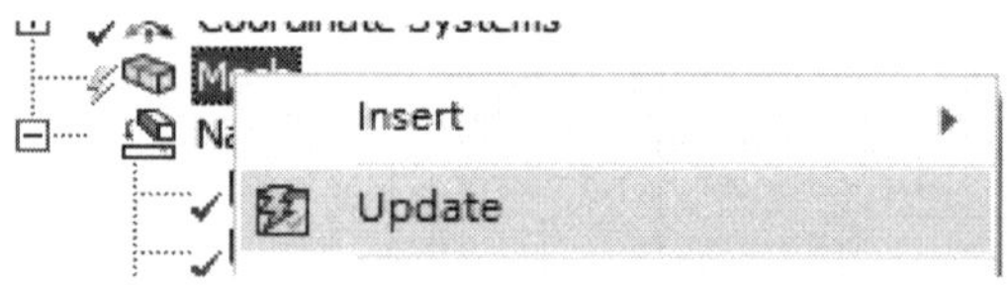

(5) 해석 도구를 불러온다. (Setup)

① Project Schematic의 Static Structural에서 Setup을 더블클릭하여 Fluent 창 활성화 한다.

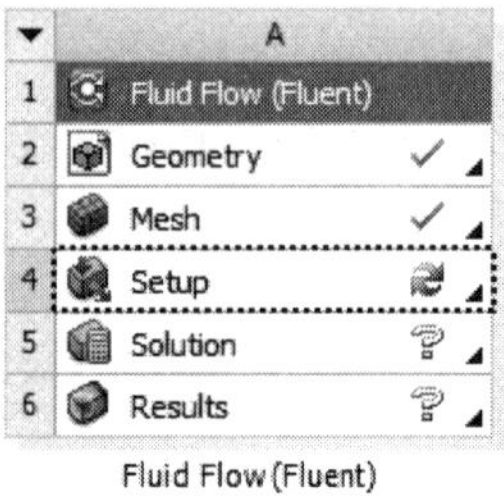

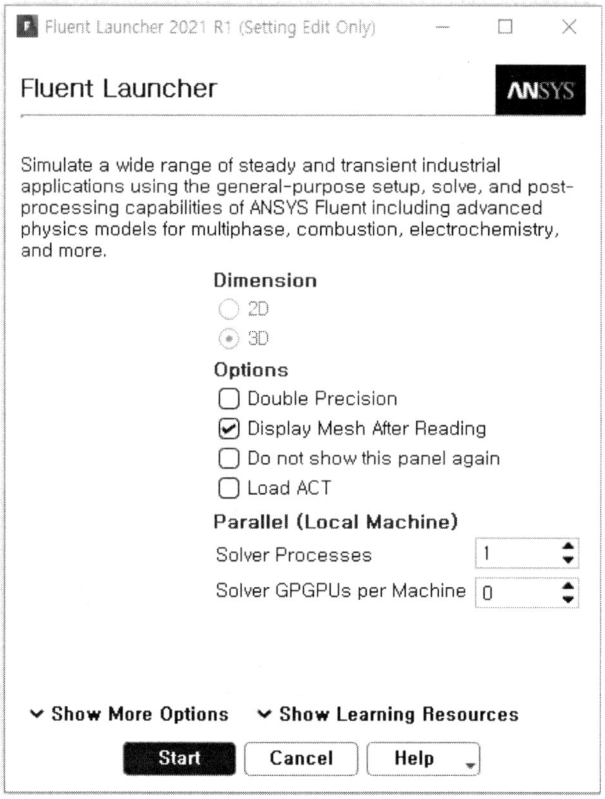

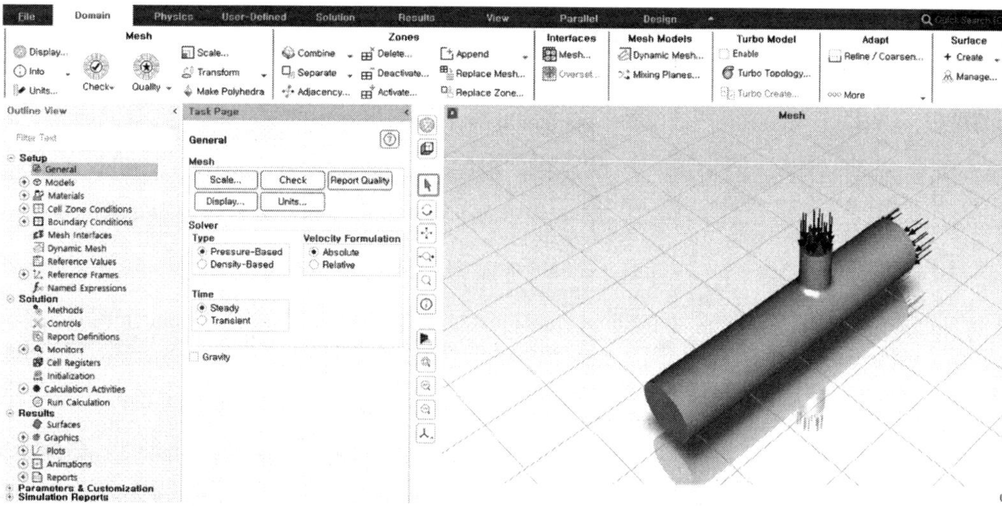
File
Domain
Physics
User-Defined
Solution
Results
View
Parallel
Design
Mesh
Display...
Info
Units...
Check
Quality
Scale...
Transform
Make Polyhedra
Zones
Combine
Separate
Adjacency...
Delete...
Deactivate...
Activate...
Append
Replace Mesh...
Replace Zone...
Interfaces
Mesh...
Overset...
Mesh Models
Dynamic Mesh...
Mixing Planes...
Turbo Model
Enable
Turbo Topology...
Turbo Create...
Adapt
Refine / Coarsen...
More
Surface
Create
Manage...
Outline View
Filter Text
Setup
General
Models
Materials
Cell Zone Conditions
Boundary Conditions
Mesh Interfaces
Dynamic Mesh
Reference Values
Reference Frames
Named Expressions
Solution
Methods
Controls
Report Definitions
Monitors
Cell Registers
Initialization
Calculation Activities
Run Calculation
Results
Surfaces
Graphics
Plots
Animations
Reports
Parameters & Customization
Simulation Reports
Task Page
General
Mesh
Scale...
Check
Report Quality
Display...
Units...
Solver
Type
Pressure-Based
Density-Based
Velocity Formulation
Absolute
Relative
Time
Steady
Transient
Gravity
Mesh

(6) Models에서 Energy와 Viscous를 설정한다.

① Energy Equation을 선택한다.

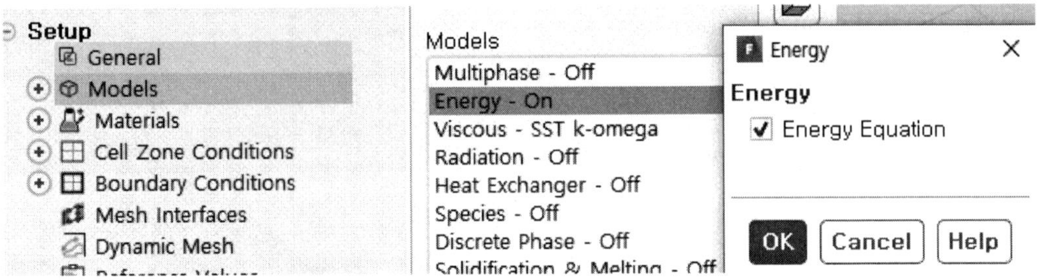

② Viscous - SST k-omega를 설정한다.

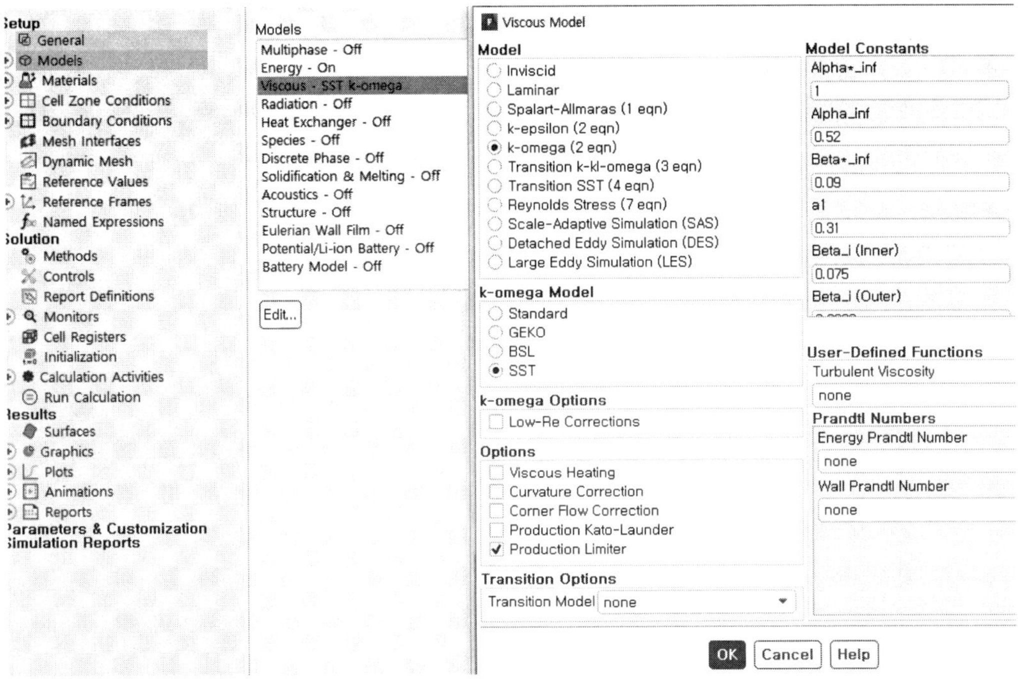

(7) Material 설정

① 기존에 정의된 Air는 삭제하고 Water-liguid를 설정한다.

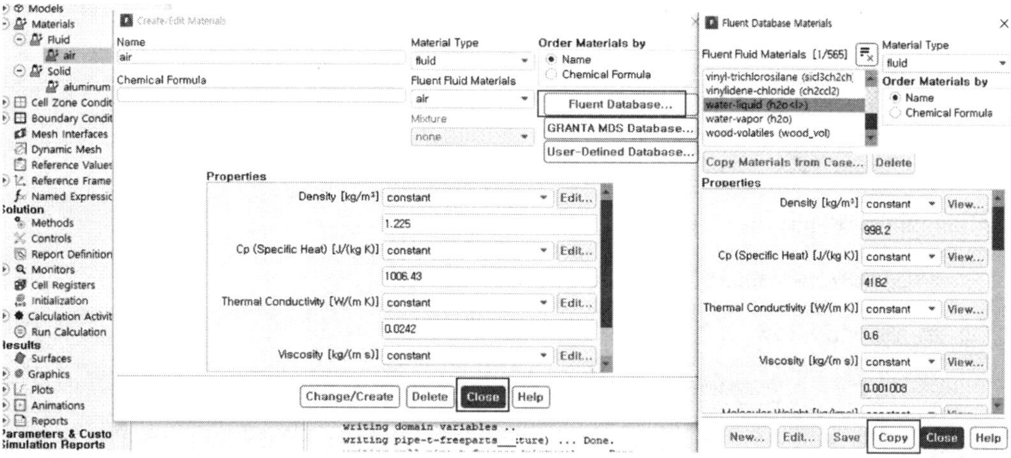

② Outline view의 결과 확인

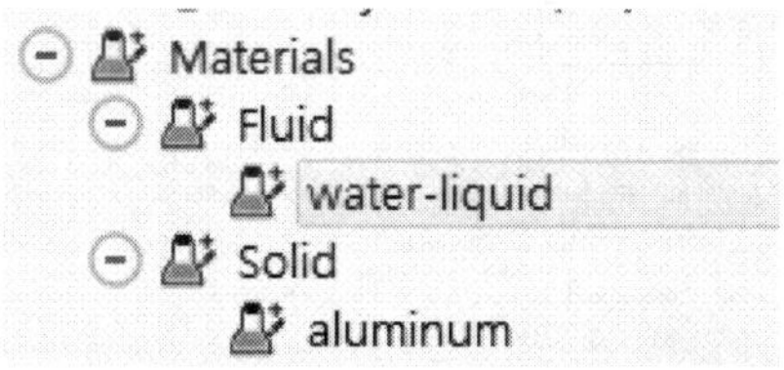

(8) Cell zone Conditions 설정

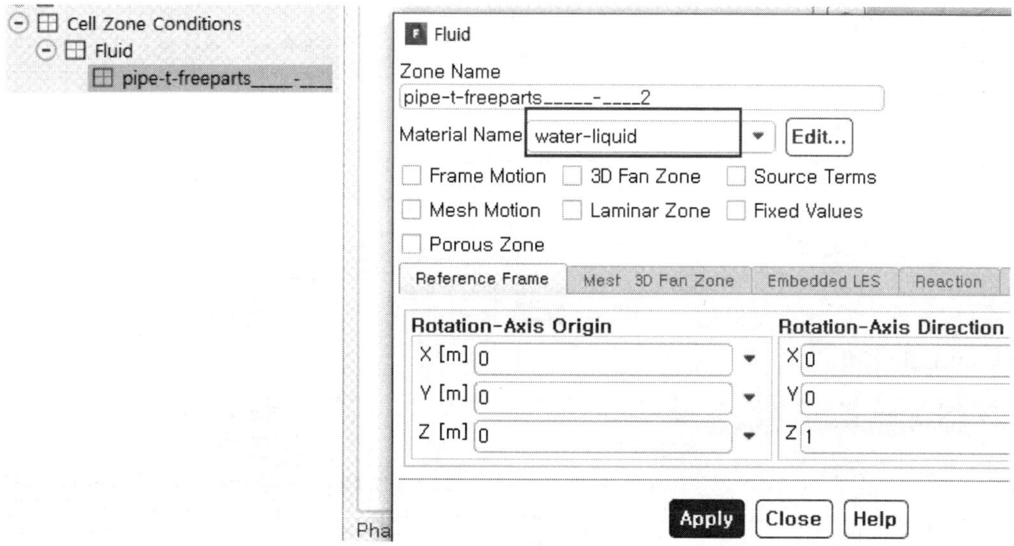

(9) Boundary Conditions 설정

① 설정 대상은 Inlet과 Outlet 이다.

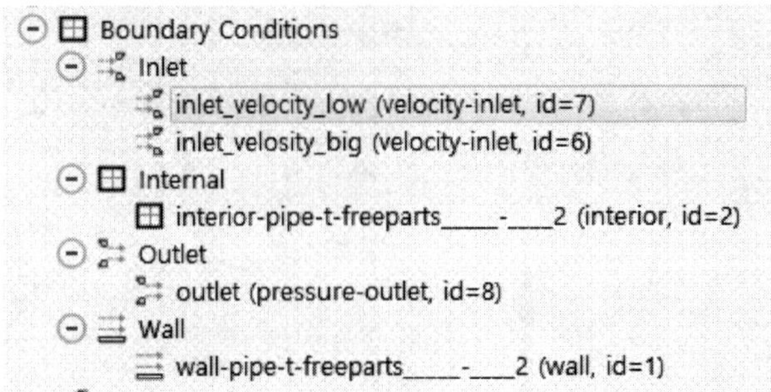

② inlet velocity low 설정

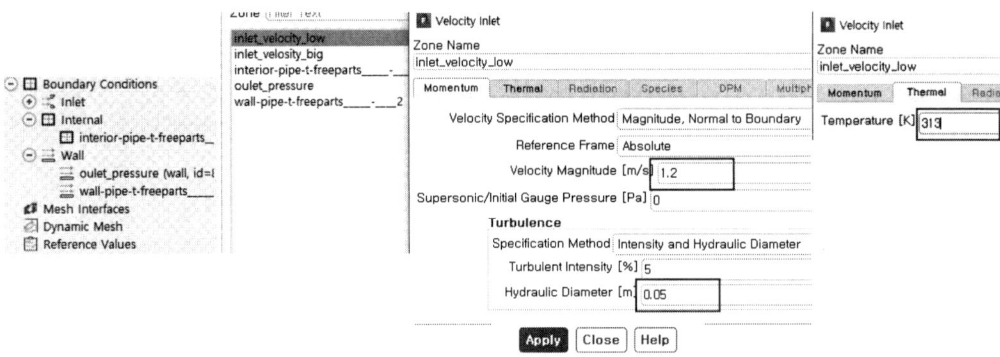

③ inlet velocity big 설정

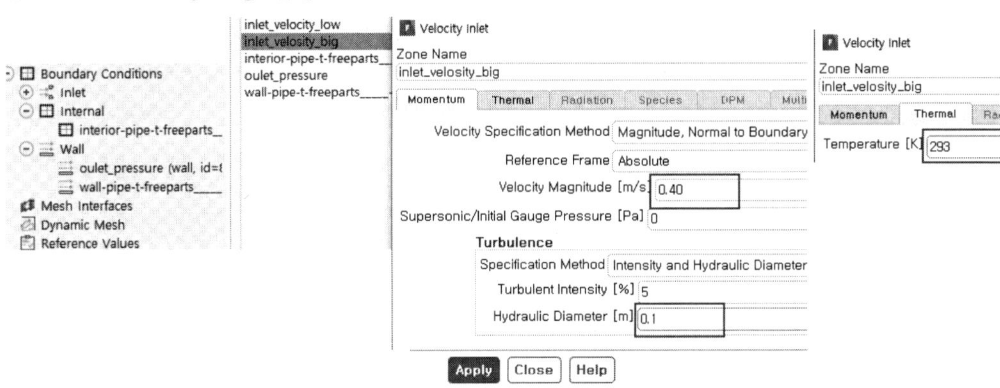

④ outlet 설정

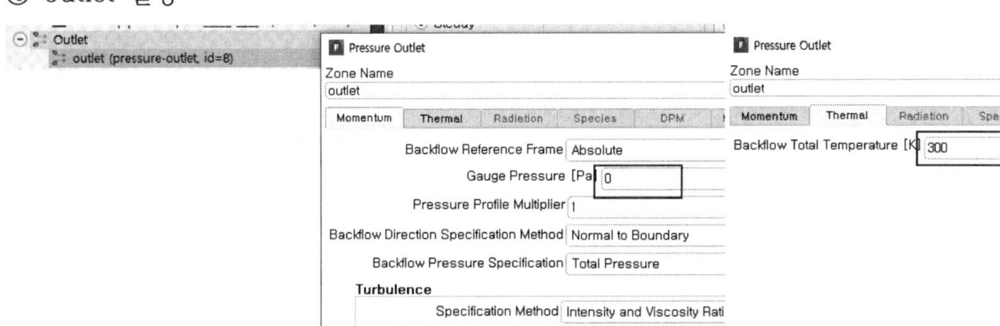

(10) Solution Methods를 설정한다.

① Pressure-Velocity Coupling에서 Scheme을 SIMPLE로 설정한다.

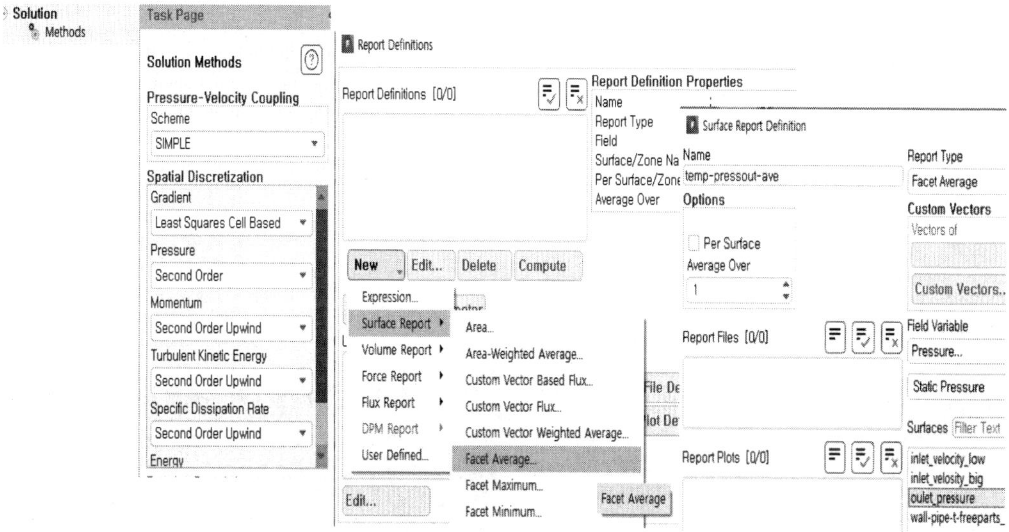

(11) Initialization을 실행한다.

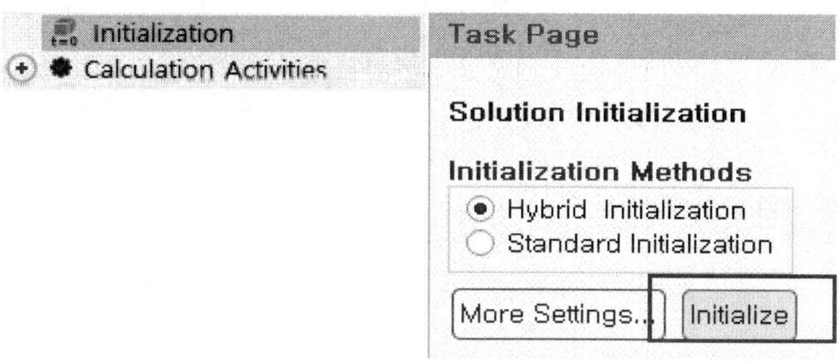

(12) 해석을 수행한다.

① Number of Iterations를 300으로 설정한다.

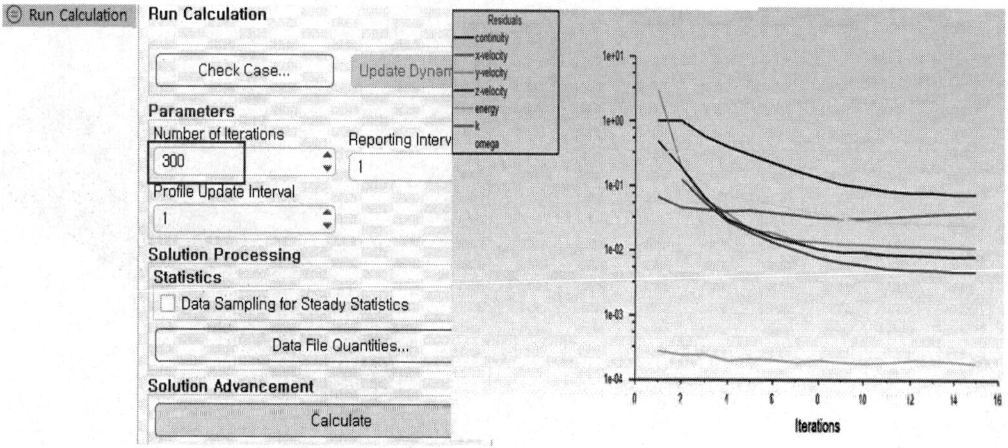

(13) 해석결과를 검토한다.

① Workbench화면에서 Result를 더블클릭하여 CFD-Post로 진입한다.

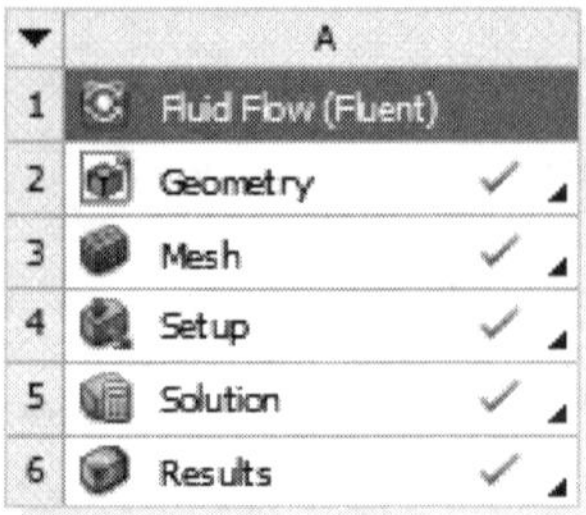

Fluid Flow (Fluent)

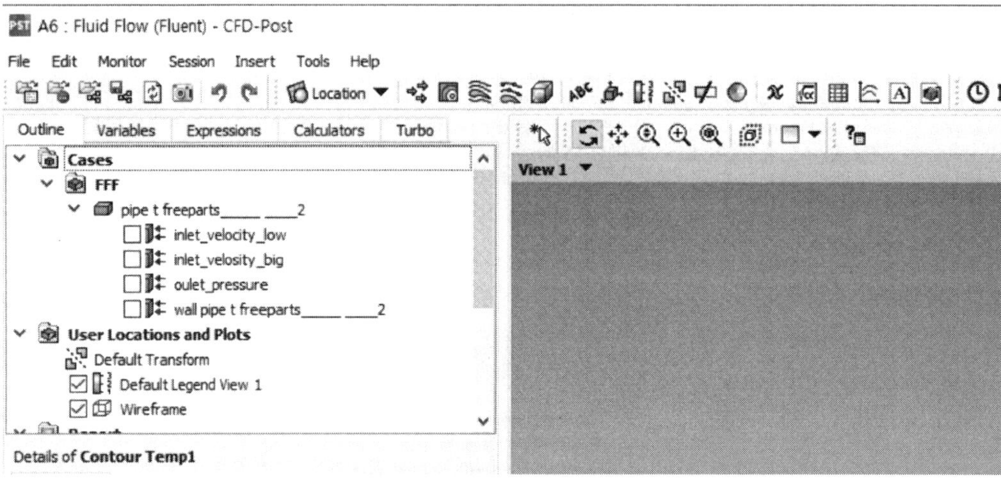

② Counter를 사용하여 Temp를 확인한다.

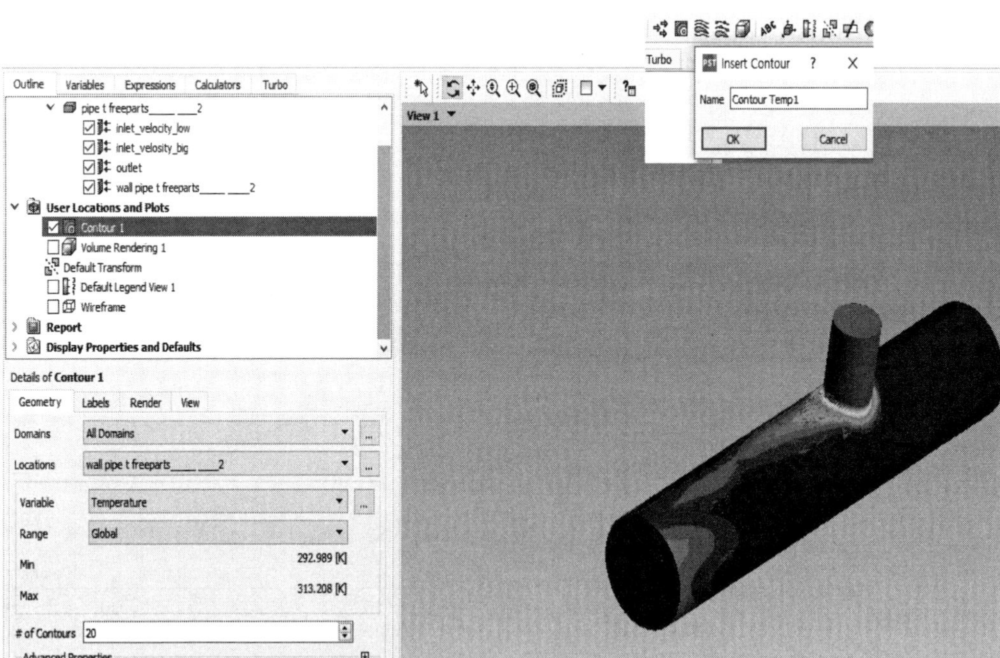

③ Volume Rendering

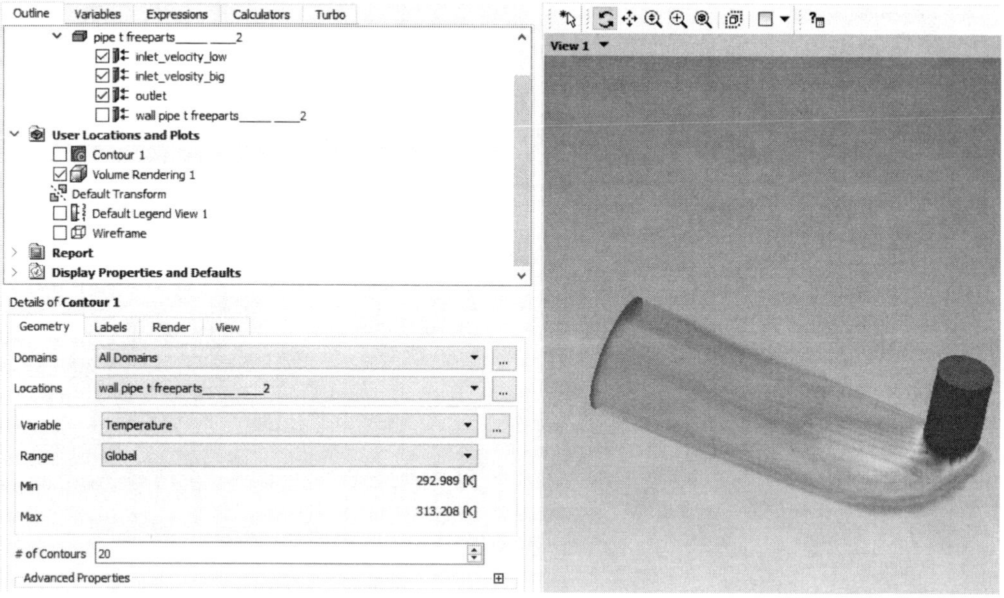

④ 해석 결과를 보기 위한 plane을 설정한다.

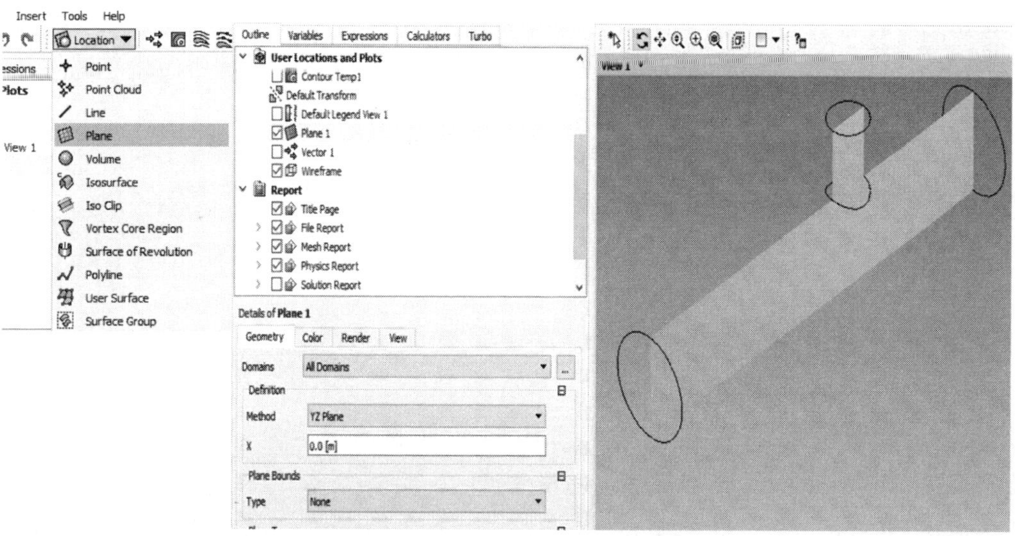

⑤ Streamline을 사용하여 vertex를 확인한다,

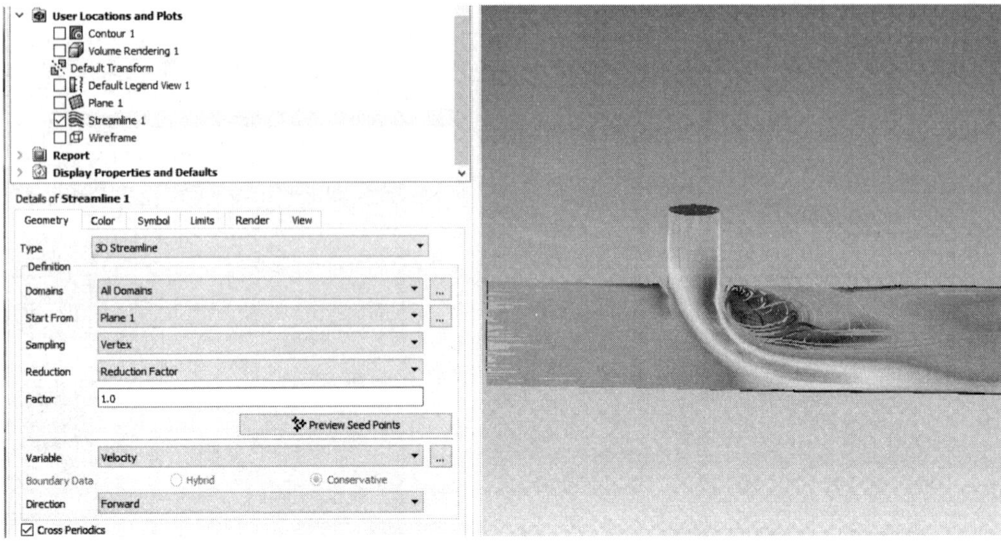

예제 8.2 굴곡을 가지 Duct의 유동해석 (모델 : duct-L)

폭300mm, 높이 200mm 두께 10mm의 Duct에 물이 흐른다. Inlet의 온도는 15˚C이고, Outlet의 온도는 30˚C이다. 이 관에 흐르는 물에 대하여 유동해석을 하시오.

(1) 해석대상을 분석하고 자유 물체도를 작성한다.

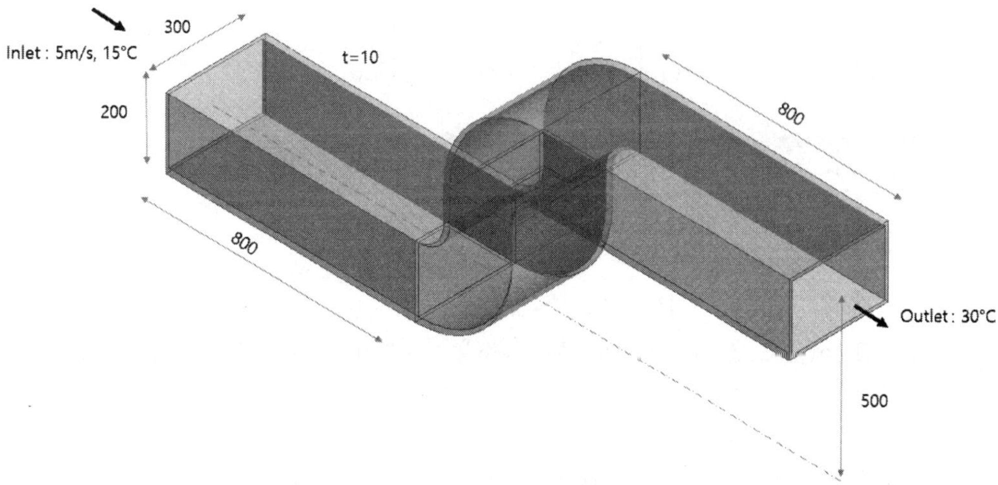

$Density \quad : \rho = 1000 kg/m^3$

$Viscosity \quad : \mu = 8 \times 10^{-4} Pa.s$

$Conductivity : k = 0.688\, W/m.K$

$Specific Heat : Cp = 4216\, J/Kg.K$

(2) 해석 시스템을 생성한다.(Fluid Flow(Fluent))

① Project Schematic에 Static Structural 시스템 추가한다. (더블클릭 또는 드래그 함)

② Project 이름을 변경한다.

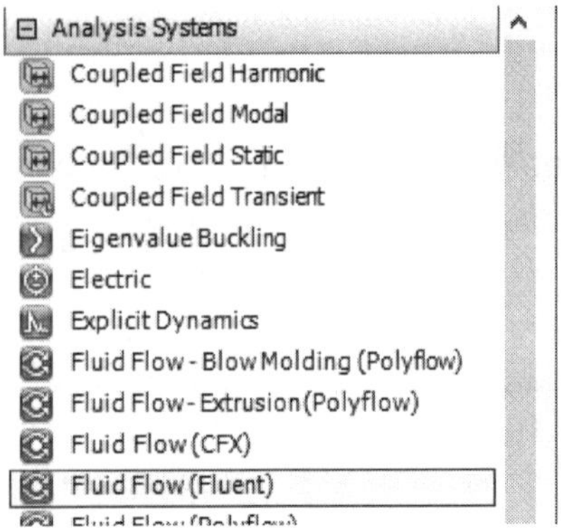

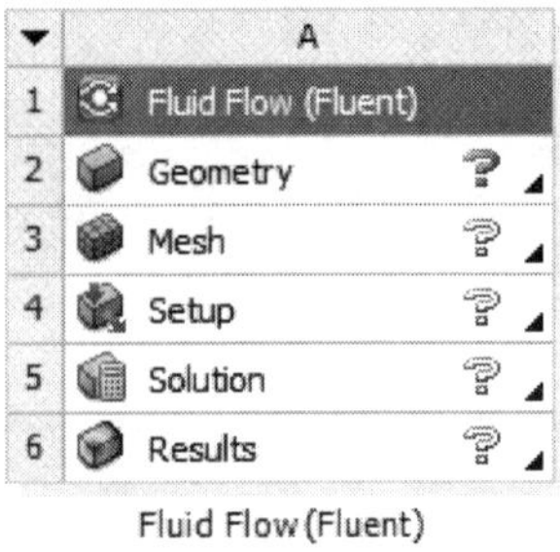

(3) 해석 모델을 불러들이거나 모델링을 수행한다. (Geometry)

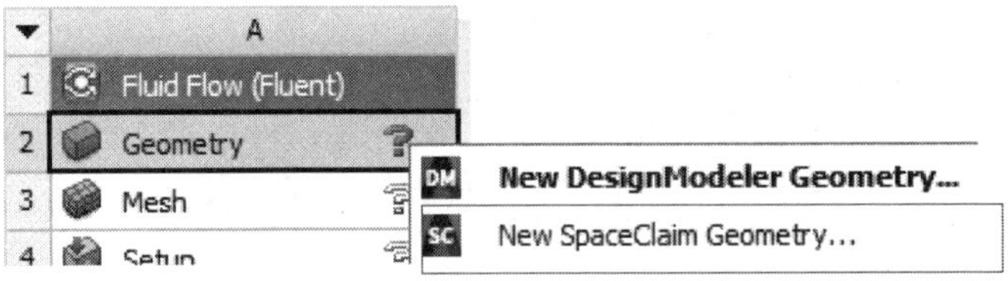

① Geometry에서 RMB > New SpaceClaim Geometry

SpacemClaim으로 진입하는 이유는 구조물 내부의 유동부분의 모델을 추출하기 위해서 이다.

② SpacemClaim에서 솔리드웍스에서 작업한 모델을 Stp 파일 형태로 불러온다.

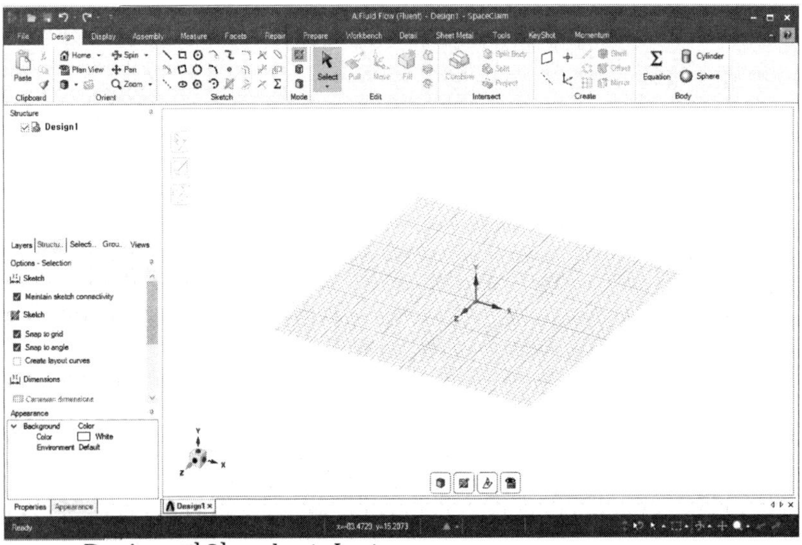

- Design 파일 : duct-L.step

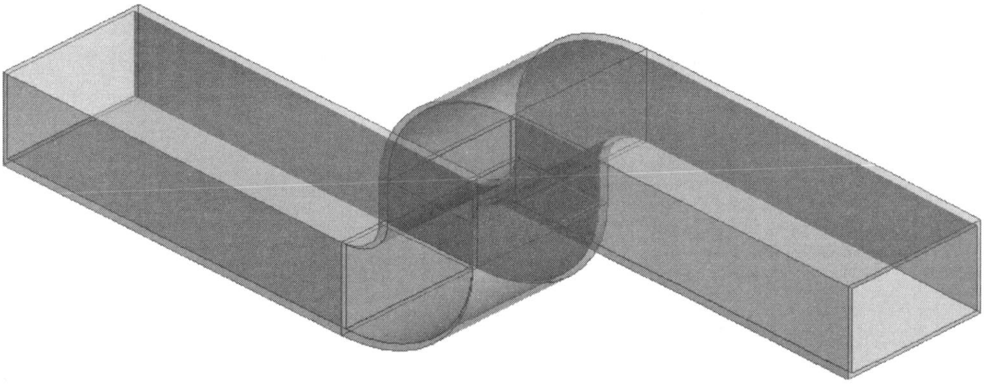

원형모델

③ Prepare 에서 Volume Extract를 실행하여 유체영역을 추출한다.

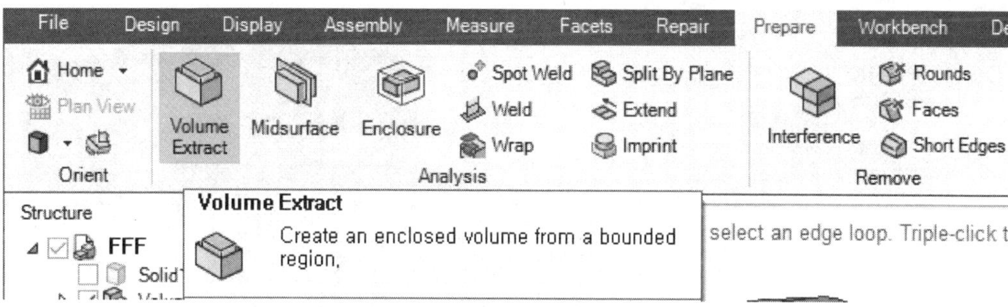

④ 유체 영역의 추출은 입구와 출구 쪽의 내부 edge를 선택한다.
입.출부 부분이 2개 이므로 CTRL key를 사용하여 선택한다.

⑤ 확인(√)을 클릭한다.

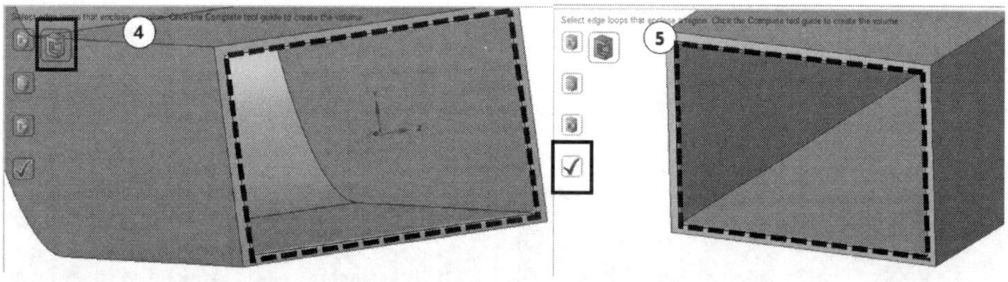

⑥ duct-L은 구조물의 외각 부분이고 Volume이 새로 생성된 유동 부분의 모델링이다.

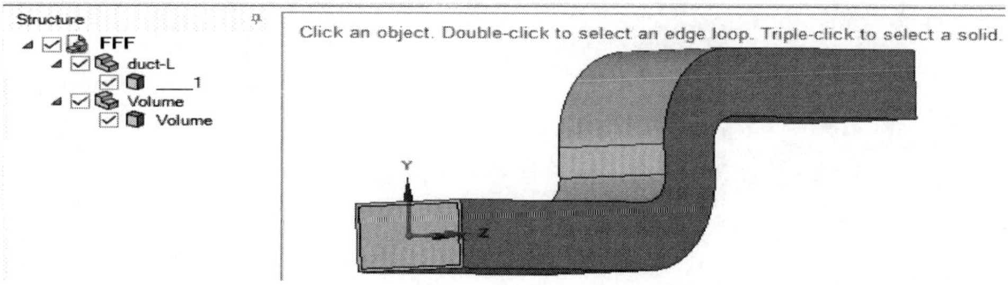

(3) 격자 모델 생성 (Mesh)

① Mesh를 더블 클릭하여 Mesh 설정 환경으로 들어간다.

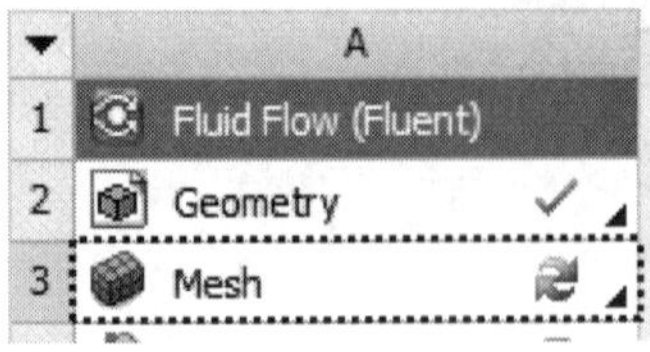

② 유동해석에 불필요한 외관 모델링을 Suppressed Yes로 선언하여 해석에서 제외한다.

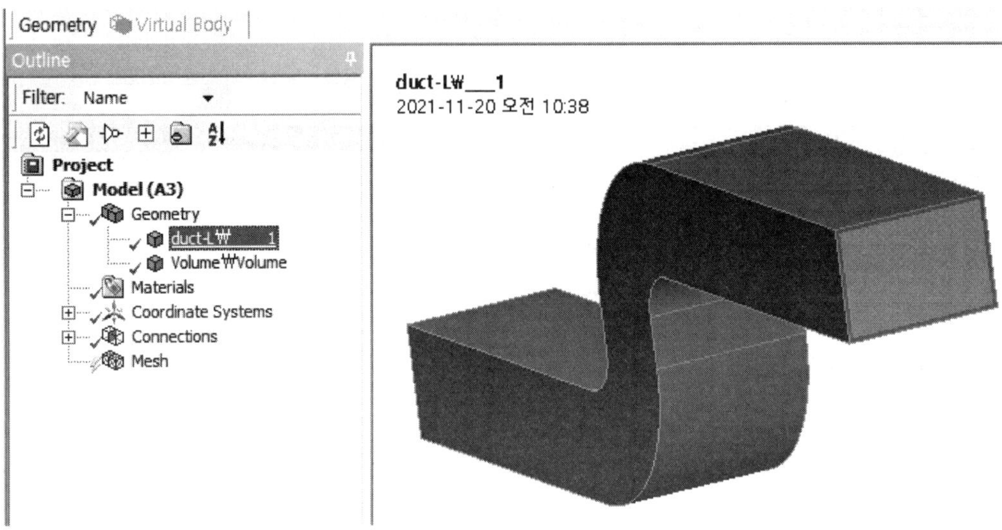

③ 메쉬에서 RMB를 하여 Size를 선택한다.

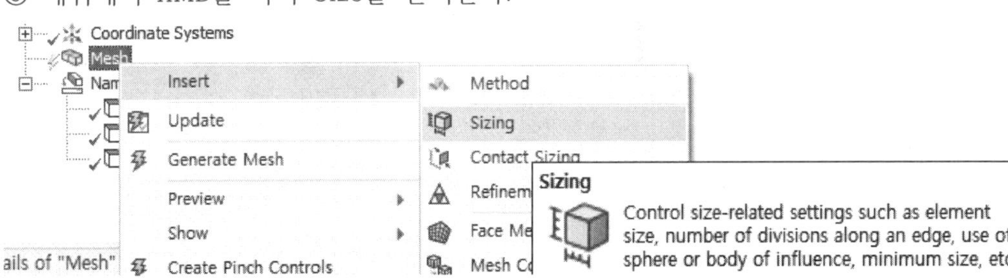

Duct의 입력부분 edge 4개를 선택하고 Type을 Number of Divisions로 바꾸고 50을 설정한다.

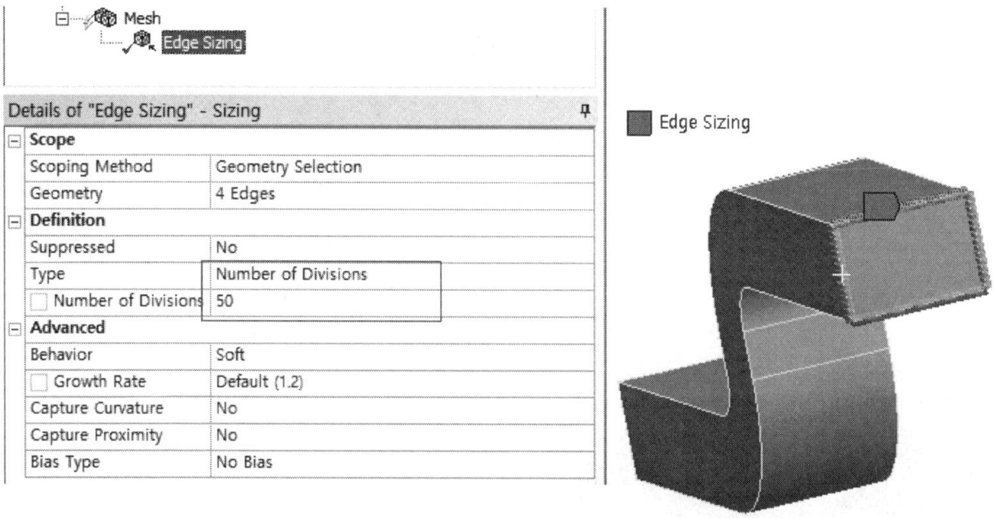

④ 다른 쪽 출구도 동일한 방법으로 메쉬 사이즈를 변경한다.

⑤ 메쉬 Update를 수행한다.

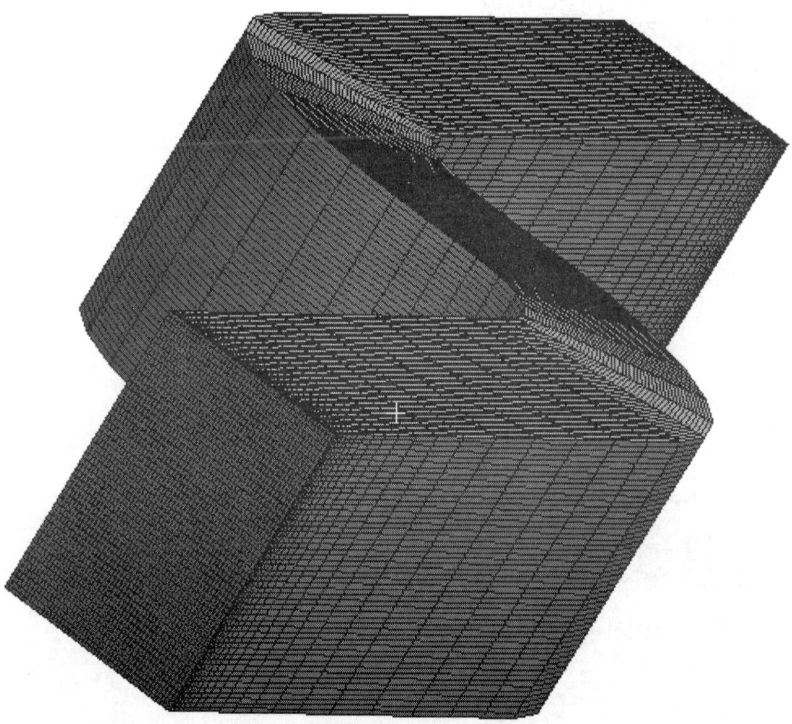

⑥ Inflation을 수행한다.

Mesh > RMB > Insert > Inflation

Geometry는 전체를 선택 하고, Boundary는 입.출구 2곳의 면을 선택한다.

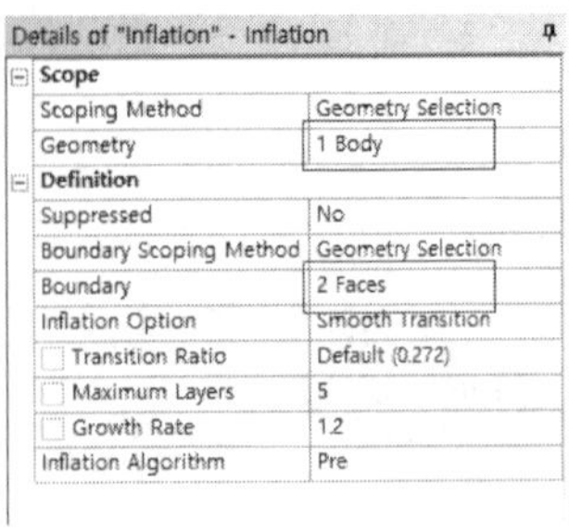

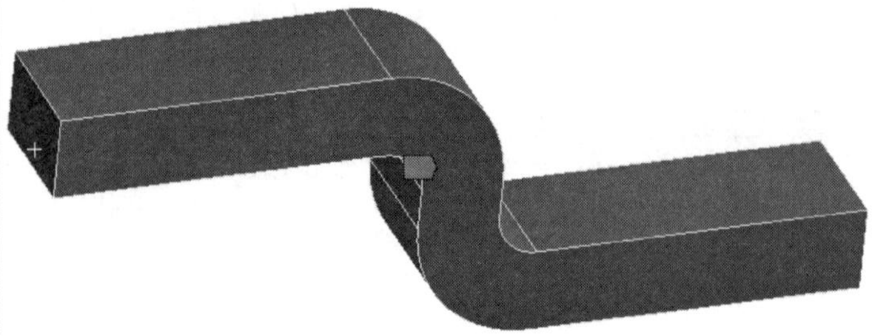

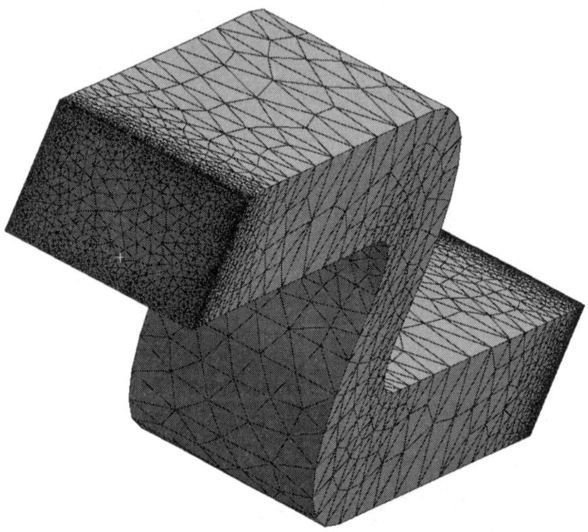

⑦ 모델의 입력부분과 출력부분을 선택하여 이름을 정의한다.

그래픽에서 surface를 선택하고 RMB(오른쪽마우스버튼)을 클리하여 Create Named Selection을 실행하여 이름을 정의한다.

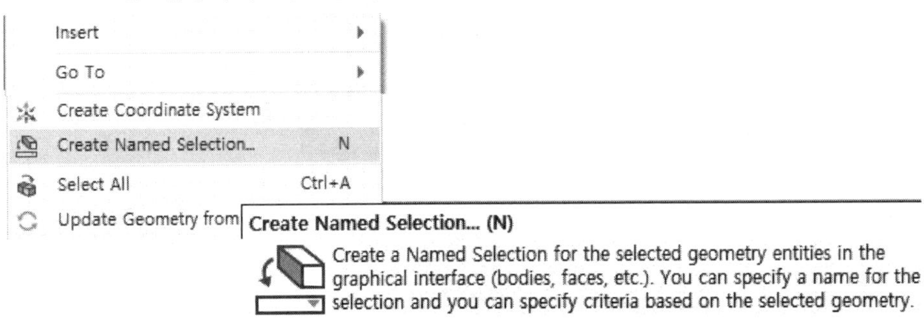

입력 면은 Inlet, 출력 면은 outlet을 기본적으로 사용해야 한다.

3개의 이름을 정의한다.

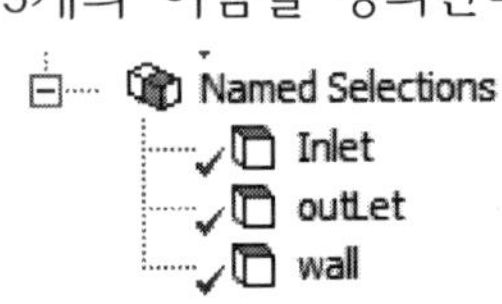

(4) 해석 도구를 불러온다. (Setup)

① 메쉬를 update하고 Project Schematic의 Static Structural에서 Setup을 더블 클릭하여 Fluent 창 활성화 한다.

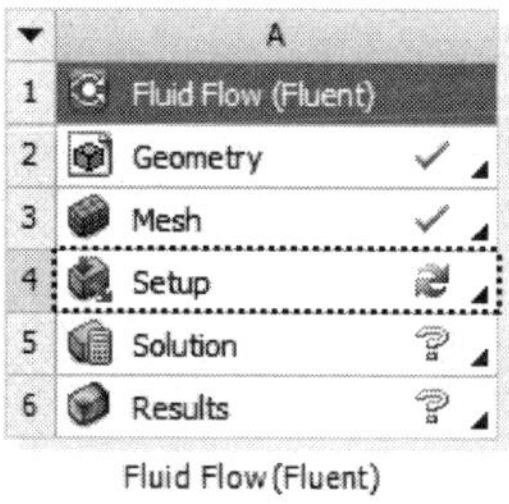

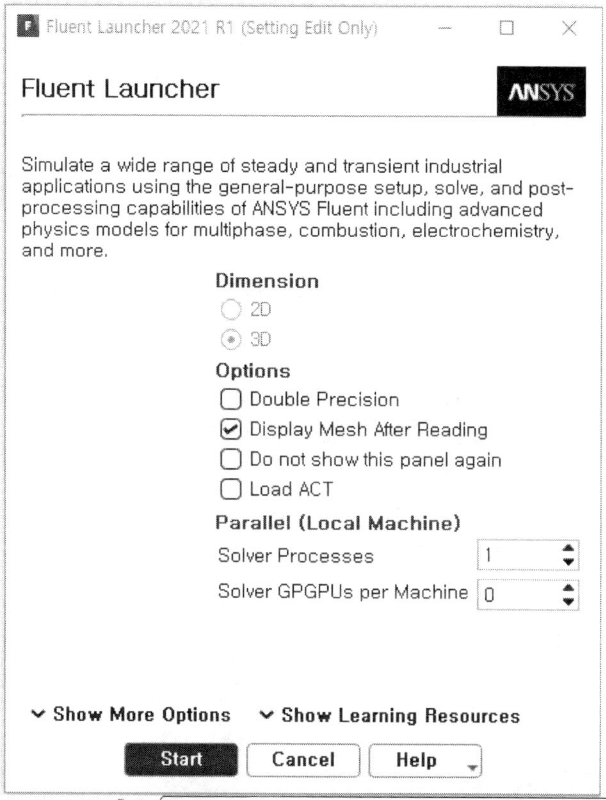

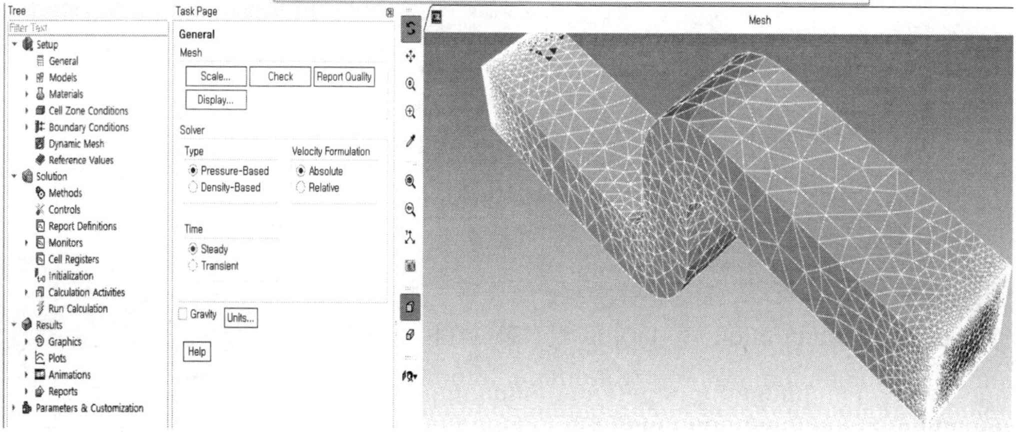

(5) Models에서 Energy와 Viscous를 설정한다.

① Energy Equation을 선택한다. Double click하여 창을 활성화한다.

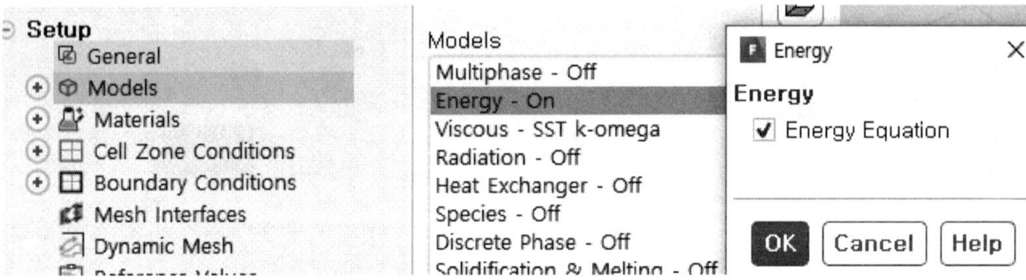

② Viscous를 선택한다. Double click하여 창을 활성화하고, SST k-omega를 설정한다.

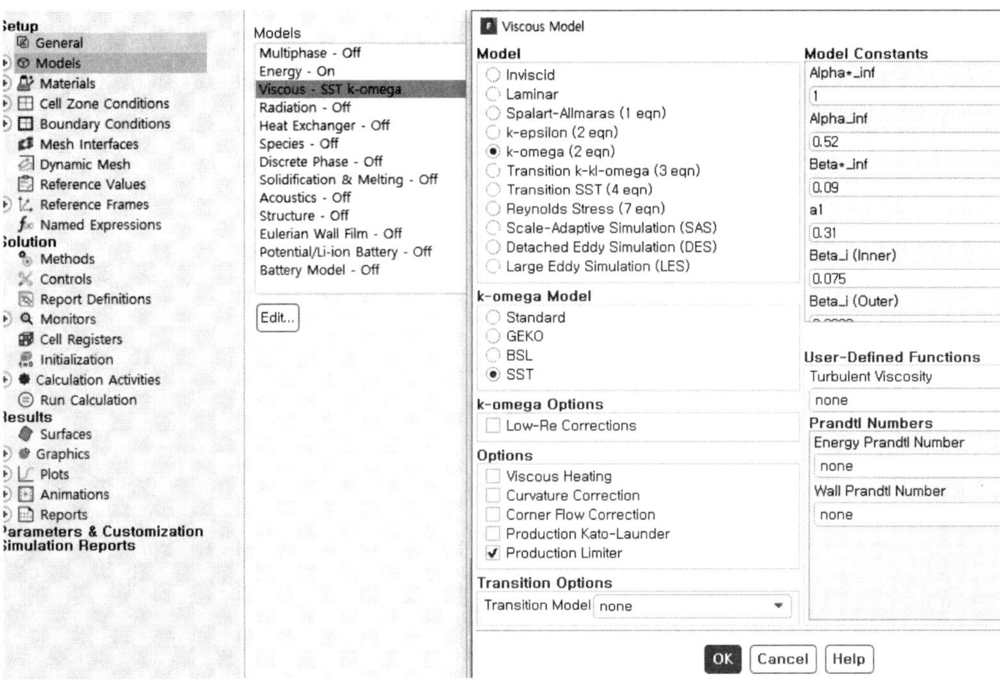

③ 온도의 단위를 ℃ 로 변경한다.

General > Unit을 click 하여 창을 활성화 한다.

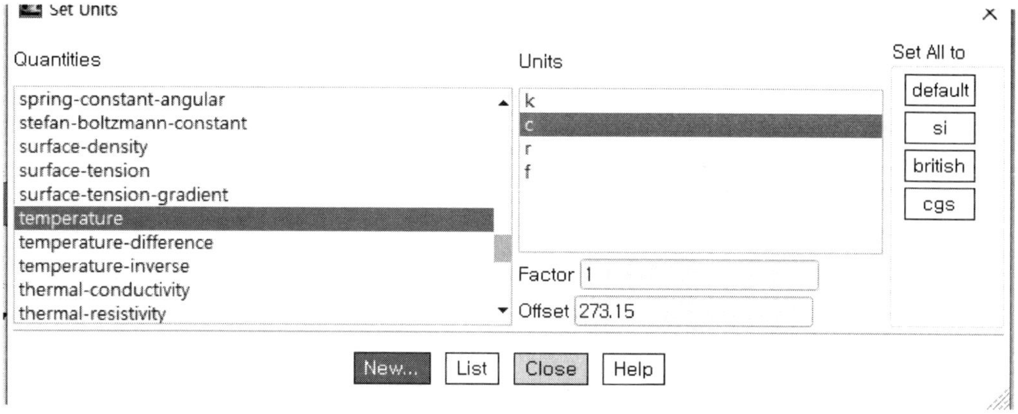

(6) Material 설정

① 기존에 정의된 Air는 삭제하고 Water-liquid를 설정한다.

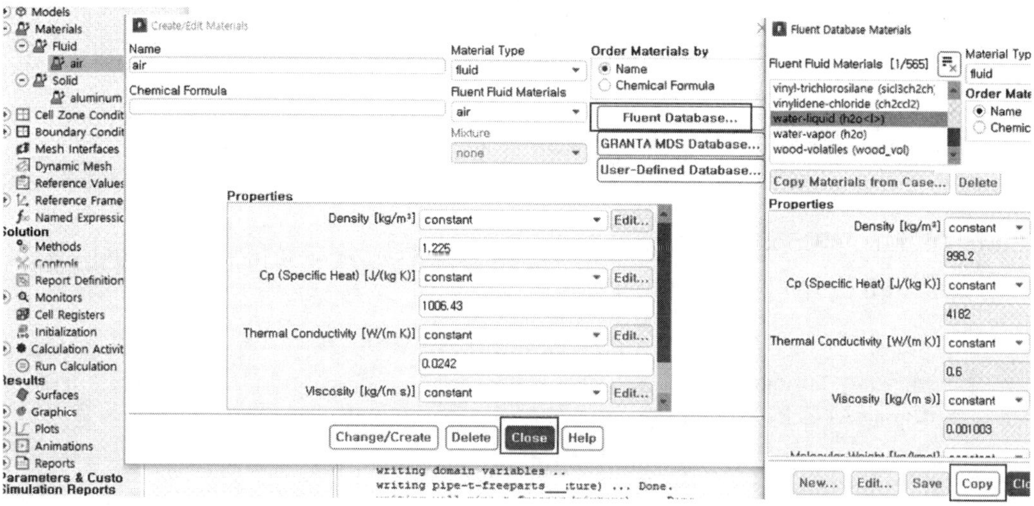

② Outline view의 결과 확인

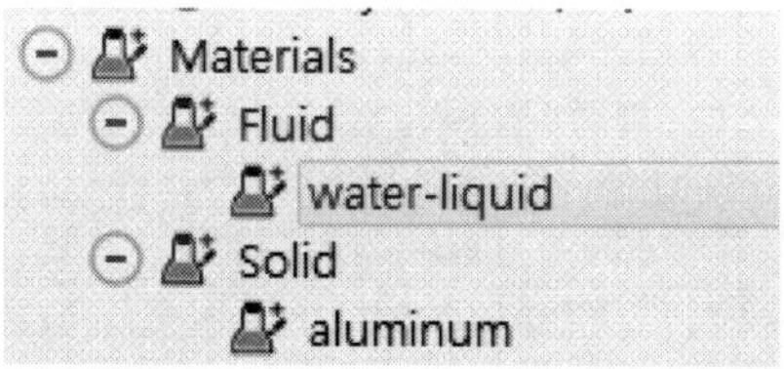

(7) Cell zone Conditions 설정

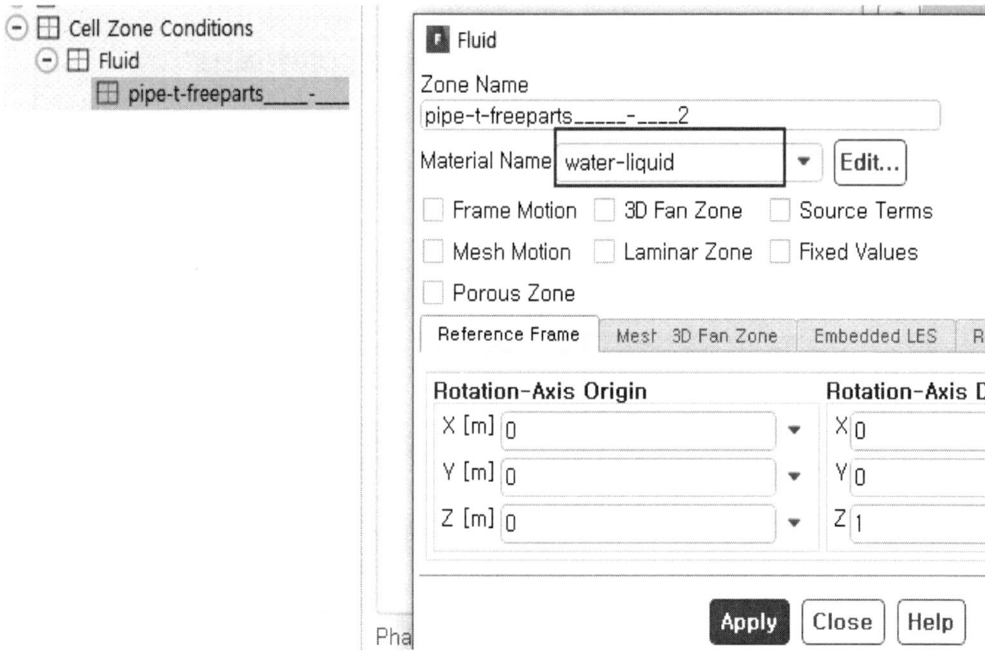

(8) Boundary Conditions 설정

① 설정 대상은 Inlet과 Outlet 이다.

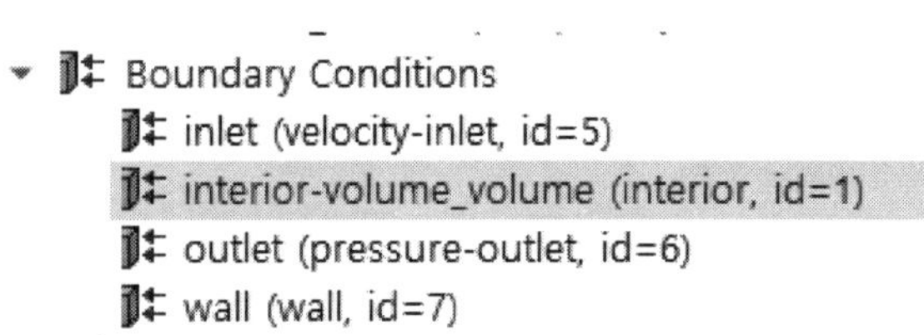

② Inlet 설정

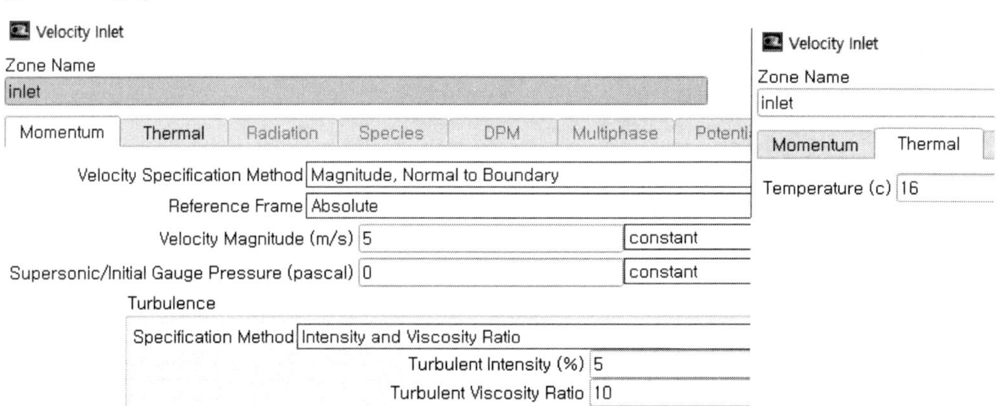

③ Outlet 설정

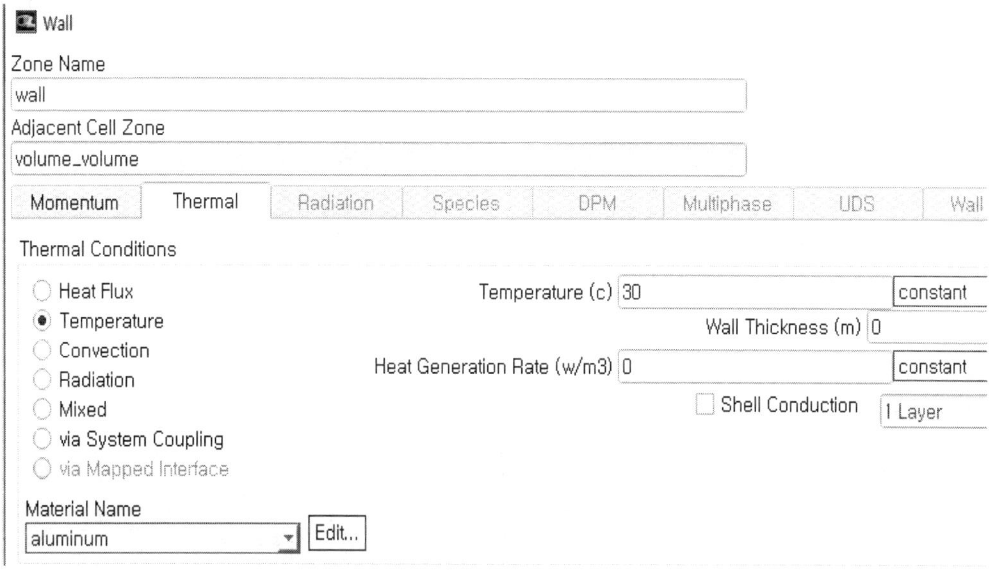

(9) Solution Methods를 설정한다.

① Pressure-Velocity Coupling에서 Scheme을 SIMPLE로 설정한다.

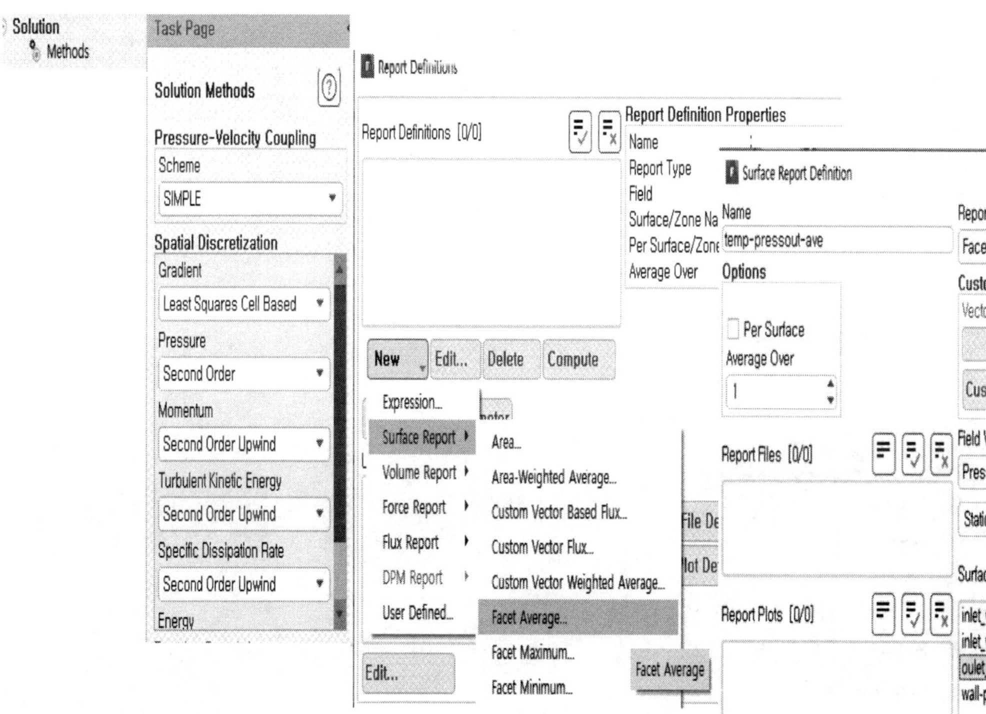

(10) Initialization을 실행한다.

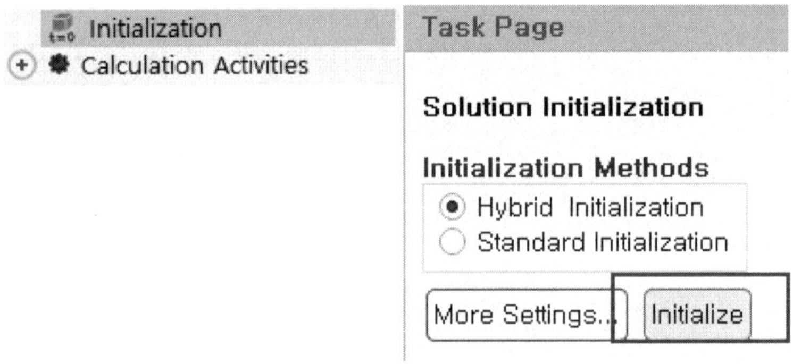

(11) 해석을 수행한다.

① Number of Iterations를 200으로 설정한다.

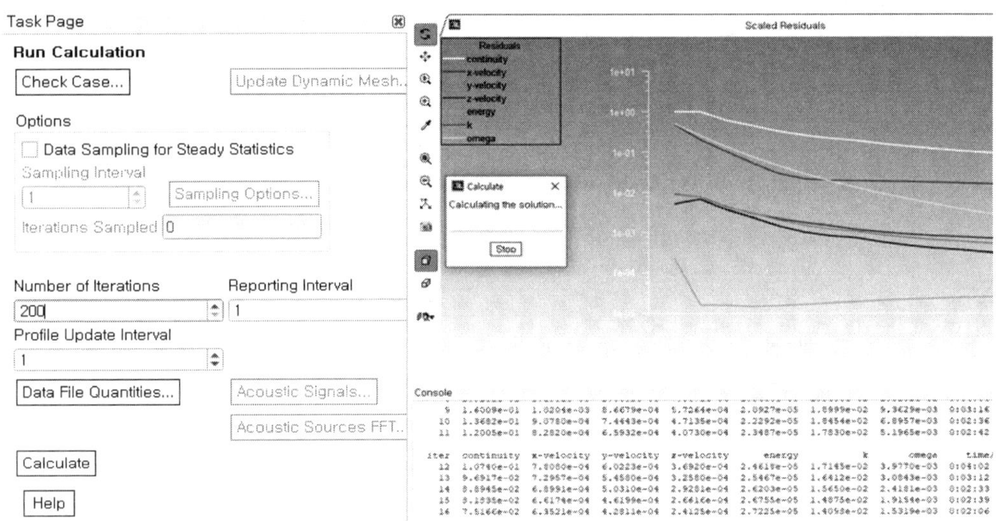

(12) 해석결과를 검토한다.

① Result를 더블클릭하여 CFD-Post로 진입한다.

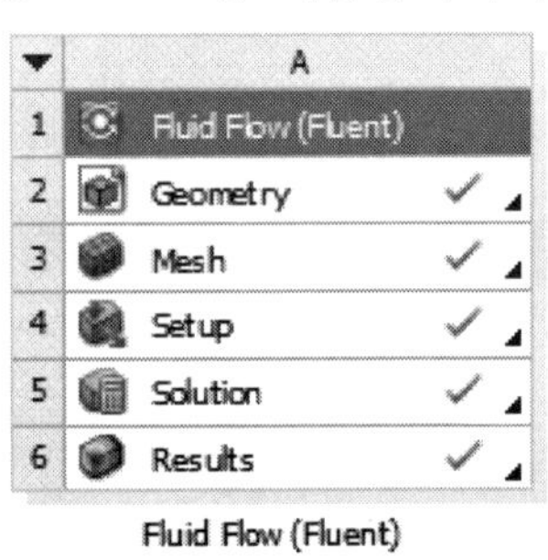

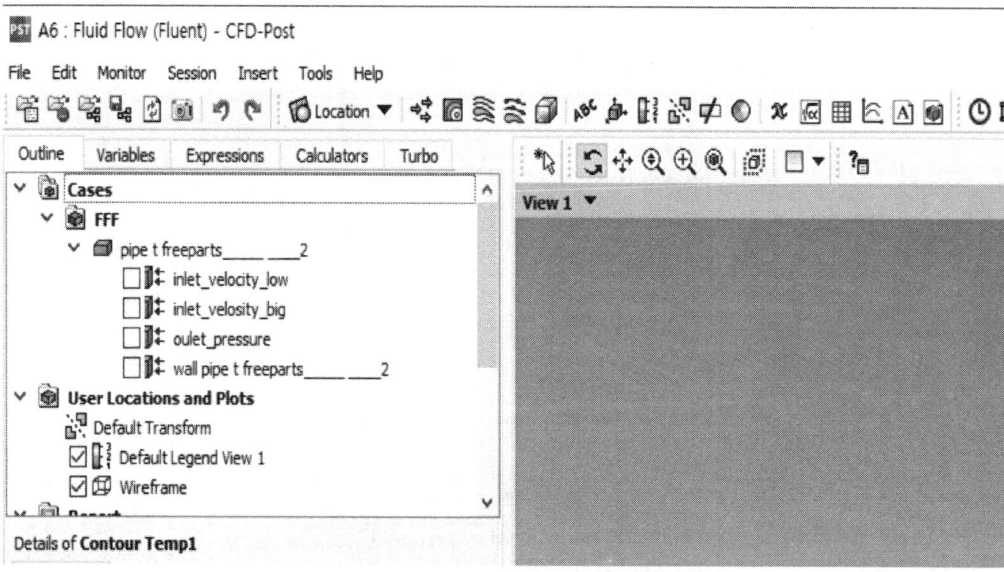

① Counter를 사용하여 Temp를 확인한다.

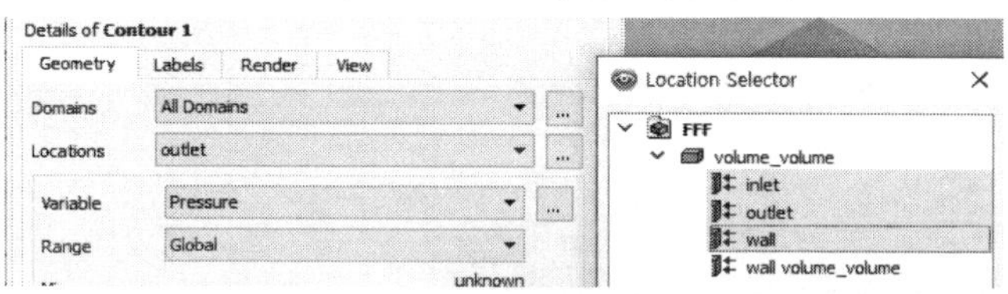

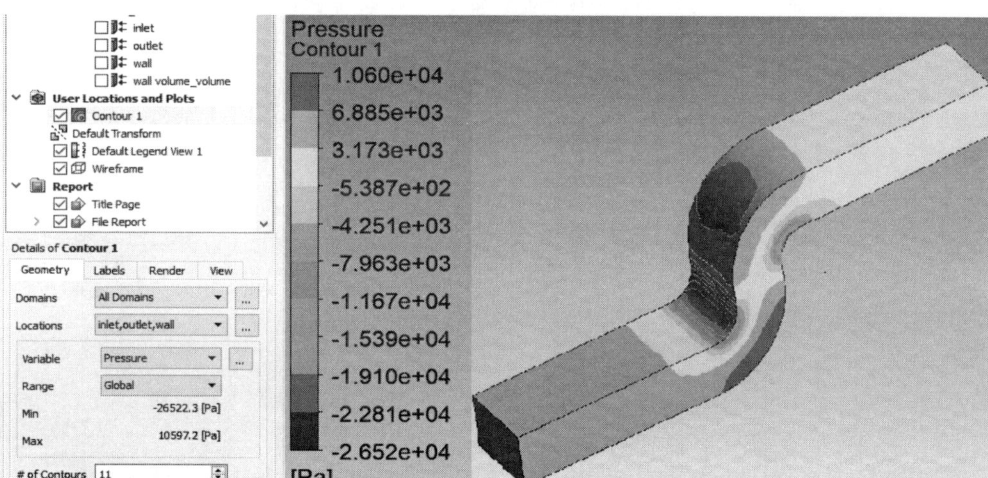

② Volume Rendering

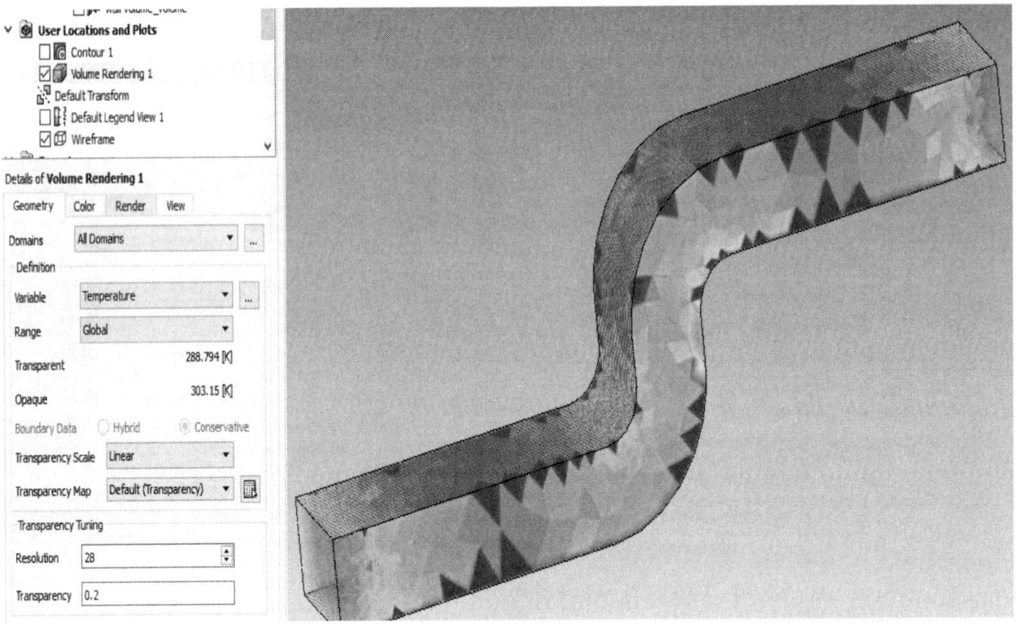

예제 8.3 cyclone 분리기를 이용한 다상유동에서 입자 분리(모델 : cyclone-part)

입구부는 25mm인 정사각형이며 아래쪽 출구부는 지름이 12.5mm, 위쪽 출구부는 지름이 25mm인 cyclone 분리기가 있다. 유체는 3m/s 로 들어가게 된다. 이때의 입자와 유체의 흐름을 유동해석 하시오.

(1) 해석대상을 분석하고 자유물체도를 작성한다.

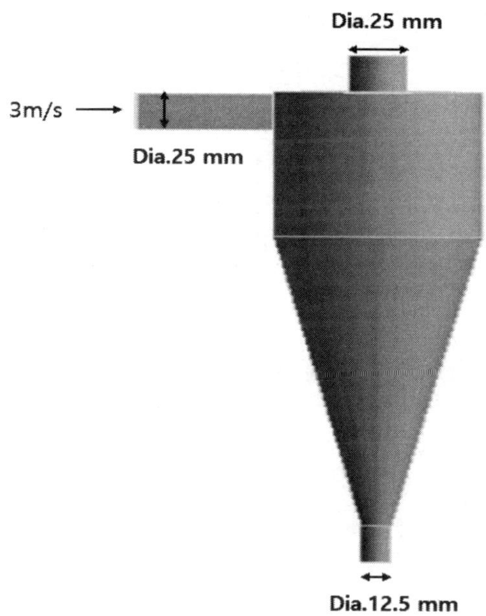

Viscous model : k-epsilon
DPM -> Tracking Parameters Max : 500000
Material : ash-solid
Diameter Distribution : rosin-rammler
Number of Tries : 30

(2) 해석 시스템을 생성한다.(Fluid Flow(Fluent)

① Project Schematic에 Static Structural 시스템 추가한다. (더블클릭 또는 드래그 함)

② Project 이름을 변경한다.

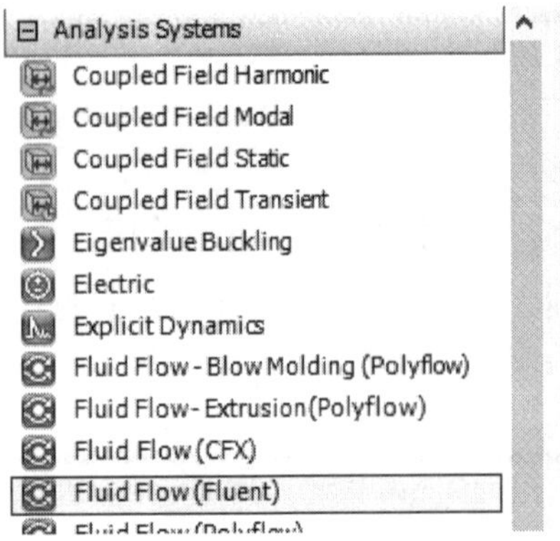

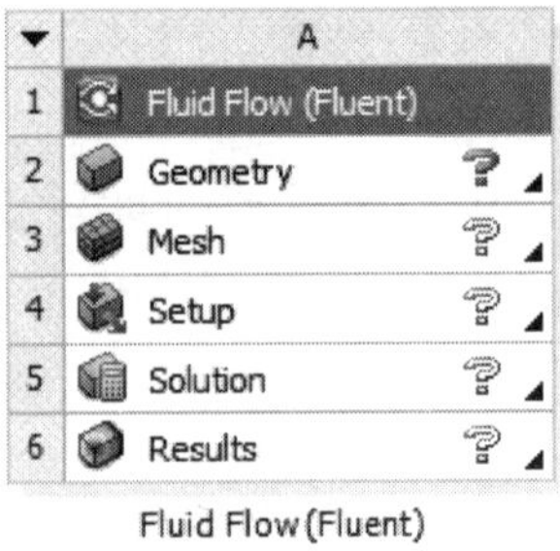

(3) 해석 모델을 불러들이거나 모델링을 수행한다. (Geometry)

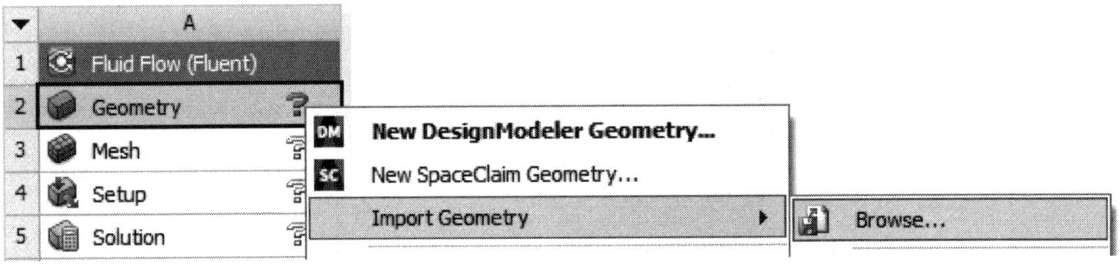

① Geometry에서 RMB > Replace Geometry > Browse를 클릭한다.
② 탐색기에서 이미 만들어진 CAD 데이터를 선택한다.
  - Design Modeler의 파일 : cyclone part_ver.1
③ Geometry에서 RMB > Update를 수행한다.

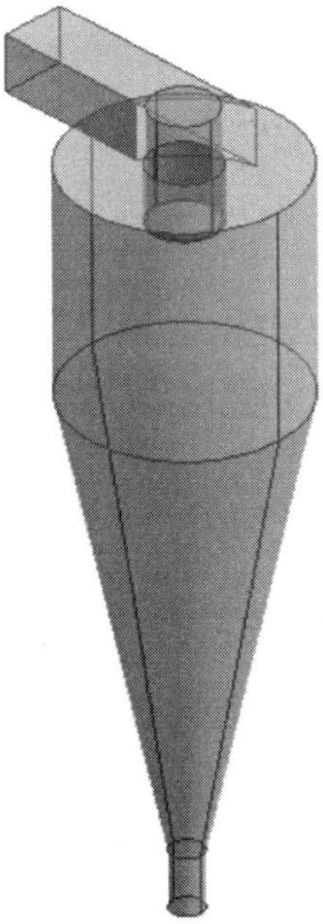

(4) 격자 모델 생성 (Mesh)

① Mesh를 더블클릭하여 Mesh 설정 환경으로 들어간다.

② 모델의 입력부분과 출력부분을 선택하여 이름을 정의한다.

그래픽에서 surface를 선택하고 RMB(오른쪽마우스버튼)을 클릭하여 Create Named Selection을 실행하여 이름을 정의한다. 입구 면은 Inlet, 출구 면은 outlet을 기본적으로 사용해야 한다.

(아래쪽 출구 : outlet_under, 위쪽 출구 : outlet_over)

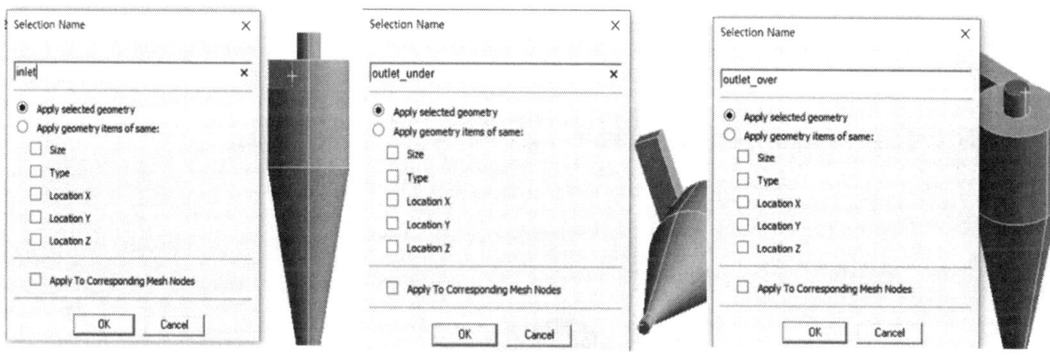

③ Outline에 3개의 Named selection이 생성된다.

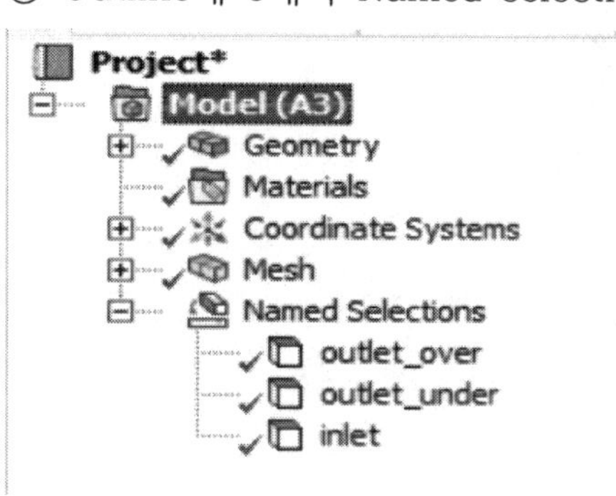

④ 메쉬에서 sizing을 실행하고, 입구 부 (inlet)를 선택하여 element size를 10mm로 설정한다. (전체 body는 default)

Details of "Mesh"	
Display	
Display Style	Use Geometry Setting
Defaults	
Physics Preference	CFD
Solver Preference	Fluent
Element Order	Linear
Element Size	19.35 mm
Export Format	Standard
Export Preview Surface Mesh	No
Sizing	
Quality	
Inflation	
Advanced	
Statistics	
Nodes	5182
Elements	24254

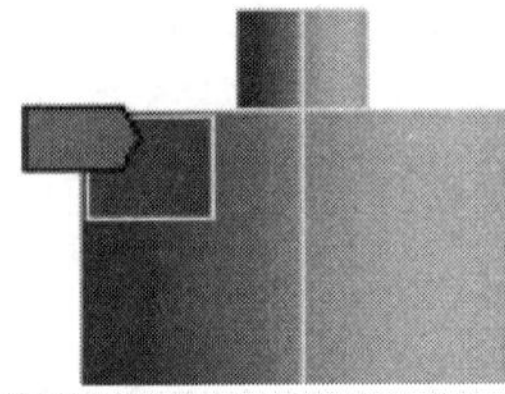

Details of "Face Sizing" - Sizing	
Scope	
Scoping Method	Geometry Selection
Geometry	1 Face
Definition	
Suppressed	No
Type	Element Size
Element Size	10.0 mm
Advanced	

⑥ 메쉬 Update를 실행한다.

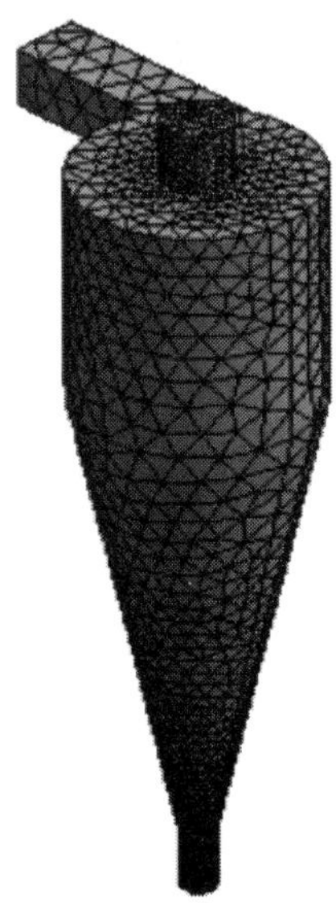

(5) 해석 도구를 불러온다. (Setup)

① Project Schematic의 Static Structural에서 Setup을 더블클릭하여 Fluent 창 활성화 한다.

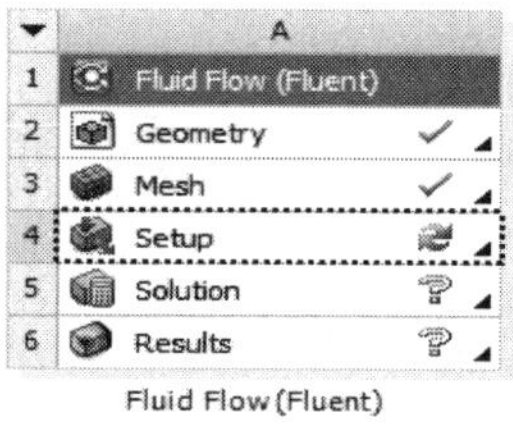

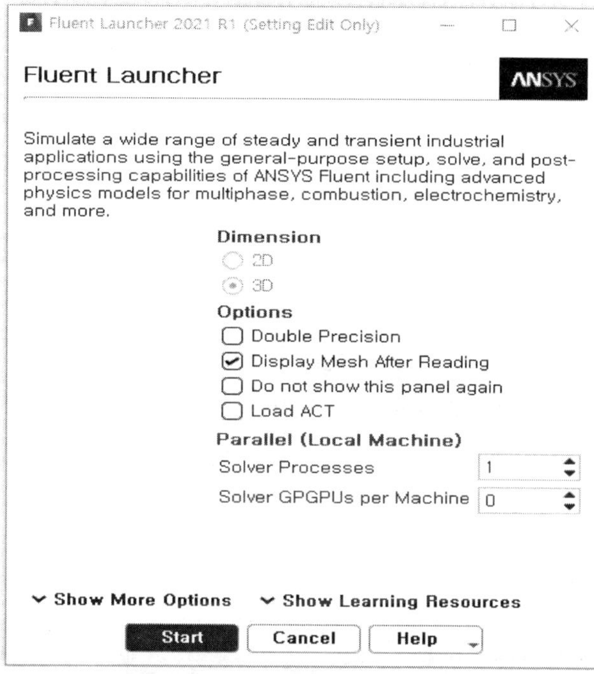

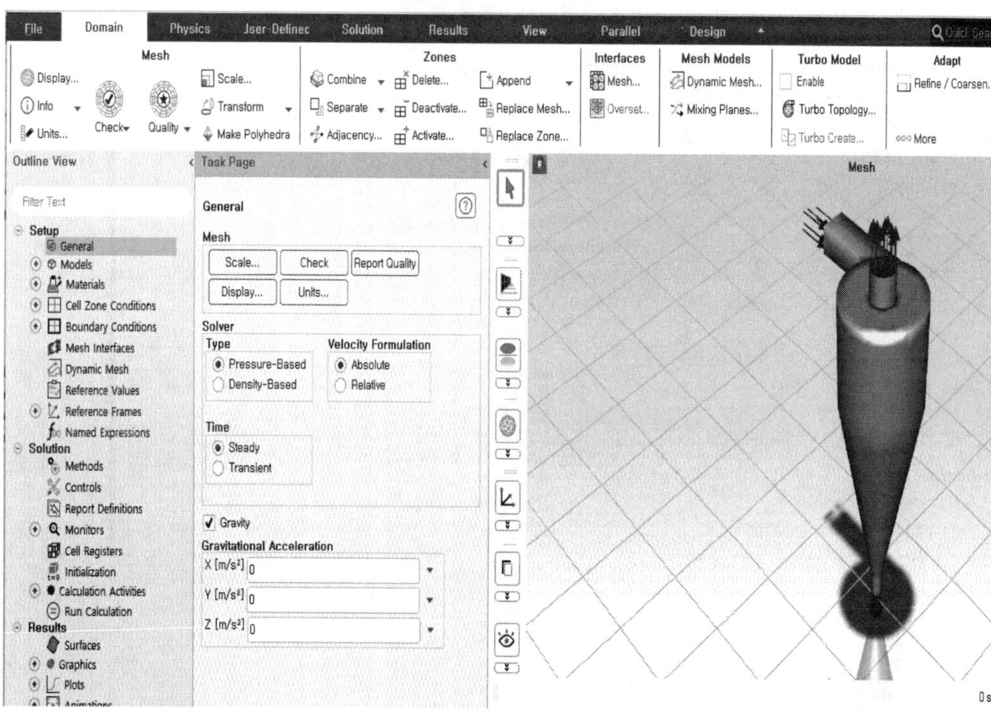

(6) General 설정

중력이 Y축 아래쪽 방향으로 작용하기 때문에

Gravity 체크 후 Y축에 $-9.8m/s^2$입력

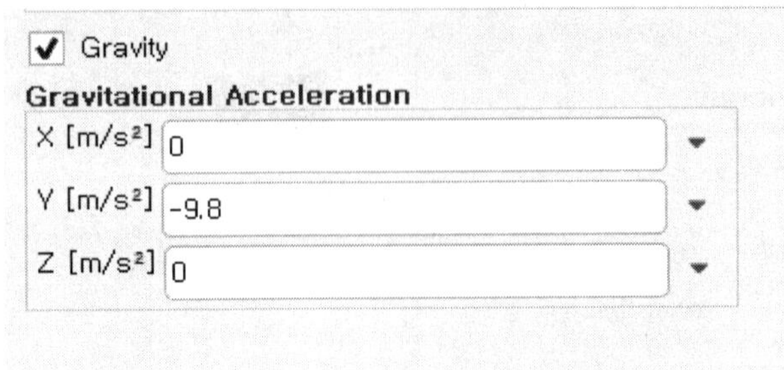

(7) Models에서 Viscous를 설정한다.

① Viscous - SST k-epsilone을 설정한다.

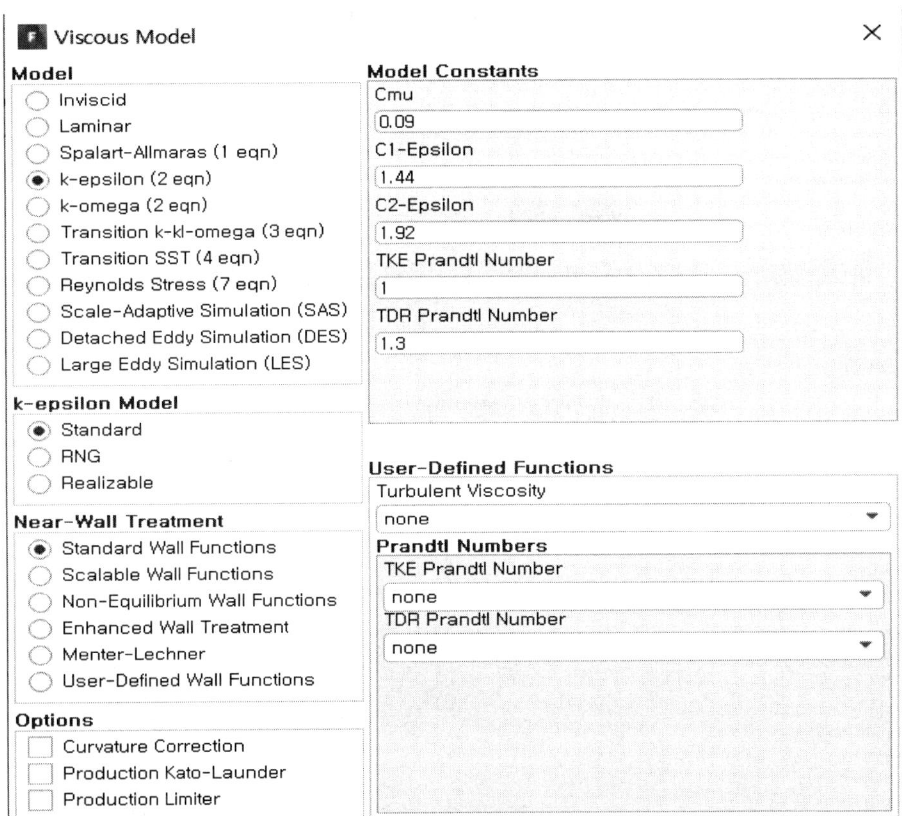

(8) Models에서 DPM을 설정한다.

① Discrete Phase Model을 이용하여 입자를 넣어준다.
Tracking Parameters 에서 Max를 500000 로 설정 후 Injections... 클릭 후 create 하여 입자 설정

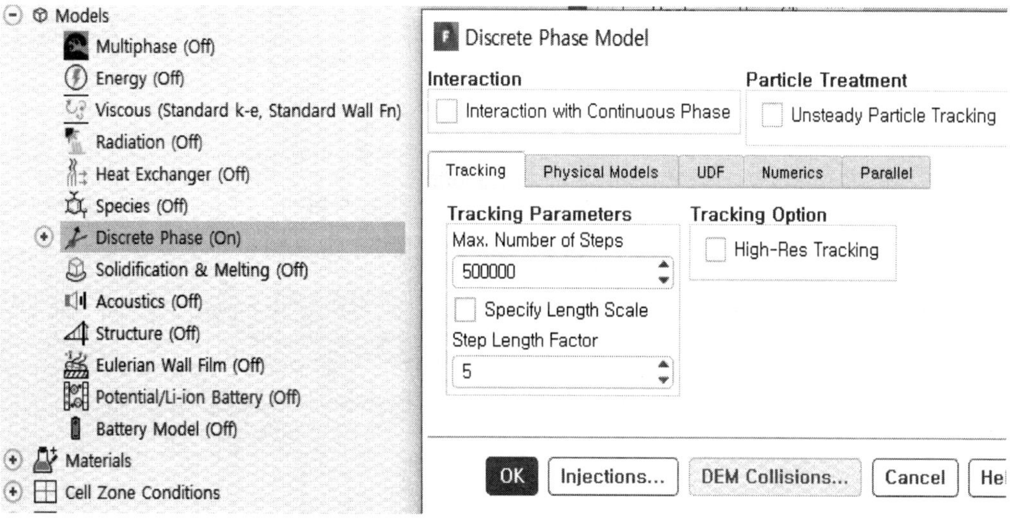

② injection을 설정해준다.
Injection type : surface
Release From Surfaces : inlet
Material : ash-solid
Diameter Distribution : rosin-rammler

Velocity Magnitude : 3 m/s
Scale Flow Rate by Face Area 체크
Inject Using Face Normal Direction 체크

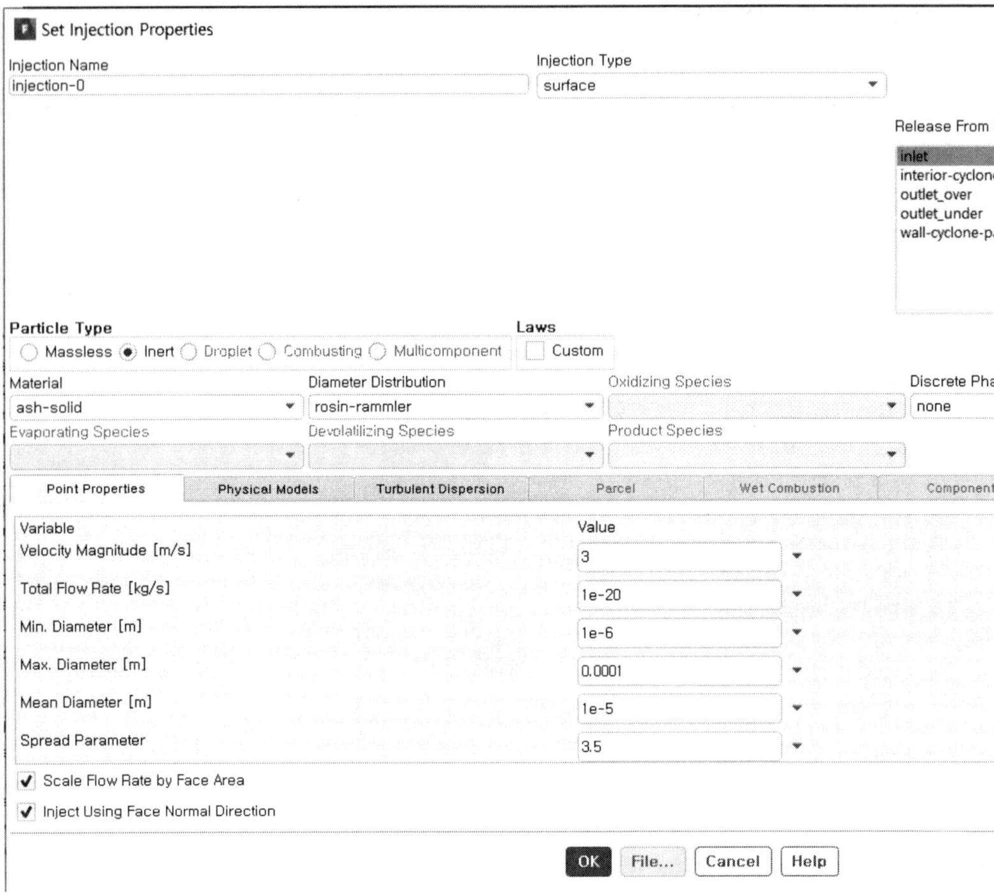

③ Tubulent Dispersion 에서 Discrete Ransdom Walk Model 체크
Number of Tries : 30

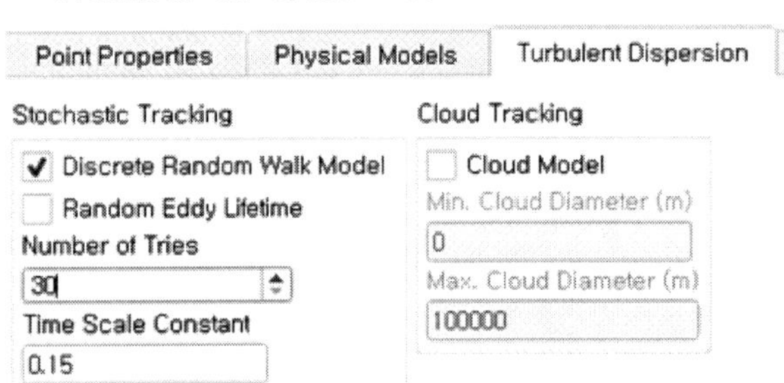

(9) Boundary Conditions 설정

① 설정 대상은 Inlet과 Outlet_under, Outlet_under 이다.

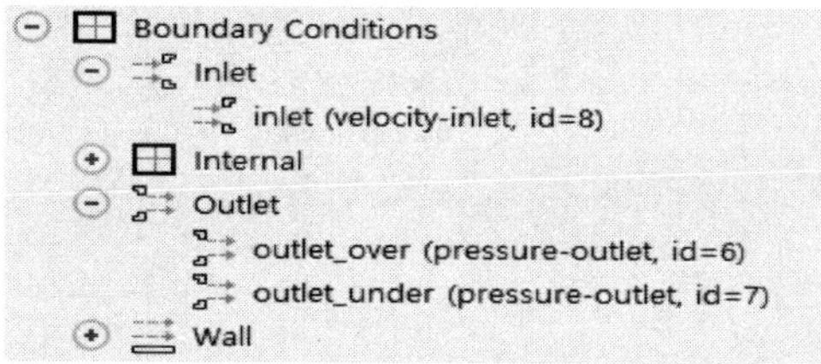

② inlet velocity low 설정

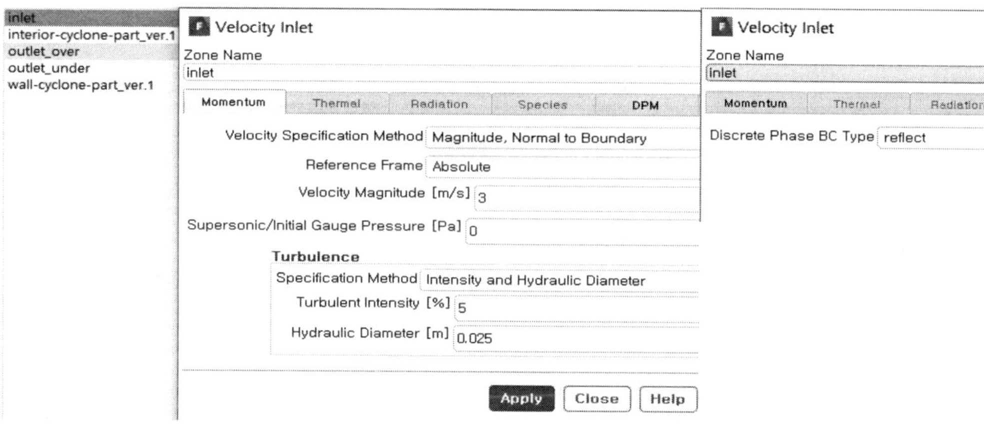

③ outlet_under 설정

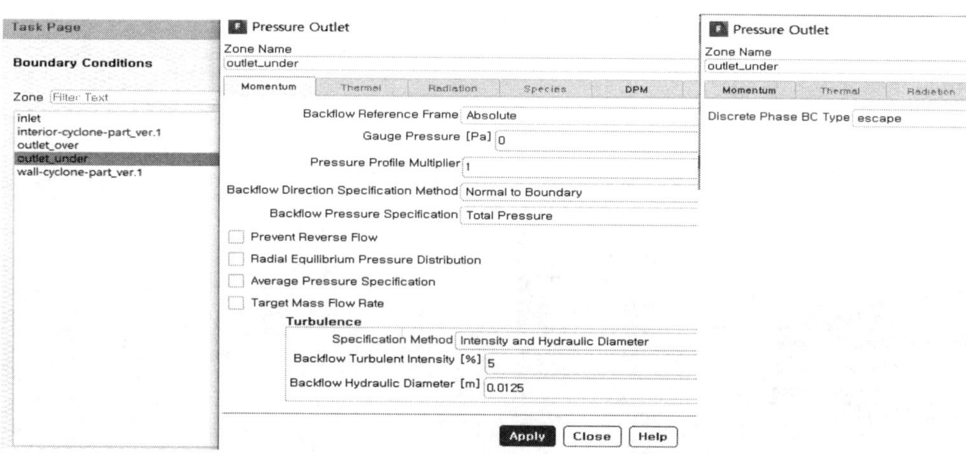

④ outlet_over 설정

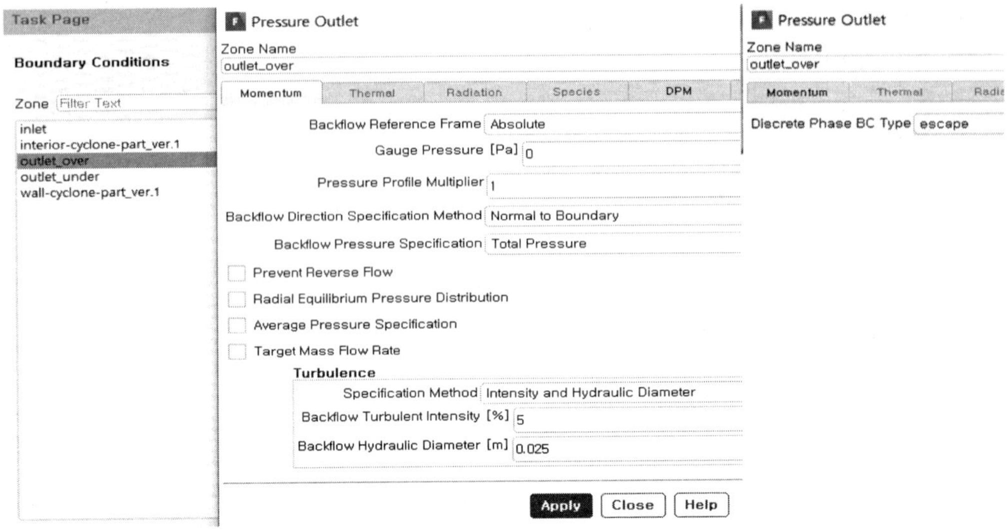

(10) Solution Methods를 설정한다.

① Pressure-Velocity Coupling에서 Scheme을 SIMPLE로 설정한다.

Spatial Discretization

- Gradient : Least Squares Cell Based
- Pressure : Second Order
- Turbulent Kinetic Energy , Turbulent Dissipation Rate
  : Second Order Upwind

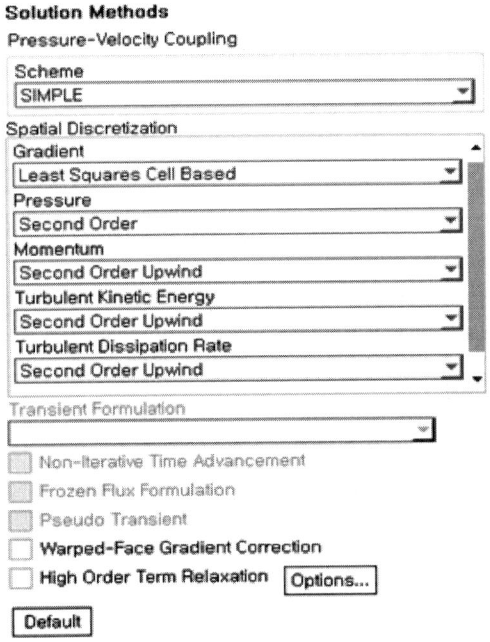

(11) Initialization을 실행한다.

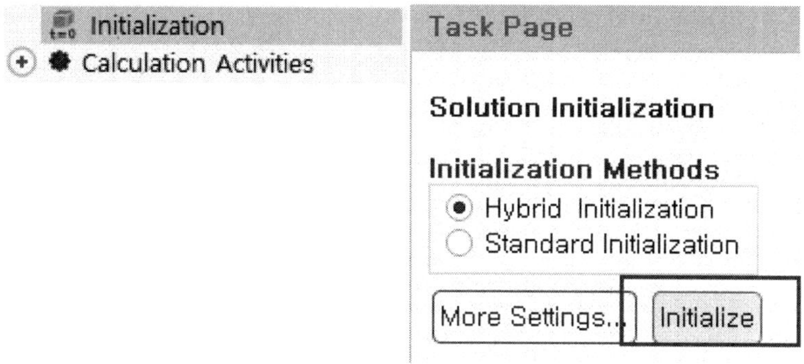

(12) 해석을 수행한다.

① Number of Iterations를 500으로 설정한다.

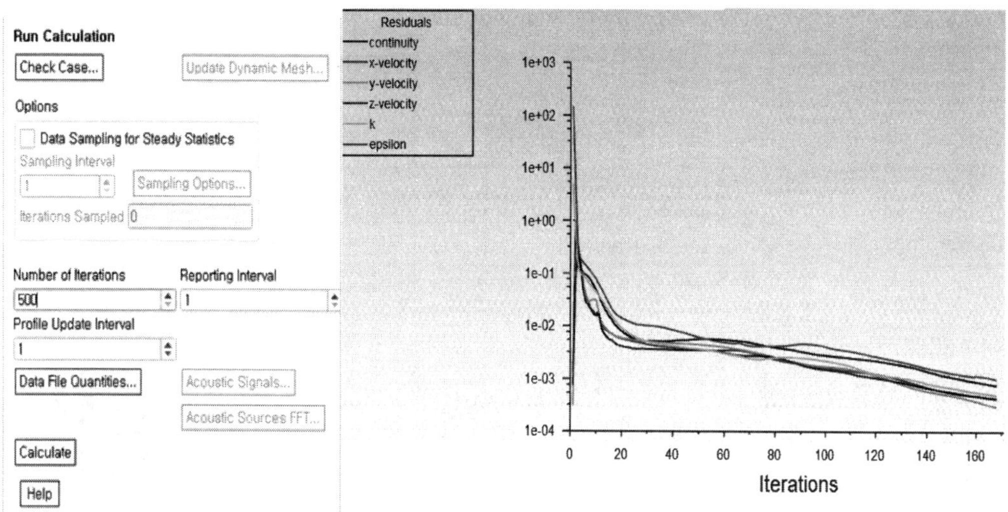

(13) Calculate 끝난 후 Export Particle History Date로 결과 저장 Browse에서 저장할 위치를 선택해 준다.

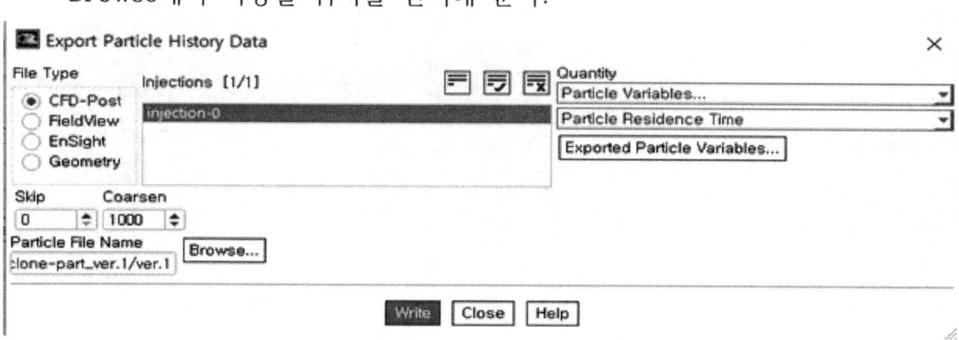

(14) 해석결과를 검토한다.

① Result를 더블클릭하여 CFD-Post로 진입한다.

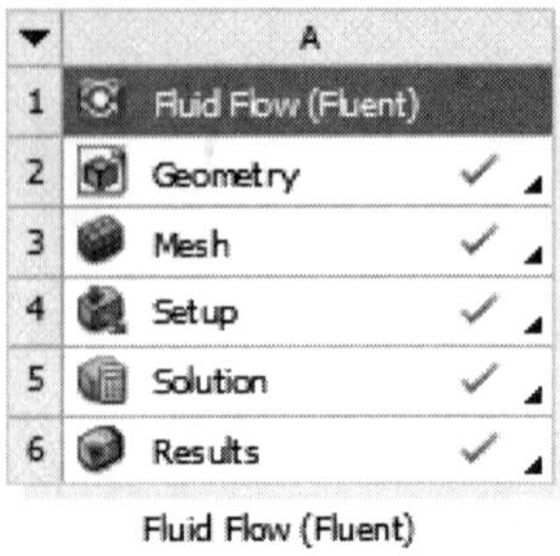

② Particle History Date로 저장한 결과를 불러 온다

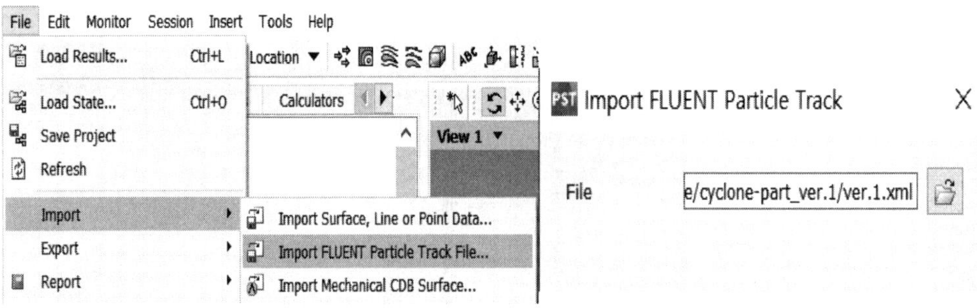

③ Plane 을 생성해 준다

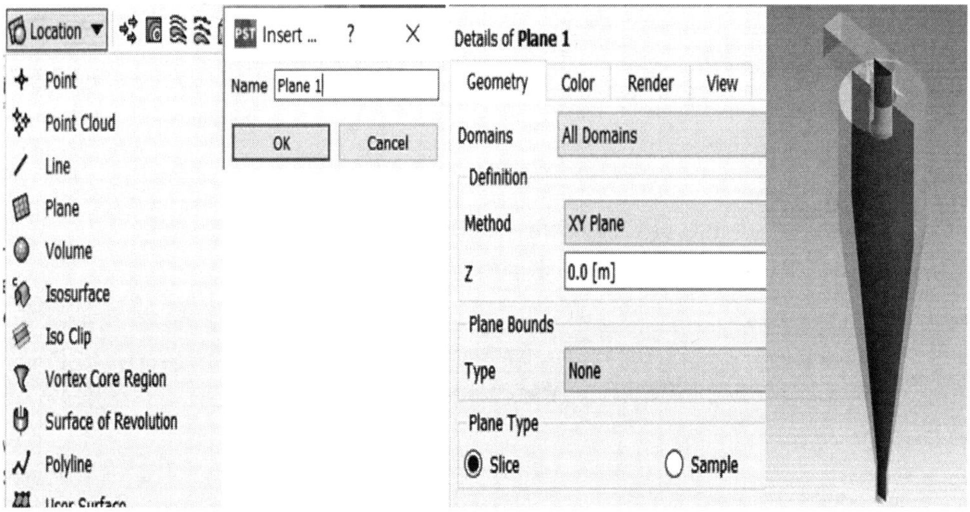

④ Contour 을 사용하여 pressure, velocity 를 구해준다

ⓐ pressure

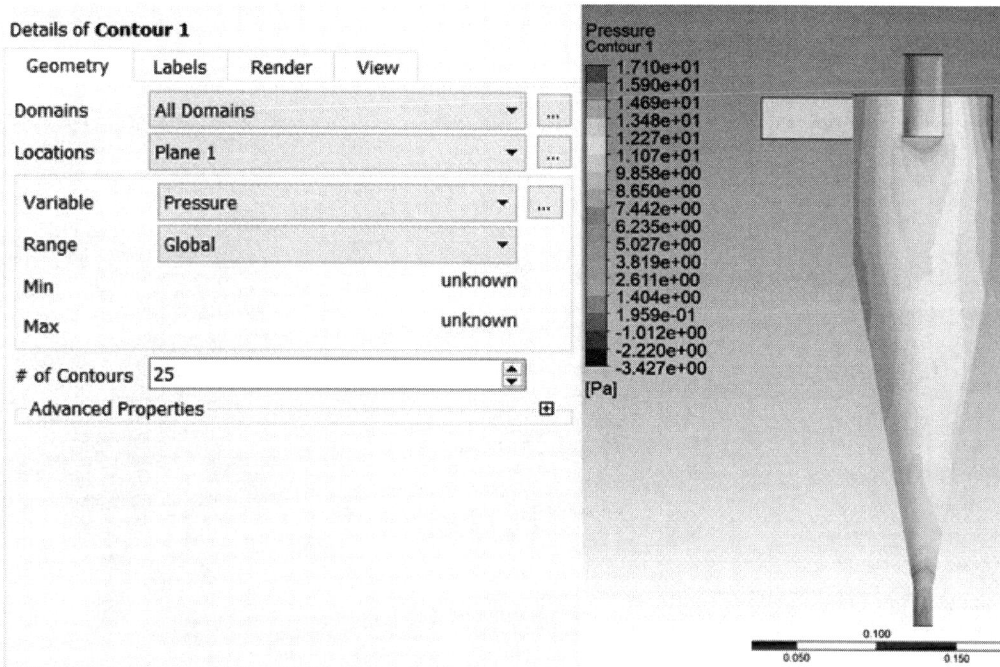

ⓑ velocity

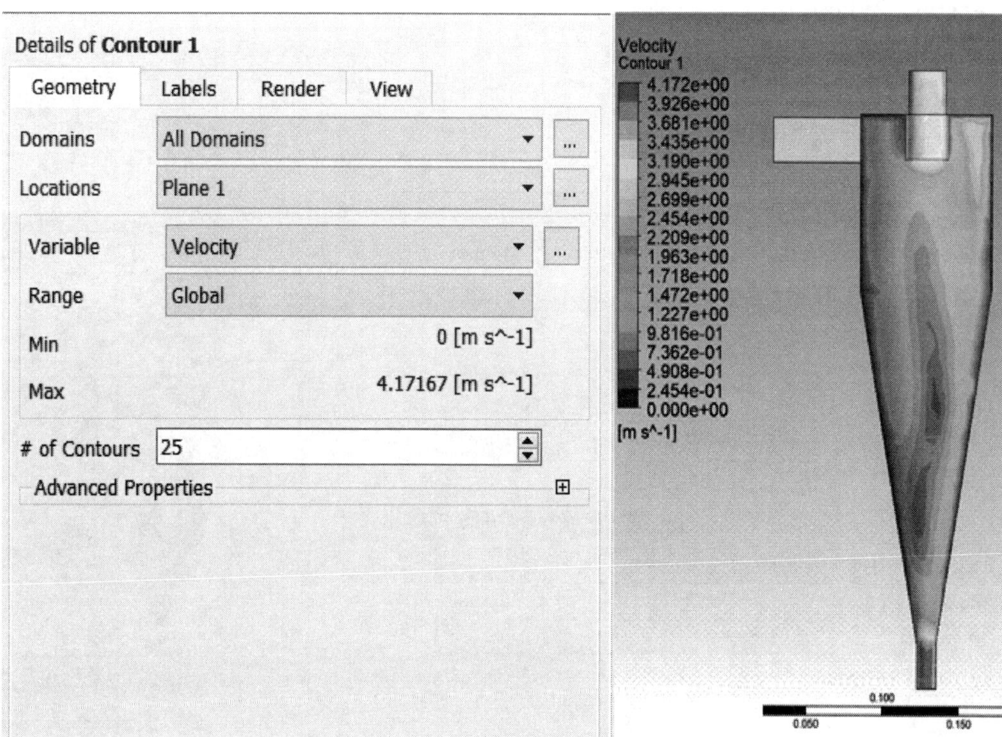

⑤ Particle History Date 입력 후 생긴 Particle Track 으로 입자의 흐름을 확인한다

- color의 Mode를 Variable로 선택해준다
- symbol 에서 show symbpls, show tracks 선택

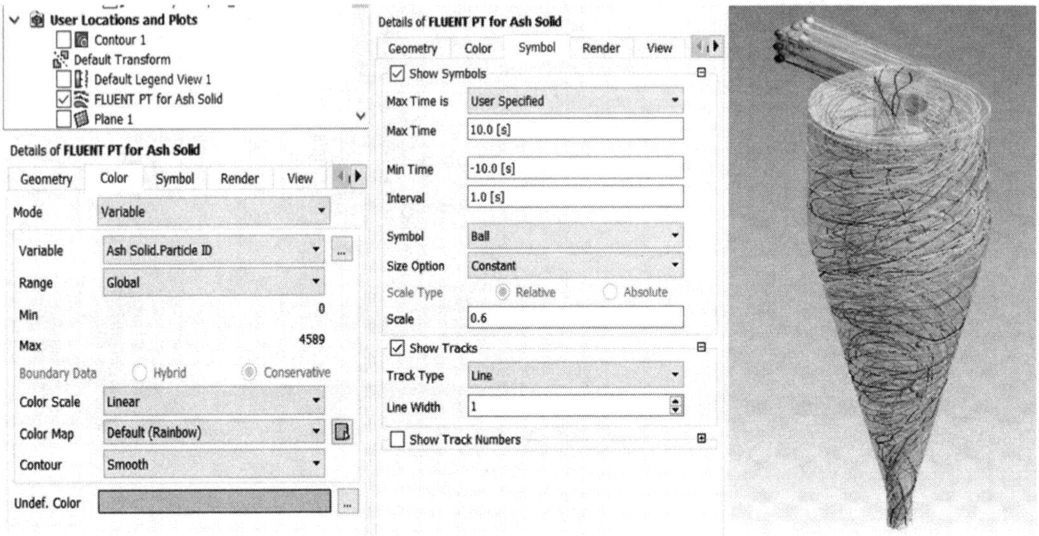

⑥ Streamline을 사용하여 vertex를 확인한다.

- start from : inlet

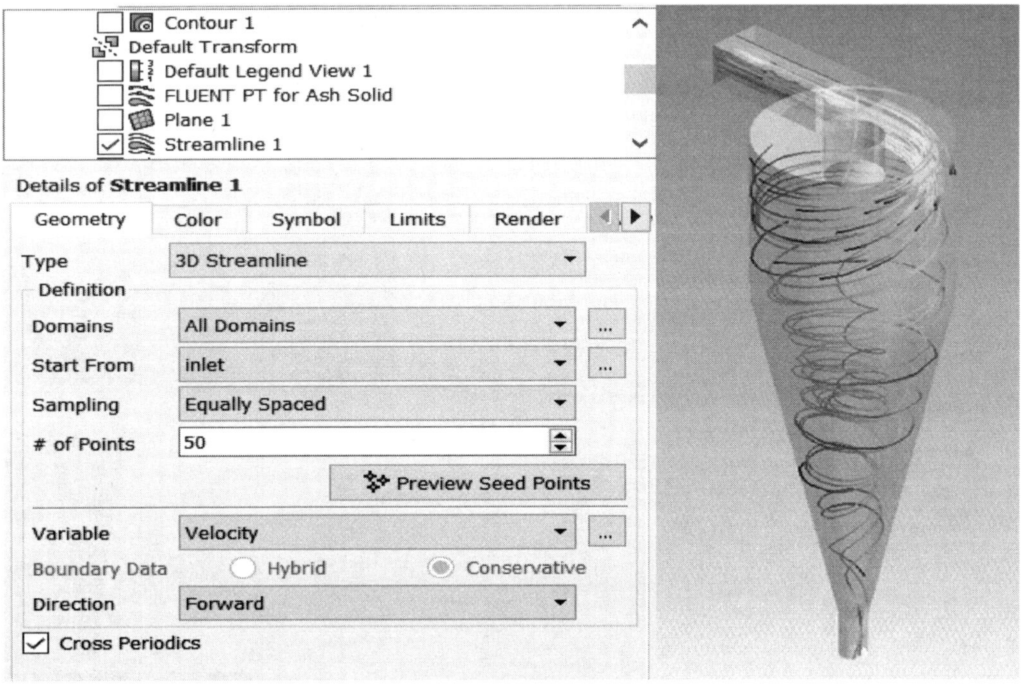

⑦ Vector를 사용하여 공기의 흐름 확인

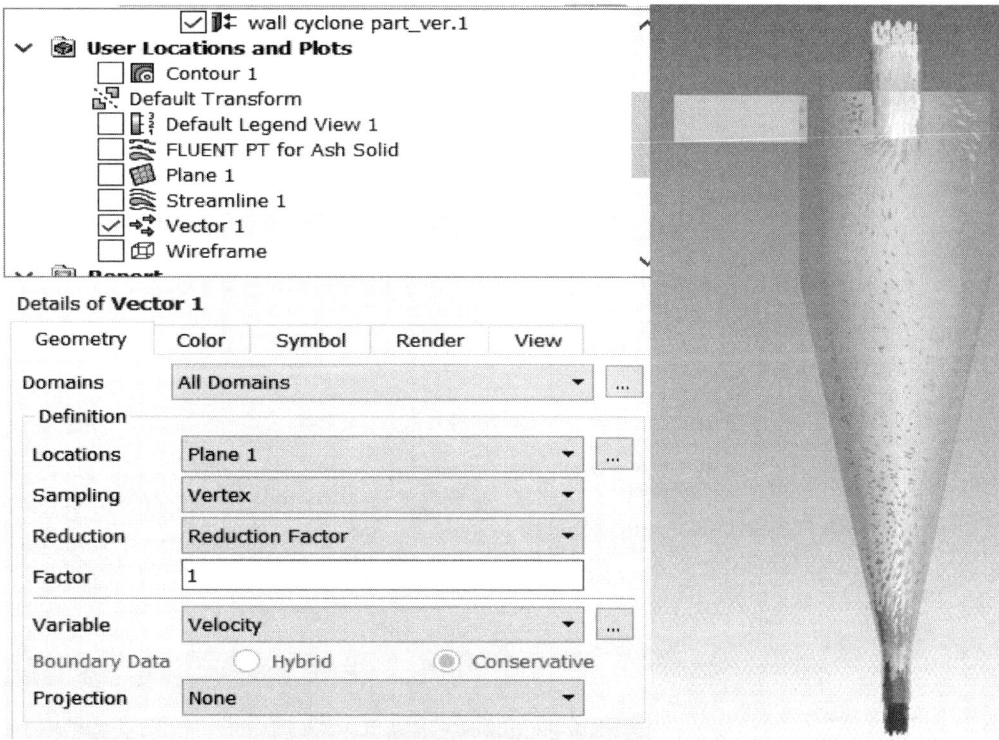